"十二五"江苏省高等学校重点教材

编号：2013-2-051

# 高分子导论

总主编　姚天扬　孙尔康

主　编　陆　云　左晓兵

副主编　董　锐　孙幼红　章　峻

参　编（按姓氏笔画为序）

　　　　宁春花　朱亚辉　薛春彦

　　　　薛爱莲

主　审　余学海

南京大学出版社

# 序

　　教材建设是高等学校教学改革的重要内容,也是衡量教学质量提高的关键指标。高校化学化工基础理论课教材在近几年教学改革中取得了丰硕成果,编写了不少有特色的教材或讲义,但就其内容而言基本上大同小异,在编写形式和介绍方法以及内容的取舍等方面不尽相同,充分体现了各校化学基础理论课的改革特色,但大多数限于本校自己使用,面不广、量不大。由于各校化学基础课教师相互交流、相互讨论、相互学习、相互取长补短的机会少,各校教材建设的特色得不到有效推广,不能实施优质资源共享;又由于近几年教学经验丰富的老师纷纷退休,年轻教师走上教学第一线,特别是江苏高校广大教师迫切希望联合编写有特色的化学化工理论课教材,同时希望在编写教材的过程中,实现教师之间相互教学探讨,既能实现优质资源共享,又能加快对年轻教师的培养。

　　为此,由南京大学化学化工学院姚天扬、孙尔康两位教授牵头,以地方院校为主,自愿参加为原则,组织了南京大学、南京理工大学、苏州大学、南京师范大学、南京工业大学、南京邮电大学、南通大学、苏州科技学院、南京晓庄师院、淮阴师范学院、盐城工学院、盐城师范学院、常熟理工学院、淮海工学院、淮阴工学院、江苏第二师范学院、南京大学金陵学院、南理工泰州科技学院等18所江苏省高等院校,同时吸收了解放军第二军医大学、湖北工业大学、华东交通大学、湖南文理学院、衡阳师范学院、九江学院等6所省外院校,共计24所高等学校的化学专业、应用化学专业、化工专业基础理论课一线主讲教师,共同联合编写"高等院校化学化工教学改革规划教材"一套,该系列教材包括《无机化学(上、下册)》、《无机化学简明教程》、《有机化学(上、下册)》、《有机化学简明教程》、《分析化学》、《物理化学(上、下册)》、《物理化学简明教程》、《化工原理(上、下册)》、

《化工原理简明教程》、《仪器分析》、《无机及分析化学》、《大学化学(上、下册)》、《普通化学》、《高分子导论》、《化学与社会》、《化学教学论》、《生物化学简明教程》、《化工导论》等18部。

该系列教材适合于不同层次院校的化学基础理论课教学任务需求,同时适应不同教学体系改革的需求。

该系列教材体现如下几个特点:

1. 系统介绍各门基础理论课的知识点,突出重点,突出应用,删除陈旧内容,增加学科前沿内容。

2. 该系列教材将基础理论、学科前沿、学科应用有机融合,体现教材的时代性、先进性、应用性和前瞻性。

3. 教材中充分吸取各校改革特色,实现教材优质资源共享。

4. 每门教材都引入近几年相关的文献资料,特别是有关应用方面的文献资料,便于学有余力的学生自主学习。

该系列教材的编写得到了江苏省教育厅高教处、江苏省高等教育学会、相关高校化学化工系以及南京大学出版社的大力支持和帮助,在此表示感谢!

该系列教材已被评为"十二五"江苏省高等学校重点教材。

该系列教材是由高校联合编写的分层次、多元化的化学基础理论课教材,是我们工作的一项尝试。尽管经过多次讨论,在编写形式、编写大纲、内容的取舍等方面提出了统一的要求,但参编教师众多,水平不一,在教材中难免会出现一些疏漏或错误,敬请读者和专家提出批评和指正,以便我们今后修改和订正。

编委会
**2014 年 5 月于南京**

# 前　言

近年来,高分子科学与技术的发展日新月异,与化学、物理、生物、材料等学科的交叉渗透越发深入,与现代工业、农业、国防、环保等产业的关联度日趋密切。目前,高等院校的专业设置趋宽,更加强调专业的实用性和应用性人才的培养,因此在相关专业中开设高分子导论课程显得尤其重要。

本教材涵盖了高分子基本概念、高分子合成反应、高分子合成方法、高分子化学反应、高分子结构与性能、高分子材料、新型功能高分子等内容。教材针对应用型本科教学的特点,编写手法上侧重高分子理论与实践的关联,侧重高分子学科与其他相关学科之间的关联,侧重教学内容与科学研究新成就之间的关联。教材兼容了三方面内容,包括应用型本科人才培养的时代需求、理论知识和实践知识的紧密联系、展现新知识和体现学术价值。选材方面既有科学又有工程,既有系统的理论阐述又有实际的案例介绍,知识点介绍全而新,内容描述深入浅出,教材具有适用性。章节内容编排方面,推陈出新,体现有效教学和方便教学。例如在第三章聚合方法中,所有聚合机理的实施方法在本章中均有介绍;把高分子连锁、逐步机理的聚合反应的实施方法,集中在一章内编写,主要是要兼顾到同一聚合方法适用于几种不同的聚合机理和同一机理采用不同的聚合方法两种实际情况。

本教材适用于本科院校高分子专业的入门课程、化学类专业的学科基础性课程以及化工、(金属、无机)材料等专业的选修课程,因此编写内容时充分考虑到具有较宽的适用面和合适的难易度。对于较深的理论知识,采用较少的篇幅简明阐述;对于重要的公式,尽可能简化其推导过程,或者直接给出结论,重点是说明公式的运用。教材内容组织上,注重理论联系实际,强化知识点在工业领域及相关学科中的运用,以及与相关领域的横向联系。

全书共9章,其中第1章由南京大学金陵学院薛春彦编写,第2章由淮阴师范学院薛爱莲编写,第3章、第5章、第6章分别由常熟理工学院的左晓兵、朱亚辉、宁春花编写,第4章由盐城工学院董锐编写,第7章由南京大学陆云编写,第8章由南京晓庄学院孙幼红编写,第9章由南京师范大学章峻编写,最后陆云对全书做了统稿。南京大学余学海教授审阅了全书,并对本书提出了许多宝贵建议,在此表示非常感谢。本书引用了一些文献,谨此向参考文献资料的作者致以深切的谢意。

由于编者水平有限,在内容设计、章节编写、文字描述等方面难免出现不足和错误之处,恳请业内行家、广大师生批评指正。

编　者

2014 年 5 月

# 目　录

# 第一章 绪 论

## §1.1 高分子的定义及基本概念

### 1.1.1 高分子的定义

高分子(macro molecule),又称大分子,顾名思义,是指相对分子质量很大的分子。这些分子尽管相对分子质量很大,但还是微观的单个分子,是由许多原子通过共价键连接而组成的。通常将相对分子质量大于 $10^4$ 的分子称为高分子,相对分子质量小于 1 000 的分子称为低分子,相对分子质量介于高分子和低分子之间的称为低聚物(oligomer,也称齐聚物)。实际上,有使用价值的高分子的相对分子质量往往都在 $10^4 \sim 10^6$ 之间,分子量大于这个范围的称为超高分子量聚合物。

由高分子所组成的化合物称为高分子化合物(macro molecules or macro molecular compound),即高分子化合物是众多高分子的聚集体,是宏观的物体。因高分子化合物通常可以通过聚合反应制得,因而也称为聚合物(polymer)、高聚物(high polymer)。大分子(macro molecule)和聚合物(polymer)这两个词经常混用,但二者其实有一定区别。macro molecule 是指那些由众多原子或原子团以共价键结合而成的相对分子质量超过 $10^4$ 的化合物,包括天然高分子如 DNA、蛋白质等,而 polymer 指结构中具有一定重复单元的大分子,一般不包括天然高分子。在实际的应用中,这种详细的区分方法并不常用,因此本书中仍然将"高分子"和"聚合物"二者视为同义词。

> 讨论:说说高分子、高分子化合物、聚合物和大分子间的区别与联系。

### 1.1.2 高分子的基本概念

高分子通常是由一种或多种单体(monomer)通过聚合反应所生成的,所谓单体是指那些能够形成高分子的低分子原料。从小分子单体转变为大分子聚合物的过程称为聚合(polymerization)。通过聚合,许多相同或不同的、简单的基本结构单元通过共价键连接成大分子,类似一条长链。例如,聚氯乙烯的单体是氯乙烯,大分子就是由许多氯乙烯基本结构单元重复连接而成的，其分子结构如下：

$$\sim\sim\sim\sim CH_2-CH-CH_2-CH-CH_2-CH\sim\sim\sim\sim$$
$$\quad\quad\quad\quad\quad Cl\quad\quad\quad Cl\quad\quad\quad Cl$$

上式中高分子的骨架由一个个相连成链的碳原子组成，也称为主链(backbone)，可以用符号"～"表示。 $-CH_2-CH-$ 是高分子链上化学组成和结构均可周期性重复的最小单位，
$$\quad\quad\quad\quad\quad Cl$$

称为重复结构单元(structural repeat unit)，简称重复单元(repeat unit)，高分子物理学中也称为链节(chain element)。重复单元的数目常用 $n$ 表示。高分子的结构式可利用重复单元的结构和数目来简单表示，如上述聚氯乙烯的结构式可简写成 $\left[ CH_2-CH \right]_n$ ，从氯乙烯合
$$\quad\quad\quad\quad\quad\quad\quad\quad\quad\quad\quad\quad\quad\quad\quad\quad\quad\quad\quad\quad Cl$$

成聚氯乙烯的聚合反应式可写为：

$$n\,CH_2=CH \longrightarrow \left[ CH_2-CH \right]_n$$
$$\quad\quad Cl\quad\quad\quad\quad\quad\quad Cl$$

表 1-1 中列出了一些常见聚合物的重复单元和单体。值得注意的是，习惯上把 $-CH_2-CH_2-$ 和 $-CF_2-CF_2-$ 分别看作聚乙烯和聚四氟乙烯的重复单元，而不是以 $-CH_2-$ 和 $-CF_2-$ 作为它们的重复单元。

表 1-1　常见聚合物的名称(英文缩写)、重复单元和单体

| 名称 | 重复单元 | 单体 |
|---|---|---|
| 聚乙烯(PE) | $-CH_2-CH_2-$ | $CH_2=CH_2$ |
| 聚丙烯(PP) | $-CH_2-CH-$ <br> $\quad\quad\quad CH_3$ | $CH_2=CH$ <br> $\quad\quad CH_3$ |
| 聚异丁烯(PIB) | $\quad\quad\quad CH_3$ <br> $-CH_2-C-$ <br> $\quad\quad\quad CH_3$ | $\quad\quad CH_3$ <br> $CH_2=C$ <br> $\quad\quad CH_3$ |
| 聚苯乙烯(PS) | $-CH_2-CH-$ <br> (苯基) | $CH_2=CH$ <br> (苯基) |
| 聚氯乙烯(PVC) | $-CH_2-CH-$ <br> $\quad\quad\quad Cl$ | $CH_2=CH$ <br> $\quad\quad Cl$ |
| 聚四氟乙烯 (PTFE) | $CF_2-CF_2$ | $CF_2=CF_2$ |

（续表）

| 名称 | 重复单元 | 单体 |
|---|---|---|
| 聚偏氯乙烯（PVDC） | $-CH_2-\overset{\displaystyle Cl}{\underset{\displaystyle Cl}{C}}-$ | $CH_2=\overset{\displaystyle Cl}{\underset{\displaystyle Cl}{C}}$ |
| 聚氟乙烯(PVF) | $-CH_2-\underset{\displaystyle F}{CH}-$ | $CH_2=\underset{\displaystyle F}{CH}$ |
| 聚三氟氯乙烯（PCTFE） | $-\overset{\displaystyle F}{\underset{\displaystyle F}{C}}-\overset{\displaystyle F}{\underset{\displaystyle Cl}{C}}-$ | $\overset{\displaystyle F}{\underset{\displaystyle F}{C}}=\overset{\displaystyle F}{\underset{\displaystyle Cl}{C}}$ |
| 聚丁二烯(PB) | $-CH_2-CH=CH-CH_2-$ | $CH_2=CH-CH=CH_2$ |
| 聚异戊二烯(PIP) | $-CH_2-\underset{\displaystyle CH_3}{C}=CH-CH_2-$ | $CH_2=\underset{\displaystyle CH_3}{C}-CH=CH_2$ |
| 聚氯丁二烯(PCP) | $-CH_2-\underset{\displaystyle Cl}{C}=CH-CH_2-$ | $CH_2=\underset{\displaystyle Cl}{C}-CH=CH_2$ |
| 聚丙烯酸(PAA) | $-CH_2-\underset{\displaystyle COOH}{CH}-$ | $CH_2=\underset{\displaystyle COOH}{CH}$ |
| 聚丙烯酰胺（PAAm 或 PAM） | $-CH_2-\underset{\displaystyle CONH_2}{CH}-$ | $CH_2=\underset{\displaystyle CONH_2}{CH}$ |
| 聚丙烯酸甲酯（PMA） | $-CH_2-\underset{\displaystyle COOCH_3}{CH}-$ | $CH_2=\underset{\displaystyle COOCH_3}{CH}$ |
| 聚甲基丙烯酸甲酯（PMMA） | $-CH_2-\overset{\displaystyle CH_3}{\underset{\displaystyle COOCH_3}{C}}-$ | $CH_2=\overset{\displaystyle CH_3}{\underset{\displaystyle COOCH_3}{C}}$ |
| 聚丙烯腈(PAN) | $-CH_2-\underset{\displaystyle CN}{CH}-$ | $CH_2=\underset{\displaystyle CN}{CH}$ |
| 聚乙酸乙烯酯（PVAc） | $-CH_2-\underset{\displaystyle OCOCH_3}{CH}-$ | $CH_2=\underset{\displaystyle OCOCH_3}{CH}$ |

（续表）

| 名称 | 重复单元 | 单体 |
|------|----------|------|
| 聚乙烯醇（PVA） | $-CH_2-CH-$<br>      $OH$ | $CH_2=CH$（假想）<br>     $OH$ |
| 尼龙-66（PA66） | $-NH(CH_2)_6NHCO(CH_2)_4CO-$ | $NH_2(CH_2)_6NH_2+HOOC(CH_2)_4COOH$ |
| 尼龙-6（PA6） | $-NH(CH_2)_5CO-$ | $NH_2(CH_2)_5COOH$ 或 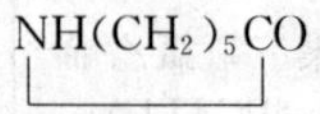 $NH(CH_2)_5CO$ |
| 酚醛树脂（PF） | 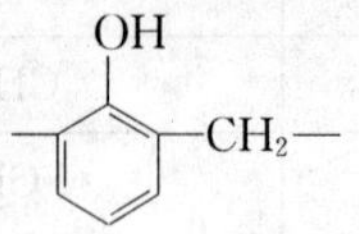 $OH$ 结构与 $CH_2$ | 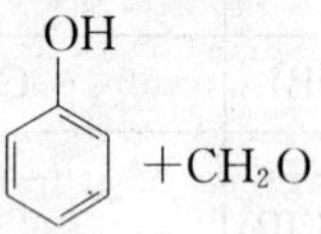 $OH$ 结构 $+CH_2O$ |
| 脲醛树脂（UF） | $-NH-CO-NH-CH_2-$ | $NH_2-CO-NH_2+CH_2O$ |
| 三聚氰胺-甲醛树脂（MF） | 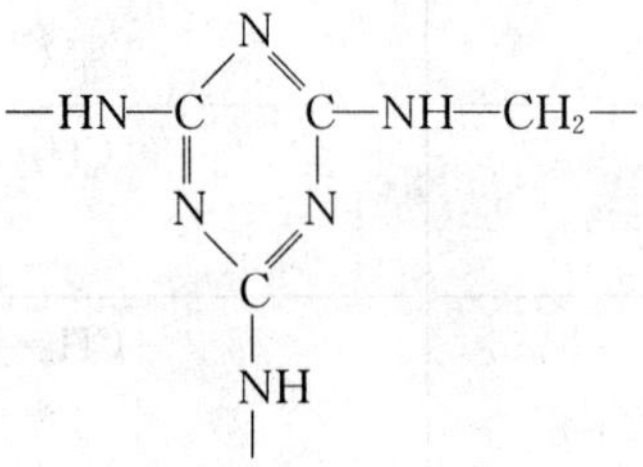 三嗪环结构 $-HN-$、$-NH-CH_2-$、$NH$ | 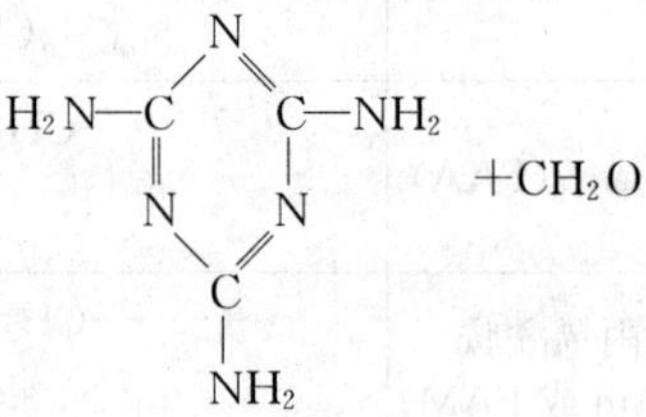 三嗪环结构 $H_2N-$、$-NH_2$、$NH_2$ $+CH_2O$ |
| 聚甲醛（POM） | $-O-CH_2-$ | $CH_2O$ 或 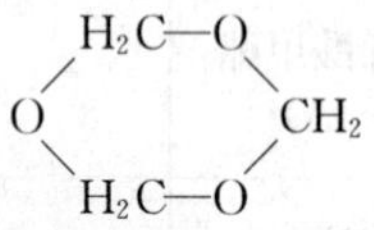 $\begin{matrix}H_2C-O\\O&CH_2\\H_2C-O\end{matrix}$ |
| 聚环氧乙烷（PEO） | $-O-CH_2-CH_2-$ | 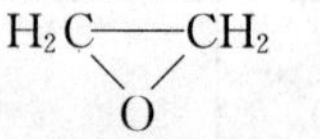 $\begin{matrix}H_2C-CH_2\\\diagdown O\diagup\end{matrix}$ |
| 聚环氧丙烷（PPOX） | $-O-CH_2-CH_2-$<br>          $CH_3$ | 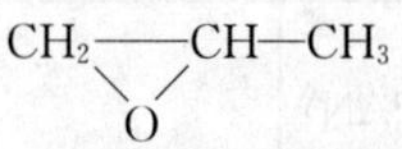 $\begin{matrix}CH_2-CH-CH_3\\\diagdown O\diagup\end{matrix}$ |
| 聚双氯甲基丁氧环（氯化聚醚） | 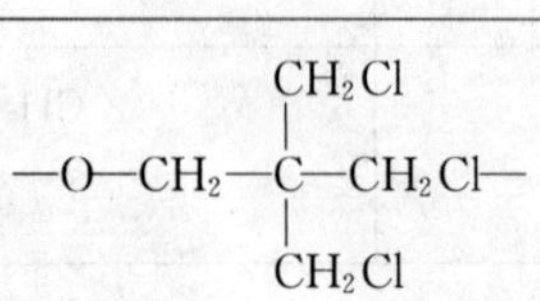 $\begin{matrix}&CH_2Cl\\&\vert\\-O-CH_2-&C-CH_2Cl\\&\vert\\&CH_2Cl\end{matrix}$ | 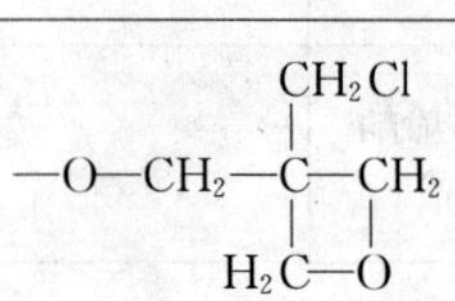 $\begin{matrix}&CH_2Cl\\&\vert\\-O-CH_2-&C-CH_2\\&\diagdown&O\diagup\\&H_2C\end{matrix}$ |

（续表）

| 名称 | 重复单元 | 单体 |
|---|---|---|
| 聚苯醚（PPO） | $-O-$（2,6-二甲基苯环，$H_3C$ 上下取代） | （2,6-二甲基苯酚，$OH$ 与 $H_3C$ 取代） |
| 聚对苯二甲酸乙二醇酯（PET） | $-OCH_2CH_2O-\overset{O}{\overset{\|}{C}}-\text{苯环}-\overset{O}{\overset{\|}{C}}-$ | $HOCH_2CH_2OH + HOOC-\text{苯环}-COOH$ |
| 聚碳酸酯(PC) | $-O-\text{苯环}-\overset{CH_3}{\underset{CH_3}{C}}-\text{苯环}-O-\overset{O}{\overset{\|}{C}}-$ | $HO-\text{苯环}-\overset{CH_3}{\underset{CH_3}{C}}-\text{苯环}-OH + COCl_2$ |
| 不饱和聚酯（UP） | $-OCH_2CH_2O-\overset{O}{\overset{\|}{C}}-CH=CH-\overset{O}{\overset{\|}{C}}-$ | $HOCH_2CH_2OH +$ （马来酸酐） |
| 纤维素 | $-C_6H_{10}O_5-$ | $C_6H_{12}O_6$（假想） |
| 环氧树脂(EP) | $CH_3-\overset{\text{苯环}(O)}{\underset{CH_3}{C}}-\text{苯环}-OCH_2\overset{OH}{CH}CH_2-$ | $HO-\text{苯环}-\overset{CH_3}{\underset{CH_3}{C}}-\text{苯环}-OH + CH_2CHCH_2Cl$（环氧氯丙烷 $O$） |
| 聚氨酯（PU） | $-O(CH_2)_2O-\overset{O}{\overset{\|}{C}}-NH(CH_2)_6NH-\overset{O}{\overset{\|}{C}}-$ | $HO(CH_2)_2OH + OCN(CH_2)_6NCO$ |
| 聚硫橡胶（TR） | $-CH_2CH_2-S-\overset{S}{\overset{\|}{S}}\overset{S}{\overset{\|}{}}-$ | $ClCH_2CH_2Cl + Na_2S_4$ |
| 硅橡胶(SI) | $-\overset{CH_3}{\underset{CH_3}{Si}}-O-$ | $Cl-\overset{CH_3}{\underset{CH_3}{Si}}-Cl$ |

重复单元中,由一种单体分子通过聚合反应而形成的那一部分称为结构单元(structural unit)。与单体的原子种类和个数完全相同,只有电子结构不同的结构单元,也称为单体单元(monomer unit)。聚合物中结构单元的数目称为聚合度(degree of polymerization),用 $DP$ 或 $X$ 表示(如数均聚合度 $X_n$)。聚合度是表示高分子相对分子质量大小的一个重要指标。如果用 $M$ 表示高分子的分子质量,用 $M_0$ 表示结构单元的分子质量,用 $DP$ 表示聚合度,则三者的关系为:

$$M = DP \cdot M_0 \quad \text{或} \quad DP = M/M_0$$

应用上式可以计算某些高分子的相对分子质量或聚合度。

在高分子结构中,除了主链之外,往往还有侧基、侧链、端基等。侧基(side group)或侧链(side chain)是指连接在主链原子上的原子或原子团,也称为支链。高分子链的两端都有端基(end group or terminal group),端基的结构通常与结构单元有所不同。因在大分子中端基与整个分子相比只占有很少一部分,对高分子物理性能的影响甚微,而且有的高分子在合成时并不能确切地知道其端基组成,所以在高分子的结构式中常常略去端基不计。但是对于确切知道端基组成的高分子,尽管端基对高分子相对分子质量的影响不大,但对其化学性质的影响不能忽略。

对于不同结构的高分子,单体单元、结构单元、重复单元及聚合度也有所不同。由一种单体聚合而成的聚合物,称为均聚物(homopolymer),如聚氯乙烯,聚合物中重复单元的元素组成与单体的元素组成完全相同,其结构单元、单体单元、重复单元相同,聚合度等于 $n$。

$$n\mathrm{CH_2}{=}\mathrm{CH} \longrightarrow \ {\left[\!\!{\mathrm{CH_2}{-}\mathrm{CH}}\!\!\right]}_{\!n}$$
$$\qquad\quad | \qquad\qquad\qquad |$$
$$\qquad\quad \mathrm{Cl} \qquad\qquad\qquad \mathrm{Cl}$$

|←重复单元→|
|←结构单元→|
|←单体单元→|

但是如果类似尼龙-6这种也由一种单体聚合而成,且聚合反应是缩合聚合,有小分子副产物生成,聚合物的重复单元的元素组成与单体的元素组成不同,其结构单元、重复单元相同,但是无单体单元,聚合度等于 $n$。

$$n\mathrm{NH_2(CH_2)_5COOH} \longrightarrow \mathrm{H}{\left[\!\!{\mathrm{NH(CH_2)_5CO}}\!\!\right]}_{\!n}\mathrm{OH} + (n-1)\mathrm{H_2O}$$

|←重复单元→|
|←结构单元→|

有些高分子是由两种或两种以上的单体聚合而成。例如尼龙-66(聚己二酰己二胺),重复单元为 $-\mathrm{NH(CH_2)_6NHCO(CH_2)_4CO}-$,由 $-\mathrm{NH(CH_2)_6NH}-$ 和 $-\mathrm{CO(CH_2)_4CO}-$ 这两种结构单元组成,这两种结构单元的元素组成比之对应的单体己二胺 $\mathrm{NH_2}$ $\mathrm{(CH_2)_6NH_2}$ 和己二酸 $\mathrm{HOOC(CH_2)_4COOH}$ 又都要少一些原子(聚合过程中失去小分子 $\mathrm{H_2O}$),所以没有单体单元。聚合度为 $2n$。

$$nH_2N(CH_2)_6NH_2 + nHOOC(CH_2)_4COOH \longrightarrow H \left[ NH(CH_2)_6NH\!-\!CO(CH_2)_4CO \right]_n OH + (2n-1)H_2O$$

$$\underset{结构单元}{\longleftrightarrow} \quad \underset{结构单元}{\longleftrightarrow}$$
$$\underset{重复单元}{\longleftrightarrow}$$

还有如乙丙橡胶这种也是由两种单体聚合而成,但是两种单体所形成的结构单元的元素组成和两种单体的元素组成相同,这样的聚合物称为共聚物(copolymer)。共聚物中结构单元和单体单元相同,重复单元要根据共聚物类型而定。

$$nCH_2\!=\!CH_2 + mCH_2\!=\!\underset{|}{\overset{}{CH}} \longrightarrow \left[ CH_2\!-\!CH_2 \right]_n \left[ CH_2\!-\!\underset{|}{\overset{}{CH}} \right]_m$$
$$\qquad\qquad\qquad CH_3 \qquad\qquad\qquad\qquad\qquad CH_3$$

### 1.1.3 高分子化合物的基本特点

高分子化合物在很多方面体现出区别于小分子的特性,具体表现如下:

1. 高分子相对分子质量大,而且具有多分散性

高分子化合物是众多高分子的聚集体,对于同一种高分子化合物而言,尽管这些不同的分子链的结构单元是一致的,但其聚合度并不完全相同,因此可以说高分子材料是由一系列具有相同结构单元不同聚合度的同系物混合物组成的,这种相对分子质量的不均一性称为多分散性(polydispersity)。这是高分子区别于低分子化合物的重要标志。高分子的相对分子质量实质上都是指平均相对分子质量,不能按分子式求得,必须通过物理-化学方法测定。我们通常采用统计学中平均的方法给出它们的聚合度或相对分子质量的平均值。但是对于少数天然高分子是例外的,如蛋白质和核酸,它们具有特定的分子结构和功能,具有确定的相对分子质量。

2. 高分子的结构多层次

因为高分子的相对分子质量很大,而且具有多分散性,所以高分子的结构很复杂,可分为分子内结构和分子间结构两个层次。分子内结构指的是高分子的链结构,又可分为近程结构和远程结构。近程结构主要指单个分子内基本结构单元的构造和构型,包括结构单元的化学组成、排列序列、空间立体构型等,属于化学结构范畴,又称为一级结构。远程结构包括分子链的大小和形态、链的柔顺性与构象等,又称为二级结构。分子间结构指高分子的聚集态结构,是描述聚合物中多个分子之间是采取何种方式堆积排列的结构,包括晶态结构、非晶态结构、取向态结构、液晶态结构和织态结构等,又称为三级结构。

3. 高分子具有力学强度

低分子一般没有强度,但是高分子具有力学强度,而且强度变化范围很大,平均相对分子质量和分子量分布是控制聚合性能的重要指标,图1-1说明了聚合物的聚合度和机械强度的关系。大量实验证明,聚合物的相对分子质量达到某一临界数值后就能显示出力学强度。图中,A点是初具强度的最低相对分子质量,过了A点后,聚合物的强度随相对分子质

量增加而迅速增加，到临界点 $B$ 后增幅逐渐减慢。$C$ 点过后，强度不再显著增加。常用聚合物的聚合度约在 $200 \sim 2\,000$ 之间，相当于相对分子质量 2 万～20 万，天然橡胶和纤维素超过此值。

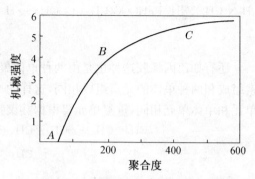

图 1-1　聚合物聚合度与机械强度的关系图

4. 高分子分子间作用力大，没有气态

低分子化合物通常具有明确的沸点和熔点，有固、液、气三态。而高分子分子间作用力大，通常只能呈黏稠的液态或固态，没有气态。

高分子的分子间作用力及受热行为与其分子链的结构形态有关。高分子的分子链形状有线形、支链形和体形，见图 1-2。线形高分子(linear polymer)和支链形高分子(branched polymer)的分子链通过物理作用相互缠结，形成物理交联点，构成网络结构，这种聚集可以在加热时熔融。而体形高分子(three-dimensional polymer)可以看作是许多线形或支链形大分子由化学键链接而成的交联型网络结构，分子链间通过化学键连接，交联程度浅的网状结构受热可以软化，但不熔融，交联程度深的网状结构加热不能熔融。

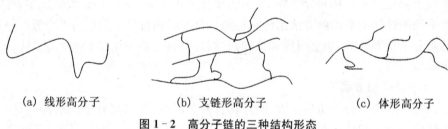

（a）线形高分子　　　　（b）支链形高分子　　　　（c）体形高分子

图 1-2　高分子链的三种结构形态

5. 高分子的溶解有溶胀过程

与小分子化合物溶解相比，高分子溶解过程很慢，而且溶解过程分为两个阶段。首先，体积较小的溶剂分子慢慢渗透到高分子分子间，使之胀大，即发生溶胀(swelling)。如果由于交联、结晶或强氢键等作用使高分子的分子间作用力很强时，则溶解过程到此为止。但是，如果这些作用力因为发生高分子与溶剂的相互作用而被克服，高分子则可继续进行溶解。第二阶段是溶胀的高分子凝胶逐渐分散成真正的溶液。高分子一旦溶解，其溶液黏度远远高于同样浓度的低分子溶液。

# §1.2 高分子化合物的命名和分类

## 1.2.1 高分子化合物的命名

### 1. 习惯命名

长期以来,高分子化合物没有统一的命名法,往往按照习惯根据单体或重复单元的结构来命名,有时也采用商品名称或俗名。

最常用的习惯命名法是参照高分子单体进行命名。对于由一种单体合成的高分子,常直接在对应的单体名称之前加"聚"(poly)即可。例如,聚苯乙烯(polystyrene,PS)的名字来源于其单体苯乙烯(styrene),类似的还有聚乙烯、聚丙烯、聚丙烯酸甲酯等。这种命名法使用方便,又能把单体原料来源标明,因此广泛应用,但是有时候也容易产生混淆。如聚己内酰胺和聚6-氨基己酸虽由不同单体合成,但却是同一种聚合物(尼龙-6)。又如聚乙烯醇这个名称名不符实,因为乙烯醇单体是不稳定的,它是以乙醛的形式存在,聚乙烯醇实际上是由聚乙酸乙烯酯经醇解而得到。

对于由两种单体合成的共聚物,通常取两种单体名称的简称,加后缀"树脂"、"橡胶"、"共聚物"等。例如,苯酚-甲醛树脂(简称酚醛树脂)即是由苯酚和甲醛合成,醇酸树脂是由甘油和邻苯二甲酸酐合成,乙烯-丙烯橡胶(简称乙丙橡胶)是由乙烯和丙烯合成,丁苯橡胶是由丁二烯和苯乙烯合成。

另外还可按照高分子的结构特征来命名。如聚酰胺是以酰胺键为特征,类似的有聚酯、聚氨基甲酸酯(简称聚氨酯)、聚碳酸酯、聚醚、聚酰亚胺等。这些名称都分别代表一类聚合物,具体品种另有区分。如聚酰胺家族中有聚己二酰己二胺、聚癸二酰癸二胺、聚己内酰胺等,其具体品种可后缀两个数字说明,第一个数字表示二元胺的碳原子数,第二个数字表示二元酸的碳原子数;若只有一个数字,则表示单体是氨基酸或己内酰胺,数字代表碳原子数。上述三例可分别称为聚酰胺-66(尼龙-66)、聚酰胺-1010(尼龙-1010)和聚酰胺-6(尼龙-6)。

| | | | |
|---|---|---|---|
| $\begin{matrix} O & H \\ \parallel & \mid \\ -C-N- \end{matrix}$ | $\begin{matrix} O \\ \parallel \\ -C-O- \end{matrix}$ | $-O-$ | $\begin{matrix} O & H \\ \parallel & \mid \\ -O-C-N- \end{matrix}$ |
| 聚酰胺 | 聚酯 | 聚醚 | 聚氨酯 |

习惯命名中还有一种简单而被普遍采用的商品名称。我国习惯以"纶"作为合成纤维的词尾,如涤纶(聚对苯二甲酸乙二醇酯)、锦纶(聚酰胺纤维,锦纶66就是聚酰胺-66)、氯纶(聚氯乙烯纤维)、氨纶(聚氨酯纤维)、氟纶(聚四氟乙烯纤维)等。聚酰胺常用其商品名的译名尼龙(Nylon),其他商品名还有特氟隆(Teflon,聚四氟乙烯)、赛璐珞(Celluloid,硝酸纤维素)等。

另外聚合物的俗名或英文名称简写也广泛使用。俗名如有机玻璃(聚甲基丙烯酸甲

酯)、电木(酚醛树脂)、电玉(脲醛树脂)、人造象牙(三聚氰胺)等,英文名称如 PE
(polyethylene,聚乙烯)、PP(polypropylene,聚丙烯)、PS(polystyrene,聚苯乙烯)、PMMA
(polymethyl methacrylate,聚甲基丙烯酸甲酯)、PET(polyethylene terephthalate,聚对苯二
甲酸乙二醇酯)等。

### 2. IUPAC 命名

随着高分子科学的高速发展,新型高分子不断涌现,习惯命名法体系在科学上缺乏严谨
性,不能充分反映出高分子的结构,有时还可能引起歧义和混乱。1972 年,国际纯粹化学和
应用化学联合会(IUPAC)制定了以高分子的结构重复单元为基础的系统命名法。

IUPAC 命名按如下步骤进行:首先确定重复单元的结构;排好重复单元中次级单元的次
序,按有机化合物标准命名法对重复单元命名;最后加上前缀"聚",即成为聚合物的名称。

表 1-2　某些聚合物的结构重复单元和 IUPAC 命名

| 习惯命名 | 结构重复单元 | 系统命名 |
|---|---|---|
| 聚乙烯 | $-CH_2-$ | 聚亚甲基 |
| 聚异丁烯 | $-CH_2-\overset{\overset{CH_3}{\vert}}{\underset{\underset{CH_3}{\vert}}{CH}}-$ | 聚(1,1-二甲基乙烯) |
| 聚氯乙烯 | $-CH_2-\overset{}{\underset{\underset{Cl}{\vert}}{CH}}-$ | 聚(1-氯代乙烯) |
| 聚苯乙烯 | $-CH_2-CH-$ 苯基 | 聚(1-苯基乙烯) |
| 聚甲基丙烯酸甲酯 | $-CH_2-\overset{\overset{CH_3}{\vert}}{\underset{\underset{COOCH_3}{\vert}}{C}}-$ | 聚[1-(甲氧基羰基)-1-甲基乙烯] |
| 聚甲醛 | $-O-CH_2-$ | 聚(氧化亚甲基) |
| 聚酰胺-66 | $-NH(CH_2)_6NHCO(CH_2)_4CO-$ | 聚(亚胺基六亚甲基亚胺基己二酰) |
| 聚酰胺-6 | $-NH(CH_2)_5CO-$ | 聚[亚胺基(1-氧代六亚甲基)] |
| 聚对苯二甲酸乙二醇酯 | $-OCH_2CH_2O-\overset{O}{\overset{\Vert}{C}}-\text{对苯撑}-\overset{O}{\overset{\Vert}{C}}-$ | 聚(氧化乙烯氧化对苯二酰) |

由表1-2中常见聚合物的 IUPAC 名称可以看出,此命名体系比较严谨,但很繁琐,有些聚合物的名称过于冗长,因此在实际应用中并不广泛。

### 1.2.2 高分子化合物的分类

高分子化合物的种类繁多,分类方法也有很多,可按主链结构、性能与用途、来源、合成方法等分类。

**1. 按高分子的主链结构分类**

以有机化合物为基础,根据高分子化合物的主链结构,将高分子分为碳链高分子、杂链高分子和元素有机高分子三类。

(1) 碳链高分子(carbon chain polymer),其分子主链完全由碳原子组成。绝大多数烯类和二烯类单体经加聚反应形成的高分子都属于这一类,如聚乙烯、聚丙烯、聚丁二烯等。

(2) 杂链高分子(hetero chain polymer),其分子主链中除碳原子外,还含有氮、氧、硫、磷等杂原子。很多常见的工程塑料都是杂链高分子,如尼龙-66、聚甲醛等。

(3) 元素有机高分子(element-organic polymer),其分子主链中没有碳原子,而是由硅、硼、铝、氮、氧、硫、磷等组成,但与主链相连的侧基却由含有碳、氢、氧的有机基团(如甲基、乙基、乙烯基等)构成。其中最典型的例子就是硅橡胶(聚硅氧烷,结构见表1-1)。

此外,主链上不含碳原子,侧链上也不含有机基团的高分子,称为无机高分子,如聚二硫化硅,此类高分子不在本书讨论范围。

**2. 按高分子材料的性能和用途分类**

根据高分子材料的性能和用途,常将高分子分为六大类:塑料(plastic)、合成橡胶(rubber)、合成纤维(fiber)、涂料(coating)、黏合剂(adhesive)和功能高分子(functional polymer)。其中以前三种产量最大,应用最广,通常称为三大合成材料。涂料和黏合剂是从塑料衍生而得的。功能高分子则是高分子科学新兴的和最具发展潜力的一类材料,这类材料不是着眼于聚合物的机械性能,而是着眼于聚合物所具有的特定的物理、化学、生物性能等。

塑料是以合成聚合物为基础,加入(或不加入)各种助剂和填料,经加工所形成的塑性材料或固化交联形成的刚性材料。根据塑料受热后的形态变化,又可将其分为热塑性塑料和热固性塑料。热塑性塑料一般是线形或支链形聚合物,受热时可熔融,可多次重复加工成型,主要品种有:聚乙烯、聚丙烯、聚氯乙烯和聚苯乙烯四大“四烯”塑料。热固性塑料是体形聚合物,在加工过程中固化成型后,不能再加热塑化重复成型,主要品种有:酚醛树脂、环氧树脂、氨基树脂、不饱和聚酯、聚氨酯、硫化橡胶等。根据用途,又可将塑料分为通用塑料和工程塑料。通用塑料产量大,用途广,价格低,主要用于日常生活用品、包装材料和一般零件,主要包括聚乙烯、聚丙烯、聚苯乙烯、聚氯乙烯、酚醛塑料和氨基塑料。工程塑料是指可作为工程材料使用的塑料,它们具有良好的力学性能和尺寸稳定性,能代替金属作结构材料,用以制造机械零部件,例如聚酰胺、聚甲醛、聚四氟乙烯、聚碳酸酯等。

橡胶是一类线形柔性高分子,其分子链柔性好,在外力作用下可产生较大的形变,除去外力后能迅速恢复原状。丁苯橡胶、顺丁橡胶、氯丁橡胶、异戊橡胶、丁基橡胶、丁腈橡胶和乙丙橡胶是合成橡胶的七个主要品种。

纤维则是纤细而柔软的丝状物,其长度至少为直径的100倍,合成纤维的主要品种有:涤纶、锦纶(尼龙)、腈纶、氯纶、维纶和丙纶,最主要的是前三种。

### 3. 按高分子的来源分类

按高分子的来源,高分子可分为天然高分子、人造高分子和合成高分子。

天然高分子是指自然界中天然存在的高分子,我们平时衣食住行所必需的棉花、蚕丝、淀粉、蛋白质、木材、天然橡胶等都是天然高分子。

人造高分子是将天然高分子进行化学处理后重新合成的高分子,如黏胶纤维、硝酸纤维素等。

合成高分子则是由小分子化合物用化学方法合成得到的化合物。我们日常生活中使用的聚乙烯塑料和尼龙纤维等都是用化学方法制备而成的合成高分子。高分子材料研究的主要对象是合成高分子和人造高分子。

### 4. 按聚合反应机理和聚合反应类型分类

在20世纪30年代高分子研究的早期,根据聚合物和单体元素组成和结构的变化,聚合反应被分为加成聚合反应(加聚)和缩合聚合反应(缩聚)两种。单体经加成反应的聚合过程称为加聚反应(addition polymerization),形成的聚合物称为加聚物,其结构单元的化学式与其单体的分子式相同。缩聚反应(condensation polymerization)通常是官能团间的反应,两种化合物的官能团之间发生缩合反应,以化学键将二者连接起来,根据官能团种类的不同,同时还有水、醇、氨、氯化氢等小分子副产物产生,形成的聚合物称为缩聚物,其结构单元的化学式与单体的分子式不同。

随着聚合反应的深入研究,20世纪50年代,根据聚合反应机理和动力学,聚合反应被分为链式聚合(chain polymerization)和逐步聚合(step polymerization)两大类,对应的聚合物称为链式聚合物和逐步聚合物。链式聚合需要活性中心,聚合过程由链引发、链增长、链终止等基元反应组成,每一步基元反应的速率常数和反应的活化能数值不同。通过链式聚合得到的聚合物大分子几乎是瞬间生成的,体系转化率随反应时间的增加而增大,产物一般不具有再聚合的能力。大部分加聚反应应属于链式聚合反应。逐步聚合是逐步进行的聚合反应,每一步反应的速率常数和反应的活化能数值相近。反应早期,大部分单体很快聚合成二、三、四聚体等低聚物,然后低聚物之间再进行聚合反应,分子质量逐步增大。因此,聚合物的分子质量随反应时间增加而增大,而反应的转化率则在反应初期就已达到较高的值。

由于产物含有多个官能团,因此聚合产物一般具有再聚合的能力。大部分缩聚反应属于逐步聚合反应。

**5. 按聚合物的化学结构特征分类**

按聚合物的化学结构特征,聚合物可分为聚酯、聚酰胺、聚氨酯、聚醚等。

# §1.3　高分子领域的发展概况

## 1.3.1　高分子科学和工业发展简史

**1. 天然高分子材料的加工利用和改性时期**

高分子科学是一门新兴学科,是在长期的生产实践和科学实验的基础上逐渐发展起来的。虽然高分子科学的概念形成较晚,但从远古时期起,人类的生产生活就与高分子材料有着密切的联系。棉、麻、丝、毛等作为织物御寒材料,竹、木作为生产生活用具,蛋白质、淀粉等作为食物,这些都是人类直接利用天然高分子的实例。纤维素造纸、蛋白质练丝和鞣革、油漆应用等则是对天然高分子的化学加工,但是这些技术都只是停留在直观和经验的阶段,而未被综合和提升称为系统的科学。

直至 19 世纪中叶,对天然高分子的化学改性才开始出现。典型的例子就是天然橡胶的硫化(1839 年)。Charles Goodyear 和 Nelson Goodyear 通过将一定量的硫与天然橡胶混合并加热,将天然橡胶从硬度很低、遇热发粘变软、遇冷发脆断裂的不实用物质,变成了具有实际应用价值的软质弹性体(硫化橡胶)或硬质的热固性塑料(硬质胶),其原理是用硫黄将线形结构的天然橡胶分子交联,转变为网状结构的聚合物,从而赋予橡胶制品坚韧而有弹性的优良性能。这一发现的推广促进了现代橡胶工业的兴起。

天然橡胶的硫化带动了其他天然高分子物质的改性研究。1868 年硝酸纤维素的出现和 1924 年乙酸纤维素的发明,对天然纤维素的化学改性开始,从此出现了人造的纤维素纤维——人造丝,有的还用于制造塑料(赛璐珞)和涂料(蜡克——硝基木器清漆)。

**2. 高分子工业和科学创立的准备时期**

20 世纪初,人们开始有目的的全部以小分子化合物为基本原料,通过聚合反应来合成聚合物。1907 年,第一种真正以小分子有机化合物为原料而合成的高分子——酚醛树脂问世,这也是人类合成的第一个缩聚物,1909 年开始工业化生产。

19 世纪末期,很多当时有名的有机化学家都研究了苯酚与甲醛的缩合反应,但由于没有认识到这两种多官能度(一个分子中的可发生化学反应的位点数)的单体发生反应时可以形成具有长链结构的高分子,Baeyer、Michael、Kleeburg 等都认为他们制备得到的湿黏性产物是一些无用的副产物,又都纷纷回到了研究单官能度化合物缩合反应的老路。而 Smith、

Luft 和 Blumer 等则通过加入过量的苯酚进行反应获得了线形分子结构的热塑性高分子。Leo Baekeland 对这一反应中单体的官能度进行了研究,通过调控三官能度苯酚与双官能度甲醛的比例,制得了热固性酚醛树脂 Bakelite(俗称电木)。酚醛树脂的工业化,满足了当时日益发展的电气工业和机器制造业对绝缘材料的需求。1912 年,第一个加聚物——丁钠橡胶出现。

这一时期,高分子实验技术迅猛发展,许多精密实验仪器被制造出来。对高分子化合物的单体分析,天然高分子的化学改性实践和在合成塑料、合成橡胶方面的探索,使科学家深切地感到必须弄清高分子化合物的组成、结构及合成方法。当时对于这个基本问题,人们所知甚少,科学家所持的观点也不相同。1920 年,德国的 H. Staudinger 发表了划时代的著作《论聚合》,他根据实验结果,首次提出现代高分子的概念,提出聚合过程是大量的小分子通过化学键自己结合的过程,并预言了一些含有某种官能团的有机物可通过官能团间的反应而聚合;他建议了聚苯乙烯、聚甲醛、天然橡胶的长链结构式,它们是由共价键连接起来的大分子,但分子的长度不完全相同,所以不能用有机化学中"纯粹化合物"的概念来理解。经过多年的学术争论,到 20 世纪 30 年代初,现代高分子概念获得绝大多数科学家的认可。1932 年,Staudinger 总结了自己的大分子理论,出版了《有机高分子化合物——橡胶和纤维素》,高分子科学诞生。Staudinger 作为高分子科学的奠基人,1953 年获得了诺贝尔化学奖。

3. 高分子工业和科学的创立和初步发展时期

高分子学说的创立大大加快了高分子理论体系的建立,促进了高分子材料的工业化发展。20 世纪 30 年代初,人们通过对烯类、双烯类化合物聚合反应的大量研究,从小分子自由基链式反应出发,建立了高分子的链式自由基聚合反应理论。另一方面,美国的 Carothers 在 20 世纪 20 年代末期开始系统研究缩聚反应,1935 年研制成功尼龙-66,并于 1938 年实现了工业化,缩聚反应理论建立。自由基聚合和缩聚奠定了高分子化学学科发展的基础。

20 世纪 20 年代末和 30、40 年代,在理论指导下,高分子化学和工业蓬勃发展,大批重要的新聚合物被合成出来,如醇酸树脂(1926 年)、聚氯乙烯(1928 年)、脲醛树脂(1929 年)、氯丁橡胶(1931 年)、聚苯乙烯(1933 年)、聚醋酸乙烯酯(1936 年)、聚甲基丙烯酸甲酯(1936 年)、丁苯橡胶(1937 年)、丁腈橡胶(1937 年)、丁基橡胶(1940 年)、聚对苯二甲酸乙二醇酯(1941 年)、高压聚乙烯(1942 年)、聚四氟乙烯(1943 年)等。

4. 现代高分子科学阶段

1953 年,德国的 Ziegler 和意大利的 Natta 发明了新型有机金属络合催化体系,使低压聚乙烯、全同聚丙烯的聚合称为可能,并与 1955 年实现工业化生产。这是高分子科学的又一个里程碑,Ziegler 和 Natta 因此获得了 1963 年的诺贝尔化学奖。此后,新的高效催化剂的问世,使顺丁橡胶、异戊橡胶、乙丙橡胶、SBS(苯乙烯-丁二烯-苯乙烯)等弹性体获得大规模发展,同时聚甲醛、聚碳酸酯、聚酰亚胺、聚砜、聚苯醚等工程塑料也相继出现,高分子开始走向全面繁荣的局面。

在高分子化学合成方法完善的同时,高分子科学的理论也在扩展和完善。从 20 世纪 40 年代至 70 年代,美国的 Flory 在缩聚反应理论、高分子溶液的统计热力学和高分子链的构象统计等方面做出了一系列杰出的贡献,进一步完善了高分子学说。Flory 在高分子物理化学方面的贡献,几乎遍及各个领域,他是高分子科学理论的主要完善者和奠基人之一。由于他在"大分子物理化学实验和理论两方面做出了根本性的贡献"而荣获 1974 年的诺贝尔化学奖。后来法国的 de Gennes 把现代凝聚态物理学的新概念如软物质、标度律、复杂流体、分形、临界动力学等嫁接到高分子科学的研究中来。他的这些概念丰富了高分子学说,de Gennes 获得了 1991 年的诺贝尔物理学奖。

时至今日,高分子工业已经基本成熟,已成为发展速度最快的化学工业部门之一,而高分子材料由于种类繁多、性能优良、成型简便、用途广泛等特点,成为了人类社会继金属材料、无机材料之后的第三大材料。制备高分子材料的原料资源广泛而且丰富,主要有以下三类:

(1) 以煤化工为基础生产的基本有机原料。

(2) 以大规模的石油化工为基础生产烯烃和双烯烃为原料:石油、天然气是聚合物的重要资源。原油可以经过炼制、裂解和催化重整制成"三烯"(乙烯、丙烯、丁烯)和"三苯"(苯、甲苯、二甲苯),这些基本原料可以进一步制成各种高分子的单体。

(3) 生物原料:以农副产品或木材加工副产品为原料,如淀粉类(薯类、植物种子)、纤维素类(木屑、麦秆、芦苇等)等。

**讨论:列举获得诺贝尔奖的高分子科学家的名字及主要贡献。**

### 1.3.2 高分子科学概况

高分子科学是建立在有机化学、物理化学、生物化学、物理学和力学等学科基础上,通过对高分子聚合反应机理、高分子化学反应、结构和物理力学性能、加工成型原理等方面越来越深入的研究而逐渐形成一门新兴科学,从 20 世纪初至今,历经百年的发展,已经发展成为一门独立的学科。与其他传统学科不同,它既是一门基础学科又是一门应用学科。在基础的化学一级学科中,高分子与无机、有机、分析、物化并列为二级学科;而在应用性的材料科学中,高分子材料与金属材料、无机非金属材料共同组成最重要的三个领域。

高分子科学分成了高分子化学、高分子物理、高分子成型加工三个重要的分支。高分子合成提供原料,高分子物理检验分子结构并指导分子设计,高分子成型加工是从原料到产品的必经之路,同时为高分子设计提供性能反馈信息。三者相辅相成,缺一不可。

## §1.4 高分子在社会经济中的重要地位及发展趋势

### 1.4.1 高分子在社会经济中的重要地位

由于高分子材料原料丰富,种类多,具有许多优良性能,适合现代化生产,经济效益显著,且不受地域、气候的限制,因而高分子材料工业取得了突飞猛进的发展,现在已经广泛地深入到科研、生产生活的所有领域,已经成为与国民经济、高新技术和日常生活联系最紧密的材料。可以说我们生活在高分子的时代。

高分子材料与我们的衣食住行息息相关。在"衣"方面,发展化学纤维的一个目的就是解决穿衣问题,现今漂亮实用的合成纤维制品人们都不陌生。"的确良"制成的服装挺括美观、易洗免烫;尼龙袜坚固耐磨;腈纶棉质轻且保暖,不蛀不霉,便于洗涤;维尼纶织物干爽透气,穿着舒适。这就是目前合成纤维中大量生产的"四纶",即由聚对苯二甲酸乙二醇酯纺制的涤纶,由聚酰胺制成的尼龙,由聚丙烯腈制成的腈纶和由聚乙烯醇缩甲醛制成的维尼纶。合成纤维的发展,使人类告别了单纯依靠大自然赋予的棉、麻、毛、蚕丝编织衣着的时代,合成纤维对人类现代生活的影响是不言而喻的。

在"食"方面,高分子材料广泛用于日常食品的包装、储存、运输、保鲜等方面。这些包装材料大多数是聚乙烯、聚丙烯、聚酯等高分子的制品,以其重量轻、不易碎、免回收、免洗涤、装饰性强、美观大方而大量取代过去的玻璃包装,给居家和旅行生活带来了很大的方便。表1-3列出了常见的塑料包装材料及其制品的回收标志。

表 1-3　塑料包装材料的回收标志及常见制品

| 成分 | 常见包装制品 | 回收标志 |
|---|---|---|
| 聚对苯二甲酸乙二醇酯 | 矿泉水瓶、碳酸饮料瓶 | 01 PET |
| 高密度聚乙烯 | 清洁洗浴用品、药用容器 | 02 HDPE |
| 聚氯乙烯 | 水管、雨衣、塑料膜、塑料盒 | 03 PVC |

| 成分 | 常见包装制品 | 回收标志 |
|---|---|---|
| 低密度聚乙烯 | 塑料膜、保鲜膜 | 04 LDPE |
| 聚丙烯 | 水桶、微波炉用容器 | 05 PP |
| 聚丙烯 | 文具、玩具、一次性餐具 | 06 PS |
| 其他（如 PC（聚碳酸酯）） | 水壶、奶瓶、太空杯 | 07 Others |

在"住"方面，高分子材料也随处可见。塑料建材，又称化学建材，是继钢材、木材、水泥之后的第四代新型建筑材料，已成为建材工业的重要组成部分，主要包括：塑料门窗、塑料管材、新型防水材料、建筑涂料、建筑胶黏剂、外加剂、保温隔热材料及装饰装修材料等。

在"行"方面，高分子材料就更重要了。以汽车为例，汽车部件塑料化是当今国际汽车制造业的一大发展趋势，在我国，塑料件占汽车自重的 $7\%\sim10\%$。汽车部件由塑料制造的有：保险杆（PP/PU/PC/PBT）、仪表板（PU）、燃料箱（PE）、挡泥板（PP/PE/PC）、方向盘（PU/PP/PA）、内门板（PP/ABS）、杂物箱（PE/PP）、门把手（POM/PC/ABS/PVC）、音响设备外壳（ABS）、空调系统制件（ABS）、照明系统塑料（PC/PMMA）以及电线电缆包材（PVC）等；由橡胶制造的有：轮胎、密封件、隔振垫、胶管等；由纤维制造的有：座椅面料、覆饰材料、安全带等；除此之外还要用到各种胶黏剂和涂料等。聚合物材料在汽车领域的大量使用，不仅提高了汽车制造的美观和设计的灵活性，降低了零部件的加工、装配和维修费用，还有利于节能和环保。在飞机、轮船等交通工具中，高分子材料也有大量的应用。

除了衣食住行之外，高分子科学在国民经济的各个部门也发挥着重要的作用。农业上，高分子材料除可以制造农机具外，还大量用于农用薄膜。塑料农膜在农用塑料中占主要地位，是继化肥、农药之后的第三大农业生产资料。归功于塑料地膜、塑料大棚，现在人们一年四季都能吃上新鲜丰富的瓜果蔬菜。常用的塑料棚膜有 PE、PVC 等。工业上，"以塑代钢"、"塑代铁"早已成为研究的热门，塑料轴承、塑料齿轮、各种绝缘零部件、塑料管道、塑料衬里等均已广泛应用。现代的高科技产业也离不开高分子材料，在电子信息、生物制药、航空航天这些高技术领域中,高分子材料也越来越展示出它们关键的作用,许多重要技术都必须由高分子材料来实现。

> **讨论**:列举你身边的高分子材料,并根据性能和用途对其进行分类。

### 1.4.2 展望高分子领域的美好未来

高分子科学发展至今,学科内涵已初具规模,并在人类社会的发展中产生了举足轻重的作用,然而高分子科学的研究内容、研究领域仍在随着人类社会的发展而迅速扩展,高分子科学的发展还有无限的空间。展望当今的高分子科学,在高分子化学、高分子物理、高分子材料和高分子加工方面分别有如下的发展趋势。

**1. 高分子化学**

高分子化学是高分子科学的基础,其发展对高分子科学及技术的发展起着十分重要的推动作用。高分子化学研究高分子化合物合成和反应,新的有用的高分子化合物的分子设计及合成、新的聚合反应及聚合方法,始终是高分子化学研究的前沿领域。主要有两个重要的发展方向:一是针对现有的高分子聚合物体系,研究新的聚合方法、新型高效催化体系,实现对高分子结构的精确调控,优化合成与生产工艺;另一个方向是通过新的高分子化合物的分子设计及合成,开发具有新结构、新功能的新型聚合物。

**2. 高分子物理**

高分子物理是研究高分子物质物理性质的科学,是高分子科学的理论基础。通过对高分子结构与形态、高分子物理性能以及结构与性能之间的联系的研究,指导高分子化合物的分子设计和高聚物作为材料的合理使用,最终解决应用问题。目前高分子物理仍处于发展活跃期,研究方法已发展到理论、计算模拟和实验并重,但高分子物理的理论体系还欠系统,还有一些重要但尚未全面解决的问题有待进一步深入研究,比如高分子结晶性能、高分子溶液行为、高分子流变学、多相体系的微观物理行为、物质的玻璃态和玻璃化转变等。

**3. 高分子材料**

高分子材料是高分子科学和材料科学的一个交叉学科。随着生产和科技的发展,对高分子材料的性能提出了各种各样新的要求。今后高分子材料总的发展趋势是高性能化、功能化、复合化、智能化和精细化。

**(1) 高性能化**

高性能高分子材料是高分子材料科学发展的一个主要方向。现有的高分子材料虽已有很高的强度和韧性,某些品种甚至超过钢铁,但从理论上推测,还有很大的潜力。进一步提高材料的机械性能、耐热性、耐磨性、耐老化、耐腐蚀性等性能是高分子材料发展的重要方向,这对于航空、航天、电子信息、汽车工业、家用电器领域都有极其重要的作用。

通过各种物理、化学改性技术、复合改性技术，将高分子材料高性能化，能使原有树脂的性能、品质和附加值大幅度提高。高分子材料高性能化研究主要包括单一高分子材料的高性能化，通过改性技术实现高性能化以及与高性能材料研究并行的高分子材料试验评价技术的研究。

（2）功能化

功能高分子材料是材料科学中最具活力的新领域，目前已出现了一大批各种各样新功能的高分子材料。所谓功能高分子，是指在高分子主链和侧链上带有反应性功能基团，并具有可逆或不可逆的物理功能或化学活性的一类新型高分子，主要包括电磁功能高分子材料、光学功能高分子材料、物质传输、分离功能高分子材料、催化功能高分子材料、生物和医用功能高分子材料、力学功能高分子材料等。例如像金属那样导电的导电性聚合物、能吸收自重几千倍的高吸水性树脂、用于制造大规模集成电路的光刻胶、可以作为人造血管和人造心脏等器官的医用高分子材料等。高分子吸水性材料、光致抗蚀性材料、高分子分离膜、高分子催化剂等都是功能高分子的研究方向。

（3）复合化

复合材料可以克服单一材料的缺点和不足，发挥不同材料的优点，扩大高分子材料的应用范围，提高经济效益。高性能的结构复合材料是新材料的一个重要发展方向，目前主要用于航空航天、造船、海洋工程等领域。今后复合材料的研究方向主要有：高性能、高模量的纤维增强材料的研究与开发；合成具有高强度、优良成型加工性能和优良耐热性的基体树脂；界面性能、黏结性能的提高及评价技术的改进等方面。

（4）智能化

高分子材料的智能化是一项富有挑战性的重大课题，智能材料是使材料本身带有生物所具有的高级智能，例如预知预告、自我诊断、自我修复、自我识别能力等特性，对环境的变化可以做出合乎要求的解答；根据人体的状态，控制和调节药剂释放的微胶囊材料，根据生物体生长或愈合的情况或继续生长或发生分解的人造血管、人工骨等医用材料。由功能材料到智能材料是材料科学的一次飞跃，它是新材料、分子原子级工程技术、生物技术和人工智能诸多学科相互渗透、融合的一个产物。

（5）精细化

电子信息技术的迅猛发展，要求所用的原材料及加工工艺技术进一步向高纯化、超净化、精细化、功能化方向发展。例如超大规模集成电路用光致抗蚀剂，目前光刻工艺分辨率可达 $1\sim2~\mu m$，研究水平接近 $0.1~\mu m$。为了发展亚微米级（$0.01~\mu m$）和纳米级（$0.001~\mu m$）的超细光刻工艺，除了要发展适于波长更短的光源（紫外光、电子束、X 射线等）曝光的新型光致抗蚀剂外，还必须改进光刻工艺。高分子材料的精细化属于高科技领域，目前基本上处于探索阶段。

### 4. 高分子加工

高分子材料加工在高分子工业中扮演着非常重要的角色,高分子材料的最终使用性能在很大程度上取决于成型加工后所形成的材料形态。聚合物制品形态主要在加工过程的复杂外力场和温度作用下形成。因此,研究在加工成型过程中材料结构的形成和演变规律,实现对材料形态的调控;探索新型加工原理和开发新加工方法对高分子材料的基础理论研究和开发高性能化、复合化、多功能化、低成本化及清洁化高分子材料有重要意义。

### 5. 高分子材料科学与资源、环境协调发展

聚合物的发展和广泛使用给日常生活和工农业生产等带来了巨大利益,但也引起了一些环境问题。塑料的一个重要应用是作为包装物,但塑料包装物的大量废弃也造成了"白色污染",为高分子材料的形象蒙上了一层阴影,使人们谈塑色变。其实,包装物一方面可以保护易腐烂、易损坏商品免受环境影响,另一方面又可防止腐蚀性或有毒物质进入环境之中,它为食品工业做出了不能抹杀的贡献。所以我们不能一刀切的拒绝塑料,应该从源头减少、寻找替代材料、使用在自然环境中可以降解的材料,并进行循环利用、分类回收。

## 习 题

1. 写出由下列单体生成的聚合物的反应式,并对聚合物进行命名,指出构成该聚合物的单体单元、结构单元和重复单元。

$$CH_2=CH \atop | \atop COOH \qquad CH_2=C-CH=CH_2 \atop | \atop CH_3$$

$$HO(CH_2)_5COOH \qquad NH_2(CH_2)_6NH_2+HOOC(CH_2)_4COOH$$

2. 说出为我国的高分子科学发展做出重大贡献的科学家及其主要成就。
3. 列举高分子在经济生活中的应用。

## 参考文献

[1] 董炎明.奇妙的高分子世界.北京:化学工业出版社,2011.
[2] 王玉忠,陈思翀,袁立华.高分子科学导论.北京:科学出版社,2010.
[3] 陈咏梅,李春.高分子基础.北京:科学出版社,2009.
[4] 董炎明,张海良.高分子科学简明教程.北京:科学出版社,2008.
[5] 董建华.高分子科学的近期发展趋势与若干前沿.高分子通报,2005,5:1~7.
[6] 程正迪.21世纪高分子科学与工程的发展与方向.中国科学基金,2001,4:199~202.

# 第二章　高分子合成反应

　　根据聚合反应机理和动力学,可以将高分子的合成反应分为连锁聚合反应和逐步聚合反应两大类。

　　连锁聚合反应需要能提供活性中心的引发剂,引发剂一般带有弱键,易分解,弱键断裂有均裂和异裂两种形式。均裂时,共价键上一对电子分属两个基团,这种带独电子的基团呈中性,称为自由基。异裂结果,共价键上一对电子全部归属于某一基团,形成阴离子;另一缺电子的基团则成为阳离子。

　　均裂:

$$R \cdot | \cdot R \longrightarrow 2R \cdot$$

　　异裂:

$$A | : B \longrightarrow A^{\oplus} + B^{\ominus}$$

　　活性中心可以是自由基、阳离子或阴离子,因此可以根据活性中心的不同将连锁聚合反应分为自由基聚合、阳离子聚合和阴离子聚合。配位聚合也属于离子聚合的范畴。连锁聚合历程由链引发、链增长、链终止等基元反应组成,各基元反应的速率和活化能差别很大。链引发是活性中心的形成,活性中心与存在弱键的单体(如烯类单体)加成,使链迅速增长,活性中心的破坏就使链终止。自由基聚合在不同转化率下聚合物的平均分子质量差别不大,体系始终由单体、高分子质量聚合物和微量引发剂组成,没有分子质量递增的中间产物。所变化的是转化率随时间而增大,单体则相应减少。

　　逐步聚合反应的特征是低分子单体转变成高分子是逐步进行的,每步反应的速率和活化能大致相同。两单体分子反应,形成二聚体;二聚体与单体反应,形成三聚体;二聚体相互反应,则形成四聚体。反应初期单体很快消失,形成二聚体、三聚体、四聚体等低聚物,短期内单体转化率很高。随后低聚物间继续反应,随反应时间的延长,分子质量再继续增大,直至反应程度很高($>98\%$)时,分子质量才达到较高的数值。在逐步聚合过程中,体系由单体和分子质量递增的一系列中间产物组成,任何中间产物两分子间都能发生反应。

　　本书将按聚合机理的分类方案,依次介绍各种聚合反应。

# §2.1 自由基聚合反应

单体借助于光、热、辐射、引发剂的作用,使单体分子活化为单体自由基,再与单体连锁聚合形成高聚物的化学反应,称为自由基聚合反应。

自由基聚合反应是合成高聚物的一种重要反应,工业上自由基聚合物约占聚合物产量的 60% 以上,其重要性可想而知。许多主要塑料、合成橡胶和合成纤维都是通过这种反应合成的,例如塑料中可作保鲜膜的聚乙烯、可做管材的聚氯乙烯、用于制造玩具的聚苯乙烯、享有"塑料王"美称的聚四氟乙烯、称为有机玻璃的聚甲基丙烯酸甲酯、可用作胶黏剂的聚醋酸乙烯酯,合成橡胶中的丁苯橡胶、丁腈橡胶、氯丁橡胶,合成纤维中的称为人造羊毛的聚丙烯腈(商品名,腈纶)等。

## 2.1.1 自由基聚合的基元反应

自由基聚合反应主要包括链引发、链增长、链转移和链终止等基元反应。现将各基元反应及其主要特征分述如下。

1. 链引发

链引发是形成单体自由基活性中心的反应。用引发剂引发时,由以下两步反应组成。

第一步:引发剂 I 分解,形成初级自由基 R·。

$$I \longrightarrow 2R\cdot$$

引发剂是指分子结构上具有弱键,易分解产生自由基进而引发单体聚合的化合物。注意:引发剂在聚合过程中逐渐被消耗,残基成为大分子末端,不能再还原成原来的物质,所以,称为引发剂而不是催化剂。引发剂中弱键的离解能一般要求为 $100 \sim 170$ kJ/mol。常用的引发剂有偶氮类引发剂、过氧类引发剂和氧化-还原引发体系。

(1) 偶氮类引发剂

偶氮二异丁腈(AIBN)是最常用的偶氮类引发剂,一般在 $45 \sim 65$ ℃ 下使用,其分解反应式如下:

$$
\begin{array}{ccc}
\text{CH}_3 & \text{CH}_3 & \text{CH}_3 \\
| & | & | \\
\text{CH}_3-\text{C}-\text{N}=\text{N}-\text{C}-\text{CH}_3 \longrightarrow & 2\text{CH}_3-\text{C}\cdot & +\text{N}_2\uparrow \\
| & | & | \\
\text{CN} & \text{CN} & \text{CN}
\end{array}
$$

其分解特点是反应几乎全部为一级反应,只形成一种自由基,无诱导分解;稳定性好,贮存、运输、使用均比较安全。分解时有 $N_2$ 逸出,工业上可用作泡沫塑料的发泡剂,还可以利用其氮气放出速率来研究其分解速率。

(2) 过氧类引发剂

过氧化二苯甲酰(BPO)是最常用的过氧类引发剂。BPO 中的 O—O 键部分的电子云密度大而相互排斥,容易断裂,通常在 $60\ ℃\sim80\ ℃$ 分解。

$$\delta^+\rightarrow\qquad\delta^-\quad\delta^-\qquad\leftarrow\delta^+$$

BPO 按两步分解。第一步均裂成苯甲酸自由基,有单体存在时,即引发聚合;无单体存在时,进一步分解成苯基自由基,并放出 $CO_2$,但分解并不完全。

$$C_6H_5C-O-O-CC_6H_5\longrightarrow 2C_6H_5C-O^·\longrightarrow 2C_6H_5^·+2CO_2$$

（3）氧化-还原引发体系

许多氧化-还原反应可以产生自由基,用来引发聚合。这类引发剂称为氧化-还原引发体系。通过氧化-还原反应使自由基的反应活化能降低(约 $40\sim60$ kJ/mol),可在较低温度 $(0\sim50\ ℃)$ 下引发聚合,而有较快的聚合速率。

例如:过氧化氢和亚铁盐组成氧化-还原引发体系,5 ℃下可引发聚合。

$$HO-OH+Fe^{2+}\longrightarrow OH^-+HO^·+Fe^{3+}$$

第二步:初级自由基与单体 M 加成,形成单体自由基。

$$R^·+M\longrightarrow RM^·$$

例如:

$$R^·+CH_2=CH\longrightarrow RCH_2CH^·$$
$$\qquad\qquad\quad |\qquad\qquad\qquad\quad|$$
$$\qquad\qquad\quad X\qquad\qquad\qquad\quad X$$

比较上述两步反应,引发剂分解是吸热反应,活化能高,约 $105\sim150$ kJ/mol,反应速率小,分解速率常数约 $10^{-4}\sim10^{-6}$ $s^{-1}$。初级自由基与单体形成单体自由基这一步是放热反应,活化能低,约 $20\sim34$ kJ/mol,反应速率大,与后续的链增长反应相似。但链引发必须包括这一步,因为一些副反应可以使初级自由基不参与单体自由基的形成,也就无法继续链增长。因此,作为引发剂有一个引发效率的问题。所谓引发效率,是指引发剂分解生成的初级自由基中用于引发单体聚合的引发剂量占消耗的引发剂总量的分数。引发剂的选择至关重要,在实际操作中,引发剂的种类和用量需经大量实验才能确定。

2. 链增长

链引发阶段形成的单体自由基不断地和单体分子结合生成链自由基,如此反复的过程称为链增长反应。

$$RM^·+M\longrightarrow RM_2^·$$

$$RM_2^·+M\longrightarrow RM_3^·$$

$$\cdots\cdots \quad \cdots\cdots$$
$$RM_n \cdot + M \longrightarrow RM_{n+1} \cdot$$

例如：

$$RCH_2\overset{\cdot}{C}H + CH_2 = \overset{}{C}H \longrightarrow RCH_2CHCH_2\overset{\cdot}{C}H \cdots \longrightarrow RCH_2\overset{}{C}H (CH_2\overset{}{C}H)_{\overline{n}} CH_2\overset{\cdot}{C}H$$
$$\quad\quad\quad |\quad\quad\quad |\quad\quad\quad\quad\quad\quad |\quad\quad\quad |\quad\quad\quad\quad\quad\quad |\quad\quad\quad |\quad\quad\quad |$$
$$\quad\quad\quad X\quad\quad\quad X\quad\quad\quad\quad\quad\quad X\quad\quad\quad X\quad\quad\quad\quad\quad\quad X\quad\quad\quad X\quad\quad\quad X$$

为了书写方便，上述链自由基可以简写成 $\sim\sim\sim CH_2\overset{\cdot}{C}H$ ，其中锯齿形代表由许多单元

组成的碳链骨架，基团所带的独电子处在碳原子上。

链增长是放热反应，烯类单体聚合热约 $55 \sim 95$ kJ/mol；增长活化能低，约 $20 \sim$ 34 kJ/mol，增长速率极高，在 0.01 s 至几秒钟内，就可以使聚合度达到数千，甚至上万。这样高的速率是难以控制的，单体自由基一经形成以后，立刻与其他单体分子加成，增长成活性链，而后终止成大分子。因此，聚合体系内往往由单体和聚合物两部分组成，不存在聚合度递增的一系列中间产物。

### 3. 链终止

在一定条件下，增长链自由基失去活性形成稳定聚合物分子的反应称为链终止反应。终止反应有偶合终止和歧化终止两种方式。

两链自由基的独电子相互作用结合成共价键的终止反应称为偶合终止。偶合终止的结果，大分子的聚合度为链自由基重复单元数的两倍。若用引发剂引发聚合且无链转移时，大分子两端均为引发剂残基。

$$RM_n \cdot + \cdot M_m R \longrightarrow RM_n - M_m R$$

例如：

$$\sim\sim\sim CH_2\overset{\cdot}{C}H + \overset{\cdot}{C}HCH_2\sim\sim\sim \longrightarrow \sim\sim\sim CH_2\overset{}{C}H - \overset{}{C}HCH_2\sim\sim\sim$$
$$\quad\quad\quad\quad |\quad\quad\quad |\quad\quad\quad\quad\quad\quad\quad\quad\quad\quad |\quad\quad\quad |$$
$$\quad\quad\quad\quad X\quad\quad\quad X\quad\quad\quad\quad\quad\quad\quad\quad\quad\quad X\quad\quad\quad X$$

某链自由基夺取另一链自由基相邻碳原子上的氢原子或其他原子的终止反应，称为歧化终止。歧化终止的结果，大分子的聚合度与链自由基中单元数相同，每个大分子只有一端为引发剂残基，另一端为饱和或不饱和，两者各半。

$$RM_n \cdot + \cdot M_m R \longrightarrow RM_n(饱和) + M_m R(不饱和)$$

例如：

$$\sim\sim\sim CH_2\overset{\cdot}{C}H + \overset{\cdot}{C}H\overset{H}{C}\sim\sim\sim \longrightarrow \sim\sim\sim CH_2CH_2 + CH = CH\sim\sim\sim$$
$$\quad\quad\quad\quad |\quad\quad\quad |\quad |\quad\quad\quad\quad\quad\quad\quad\quad\quad\quad\quad |\quad\quad\quad |$$
$$\quad\quad\quad\quad X\quad\quad\quad X\ H\quad\quad\quad\quad\quad\quad\quad\quad\quad\quad X\quad\quad\quad X$$

链终止方式与单体种类和聚合条件有关。一般单取代乙烯基单体聚合时以偶合终止为主,而二元取代乙烯基单体由于立体阻碍难于双基偶合终止。由实验确定,60 ℃下聚苯乙烯以偶合终止为主。甲基丙烯酸甲酯在 60 ℃ 以上聚合,以歧化终止为主;在 60 ℃ 以下聚合,两种终止方式都有。聚合温度增高,苯乙烯聚合时歧化终止比例增加。

链终止活化能很低,只有 8～21 kJ/mol,甚至为零,因此终止速率常数极高,约 $10^6$～$10^8$ L/(mol·s)。链双基终止受扩散控制。

链终止和链增长是一对竞争反应。从一对活性链的双基终止和活性链—单体的增长反应比较,终止速率常数 $k_t$ 显然远大于增长速率常数 $k_p$,为什么还能得到聚合度 $10^3$～$10^5$ 的聚合物? 这是因为从整个聚合体系宏观来看,反应速率还与反应物质浓度成正比,单体浓度($1$～$10$ mol/L)远大于自由基浓度($10^{-7}$～$10^{-9}$ mol/L),结果,增长速率较终止速率大 $3$～$5$ 个数量级,从而聚合反应能形成聚合度 $10^3$～$10^5$ 的聚合物。

任何自由基聚合都有上述链引发、链增长、链终止三步基元反应。其中引发速率最小,产生初级自由基比较慢,后面的反应速率大,但是没有足够的初级自由基,所以引发速率成为控制整个聚合速率的关键。

### 4. 链转移反应

在自由基聚合过程中,链自由基从其他分子上夺取一个原子而终止成为稳定的大分子,并使失去原子的分子成为自由基,再引发单体继续新的链增长,使聚合反应继续进行下去,这一反应称为链转移反应。链转移的对象包括单体、溶剂、引发剂等低分子或大分子。

向低分子链转移的反应示意如下:

$$\text{\ensuremath{\sim}\ensuremath{\sim}CH_2CH^{\cdot}} + YS \longrightarrow \text{\ensuremath{\sim}\ensuremath{\sim}CH_2CHY} + S^{\cdot}$$
$$\qquad\quad | \qquad\qquad\qquad\quad |$$
$$\qquad\quad X \qquad\qquad\qquad\quad X$$

向低分子转移的结果,使聚合物分子质量降低。

链自由基也有可能从大分子上夺取原子而转移。向大分子转移一般发生在叔氢原子或氯原子上,结果使叔碳原子上带有独电子,形成大分子自由基,进一步进行链增长,形成支链高分子。

例如:

$$nCH_2\!=\!\underset{X}{\overset{|}{CH}} \Longrightarrow \sim\sim CH_2-\underset{X}{\overset{|}{\underset{|}{C}}}\sim\sim$$

### 2.1.2 自由基聚合反应的特征

根据上述机理分析,可将自由基聚合的特征概括如下:

(1) 自由基聚合反应在微观上可以明显地区分成链的引发、增长、终止、转移等基元反应。由表 2-1 对链引发速率常数 $k_d$、链增长速率常数 $k_p$ 和链终止速率常数 $k_t$ 以及三步基元反应的活化能大小($E_p$ 约 16~33 kJ/mol;$E_t$ 约 8~21 kJ/mol;$E_d$ 约 105~150 kJ/mol)进行比较,可知:从反应速率常数看,$k_p$、$k_t$ 远大于 $k_d$;从反应活化能看,$E_p$、$E_t$ 远小于 $E_d$。因此,整个聚合反应中,引发反应速率最慢,总聚合速率由最慢的引发反应来控制。可以概括为慢引发、快增长、速终止。

(2) 只有链增长反应才能使聚合度增加。一个单体分子从引发,经增长和终止,转变成大分子,时间极短,不能停留在中间聚合度阶段,反应混合物仅由单体和聚合物组成。在聚合全过程中,聚合度变化较小。

(3) 在聚合过程中,单体浓度逐步降低,聚合物浓度相应提高。延长聚合时间主要是提高转化率,对分子质量影响较小。

(4) 少量(0.01%~0.1%)阻聚剂足以使自由基聚合反应终止。

(5) 当自由基聚合反应采用本体聚合来实施时,随着聚合的进行,转化率提高(如20%~30%)后,体系黏度增加,会出现自动加速现象,该阶段由于体系黏度大,散热困难,易爆聚使反应失控,因此是工业控制的关键。

**表 2-1 自由基聚合反应的参数**

| | $E(\text{ kJ/mol})$ | $k$ | 特 点 |
|---|---|---|---|
| 链引发 | $E_d:105\sim150$<br>$E_i:20\sim34$ | $k_d:10^{-4}\sim10^{-6}\ \text{s}^{-1}$ | 慢引发 |
| 链增长 | $E_p:16\sim33$ | $k_p=10^2\sim10^4\ \text{L/mol}\cdot\text{s}$ | 快增长 |
| 链终止 | $E_t:8\sim21$ | $k_t=10^6\sim10^8\ \text{L/mol}\cdot\text{s}$ | 速终止 |

**讨论**:为什么说传统自由基聚合的机理特征是慢引发、快增长、速终止?

### 2.1.3　阻聚和缓聚

阻聚并非聚合的基元反应,但对单体的生产和储存、聚合的进行、必要时的及时终止等都具有很重要的作用。所谓阻聚,就是指阻止或停止聚合反应的进行。具有能与链自由基反应生成非自由基或不能引发单体聚合的低活性自由基,而使聚合反应完全停止的化合物称为阻聚剂。当体系中存在阻聚剂时,在聚合反应开始以后(引发剂开始分解),并不能马上引发单体聚合,必须在体系中的阻聚剂全部消耗完后,聚合反应才会以正常速率进行。即从引发剂开始分解到单体开始转化存在一个时间间隔,这段时间间隔称为诱导期。因此,聚合体系中有阻聚剂存在时,就会出现诱导期。缓聚剂是活性较小的阻聚剂,它不能停止聚合反应,只是减缓聚合反应。

目前,工业上常用的阻聚剂有苯醌类、硝基苯类、芳香胺类化合物。它们都能与自由基结合生成稳定的自由基,不再引发单体,最后双基终止。

在聚合反应中,氧一般起阻聚剂的作用。在低温下,生成的自由基与氧反应,形成比较不活泼的过氧自由基,过氧自由基本身或与其他自由基歧化或偶合终止;过氧自由基有时也可能与少量单体加成,形成分子质量很低的聚合物。因此,大部分聚合反应通常在排除氧的条件下进行。而在高温下,过氧化物却能分解成自由基,引发单体聚合。所以,氧具有低温阻聚和高温引发的双重作用。

1,1-二苯基-2-三硝基苯肼(DPPH)自由基对单体没有引发作用,但能迅速与初级自由基或短链自由基发生双基终止反应,是自由基型阻聚剂。DPPH分子能够化学计量地消灭一个自由基,素有"自由基捕捉剂"之称。DPPH捕捉自由基后,由原来的黑色变为无色,故可通过比色法定量测定引发剂的引发效率。

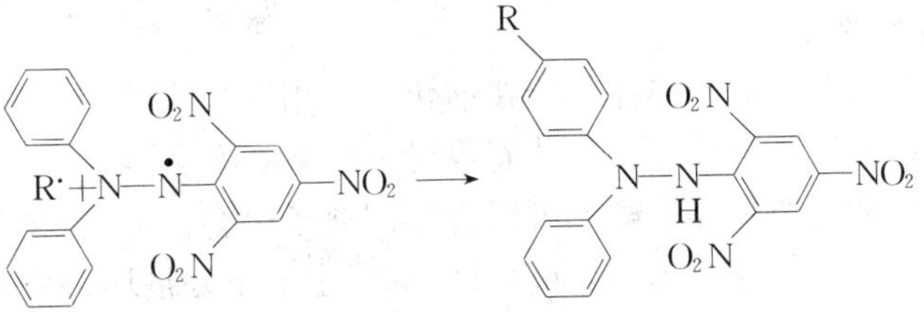

> 讨论:单体在储存和运输过程中,常常加入阻聚剂,为什么? 如果用含有阻聚剂的单体聚合,将会出现什么情况?

# §2.2 离子聚合反应

离子聚合是由离子活性种引发的聚合反应。根据活性中心离子的电荷性质，又可分为阳(正)离子聚合和阴(负)离子聚合。配位聚合也可归属于离子聚合的范畴，因其发展迅速，反应机理独特，因此将另列一节。离子聚合和配位聚合都属于连锁聚合反应，但与自由基聚合有些差异。

多数烯类单体都能进行自由基聚合，但对离子聚合却有极高的选择性。通常带有 1,1-二烷基、烷氧基等供(推)电子基团的烯类单体有利于阳离子聚合；具有氰基、羰基等吸电子基团的烯类单体有利于阴离子聚合。带苯基、乙烯基等的共轭烯类单体，如苯乙烯、丁二烯等，既能阳离子聚合，也能阴离子聚合，更是自由基聚合的常用单体。

由于离子型聚合反应的活性中心是离子，生成离子活性中心的活化能低，所以反应进行得快，能在低温下很短时间内聚合形成高分子产物。

## 2.2.1 阳离子聚合

阳离子聚合的研究工作和工业应用都有着悠久的历史。可供阳离子聚合的单体种类有限，主要是异丁烯；但引发剂种类却很多，从质子酸到 Lewis 酸。可选用的溶剂不多，一般选用卤代烃，如氯甲烷。工业化的阳离子聚合产品有聚异丁烯、丁基橡胶、聚甲醛等。

烯烃阳离子聚合的活性种是碳阳离子 $A^+$，与反离子(或抗衡离子)$B^-$ 形成离子对，单体插入离子对而引发聚合。阳离子聚合反应的通式为：

$$A^{\oplus}B^{\ominus}+M \longrightarrow AM^{\oplus}B^{\ominus} ------ \xrightarrow{M} -M_n-$$

### 1. 阳离子聚合的单体

能参与阳离子型聚合反应的单体都能在催化剂作用下生成碳阳离子，这类单体有烯烃类化合物、羰基化合物、含氧杂环等。本节着重讨论烯类单体。

具有供电子基团的烯类单体原则上可以进行阳离子聚合。那么，供电子基团如何使烯类单体利于阳离子聚合？作为乙烯，本身双键 C 原子上电子云是均匀分布的，当其中一个 C 原子连有供电子基团时，供电子基团的电子云向与其相连的双键 C 原子偏移，使双键上的电子云密度增加，结果，有利于阳离子活性种的进攻，当阳离子结合上去以后，分散了正电性，增强了碳阳离子的稳定性。所以带供电子基团的烯类单体易进行阳离子聚合。α-烯烃有推电子烷基，按理能进行阳离子聚合。但能否聚合成高聚物，还要求：① 质子对碳-碳双键有较强的亲和力；② 增长反应比其他副反应快，即生成的碳阳离子有适当的稳定性。

异丁烯几乎是单烯烃中能阳离子聚合的主要单体，主要原因是：① 乙烯无取代基，双键上电子云密度低，且不易极化，对质子亲和力小，因此难以进行阳离子聚合。② 丙烯、丁烯

等 α-烯烃只有 1 个烷基,甲基、乙基是供电子基团,双键电子云密度有所增加,但一个烷基供电不足,聚合增长速率并不太快,生成的二级碳阳离子比较活泼,容易发生重排等副反应,生成较稳定的三级碳阳离子。因此,丙烯、丁烯经阳离子聚合只能得到低分子油状物。

③ 异丁烯一个碳原子上双甲基取代,供电性相对较强,使碳碳双键电子云密度增加很多,易受阳离子进攻而被引发,形成三级碳阳离子—$CH_2C^+(CH_3)_2$,形成的链

$$\left(\sim\!\!\sim CH_2-\underset{\underset{CH_3}{|}}{\overset{\overset{CH_3}{|}}{C}}-CH_2-\underset{\underset{CH_3}{|}}{\overset{\overset{CH_3}{|}}{C^{\oplus}}}\right)$$ 中亚甲基($-CH_2-$)上的氢受四个甲基的保护,不易被夺取,减少

了转移、重排、支化等副反应,最终则可增长成高分子质量的线型聚异丁烯。

实际上,异丁烯几乎成为 α-烯烃中唯一能进行阳离子聚合的单体;而且异丁烯也只有通过阳离子聚合才能制得聚合物。异丁烯这一特性常用来判断聚合是否属于阳离子机理。

2. 阳离子聚合的引发体系及引发作用

离子聚合中一般习惯使用"催化剂"来代替引发剂,但实际上所谓的"催化剂"也参与聚合反应,其碎片进入聚合体,因此应该称为引发剂或引发体系。

阳离子聚合的引发剂主要有质子酸和 Lewis 酸两大类,都属于电子受体即亲电试剂。

(1) 质子酸

质子酸包括:浓 $H_2SO_4$,$H_3PO_4$,$HClO_4$(高氯酸),$CCl_3COOH$(三氯代乙酸)等强质子酸,其在非水介质中离解成质子氢($H^+$),使烯烃质子化,然后与单体加成形成引发活性中心—活性单体离子对。如:

$$HA \Longrightarrow H^{\oplus}A^{\ominus}$$

$$H^{\oplus}A^{\ominus}+CH_2=\underset{\underset{X}{|}}{CH} \longrightarrow CH_3-\underset{\underset{X}{|}}{CH^{\oplus}}A^{\ominus}$$

酸要有足够的强度产生 $H^+$,保证质子化种的形成,但酸中阴离子的亲核性不能太强(如氢卤酸),否则会与活性中心结合成共价键而终止,如:

$$CH_3-\underset{\underset{X}{|}}{CH^{\oplus}}A^{\ominus} \longrightarrow CH_3-\underset{\underset{X}{|}}{\overset{\overset{A}{|}}{CH}}$$

(2) Lewis 酸

Lewis 酸是最常用的阳离子聚合的引发剂,种类很多,主要有 $AlCl_3$、$BF_3$、$SnCl_4$、$ZnCl_2$、$TiCl_4$ 等,被用作低温下获得高分子质量聚合物的引发剂。

纯 Lewis 酸引发活性低,需要添加微量共(助)引发剂(水、有机酸及能产生碳阳离子的物质)作为阳离子源,才能保证正常聚合。

如：无水 $BF_3$ 不能引发无水异丁烯的聚合，加入痕量水，聚合反应立即发生。

$$BF_3 + H_2O \Longrightarrow H^\oplus (BF_3OH)^\ominus$$

$$CH_2=\underset{\underset{CH_3}{|}}{\overset{\overset{CH_3}{|}}{C}} + H^\oplus(BF_3OH)^\ominus \longrightarrow CH_3-\underset{\underset{CH_3}{|}}{\overset{\overset{CH_3}{|}}{\overset{\oplus}{C}}}(BF_3OH)^\ominus$$

**3. 阳离子聚合机理**

阳离子聚合也由链引发、链增长、链终止、链转移等基元反应组成，但各步反应速率与自由基聚合反应不同。

例如，乙烯基单体在阳离子引发剂作用下进行的阳离子聚合反应为：

**(1) 链引发**

阳离子引发极快，几乎瞬间完成，与自由基聚合中慢引发截然不同。

$$A^\oplus B^\ominus + CH_2=\underset{\underset{R}{|}}{CH} \longrightarrow A-CH_2-\underset{\underset{R}{|}}{\overset{\oplus}{CH}}\cdots B^\ominus$$

**(2) 链增长**

单体不断插入到碳阳离子和反离子形成的离子对中间进行链增长。

$$A-CH_2-\underset{\underset{R}{|}}{\overset{\oplus}{CH}}\cdots B^\ominus + n\,CH_2=\underset{\underset{R}{|}}{CH} \longrightarrow \sim\!\!\sim CH_2-\underset{\underset{R}{|}}{\overset{\oplus}{CH}}\cdots B^\ominus$$

阳离子聚合的链增长反应有以下特征：

① 增长速率快，活化能低，大多数 $E_p$ = 8.4～21 kJ/mol，几乎与链引发同时瞬间完成。

② 阳离子聚合中，单体按头尾结构插入离子对而增长，对单体单元构型有一定控制能力。

③ 增长过程中伴有分子内重排、转移、异构化等副反应。例如，3-甲基-1-丁烯的阳离子聚合产物含有下列两种结构单元，就是发生重排的结果，把这种聚合称为异构化聚合或分子内氢转移聚合。

正常产物　　　　　　　　　　　　　重排产物

**(3) 链转移与终止**

离子聚合的增长活性中心带有相同的电荷，不能双分子终止，只能发生链转移终止或单基终止，这一点与自由基聚合显著不同。如向单体链转移，活性链向单体转移，生成的大分子含有不饱和端基，同时再生出活性单体离子对。

$$\sim\sim CH_2 \overset{\oplus}{\underset{R}{-CH}}\cdots B^{\ominus} + CH_2=CH-R \longrightarrow \sim\sim CH=CH+CH_3 \overset{\oplus}{\underset{R}{-CH}}\cdots B^{\ominus}$$

由于阳离子增长链末端带有正电荷,所以具有亲核性的单体或碱性单体易于发生阳离子聚合反应,但容易从单体分子中夺取质子而发生向单体链转移的副反应或与亲核杂质反应而终止。即使在很低的温度下,也容易发生链转移反应,因而不易得到高分子质量产品。所以工业上用异丁烯和少量异戊二烯经阳离子聚合反应生产丁基橡胶时聚合温度须低至 $-100\ ℃$ 。

阳离子聚合机理的特点可以总结为:快引发、快增长、易转移、难终止。

4. 阳离子聚合的工业应用

高分子合成工业中应用阳离子聚合反应生产的聚合物主要品种如下:

聚异丁烯:异丁烯在阳离子引发剂 $AlCl_3$ 、$BF_3$ 等作用下聚合,由于聚合反应条件、反应温度、单体浓度、是否加有链转移剂等的不同而得到不同分子质量的产品,因而具有不同的用途。低分子质量聚异丁烯(分子质量 $<5$ 万),为高黏度流体,主要用作机油添加剂、黏合剂等。高分子质量聚异丁烯为弹性体用作密封材料和蜡的添加剂或作为屋面油毡。异丁烯与少量异戊二烯的共聚物称作丁基橡胶,其分子质量为 5 万～50 万。所用引发剂为 $AlCl_3$ ,溶剂为二氯甲烷,于 173 K 聚合而得。

聚甲醛:由三聚甲醛与少量二氧五环经阳离子引发剂 $AlCl_3$ 、$BF_3$ 等引发聚合。用作热熔黏合剂、橡胶配合剂等。

聚乙烯亚胺:主要是环乙胺、环丙胺等经阳离子聚合反应生成聚乙烯亚胺均聚物或共聚物,它是高度分支的高聚物。用作絮凝剂、黏合剂、涂料以及表面活性剂等。

讨论:阳离子聚合反应最突出的特点。

### 2.2.2　阴离子聚合

以阴离子为反应活性中心进行的离子聚合为阴离子型聚合反应。阴离子聚合反应的通式为:

$$A^{\oplus}B^{\ominus} + M \longrightarrow BM^{\ominus}A^{\oplus} ------ \overset{M}{\longrightarrow} -M_n-$$

1. 阴离子聚合的单体

可以发生阴离子聚合的单体可以粗分为烯类和杂环两大类,本节着重讨论烯类单体。

具有吸电子基团的烯类单体原则上容易进行阴离子聚合。那么,吸电子基团如何使烯类单体利于阴离子聚合?以丙烯腈为例,当取代基为氰基,氰基是吸电子基团,氰基的吸电子效应使双键电子云向靠近氰基的 C 原子偏移,导致双键上的电子云密度减弱,这样就有利于阴离子的进攻,当阴离子结合上去以后,所形成的碳阴离子电子云密度得以进一步分散,同时形成的 π-π 共轭体系增加活性中心的稳定性。

但 p-π 共轭而带吸电子基团的烯类单体,如氯乙烯,却难以阴离子聚合,这是因为 Cl 原子是吸电子原子,它的诱导效应使双键电子云向 Cl 原子方向偏移。而双键与 Cl 原子上 p 电子形成 p-π 共轭,使电子云向远离 Cl 原子的 C 原子方向偏移,诱导效应和共轭效应相互抵消,使得氯乙烯不利于阴离子聚合,只能自由基聚合。PVC 的工业合成是按自由基聚合机理进行。近年来,为了获得结构规整、热稳定性能良好的 PVC 树脂,人们从未间断对新型氯乙烯聚合技术的研究。由烷基锂催化氯乙烯阴离子聚合的研究在 20 世纪 70 年代就有报道。

2. 阴离子聚合的引发体系

阴离子聚合的引发剂有碱金属、碱金属和碱土金属的有机化合物、三级胺等碱类,是给电子体即"亲核试剂"。阴离子聚合反应的引发过程有两种形式:① 电子转移引发即碱金属把原子最外层电子直接或间接转移给单体,使单体成为阴离子,而后引发聚合。② 阴离子引发,就是引发剂分子中的阴离子如 $H_2N^-$ 与单体直接形成阴离子活性中心,而后引发聚合。

3. 阴离子聚合机理

阴离子聚合反应历程包括链引发与链增长,根据需要,链终止可以避免。例如,丁基锂引发苯乙烯的阴离子聚合反应为:

(1) 链引发

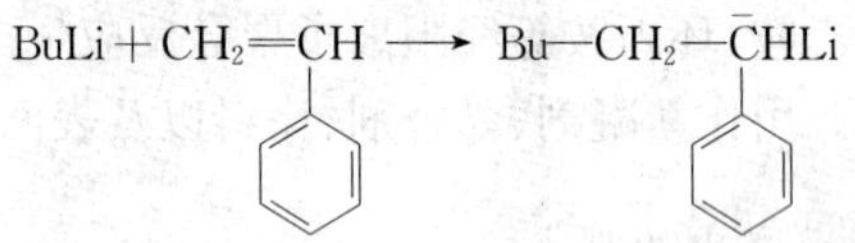

$$BuLi + CH_2=CH \longrightarrow Bu-CH_2-\bar{C}HLi$$

(2) 链增长

通过单体插入到离子对中间完成链增长。

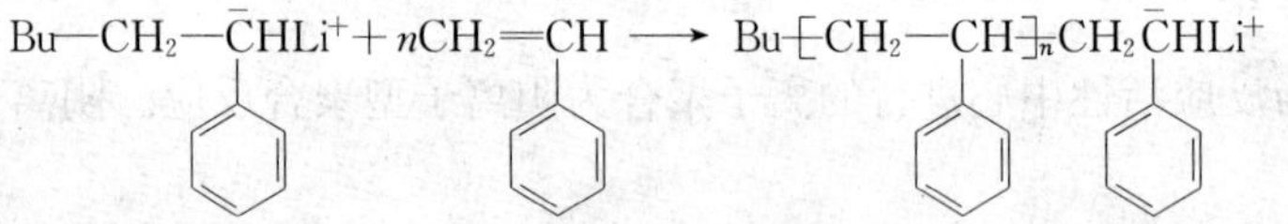

$$Bu-CH_2-\bar{C}HLi^+ + nCH_2=CH \longrightarrow Bu[CH_2-CH]_n CH_2-\bar{C}HLi^+$$

(3) 链终止

$$Bu[CH_2-CH]_n CH_2-\bar{C}HLi^+ + CH_3OH \longrightarrow Bu[CH_2-CH]_n CH_2-CH_2 + LiOCH_3$$

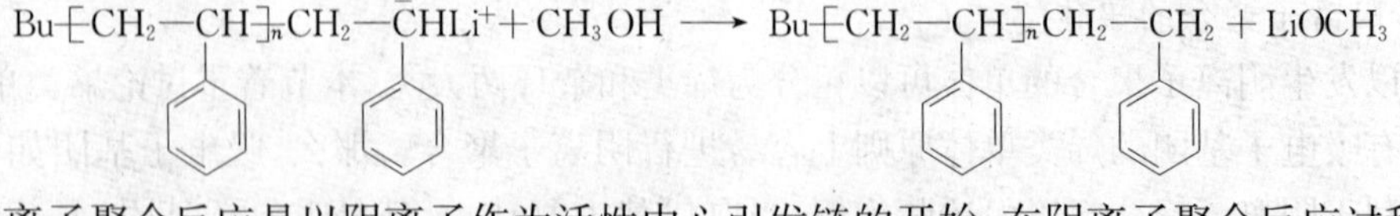

阴离子聚合反应是以阴离子作为活性中心引发链的开始,在阴离子聚合反应过程中,要使活性链终止,通常要加入链转移剂。如果使用十分纯净的单体,聚合体系中没有能进行转

移的物质时，则活性链不能终止，而可能产生长时间持有活性中心的活性高聚物。当重新加入单体时，聚合反应可继续进行，高聚物分子质量也随之增加。因此，利用这种特性可制备线型嵌段共聚物等具有特殊性能的高聚物。

阴离子聚合机理的特点是快引发，慢增长，无终止。所谓慢增长，是指较引发的速度而言。实际上阴离子聚合的增长较自由基聚合要快得多。

4. 阴离子聚合的工业应用

用阴离子聚合生产的有低顺丁橡胶（顺式-1,4 结构的含量约为 35%）、高顺聚异戊二烯橡胶（顺式-1,4 结构约占 90%～94%）、SBS 热塑性橡胶和聚醚等。

**讨论**：阴离子聚合反应最突出的特点。

### 2.2.3　离子聚合与自由基聚合的比较

离子聚合和自由基聚合同属于连锁聚合，由于活性中心不同，使其聚合机理有所不同。自由基聚合机理的特征可以概括为慢引发、快增长、速终止；阳离子聚合则为快引发、快增长、易转移、难终止。阴离子聚合一般为快引发、慢增长、无终止。

## §2.3　配位聚合反应

配位聚合的概念最初是 Natta 在解释 $\alpha$-烯烃聚合机理时提出的。配位聚合反应是指烯类单体的碳-碳双键首先在过渡金属引发剂活性中心上进行"配位络合"，构成配位键后使其活化，随后单体分子相继插入过渡金属-碳键中进行链增长的过程。配位聚合是一个离子过程，叫做配位离子聚合更为明确。它的特点是可以选择不同的引发剂和聚合条件以合成特定立构规整的聚合物。按照其增长链端基的性质可分为配位阴离子聚合和配位阳离子聚合，前者活性链按阴离子机理增长，后者按阳离子机理增长。高分子工业中的许多重要产品，如高密度聚乙烯、等规聚丙烯、顺丁橡胶和异戊橡胶等，都是用配位阴离子聚合反应制备的。

### 2.3.1　Ziegler-Natta 引发剂

Ziegler-Natta 引发剂是配位阴离子聚合中数量最多，用得最广的一类引发剂，是一种具有特殊定向效能的引发剂，它由两部分组成。

1. 主引发剂

周期表中Ⅳ～Ⅷ过渡金属化合物，如 $TiCl_4$、$TiCl_3$、$TiBr_3$、$ZrCl_3$ 和 $VCl_3$ 等均可用作配位聚合引发剂的主引发剂，其中最常用的是 $TiCl_3$。

### 2. 共引发剂

周期表中Ⅰ～Ⅲ族的金属有机化合物,是一些金属离子半径小、带正电性的金属有机化合物,因为它们的配位能力强,易生成稳定的双金属活性中心。如 Be,Mg,Al 等金属的烷基化合物,其中以三乙基铝 $Al(C_2H_5)_3$ 最常用。

配位引发剂主要有两个作用,第一是提供引发聚合的活性种;第二是引发剂残余部分(过渡金属反离子)紧邻引发中心,与单体和增长链配位,促使单体分子按照一定的构型进入增长链。即单体通过配位而"定位",起着模板作用。

### 2.3.2 α-烯烃配位聚合的机理

关于烯烃配位聚合,至今没有能解释所有实验的统一理论,其中双金属机理和单金属机理这两种理论获得大多数人的赞同。不论哪种机理,配位聚合过程都可以归纳为:形成活性中心(或空位),吸附单体定向配位,络合活化,插入增长,类似模板地进行定向聚合,形成立构规整聚合物。这两种机理分别叙述如下:

#### 1. Natta 双金属机理

双金属活性中心是由 Natta 首先提出的,以后得到了 Patat、Sinn 和古川等人的支持。他们认为,引发剂的两组分首先起反应,即金属有机化合物(共引发剂)化学吸附在氯化钛(主引发剂)上进行反应,形成缺电子桥双金属络合物,成为活性种。α-烯烃的富电子双键在亲电的 Ti 原子和增长链端(或烷基)间配位,生成 π-络合物,在钛上引发。缺电子的桥形络合物部分极化后,由配位后的单体和桥形配合物形成六元环过渡状态。极化的单体插入Al—C 键后,六元环瓦解,重新生成四元环的缺电子桥形络合物。如此反复,继续增长。由于聚合时首先是富电子的烯烃在钛上配位,Al—R 键断裂成 R 碳离子接到单体的碳上,因此称作配位阴离子聚合机理。

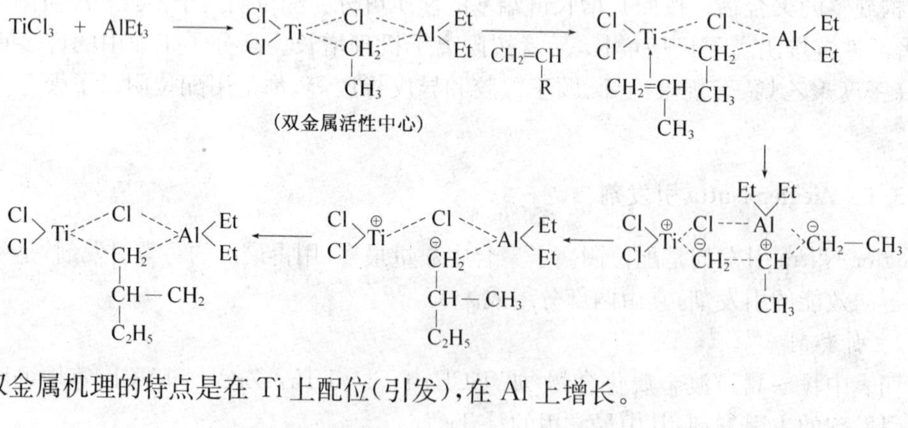

（双金属活性中心）

双金属机理的特点是在 Ti 上配位(引发),在 Al 上增长。

### 2. Cossee-Arlman 单金属机理

α-烯烃配位聚合单金属机理的核心思想是活性种由单一过渡金属(Ti)构成,单体在 Ti 上配位,后在 Ti—C 键间插入增长。单金属活性种模型首先于 1960 年由 P. Cossee 提出,后经 E. J. Arlman 充实。氯化钛与烷基铝经交换烷基反应,形成以过渡金属原子为中心带有一个空位的五配位正八面体的活性种,见下图所示。

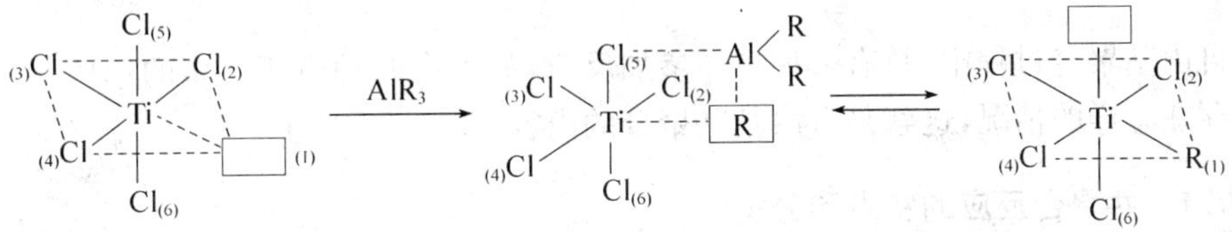

活性种是 1 个 Ti 上带有 1 个烷基配体 R、1 个空位和 4 个氯原子的五配位正八面体,烷基铝(AlR₃)仅起到使 Ti 烷基化的作用。丙烯在引发剂表面定向吸附,与烷基化后的 $Ti^{3+}$ 配位(或称 π-络合)。由于单体双键中 π 电子的给电子作用,使原来的 Ti—C 键活化,极化的 $Ti^{\delta+}$—$C^{\delta-}$ 键断裂,然后烷基 R 从过渡金属转移给烯烃,发生加成,或者说烯烃在 Ti—C 键间插入增长,空位重现,但位置改变。欲使丙烯按等规结构增长,空位须换位到原来位置。否则,将形成间规结构。丙烯链引发、链增长见下图所示。

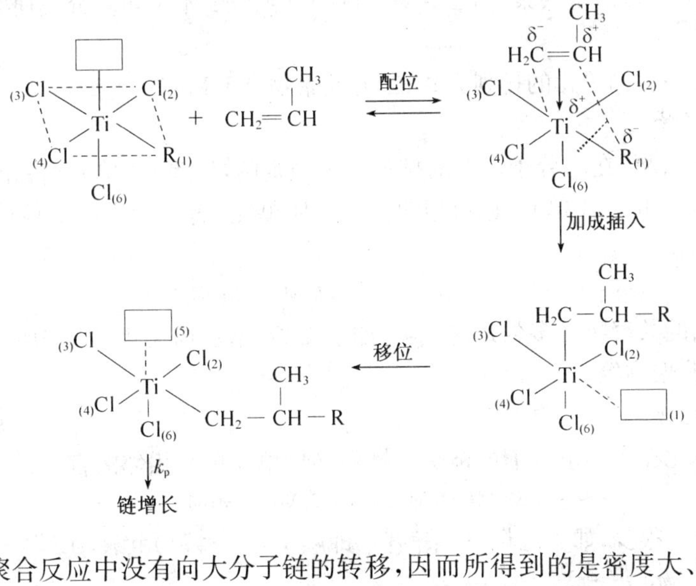

由于配位聚合反应中没有向大分子链的转移,因而所得到的是密度大、结晶度高、基本上无支链的高聚物。又因活性链的寿命很长(几分钟到几小时),因此可得到分子质量很高的聚合物;另一方面,可以把寿命很长的活性链看作是活性高分子,因而在聚合过程中交替

加入不同单体,可生成立体嵌段共聚物,这就为合成新型高聚物开辟了新的途径。

**讨论**:丙烯进行配位阴离子聚合,为什么可以形成高分子质量的立构规整聚合物?

# §2.4 共聚合反应

在自由基聚合过程中,只有一种单体参加反应,如果有两种或者更多的单体参加反应,那么将存在怎样的情况,这就是自由基共聚合的内容。

## 2.4.1 共聚合反应的特点和分类

在连锁聚合中,由一种单体进行聚合的反应称为均聚合,所形成的高分子链由一种单体单元组成,其产物称为均聚物。由两种或两种以上单体共同参与聚合的反应称为共聚合,所形成的聚合物含有两种或多种单体单元,其产物称为共聚物。习惯上将参与共聚的单体种类数称为"元",两种单体共聚称为二元共聚,三种单体进行共聚称为三元共聚、多种单体参与共聚称为多元共聚。在逐步聚合反应中,大多采用两种原料,形成的聚合物含有两种结构单元,但不能采用"共聚合"这一词语。共聚合这一名称多用于连锁聚合,根据活性链形式不同,共聚合反应分为自由基共聚,离子共聚和配位共聚等。本节重点介绍研究比较成熟的自由基共聚。

根据大分子中结构单元的排列方式,二元共聚物有下列四种类型:

1. **无规共聚物**

两种单元 $M_1$、$M_2$ 在高分子链上的排列是无规则的,$M_1$ 单体单元相邻的单体单元是随机分布的,可以是 $M_1$ 单体单元,也可以是 $M_2$ 单体单元,而且没有一种单体单元能在分子链上形成单独的长链段。

$$\sim\sim\sim\sim\sim M_1 M_1 M_2 M_2 M_2 M_1 M_2 M_1 M_2 M_2 M_1 \sim\sim\sim\sim\sim$$

目前开发出的共聚物中多数是这一类,如丁二烯-苯乙烯无规共聚物(丁苯橡胶)、氯乙烯-醋酸乙烯酯共聚物等。

2. **交替共聚物**

两种单体单元在大分子链上严格交替排列,$M_1$ 单体单元相邻的肯定是 $M_2$ 单体单元。

$$\sim\sim\sim\sim\sim M_1 M_2 \ M_1 M_2 \ M_1 M_2 M_1 M_2 M_1 M_2 M_1 \sim\sim\sim\sim\sim$$

这样的共聚物很少,如苯乙烯-马来酸酐(即顺丁烯二酸酐)共聚物。

3. **嵌段共聚物**

由较长的 $M_1$ 链段和另一较长的 $M_2$ 链段形成大分子链。每链段由几百到几千个结构单元组成,这一类称为 AB 型,如苯乙烯-丁二烯(SB)嵌段共聚物。

$$\sim\sim\sim\sim\sim M_1 M_1 M_1 M_1\ M_1 M_1\ M_2\ M_2 M_2\ M_2 M_2\ M_2 \sim\sim\sim\sim\sim$$

也有三嵌段（ABA 型），例如，苯乙烯-丁二烯-苯乙烯三嵌段共聚物（SBS）。

$$\sim\sim\sim\sim\sim M_1 M_1 M_1 M_1\ M_2 M_2 \sim\sim\sim\sim M_2 M_2 M_1 M_1 M_1 M_1\ M_1 \sim\sim\sim\sim\sim$$

**4．接枝共聚物**

主链由一种单元 $M_1$ 组成，支链则由另一种单元 $M_2$ 组成。

$$\sim\sim\sim\sim\sim M_1 M_1\ M_1 M_1 M_1 M_1 M_1 M_1\ M_2\ M_1 M_1 \sim\sim\sim\sim\sim$$
$$|\qquad\qquad\qquad\qquad |$$
$$M_2 M_2 M_2\ M_2\qquad\qquad M_2 M_2 M_2 M_2\ M_2 M_2$$

例如，丁二烯-苯乙烯的接枝共聚物。

共聚物的命名原则是将两种单体的名称以短线相连，前面冠以"聚"字，如聚乙烯-醋酸乙烯；或在后面加"共聚物"，如乙烯-醋酸乙烯共聚物。国际命名中常在两单体之间插入-co-、-alt-、-b-、-g-，以区别无规、交替、嵌段和接枝。无规共聚物命名时，一般主单体写在前面，第二单体写在后面。嵌段共聚物名称中的前后单体则代表单体聚合的次序。接枝共聚物名称中，前面的单体为主链，后面的单体为支链。

### 2.4.2　自由基共聚的反应机理

自由基共聚的反应机理与均聚反应基本相同，包括链引发、链增长、链终止三步基元反应，反应中常常伴随着链转移反应。不同之处在于链增长过程中其增长链活性中心是多样的。以二元共聚反应为例，当两种单体 $M_1$ 和 $M_2$ 共聚时，存在两种引发方式，四种链增长和三种终止反应。

**1．链引发**

以 $M_1$ 和 $M_2$ 代表两种参加共聚的单体，初级自由基引发单体反应可形成两种增长链活性中心，一种以 $M_1$ 为链段活性中心 $RM_1\cdot$，一种以 $M_2$ 为链段活性中心 $RM_2\cdot$，则链引发反应式为：

$$I \longrightarrow 2R\cdot$$
$$R\cdot + M_1 \xrightarrow{k_{i1}} RM_1\cdot$$
$$R\cdot + M_2 \xrightarrow{k_{i2}} RM_2\cdot$$

式中，$k_{i1}$ 和 $k_{i2}$ 分别代表初级自由基引发单体 $M_1$ 和 $M_2$ 的速率常数。

**2．链增长**

以 $\sim\sim M_1\cdot$ 和 $\sim\sim M_2\cdot$ 分别代表两种链自由基。$k_{11}$、$k_{12}$、$k_{22}$、$k_{21}$ 为相应的链增长反应速率常数，下标中第一个数字表示增长自由基中末端单体单元，第二个数字表示加入的单体。则链增长反应式为：

$$\sim\sim M_1\cdot + M_1 \xrightarrow{k_{11}} \sim\sim M_1\cdot$$

$$\sim\sim M_1 \cdot + M_2 \xrightarrow{k_{12}} \sim\sim M_2 \cdot$$

$$\sim\sim M_2 \cdot + M_2 \xrightarrow{k_{22}} \sim\sim M_2 \cdot$$

$$\sim\sim M_2 \cdot + M_1 \xrightarrow{k_{21}} \sim\sim M_1 \cdot$$

将一种单体的自由基与该单体发生链增长反应的速率常数(均聚链增长速率常数)与该自由基同异种单体进行链增长反应的速率常数(共聚链增长速率常数)之比定义为竞聚率 $r$，即 $r_1 = k_{11}/k_{12}$，$r_2 = k_{22}/k_{21}$，以表征两单体和同一链自由基反应时的相对活性。对于两种单体的共聚合，$r_1$ 和 $r_2$ 是两个重要的参数。下面以 $r_1$ 为例说明竞聚率的含义。

(1) 当 $r_1 = 0$ 时，表示 $k_{11} = 0$，$M_1 \cdot$ 不能与同种单体均聚，只能与异种单体 $M_2$ 共聚。

(2) 当 $r_1 < 1$ 时，表示 $k_{11} < k_{12}$，$M_1 \cdot$ 与同种单体均聚的倾向小于与异种单体 $M_2$ 共聚的倾向。

(3) 当 $r_1 = 1$ 时，表示 $k_{11} = k_{12}$，$M_1 \cdot$ 与同种单体均聚的倾向和与异种单体 $M_2$ 共聚的倾向相等。

(4) 当 $r_1 > 1$ 时，表示 $k_{11} > k_{12}$，$M_1 \cdot$ 与同种单体均聚的倾向大于与异种单体 $M_2$ 共聚的倾向。竞聚率的数值越大，表明单体均聚的能力比共聚能力大得越多。

由此可见，如果以改善聚合物性能为目的，希望两种单体较好地参加共聚，则两种单体的竞聚率最好小于1，等于零或接近于零。

影响竞聚率的因素很多，如温度、压力、溶剂、单体结构因素等。其中，单体结构因素尤为重要，不同的单体结构有不同的聚合活性。将两种极性不同的单体进行共聚，则有利于反应的进行。例如苯乙烯—顺丁烯二酸酐(马来酸酐)的共聚就是一个明显的例子。顺丁烯二酸酐由于空间位阻较大，不能均聚，却能与苯乙烯交替共聚，原因在于顺丁烯二酸酐由于受强吸电子基团的影响带正电，苯乙烯因共轭效应而能给出电子带负电，正负极性相吸引，使这两种极性不同的单体易于进行自由基共聚合反应。此外，共轭效应和位阻效应也是影响竞聚率的重要结构因素。

3. 链终止

对正常的双基终止反应而言，反应式为：

$$\sim\sim M_1 \cdot + M_1 \cdot \sim\sim \longrightarrow \sim\sim M_1 M_1 \sim\sim (自终止)$$

$$\sim\sim M_1 \cdot + M_2 \cdot \sim\sim \longrightarrow \sim\sim M_1 M_2 \sim\sim (交叉终止)$$

$$\sim\sim M_2 \cdot + M_2 \cdot \sim\sim \longrightarrow \sim\sim M_2 M_2 \sim\sim (自终止)$$

共聚组成是决定共聚物性能的主要因素之一。但要得到预期共聚组成的共聚物却不是一件容易的事。这是因为共聚中两种链活性中心对两种单体的反应活性各不相同的缘故，在共聚合时共聚物的组成与单体配料组成往往相差甚大；其次在反应过程中由于两单体活性不一样，活性大的单体消耗得快，随反应的进行，体系中单体组成也在不断地变化，这样在不同反应阶段形成的共聚物的共聚组成也为一个变值,即在每一瞬间形成的共聚物的瞬时组成是各不相同的,当然整个共聚物的共聚组成也是不均匀的。为此,引入 $f_1$ 和 $F_1$ 两个参数。

令 $f_1$ 代表某瞬间单体 $M_1$ 占单体混合物的摩尔分率,即

$$f_1 = 1 - f_2 = \frac{[M_1]}{[M_1] + [M_2]}$$

式中:$f_2$ 代表某瞬间单体 $M_2$ 占单体混合物的摩尔分率;$[M_1]$ 和 $[M_2]$ 分别代表单体 $M_1$ 和单体 $M_2$ 的浓度。

令 $F_1$ 代表同一瞬间单元 $M_1$ 占共聚物的摩尔分率,即

$$F_1 = 1 - F_2 = \frac{d[M_1]}{d[M_1] + d[M_2]}$$

式中:$F_2$ 代表同一瞬间单元 $M_2$ 占共聚物的摩尔分率。

下面举例说明某一瞬间形成共聚物时,$f_1$ 的变化。

反应起始时 $[M_1] + [M_2] = 10$ mol,$f_1^0 = 0.5$,$f_2^0 = 0.5$,则:$[M_1] = 5$ mol,$[M_2] = 5$ mol。当反应掉 1 mol 单体,这部分单体都参加反应,用来形成共聚物。起始共聚物组成为 $F_1^0 = 0.7$,$F_2^0 = 0.3$,可以算出进入共聚物的 $d[M_1] = 0.7$ mol,$d[M_2] = 0.3$ mol。那么体系中残留单体量为 $[M_1] = 5 - 0.7 = 4.3$(mol);$[M_2] = 5 - 0.3 = 4.7$(mol)。则某一瞬间单体 $M_1$ 占单体混合物的摩尔分率 $f_1 = 4.3/(4.3 + 4.7) = 0.478$,说明这种情况下单体 $M_1$ 比单体 $M_2$ 活泼,单体 $M_1$ 消耗的多,导致 $f_1$ 随反应进行而逐渐减小。

**讨论:区别自由基聚合和自由基共聚合。**

### 2.4.3　离子型共聚反应

离子共聚合反应由于存在抗衡离子与链增长活性之间的离解平衡,因此比自由基共聚反应复杂。离子型共聚与自由基共聚虽有差异,但共聚物组成方程也可用于离子共聚合。

(1) 离子共聚对单体有较高的选择性,异丁烯、烷基乙烯基醚等带供电子基团的烯类是容易进行阳离子聚合的单体群,丙烯腈、丙烯酸酯类等带吸电子基团的烯类是易于阴离子聚合的单体群,苯乙烯、丁二烯、异戊二烯等共轭体系的烯类则能进行阳、阴离子聚合和自由基聚合。极性相差很大的两群单体很难进行阳离子或阴离子共聚,因此能进行离子共聚的单体对比自由基共聚要少得多。

(2) 同一对单体用不同机理的引发体系进行共聚时,竞聚率和共聚物组成会有很大的差异。以不同引发剂引发苯乙烯和甲基丙烯酸甲酯共聚为例:以 $SnCl_4$ 为引发剂的阳离子共聚,所得共聚物中苯乙烯含量高;用 n—BuLi 为引发剂的阴离子共聚,所得共聚物中甲基

丙烯酸甲酯含量高；而用过氧化二苯甲酰（BPO）为引发剂的自由基共聚，所获共聚物中两种单体含量相差不多。离子共聚的单体极性往往相近，有理想共聚的倾向，难以获得交替共聚物，相反容易得到嵌段共聚物，有时甚至只能得到均聚物的混合物。

（3）在自由基共聚中，单体活性几乎不随反应条件而变。而在离子型共聚中，若是结构相近的单体共聚，则单体竞聚率也不随聚合条件变化。但是，若共聚单体的结构不相同，则单体竞聚率随溶剂极性或者引发剂类型而有相当大的变化。所以比较离子型共聚中单体的竞聚率时，必须注意聚合条件。非极性溶剂有利于极性单体竞聚率的提高，而极性溶剂则有利于活性较高单体竞聚率的提高。如异丁烯和对氯苯乙烯共聚，在非极性溶剂中，链增长碳阳离子被极性较大的对氯苯乙烯优先溶剂化，导致链增长活性中心周围的对氯苯乙烯浓度增加，提高了链增长活性中心与对氯苯乙烯的反应速率，导致对氯苯乙烯的竞聚率提高；而在极性溶剂中，活性中心的溶剂化由溶剂来完成，活性较高的异丁烯活性更高。

阳离子共聚合最重要的一个例子是丁基橡胶的合成，它是由异丁烯（约97%）和少量的异戊二烯（约3%）在卤代烃溶剂中于低温（−100 ℃）共聚而成。

阴离子聚合常常为活性聚合，不存在稳态假设条件，因而根据稳态假设推导出的共聚合方程不适于阴离子共聚合，竞聚率通过测定共聚反应中交叉链增长的绝对反应速率常数和各均聚反应链增长速率常数来计算。阴离子共聚合最重要的应用是利用其活性聚合特性合成苯乙烯-丁二烯-苯乙烯（SBS）三嵌段共聚物。

**讨论：**区别离子型共聚与自由基共聚。

### 2.4.4 配位共聚反应

配位聚合对单体的选择性高，配位共聚合一般较难进行，能进行共聚合的单体对并不多，其中最重要的有以下几种：

1. 乙丙橡胶

由乙烯和丙烯共聚而成的无规共聚物。

2. 乙丙三元橡胶（EPDM）

乙烯-丙烯共聚时加入少量含两个或以上不饱和键的第三单体共聚而成。第三单体在聚合时只有一个双键参与共聚反应，另一双键作为共聚物主链或侧基供交联用。第三单体有：双环戊二烯（Ⅰ）、亚乙基降冰片烯（Ⅱ）和1,4-己二烯（Ⅲ）等。

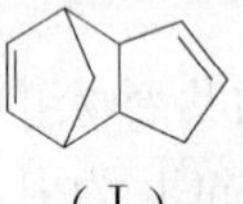

$$H_2C{=}CH{-}CH_2{-}CH{=}CHCH_3$$

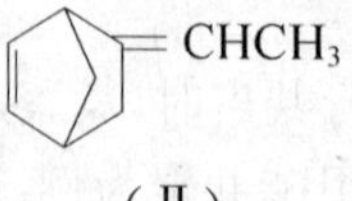

（Ⅰ）        （Ⅱ）              （Ⅲ）

3. 线型低密度聚乙烯(LLDPE)

由乙烯与少量 α-烯烃配位共聚合而成,其聚合物主链上含有一定数目的碳数为 2~4 的烷基,分子链呈线型。几种聚乙烯的链形态可简单示意如下:

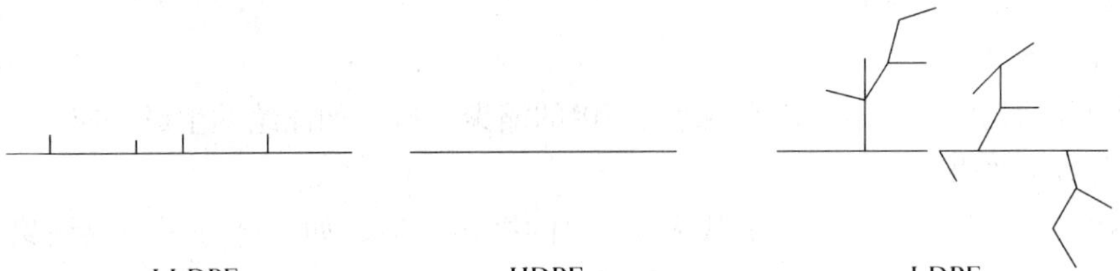

LLDPE　　　　HDPE　　　　LDPE

常用的 α-烯烃有以下几种:1-丁烯,1-己烯,1-辛烯等。

### 2.4.5 共聚合反应的意义

通过共聚合,可以使有限的单体通过不同的组合得到多种多样的聚合物,满足人们的各种需要。如聚氯乙烯为一种脆性材料,且存在抗老化差、热成型变色的问题。如与 5% 的醋酸乙烯酯共聚,增加了柔性,可用于制管、薄板;当醋酸乙烯酯含量占到 50%,产品可用于制人造革;如与 40% 的丙烯腈共聚,产物的耐油性、耐溶性增加,可用于过滤材料;与乙烯或丙烯共聚,提高了热稳定性,可用于无毒包装材料,与偏二氯乙烯共聚,可提高气密性,用于包装薄膜。尤其是有些化合物如马来酸酐本身不能用作单体进行均聚,但可通过加入第二种单体如苯乙烯或醋酸乙烯酯进行共聚。这就扩大了合成聚合物的原料范围。高分子科学发展到今天,大部分通用单体已基本实现了工业化生产,共聚合就更显示出重要意义。

# §2.5 缩聚反应

1907 年,第一种人工合成高分子—酚醛树脂就是由缩聚反应合成的。目前缩聚反应在高分子合成工业中占有重要地位。缩聚反应来自于有机化学中的缩合反应,是缩合聚合反应的简称,是官能团单体多次重复缩合而形成缩聚物的过程。绝大多数缩聚反应都是典型的逐步聚合反应。聚酰胺(尼龙)、聚酯(涤纶)、聚碳酸酯、酚醛树脂、脲醛树脂、醇酸树脂等都是重要的缩聚物。许多带有芳杂环的耐高温聚合物,如聚酰亚胺、聚恶唑、聚噻吩等也是由缩聚反应制得。有机硅树脂是硅醇类单体的缩聚物。许多天然生物高分子也是通过缩聚反应合成,例如蛋白质是各种 α-氨基酸经酶催化缩聚而得;淀粉、纤维素是由糖类化合物缩聚而成,核酸(DNA 和 RNA)也是由相应的单体缩聚而成。缩聚反应的研究不论在理论上,还是在实践上都发展得很快,新方法、新品种、新工艺不断出现,这一领域十分活跃。

### 2.5.1 缩聚反应的分类

缩聚反应可以从不同角度进行分类,主要有下面几种分类:

**1. 按反应热力学分类**

(1) 平衡缩聚

又称可逆缩聚,通常指平衡常数小于 $10^3$ 的缩聚反应。如涤纶的生成反应。

(2) 不平衡缩聚

即不可逆缩聚,通常指平衡常数大于 $10^3$ 的缩聚反应。如大部分耐高温缩聚物的生成反应、二元酰氯和二元胺或二元醇的缩聚反应。

**2. 按生成聚合物的结构分类**

(1) 线型缩聚反应

参加反应的单体都含有两个官能团,反应中形成的大分子向两个方向增长,得到线型聚合物,此种缩聚反应称为线型缩聚反应。涤纶、尼龙、聚碳酸酯等就是按此类型反应合成的。如二元醇与二元酸的聚酯化反应。

$$n\text{HO—R—OH} + n\text{HOOC—R}'\text{—COOH} \longrightarrow \text{H—(ORO—OCR}'\text{CO)}_n\text{—OH} + (2n-1)\text{H}_2\text{O}$$

其反应通式如下:

$$n a\text{Aa} + n b\text{Bb} \Longleftrightarrow \text{a}\text{[AB]}_n\text{b} + (2n-1)\text{ab}$$

(2) 体型缩聚反应

参加反应的单体至少有一种含两个以上的官能团,反应中形成的大分子可向两个以上的方向增长,得到体型结构的聚合物,此种反应称为体型缩聚反应。酚醛树脂、脲醛树脂等就是按此类反应合成的。如邻苯二甲酸酐和甘油(丙三醇)的反应。

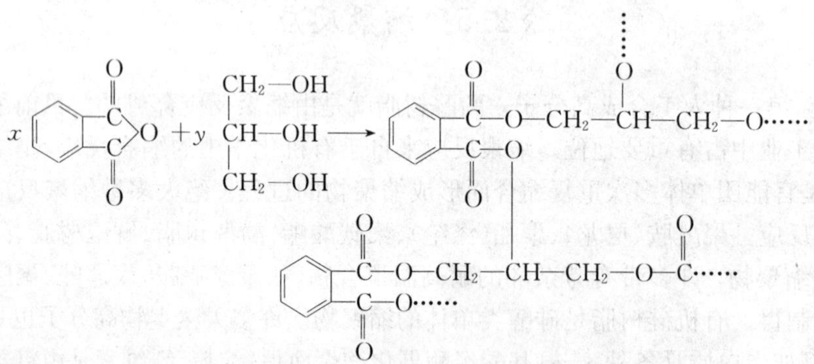

**3. 按参加反应的单体种类分类**

(1) 均缩聚

只有一种单体,它含有两种可以发生缩合反应的官能团,进行的缩聚反应。例如,$\omega$-氨基己酸的缩聚反应。

$$nH_2N\text{（}CH_2\text{）}_5COOH \Longleftrightarrow H\text{（}NH\text{（}CH_2\text{）}_5CO\text{）}_nOH + (n-1)H_2O$$

（2）混缩聚

混缩聚也称杂缩聚，是两种分别带有不同官能团的单体分子间进行的缩聚反应，其中任何一个单体都不能进行均缩聚。例如，己二胺与己二酸合成尼龙-66的反应。

$$H_2N(CH_2)_6NH_2 + HOOC(CH_2)_4COOH \longrightarrow$$
$$H\text{（}NH(CH_2)_6NH—CO(CH_2)_4CO\text{）}_nOH + (2n-1)H_2O$$

（3）共缩聚

在均缩聚中加入第二单体或在混缩聚中加入第三甚至第四单体进行的缩聚反应。

$$nHO—R—COOH + nHO—R'—COOH \longrightarrow H\text{（}ORCO—OR'CO\text{）}_nOH + (2n-1)H_2O$$

4. 按反应中形成的键分类

如上所述，可以分为聚酯化反应、聚酰胺化反应、聚醚化反应等。

### 2.5.2 线型缩聚反应的机理

1. 线型缩聚反应的逐步性

线型缩聚的单体必须带有两个官能团，缩聚大分子的生长是由于官能团相互反应的结果。缩聚早期，单体很快消失，转变成二聚体、三聚体、四聚体等低聚物，单体转化率很高，而分子质量却很低。以后的缩聚反应则在低聚物之间进行，使分子质量逐步增加。因此，在这种情况下，用转化率来评价聚合深度已无意义，而改用基团的反应程度来描述反应的深度。所谓转化率是指转变成聚合物的单体部分占起始单体量的百分率。反应程度 $p$ 的定义为参加反应的官能团数占起始官能团数的分率。例如：一种缩聚反应，单体间双双反应很快全部变成二聚体，就单体转化率而言，转化率达 100%；而官能团的反应程度仅 50%。延长聚合时间主要目的在于提高产物分子质量，而不是提高转化率。

2. 线型缩聚反应的可逆平衡性

许多缩聚反应是可逆的，其可逆的程度可由平衡常数的大小来衡量。根据其大小，可将线型缩聚大致分成三类。

（1）平衡常数小，如聚酯化反应，$K \approx 4$，低分子副产物水的存在对分子质量影响很大，应设法除去。

（2）平衡常数中等，如聚酰胺化反应，$K \approx 300 \sim 500$，水对分子质量有所影响。

（3）平衡常数很大，实际上可看作不可逆反应，如光气法制备聚碳酸酯，$K > 1000$。

因此，各类缩聚反应的可逆平衡程度有明显的差别。

讨论：简述线型缩聚的逐步机理，以及转化率和反应程度的关系。

### 2.5.3 线型缩聚物的聚合度

影响线型缩聚物聚合度的因素有反应程度、平衡常数和基团数比。

1. 反应程度对聚合度的影响

聚合度$\overline{X_n}$用大分子中的结构单元数表示,则

$$\overline{X_n}=\frac{结构单元总数}{大分子数}=\frac{N_0}{N} \tag{2-1}$$

如何建立聚合度和反应程度的关系?以等当量的二元酸与二元醇的缩聚反应为例,体系中起始羧基数或羟基数 $N_0$ 等于起始二元酸和二元醇的分子总数,也等于反应时间为 $t$ 时的酸和醇的结构单元总数。$t$ 时残留羧基数或羟基数 $N$ 等于当时的聚酯分子数,因为每一聚酯分子平均含有 1 个端羧基和 1 个端羟基,如果有一个分子带有两个端羧基,必然另有一分子带有两个端羟基,否则不能等物质的量。再根据反应程度的定义,参加反应的官能团数 $(N_0-N)$ 占起始官能团数 $N_0$ 的分率,因此

$$p=\frac{N_0-N}{N_0}=1-\frac{N}{N_0} \tag{2-2}$$

由式(2-1)和式(2-2)就可以建立聚合度和反应程度的关系。

$$p=1-\frac{1}{X_n}$$

进一步化简,可以得到

$$\overline{X_n}=\frac{1}{1-p} \tag{2-3}$$

> **注意**:该公式必须在官能团等物质的量的条件下才能使用。

例如,1 mol 二元酸与 1 mol 二元醇反应,体系中的羧基数或羟基数 $N_0$ 为:$1\times2=2$ mol,反应 $t$ 时间后体系中所有分子中的结构单元数:$1+1=2$ mol(也为 $N_0$)(注意:二元酸或二元醇,虽均有两个官能团,但结构单元只有一个);若反应 $t$ 时间后体系中残存的羧基数 $N$ 为 0.5 mol,则大分子数:0.5 mol(有一个羧基,就有一条大分子,也即 $N$),所以

$$p=1-\frac{0.5}{2}=0.75$$

$$\overline{X_n}=\frac{2}{0.5}=\frac{1}{1-0.75}=4$$

式(2-3)表明聚合度随反应程度的增加而增加。当 $p=0.9$,$\overline{X_n}=10$,不能满足材料的要求;合成纤维和工程塑料的聚合度一般要在 100~200 以上,就应将反应程度 $p$ 提高到 0.99~0.995 以上。

2. 平衡常数对聚合度的影响

聚酯化反应、聚酰胺化反应都属于平衡缩聚反应,缩聚物的分子质量与反应平衡有关。

在平衡缩聚反应中要使反应朝增大分子质量的方向进行,必须将反应体系中的低分子产物尽量排除,如在缩聚反应中,聚酯化反应 280 ℃时的平衡常数 $K=4.9$,要想得到平均聚合度为 100 的聚酯,在反应达到平衡状态时,体系中残存的水量应低于 $4.9×10^{-4}$;而聚酰胺化反应 260 ℃时平衡常数 $K=305$,要得到平均聚合度为 100 的聚酰胺,体系中水的含量要低于 $3.05×10^{-2}$。所以,对于绝大多数线型平衡缩聚反应而言,要获得高分子质量的聚合物需要排出小分子副产物,使残留在反应体系中的小分子尽可能少,使平衡向生成高分子质量产物的方向移动。

3. 基团数比对聚合度的影响

上述反应程度和平衡常数对缩聚物聚合度的影响,是以两种单体基团数相等(或等物质的量)为前提。实际应用中,很难做到两种基团数完全相等。在二元酸和二元醇缩聚反应时,一种组分过量会引起分子质量降低。由此可知,在缩聚反应中精确的官能团等当量比是十分重要的。羟基酸和氨基酸自身就存在着官能团等当量比,而用二胺和二酸制备聚酰胺时,则利用酸和胺中和成盐反应来保证两组份精确的等当量比。而涤纶树脂的生产则可以用酯交换反应来实现。

**讨论:影响线型缩聚物聚合度的因素有哪些?**

# §2.6 逐步加成聚合反应

逐步加成聚合反应简称逐步加聚反应,某些单体分子的官能团可按逐步反应的机理相互加成而获得聚合物,但又不析出小分子副产物。大分子链逐步增长,每步反应后均能得到稳定的中间加成产物,聚合物分子质量随反应时间增长而增加。由于反应中没有小分子副产物析出,高聚物的化学组成与单体的化学组成相同。

逐步加聚反应主要是含活泼氢官能团的亲核化合物与含亲电不饱和官能团的化合物之间的聚合。含活泼氢原子的官能团,如:=CH₂(亚甲基),—NH₂(氨基),—OH,=NH(亚氨基),—SH(硫醇基),—SO₂H(亚硫酸基),—COOH 等。能与活泼氢原子加成的亲电不饱和官能团,主要为连二双键和叁键,如:—N=C=S,—C≡C—,—C≡N,—N=C=O(异氰酸酯基)等。

目前,工业生产的逐步加成聚合物品种主要有聚氨酯、聚脲等。其中发展最快的是聚氨酯,产量也最大。

1937 年首先合成了第一种聚氨酯材料 Durthane U,是一种可代替尼龙的热塑性塑料。

我国聚氨酯工业起始于 20 世纪 50 年代末,1959 年上海市轻工业研究所开始聚氨酯泡沫塑料的研究。

若在聚氨酯大分子中采用不同的主链结构,调节嵌段的长度与分布,变化分子质量大小及交联密度等因素,就可在很大范围内改变它的性能。至今还没有一种聚合物能如聚氨酯那样可在塑料、橡胶、合成纤维、涂料及黏合剂等各个方面都能获得如此广泛的应用。

当两个官能团的二元异氰酸酯和二元醇反应,其中异氰酸基团—NCO 与—OH 发生加成反应。因生成的大分子主链中含有氨基甲酸酯基团又称氨酯键,故这类聚合物为聚氨基甲酸酯,简称聚氨酯(PU)。

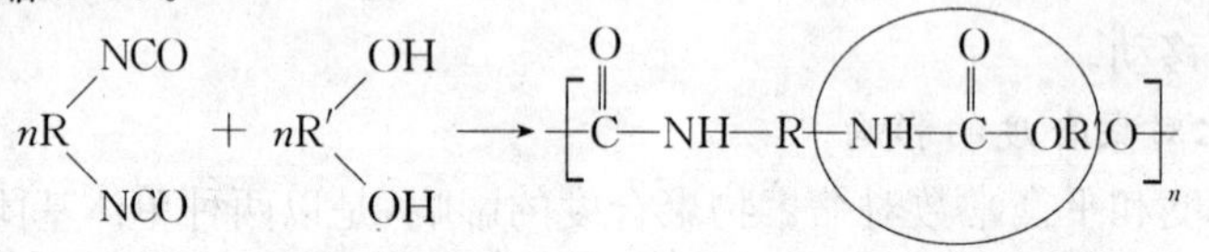

$$n R \begin{matrix} NCO \\ \\ NCO \end{matrix} + n R' \begin{matrix} OH \\ \\ OH \end{matrix} \longrightarrow \left[ \overset{O}{\overset{\|}{C}}-NH-R-NH-\overset{O}{\overset{\|}{C}}-OR \right]_n$$

聚氨酯的合成中常用的二元异氰酸酯有 2,4 -甲苯二异氰酸酯、2,6 -甲苯二异氰酸酯、六亚甲基二异氰酸酯、萘二异氰酸酯。常用二元醇有 1,4 -丁二醇、聚醚二醇、聚酯二醇等。

聚氨酯合成方法或制造工艺过程,可分为两大类,即一步法和两步法(预聚体法)。

1. 一步法

由异氰酸酯和醇类化合物直接进行逐步加成聚合反应以合成聚氨酯的方法,称为一步法。如己二异氰酸酯和 1,4 -丁二醇反应:

$$n OCN-(CH_2)_6-NCO + n HO(CH_2)_4OH \longrightarrow \left[ \overset{O}{\overset{\|}{C}}-NH-(CH_2)_6-NH-\overset{O}{\overset{\|}{C}}-O-(CH_2)_4-O \right]_n$$

由此聚合物所纺的纤维,即为贝纶 U(Perlon U)。

由 2,4 -甲苯二异氰酸酯和带有三个端羟基的支化型聚酯可合成得交联型聚氨酯树脂。

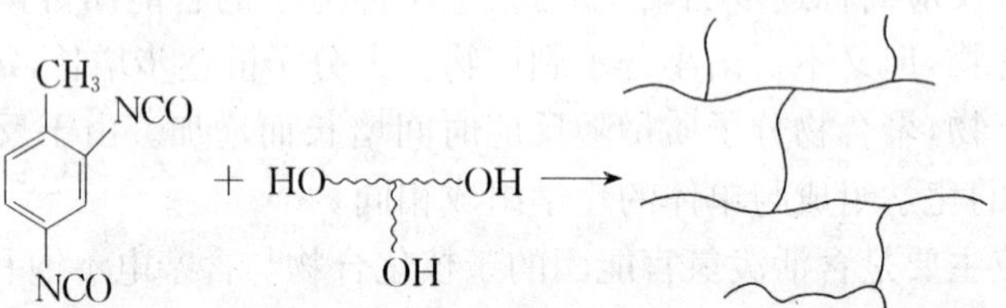

该反应相当于缩聚反应中的 2~3 官能度体系,可直接获得交联产物。如双组分的聚氨酯黏合剂,在施工现场中将两个组分混合后进行反应,涂布和交联,生成的聚氨酯即产生黏结作用。

2. 两步法

整个过程可分为两步。第一步,合成预聚体。二元醇与过量二元异氰酸酯制备两端端基为—NCO 基团的预聚物。

$$2OCN-R-NCO + HOR'OH \longrightarrow OCN-R-NH\overset{O}{\underset{}{C}}-OR'O-\overset{O}{\underset{}{C}}NH-R-NCO$$

第二步,预聚体进行扩链反应和交联反应。将分子质量不高的预聚体进一步反应生成高分子质量的聚氨酯树脂。如生产热塑性聚氨酯弹性体,就是采用这种方法制造的,先合成预聚体,再经扩链反应得到高分子质量的产物。也可将扩链后的聚合物再进行交联,生成交联结构的聚氨酯,用作聚氨酯橡胶、泡沫塑料、涂料或黏合剂。

（1）扩链反应

预聚物通过末端活性基团的反应使分子相互连结而增大分子质量的过程,称为扩链反应。PU 树脂合成过程中,就是将分子质量较低并带有—NCO 基团的预聚体与扩链剂主要为水、二元醇或二元胺等反应,经扩链而生成高聚物。

$$2OCN\sim\sim NCO + H_2NR'NH_2 \longrightarrow OCN\sim\sim NH\overset{O}{\underset{(\text{取代脲})}{C}}NH-R'-NH\overset{O}{\underset{(\text{取代脲})}{C}}NH\sim\sim NCO$$

$$2OCN\sim\sim NCO + HOR'OH \longrightarrow OCN\sim\sim NH-\overset{O}{\underset{}{C}}-OR'O-\overset{O}{\underset{}{C}}-NH\sim\sim NCO$$

（2）交联反应

一般可分为交联剂交联、加热交联、利用聚氨酯分子自身结构中的"氢键"交联。但是生产中都是采用既加交联剂又加热的方法进行交联。

① 用多元醇类作交联剂的交联反应

将带有—NCO 端基的预聚体或扩链聚合物与三元醇反应,在加热下即可交联。

$$3OCN\sim\sim NCO + HO\overset{HO}{\underset{}{\mid}}OH \longrightarrow \cdots$$

（氨基甲酸酯基）

② 利用过量二异氰酸酯的交联反应

合成预聚体时,一般是加入过量的二异氰酸酯。这部分过量的—NCO 基团可以与预聚体分子或扩链后聚合物分子中的氨基甲酸酯、脲基及酰胺基上的氢原子发生交联反应,各自生成脲基甲酸酯基、缩二脲基及酰脲基三种交联键。

$$\sim\sim NCO + \sim\sim NH-\overset{O}{\underset{}{C}}-O\sim\sim \overset{\triangle}{\longrightarrow} \cdots$$

（氨基甲酸酯基）          （脲基甲酸酯）基交联

$$\sim\sim NCO + \sim\sim NH-\overset{\overset{\displaystyle O}{\|}}{C}-NH\sim\sim \xrightarrow{\triangle} \sim\sim N-\overset{\overset{\displaystyle O}{\|}}{C}-NH\sim\sim$$

（脲基）                              （缩二脲）基交联

因为氨基甲酸、脲及酰胺这三种基团的反应活性小，必须加热至125～150 ℃才能进行，故此法又称加热交联法。

③ 采用其他交联剂的交联反应

PU 主链中含有许多种能起反应的活性点，故可采用其他类型的交联剂。如带有酰胺基、亚甲基或不饱和侧链的，就可用甲醛、过氧化合物或硫黄来进行交联。

$$\begin{array}{c}\sim\sim NH-\overset{\overset{\displaystyle O}{\|}}{C}\sim\sim \\ \sim\sim NH-\overset{\overset{\displaystyle O}{\|}}{C}\sim\sim \end{array} + HCHO \longrightarrow \begin{array}{c}\sim\sim N-\overset{\overset{\displaystyle O}{\|}}{C}\sim\sim \\ | \\ CH_2 \\ | \\ \sim\sim N-\overset{\overset{\displaystyle O}{\|}}{C}\sim\sim \end{array}$$

$$\begin{array}{c}\sim\sim CH_2\sim\sim \\ \sim\sim CH_2\sim\sim \end{array} + ROOR \longrightarrow \begin{array}{c}\sim\sim CH\sim\sim \\ | \\ CH\sim\sim \end{array}$$

④ "氢键"型交联

PU 中含有多种内聚能很大的极性基团，如氨基甲酸酯及脲基等，易形成氢键。

聚氨酯还可以用来制备泡沫塑料。所谓泡沫塑料是以树脂为基础，采用化学或物理方法在其内部产生无数小气孔而制成的塑料。泡沫塑料是聚氨酯树脂中最主要的品种，占其总产量的 80% 左右，1947 年在德国首先制成，1952 年美国成功地开发了聚醚性聚氨酯泡沫塑料。聚氨酯泡沫塑料最大的特点是制品的性能可在很大的范围内调节，如改变原料的化学组成与结构、各种组分的配比、添加各种助剂、合成条件及工艺方法等，能制得不同软硬度，且耐化学性、耐温性、耐焰性好及机械强度高的多种泡沫塑料。

聚氨酯橡胶又称聚氨酯弹性体，具有较高弹性高耐磨性，机械性能较好，耐氧、耐油、耐溶剂性和耐疲劳性好。但水解稳定性和耐热性较差，成本高。

聚氨酯主要用作泡沫塑料与橡胶，两者占其总量的 90%，而余下的 10% 用作涂料、黏合剂及弹性纤维。聚氨酯弹性涂料适用于纺织品、皮革、泡沫塑料及橡胶的表面。聚氨酯纤维是一种性能优越的高弹性纤维，商品名"氨纶"。具有密度小可纺成细丝、强度与回弹性高、耐热、耐光、耐老化、耐溶剂性好、易染色、不易褪色等优点，比尼龙弹力纤维性能更好。

**讨论**：简述聚氨酯的合成方法。

# §2.7 高分子控制合成

近年来,伴随着世界高分子科学的发展,高分子科学在诸多领域取得重要进展。高分子科学的诞生源于高分子合成化学。世界上目前每年生产的 2 万多亿吨高分子都是以高分子合成化学为基础而实现的。因此,高分子合成化学作为高分子科学重要的基础和支撑分支学科,其发展对高分子科学与工程发展起着十分重要的推动作用。高分子合成化学研究从单体合成开始,研究高分子合成化学中最基本问题,探索新的催化剂体系、精确控制聚合方法、反应机理以及反应历程对产物聚集态的影响规律等,高分子合成化学基础研究具有双重作用,一是运用已有合成方法研究聚合物结构调控;二是设计新的合成方法,获得新颖聚合物。

20 世纪 90 年代以来,在高分子合成化学领域中,前沿领域是可控聚合反应,包括立构控制,相对分子质量分布控制,构筑控制、序列分布控制等。其中,活性自由基聚合和迭代合成化学研究最为活跃。活性自由基聚合取得了许多重要的成果,特别是工业应用前景以及未来研究工作趋势是令人关心的问题。对于活性自由基聚合反应机理的深入研究、在较低的温度下能快速进行聚合的研究是目前受到关注的研究方向。迭代合成化学是唯一可用来制备多肽、核酸、聚多糖等生物高分子和具有精确序列、单分散非生物活性高分子齐聚物的方法。例如树枝状超支化高分子的合成,是过去 10 年高分子合成中最具影响力的发展方向。树枝状超支化聚合物由于其独特球形分子形状、分子尺寸、支化图形和表面功能性赋予它不同于线型聚合物的化学和物理性质。

高分子合成化学近年的一些重要进展包括:活性配位聚合、基团转移聚合反应技术(GTP)、点击聚合、易位(开环)聚合、超支化高分子、可控自由基聚合以及这些聚合方法相结合等。

Fujita 等报道了配位聚合方法进行乙烯的活性聚合。聚合温度 25℃～50 ℃,相对分子质量分布很窄(1.05～1.19),相对分子质量可高达 40 万,催化活性很高(20000 $min^{-1}$ · $atm^{-1}$)。Marks 以有机钛化合物催化苯乙烯和甲基丙烯酸甲酯共聚,获得双全同无规共聚物,在此催化剂作用下,苯乙烯和甲基丙烯酸甲酯的均聚反应生成间规均聚物。

基团转移聚合反应技术 GTP 自 1983 年被发现以来,备受人们重视。它是以 $\alpha$、$\beta$-不饱和酯、酮、酰胺和腈为单体,以带有硅、锗、锡烷基基团的化合物为引发剂,用阴离子型或路易斯酸型化合物作催化剂,选用适当的有机物作溶剂,通过催化剂与引发剂端基的硅、锗、锡原子配位,激发硅、锗、锡原子,使之与单体的羰基氧或氮结合成共价键。单体中的双键完成加成反应,硅、锗、锡烷基基团移至末端形成"活性"化合物。以上过程反复进行,得到相应的聚合物。

　　张光春等通过链末端带叠氮基团的聚乙烯与含三炔键的多功能"核"前驱体,1,1,1-三(炔丙氧基苯基)乙烷在温和条件下发生 click chemistry(点击化学)偶联反应,制备三"臂"星型聚乙烯,为合成其他长链支化聚烯烃开辟不同途径。韩金等采用单体偶合策略,提出一种快速高效的一锅合成超支化聚合物的"全点击化学"(all-click)方法——将巯基-烯(thiol-ene)与巯基-炔点击化学(thiol-yne)反应分别应用于前驱体的合成与聚合。使用了多种不同活性的二硫醇与丙烯酸炔基酯作为起始原料,得到了一系列超支化聚硫醚-炔。

　　高丹怡等将含有降冰片烯基的功能单体通过开环易位聚合可以制备具有特殊结构和性能的聚合物。Britz 等利用碳纳米管作为受限反应器,将环氧化富勒烯灌装到单臂碳纳米管中,然后引发环氧化富勒烯开环聚合形成线型聚合物,获得了用其他方法难以制备的聚合物,为在受限空间进行可控高分子合成开辟了新途径。

　　高度支化的聚合物是具有前沿性并具有潜力的研究方向。Percec 提出了一种合成新概念 TERMINI-Terminator Multifunctinal Initiator,即被保护的多功能团化合物,它能够定量和不可逆的中断活性聚合或链式有机反应,去除保护基团后,其活性官能团能 100%再引发活性聚合,再引发过程中,TERMINI 重复单元新产生一个支化点。利用这种方法与活性自由基聚合相结合发展了一种全新的收敛法合成超支化聚合物的方法。

　　张成裕等报道了一种新的聚合方法,自由基加成-偶合聚合(RACP),采用 α,α′-二溴代二元酸二醇酯,在 Cu/多元胺催化下,生成碳自由基,与 C-亚硝基化合物发生加成反应,原位生成稳定的氮氧自由基,随后与碳自由基发生交叉偶合反应,得到高分子量、单峰分布、主链含有烷氧胺基团的新型交替共聚物。李灿等将活性阴离子聚合(LAP)与原子转移自由基聚合(ATRP)技术相结合,运用机理转移法制备了分子量可控的聚丁二烯-b-聚甲基丙烯酸羟乙酯(PB-b-PHEMA)。首先,通过活性阴离子聚合方法,以正丁基锂为引发剂,设计合成聚丁二烯,用环氧丙烷封端,再通过酯化反应将 2-溴异丁酰溴接到其末端,合成溴含量较高、分子量分布窄的官能聚丁二烯 PB-Br。以此官能化聚丁二烯 PB-Br 为引发剂,N,N,N′,N″,N″-五甲基二亚乙基三胺(PMDETA)为配体,CuCl 为催化剂进行甲基丙烯酸羟乙酯的原子转移自由基聚合,进而得到两亲性嵌段共聚物 PB-b-PHEMA。刘世勇将 Click 反应(点击化学)与原子转移自由基聚合(ATRP),开环聚合(ROP),以及可逆加成-裂解链转移(RAFT)聚合等方法相结合,成功设计并合成了一系列不同拓扑结构、不同组成且结构明确的非线型响应性聚合物。

　　高分子合成技术还将继续向纵深发展,传统的实施方法将被不断地改良和完善,新单体、新引发剂、新的合成方法和新技术将不断出现,从而制造出更多的新型高分子及特殊高分子。

## 习　题

1. 比较连锁聚合反应与逐步聚合反应的特点。

2. 偶氮二异丁腈和过氧化二苯甲酰是最常用的引发剂,写出其分解反应式。

3. 判断下列烯类单体适用于何种机理聚合? 自由基聚合、阳离子聚合还是阴离子聚合? 并说明原因。

① $CH_2\!=\!CHCH_3$　② $CH_2\!=\!C(CH_3)CH_3$　③ $CH_2\!=\!CHCN$　④ $CH_2\!=\!CHCl$

4. 比较自由基聚合、阳离子聚合和阴离子聚合的主要差别。

5. 简述丙烯配位聚合时的双金属机理和单金属机理模型的要点。

6. 无规、交替、嵌段、接枝共聚物的结构有何差异? 举例说明这些共聚物名称中单体前后位置的规定。

7. 说明竞聚率 $r_1$ 的含义。

8. 为什么在缩聚反应中不用转化率而用反应程度描述聚合反应进程?

## 参考文献

[1] 潘祖仁.高分子化学.第五版.北京:化学工业出版社,2011.

[2] 王玉忠,陈思翀,袁立华.高分子科学导论.北京:科学出版社,2010.

[3] 代丽君,张玉军,姜华珺.高分子概论.北京:化学工业出版社,2005.

[4] 梁晖,卢江.高分子科学基础.北京:化学工业出版社,2005.

[5] 顾雪蓉,陆云.高分子科学基础.北京:化学工业出版社,2003.

[6] 夏炎.高分子科学简明教程.北京:科学出版社,1987.

[7] 王槐三,王亚宁,寇晓康.高分子化学教程.第三版.北京:科学出版社,2011.

[8] 董建华.高分子科学的近期发展趋势与若干前沿.高分子通报,2005,(5):1-7.

[9] 董建华.高分子科学发展漫谈.2011年全国高分子学术论文报告会.2011,9.

# 第三章 聚合方法

在前一章中介绍了高分子合成反应,而高分子合成反应需要通过具体的聚合方法加以实施才能使单体成为有实用价值的聚合物,也就是本章要介绍的聚合方法,有的学者称为聚合过程。不同聚合机理的高分子合成反应适用于不同的聚合方法。例如,自由基连锁机理的高分子合成反应可采用本体聚合、溶液聚合、悬浮聚合和乳液聚合等;阴、阳离子聚合及配位聚合机理的高分子合成反应可采用本体聚合和溶液聚合等;逐步缩聚机理的高分子合成反应可采用熔融缩聚、溶液缩聚、界面缩聚和固相缩聚等。随着科学研究的推进和聚合技术的进步,更多先进高效的聚合方法随之出现,如等离子聚合、超临界聚合、分散聚合方法等。同样,对于同一种单体,也可以根据不同的应用要求,采用最合适的聚合方法。

无论采用哪种聚合方法,最终的目的就是要将单体原料合成为需要的聚合物产物。具体采用哪种聚合方法,首先要考虑其科学性,是否满足高分子合成反应机理的基本要求。其次要考虑聚合方法的经济成本,包括设备投入、原材料成本、工艺成本等。第三要考虑聚合方法实施过程中对自然环境可能造成的影响,如废气、废水、废渣的排放等。第四要考虑聚合物产物的用途,即采用何种方法更加方便产物的实际使用,如采用溶液聚合方法直接制备具有实用价值的涂料或油漆、胶黏剂产品等。

不同的聚合方法有其特定的工艺要求、特点和相应的适用面。例如悬浮聚合和乳液聚合不能适用于阴、阳离子聚合及配位聚合机理的高分子合成反应;界面缩聚只适用于逐步缩聚机理的高分子合成反应;仅有单体和聚合物为主要构成的聚合体系对于连锁机理的高分子合成反应来说为本体聚合,而对于逐步缩聚机理的高分子合成反应而言则称之熔融缩聚等。在学习中注意这些重要的概念上的区别,将有助于更好地理解高分子合成反应的本质,对选择合适的聚合方法制备需要的聚合物具有重要的指导意义。

## §3.1 本体聚合

### 3.1.1 本体聚合的一般方法

本体聚合定义为单体在有少量引发剂甚至不加引发剂的条件下聚合为聚合物的过程。引发剂可以是自由基型、阳离子型、阴离子型和配位聚合引发剂。本体聚合方法可适用于自由基、阴离子、阳离子和配位聚合等多种机理的高分子合成反应。依据生成的聚合物是否溶于单体分为均相本体与非均相本体聚合。均相本体聚合指生成的聚合物溶于单体,如苯乙烯、甲基丙烯酸甲酯的本体聚合。非均相本体聚合指生成的聚合物不溶解在单体中,沉淀出来成为新的一相,如氯乙烯的本体聚合。根据单体的相态还可分为气相本体、液相本体和固相本体聚合。气相本体聚合是指单体状态为气相的聚合,如乙烯气相本体聚合制备高压聚乙烯。液相本体聚合是指单体状态为液相的聚合,如甲基丙烯酸甲酯、苯乙烯的本体聚合等。固相本体聚合聚合是指单体状态为固相的聚合,如结晶性单体对卤代苯硫醇盐固相缩聚制备聚苯硫醚,预聚物涤纶或尼龙-6固相缩聚制备更高分子质量的涤纶或尼龙-6等。

本体聚合的特点是聚合组分简单,单体转化率高时,可免去分离工序,产品纯度高。可直接制得透明的板材、型材,聚合工艺操作过程简单。聚合设备投入少,反应釜利用率高,可采用连续法或间歇法生产。但是聚合中后期的体系常常很黏稠,聚合热不易扩散,温度难控制。假如工艺控制不当,轻则造成局部过热,产品有气泡,分子质量分布宽,产品质量不好;重则温度失调,引起爆聚,甚至产生生产事故。

烯类单体的连锁聚合,无论是自由基、阳离子、阴离子聚合机理还是配位聚合机理,其本质上都是单体中 π 键打开形成 σ 键的过程。根据热力学数据,每打开 1 摩尔 π 键形成 σ 键会释放约 90 千焦的热量,因此烯类单体连锁聚合的热效应是明显的。本体聚合体内聚合物的含量高,体系黏稠,单体和聚合物的比热相对较小,传热系数低,聚合热散发困难。本体聚合过程中,物料温度容易升高,甚至失去控制,造成事故。因此,聚合热效应如何合理解决是本体聚合方法实施过程中要解决的关键问题。

考虑到本体聚合的热效应问题,工业上常常采用预聚合和后期聚合分阶段聚合的方法。预聚合就是将单体聚合至较低的转化率阶段,预聚合的转化率一般为 5%~40%。在预聚合阶段,由于转化率不高,体系黏度不大,在搅拌下聚合热容易排出,反应可以在普通反应釜中进行。因此,预聚合可以设定较高的反应温度以提高反应速率,使总聚合时间缩短,提高生产效率,同时经过预聚合、聚体系体积部分收缩、聚合热部分排除,利于后期聚合。在聚合中后期,转化率较高,聚合体系黏稠,反应热容易聚集难易散去,容易出现自动加速现象,导致聚合温度迅速上升和反应失控的问题,此阶段的聚合反应在特殊设计的反应器内进行。因此,聚合中后期的反应温度适当降低、延长反应时间,使反应热稳步扩散,促使聚合工艺的平稳进行。此外,通过设计反应器的不同形状和大小以扩大传热面积,采用相应形状的搅拌器对应不同黏度的聚合体系,采用相应的传热介质和冷却方式提高传热效果等都是解决本体聚合过程中热效应扩散的有效方法。

**讨论**:连锁聚合的热效应对本体聚合的实施过程有怎样的影响? 相应的有效措施有哪些?

### 3.1.2 本体聚合的工业实例

1. 甲基丙烯酸甲酯本体铸板聚合制备平板有机玻璃

聚甲基丙烯酸甲酯(PMMA)俗称有机玻璃,具有高度的透明性,可透过92%以上的太阳光。有机玻璃的密度为1.18 g/cm³,同样大小的有机玻璃重量只有普通玻璃的一半、金属铝的43%。有机玻璃广泛应用于制造透明制品,如油杯、车灯、仪表零件、光学镜片、广告灯箱等。有机玻璃在医学上还有一个绝妙的用处,那就是制造人工角膜。所谓人工角膜,就是用一种透明的物质做成一个直径只有几毫米的镜柱,然后在人眼的角膜上钻一个小孔,把镜柱固定在角膜上,光线通过镜柱进入眼内,人眼就能重见光明。在第二次世界大战中,飞机失事时,飞机上用有机玻璃做的座舱盖被炸,飞行员的眼睛里嵌入了有机玻璃碎片。经过了许多年以后,虽然这些碎片未被取出,但也未进一步引起人眼发生炎症或其他不良反应。这件偶然发生的事说明有机玻璃和人体组织有良好的相容性。同时也启发了眼科医生,可以用有机玻璃制造人工角膜,它的透光性好,化学性质稳定,对人体无毒,容易加工成所需要的形状,能与人眼长期相容。现在,用有机玻璃做的人工角膜已经成功运用于临床治疗。

甲基丙烯酸甲酯本体铸板聚合就是采用自由基连锁聚合机理,在偶氮二异丁腈或过氧化二苯甲酰等自由基引发剂的引发作用下,将甲基丙烯酸甲酯单体聚合成聚甲基丙烯酸甲酯平板型材的过程。

甲基丙烯酸甲酯本体铸板聚合工艺的关键之一就是聚合热的扩散及合理利用。当本体聚合进行到一定阶段后,随着体系黏度的增加,散热困难,聚合温度升高,聚合反应速度加快,出现自动加速现象。为了避免自动加速现象带来的热效应问题,工业上采用三阶段聚合的工艺方法。首先将甲基丙烯酸甲酯聚合至一定黏度的浆液,此为预聚合过程,然后将浆液在模具中聚合至一定转化率成为一定形状的聚甲基丙烯酸甲酯,此为聚合过程,为进一步使残留单体聚合完全,最后升温使残留单体聚合完全,此为后聚合过程。

预聚合是在普通的夹套反应釜中进行。预聚温度保持在90 ℃~95 ℃,预聚合时间为40 min~90 min,然后预聚浆液冷却至30 ℃以下出料,转化率为10%~20%,浆液的黏度约为1 Pa·s,再将预聚浆液小心灌入模具中。为了获得平板有机玻璃应制造模具,模具是由两块普通玻璃(或钢化玻璃)制作的,制作的方法是将两块洗净的玻璃平行放置,周围垫上橡皮垫,橡皮垫要用玻璃纸包好,用夹子固定,然后再用牛皮纸和胶水封好,外面再用一层玻璃纸包严,封好后烘干,保证不渗水,不漏浆。注意模具上面要留一小口,用来灌浆。将预聚物灌入模具中后要注意排气,然后送至聚合工段。铸塑本体聚合法生产有机玻璃为什么要预聚合呢?因为,第一预聚合可以缩短生产周期,使自动加速现象提前到来;第二预聚物有一定黏度,灌模容易,不易漏模;第三聚合浆液体积已经部分收缩,聚合热已经部分排除,利于后期聚合。

有机玻璃的聚合方法有水浴聚合和气浴聚合,目前我国多采用水浴聚合,水浴聚合的工艺条件30 ℃～50 ℃,10～70 h,具体工艺条件因板材厚度而异。为使残留单体进一步反应完全,需要升温至100 ℃,进行后聚合反应1～3 h。然后,冷却,脱模,去除毛边,制得有机玻璃板材。

**2. 乙烯高压气相本体聚合制备低密度聚乙烯**

低密度聚乙烯为乳白色蜡质半透明固体,无毒,无味,密度在0.910～0.925 g/cm³范围内,有良好的柔软性、延伸性、耐寒性和加工性,化学稳定性较好,可耐酸、碱和盐类水溶液,有良好的电绝缘性能和透气性,吸水性低,易燃烧。低密度聚乙烯广泛应用于生产聚乙烯薄膜、包装袋、电缆料等。

乙烯高压气相本体聚合属于自由基型聚合反应机理。在聚合过程中,由于聚合温度高,产物大分子链结构以支链大分子为主,导致聚乙烯的密度较低。这主要是高温下自由基聚合反应易发生链转移的缘故。高压聚乙烯有两种支链,即长支链和短支链,其中长支链是由于分子间的链转移造成的。短支链主要有乙基和丁基短支链,它们的形成是因为链自由基与本身链中的亚甲基上的氢发生了分子链内的转移反应的结果,链转移反应式如下:

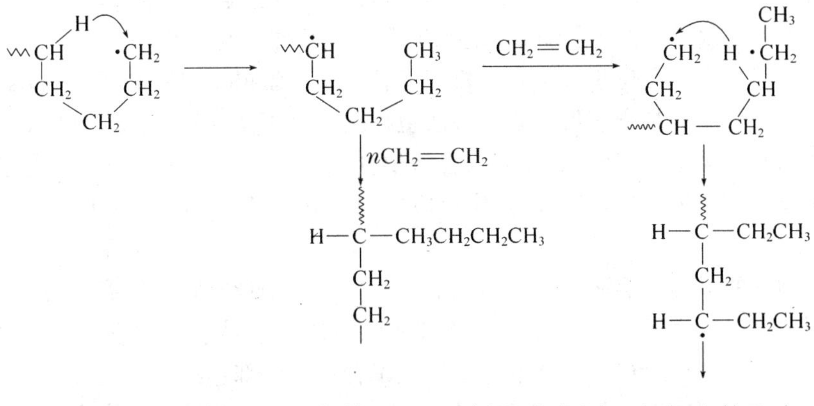

乙烯即使在高压下也很难压缩为液体,因此乙烯的聚合属于气相本体聚合。聚合过程包括压缩、聚合、分离三个主要步骤。首先单体乙烯经一次压缩机加压到29.43 MPa,再经二次压缩机加压到113 MPa～196.20 MPa,然后进入聚合釜,同时,由泵连续向反应器内注入配制好的引发剂溶液,使乙烯进行高压聚合。工业上采用管式反应器或釜式反应器。从聚合釜出来的聚乙烯与未反应的乙烯经减压至24.53 MPa～29.43 MPa,同时冷却至一定温度后,再进一步减压至49.1 kPa。分离出来的大部分未反应的乙烯返回循环使用。熔融状态的聚乙烯加入抗氧剂、抗静电剂等添加剂后一起经冷却、切粒、过筛,制得低密度聚乙烯产品。

聚合温度一般选定在130 ℃～280 ℃,引发剂的半衰期为1 min左右。乙烯结构简单对称,偶极矩为 0,反应活性低,需要升高温度提高其反应活性。确定在 130 ℃ 以上是考虑使生成的聚乙烯呈熔融态,便于出料。确定在 280 ℃ 以下是因为乙烯在超过 350 ℃ 或更高温度下易发生爆炸式分解,产生生产事故。

聚合压力一般选定在 110 MPa～300 MPa,此条件下乙烯接近液态烃密度(0.5 g/cm³),一种近似不能被压缩的液体,属气密相状态。分子间距减小,利于反应,但限于设备的气密性和耐压能力,压力不能无限制升高。

单体转化率一般选定在 15%～30%,聚合物在釜中停留时间为 15～120 s。乙烯聚合热较高、约为 95 kJ/mol,乙烯聚合时转化率每升高 1% 反应物料的温度要升高 12 ℃～13 ℃,因此为避免反应器局部过热、保证产品质量、防止发生爆炸事故,单程转化率不能超过 30%。此外,乙烯的转化率越高和聚乙烯的停留时间越长、则长链支化越多。基于乙烯高压聚合较低的转化率 15%～30%,则链终止反应非常容易发生,因此聚合物的数均分子质量较小,不超过 10 万。

### 3. 配位聚合制备高密度聚乙烯

高密度聚乙烯(HDPE)的密度为 0.96 g/cm³～0.970 g/cm³。有一定的硬度、良好的韧性、延伸性、耐寒性和加工性,化学稳定性较好,可耐酸、碱和盐类水溶液,有良好的电绝缘性能,吸水性低,易燃烧,因此广泛地应用生产包装容器、管材、板材等。

高密度聚乙烯采用配位阴离子聚合机理,引发剂为 Ziegler 引发剂或 Philips 引发剂等。采用本体聚合方法制备高密度聚乙烯的方法也称之为气相法。这个说法是相对另外两种聚合方法溶液法和淤浆法而言的,后续的内容将要介绍。气相法采用的反应器是沸腾床反应器或硫化床反应器。聚合过程中,沸腾床反应器内的物料呈细颗粒沸腾状,因此形象地称为沸腾床反应器。

事先配制好的引发剂溶液连续不断地加入反应器,同时经精制、压缩所需压力的单体和分子质量调节剂氢气也进入反应器。连续进入的单体很快被引发剂表面吸附进行聚合反应。在 2 MPa,85 ℃～100 ℃ 条件下进行配位聚合。从外部连续进入大量的冷惰性气体使反应器内的聚合物固体流态化,一则带走反应热,二则便于气流输送固体物料。未反应的乙烯单体回收循环利用。处于流态状的聚合物细颗粒从反应器下部,经气流输送进入储仓,制得高密度聚乙烯产品。

**讨论:**比较本体聚合制备高低密度聚乙烯在合成机理、产物结构、合成条件、产品用途上的异同点。

# §3.2　溶液聚合

### 3.2.1　溶液聚合的一般方法

溶液聚合定义为单体和引发剂溶于适当溶剂中聚合为聚合物的过程。引发剂可以是自由基型、阳离子型、阴离子型和配位聚合引发剂。溶液聚合方法可适用于自由基、阴离子、阳离子和配位聚合等多种机理的高分子合成反应。值得注意的是后续聚合方法中，如悬浮聚合、乳液聚合、溶液缩聚、界面缩聚等，虽然也用到了溶剂或一些反应介质，但是均不能称之溶液聚合。依据生成的聚合物是否溶于单体分为均相溶液聚合与非均相溶液聚合。均相溶液聚合指生成的聚合物溶于溶剂，如丙烯酰胺的水溶液聚合、醋酸乙烯酯的甲醇溶液聚合等。非均相本体聚合指生成的聚合物不能溶解在溶剂中，聚合至一定转化率时聚合物从溶剂中析出成为新的一相，也形象地称之为沉淀聚合或淤浆聚合。如丙烯腈的水溶液聚合，环己烷为溶剂的乙烯溶液配位聚合等。

溶液聚合由于采用了溶剂作为反应的介质而具有如下的特点。利用溶液聚合反应容易控制的优点，科学研究上选用链转移常数较小的溶剂，控制低转化率，容易建立聚合速率、数均聚合度和单体浓度、引发剂浓度的定量关系，方便动力学研究。生产工艺上，溶剂的存在使得聚合热容易扩散，控温容易，可避免局部过热，体系黏度较低，可推迟自动加速现象出现，甚至控制较低转化率结束反应可消除自动加速现象，接近匀速反应，分子质量分布窄。但是溶液聚合的设备利用率低，需要分离聚合物时存在繁琐的溶剂分离与纯化工艺工序，聚合速率慢，难以合成高分子质量聚合物等。工业上，溶液聚合多用于聚合物溶液直接使用的场合，如涂料、胶黏剂、浸渍液、合成纤维纺丝液等。

对于连锁聚合机理的溶液聚合而言，溶剂对聚合速率有着关键的影响，对聚合速率的影响有以下三种情况：第一，当再引发速率常数与链增长速率常数相近时，溶剂的存在不影响聚合速率，充当链转移剂作用；第二，当再引发速率常数小于链增长速率常数时，溶剂的存在将降低聚合速率，充当缓聚剂的作用；第三，当再引发速率常数比链增长速率常数小很多时，溶剂的存在将使聚合速率降低很多，甚至终止聚合，充当阻聚剂的作用。出现这种情况的根本原因是链增长活性中心向溶剂发生了链转移。活性中心向溶剂发生链转移，不仅仅会影响聚合速率，还会影响聚合物的分子质量。链转移反应将导致聚合物分子质量降低。链转移反应与溶剂性质及温度有关。溶剂的链转移能力和溶剂分子中是否存在容易转移的原子有密切关系。溶剂分子中含有活泼氢原子或卤原子，则链转移反应常数大，容易发生链转移反应。利用链转移反应的原理可以有目的的控制聚合物分子质量进行所谓的调节聚合。通过链自由基向溶剂或链转移剂的转移，可制备分子质量低的聚合物，也称低聚物或调聚物，此过程称为调节聚合。如利用一些特别容易发生链转移的溶剂进行调节聚合,可生成分子质量可以调节的调聚物。例如,乙烯在溶剂四氯化碳(调节剂)的作用下,制备低聚物,反应原理如下:

链引发:

$$\dot{C}Cl_3 + CH_2=CH_2 \longrightarrow CCl_3-CH_2-\dot{C}H_2$$

链增长:

$$CCl_3-CH_2-\dot{C}H_2 + nCH_2=CH_2 \longrightarrow CCl_3 \overset{}{\leftarrow} CH_2-CH_2 \overset{}{\underset{\overline{n}}{\rightarrow}} CH_2-\dot{C}H_2$$

链转移:

$$CCl_3 \overset{}{\leftarrow} CH_2-CH_2 \overset{}{\underset{\overline{n}}{\rightarrow}} CH_2-\dot{C}H_2 + CCl_4 \longrightarrow CCl_3 \overset{}{\leftarrow} CH_2-CH_2 \overset{}{\underset{\overline{n}}{\rightarrow}} CH_2-\dot{C}H_2-Cl$$

$$\dot{C}Cl_3 + \dot{C}Cl_3 \longrightarrow CCl_3-CCl_3$$

$$\dot{C}Cl_3 + CCl_3-\dot{C}H_2 \longrightarrow CCl_3-CH_2-CH_2-CCl_3$$

溶液聚合的温度与溶剂的沸点有关。一般情况下,溶液聚合的温度只能略超过溶剂沸点。溶液聚合的后处理根据是否需要分离出固体聚合物分为两种情况。第一种情况是溶液聚合无需分离聚合物。均相溶液聚合结束后得到的聚合物溶液必须进行浓度调整,才能成为成品。聚合物溶液浓度调整是指聚合物溶液浓度的浓缩或稀释。浓缩或稀释达到一定浓度,过滤去除可能存在的不溶物杂质及凝胶,即得商品聚合物溶液。成品聚合物溶液存放时应注意避免与空气中的水分接触,吸收空气中水分使聚合物沉淀析出,维持合适的贮存温度,防止发生溶液黏度变化,甚至副反应,导致产物变质。第二种情况是需要从溶液中分离出聚合物固体,关键是对分离出的固体聚合物的干燥步骤。对于聚合物热稳定性差、水为溶剂的情况,高黏度难流动的溶液采用强力捏和机干燥脱水,或挤出机干燥脱水;而对于黏度不大易流动的聚合物溶液,采用转鼓式干燥机脱水,或双辊扎片脱水。对于聚合物热稳定性高、有明显熔融温度、采用有机溶剂的情况,宜采用高温工艺和大面积、短扩散行程的设备同时脱除残存单体和溶剂,得到的聚合物熔体经挤出、冷却、造粒。

**讨论:**溶剂对溶液聚合的速率、聚合物分子质量、聚合工艺、生产成本、环境保护有怎样的影响?

### 3.2.2 溶液聚合的工业实例

**1. 醋酸乙烯酯溶液聚合制备聚乙烯醇**

聚乙烯醇是一种结晶性聚合物，一般商品级聚乙烯醇的结晶度约为30％，聚乙烯醇大分子链上的侧羟基体积较小，且之间易氢键键合，因此容易结晶。工业上为提高聚乙烯醇的耐热水性，将聚乙烯醇进行热处理提高其结晶度至60％左右，再部分缩醛化。

聚乙烯醇是聚醋酸乙烯酯经醇解或水解制得。聚醋酸乙烯酯由醋酸乙烯酯经自由基聚合机理反应而成。自由基机理合成的聚乙烯醇大分子链上单体单元以头尾相连为主，大分子链的构型属于无规立构。聚乙烯醇的性质与其醇解度有很大关系。醇解度为98％～99％的聚乙烯醇的熔点230 ℃，而醇解度为87％～89％的熔点为180 ℃。醇解度99％～100％的聚乙烯醇仅溶于90 ℃以上的热水；醇解度87％～89％的聚乙烯醇室温下可溶于水；醇解度78％～81％的聚乙烯醇仅溶于10 ℃～40 ℃的水，超过40 ℃时立刻变混浊；醇解度70％左右的聚乙烯醇仅溶于水与乙醇的混合溶液；醇解度＜50％的聚乙烯醇不溶于水。聚乙烯醇还能发生醚化、酯化、缩醛化反应制备相应的衍生物。聚乙烯醇有着广泛的用途，如制造维尼龙、薄膜、胶水、用于混凝土增强剂、纸张增强剂等。

用于生产维尼纶的聚乙烯醇要求产物必须具有线形、无支化、无交联的结构，且分子质量分布宜窄。支化及交联的聚乙烯醇难以纺丝成纤。聚乙烯醇分子质量分布较宽时，制得的纤维断面容易出现严重的不规则缺陷。

工业上采用甲醇溶剂，偶氮二异丁腈引发醋酸乙烯酯溶液聚合制备聚醋酸乙烯酯。在聚合温度为65 ℃±0.5 ℃、常压的条件下，聚合大约2～3 h，转化率约50％～70％，得到聚醋酸乙烯酯树脂的甲醇溶液。然后聚醋酸乙烯酯树脂溶液在氢氧化钠为催化剂、甲醇为醇解剂的条件下，醇解20～30 min，得到大小不匀的、且溶胀有甲醇的聚乙烯醇颗粒。聚乙烯醇颗粒经粉碎，再除去大部分甲醇，得到含少量甲醇的细粉状的聚乙烯醇。细粉状的聚乙烯醇再经干燥除去残留甲醇，得到成品聚乙烯醇。

**2. 丙烯腈溶液沉淀聚合制备聚丙烯腈**

聚丙烯腈主要用于制造合成纤维，也就是用85％以上的丙烯腈和其他第二、第三单体共聚的高分子聚合物仿制的合成纤维，俗称人造羊毛。聚丙烯腈纤维经过碳化工艺可以制得碳纤维。聚丙烯腈基碳纤维丝是一种高强纤维材料，具有比重小、比强度大、比模量高、导热系数好、热胀系数小、尺寸稳定、耐烧蚀、自润滑性良好等优点。聚丙烯腈基碳纤维具有纤维的柔曲性，可编织加工，缠绕成型，广泛应用在航空、航天、工业生产、土木工程建筑、体育器材、民用产品等领域。聚丙烯腈纤维膜还具有透析、超滤、反渗透和微过滤等功能，可用于医用器具、人工器官、超纯水制造、污水处理和回收利用等。

丙烯腈聚合生成聚丙烯腈时，由于 $\alpha$ -位上腈基为吸电子基团，能够使双键 $\pi$ 电子云密度降低,并使阴离子活性种共振稳定,因此有利于阴离子聚合。同时,腈基对自由基有一定的共轭稳定作用,使形成的自由基呈中性,因此也能够进行自由基聚合。α-烯烃有利于配位聚合,所以丙烯腈也可以进行配位聚合。丙烯腈阴离子聚合和配位聚合的聚合工艺条件苛刻,因此目前工业上主要采取自由基机理合成聚丙烯腈。丙烯腈均聚物中腈基极性强,分子间吸引力大,材料坚硬,在分解温度以下加热不熔融,熔融纺丝困难,因此需要共聚改性。经共聚改性使高分子链的无序程度增加,聚合物的玻璃化温度下降至 75 ℃~100 ℃。为使共聚物的组成均一,保证产品质量的稳定,所采用的共聚单体的竞聚率应相近。在共聚改性体系中,丙烯腈含量通常大于 85%,第二单体含量为 3%~12%,第三单体含量为 1%~3%。聚合的第二单体主要用丙烯酸甲酯,目的是改善可纺性及纤维的手感、柔软性和弹性。第三单体主要是改进纤维的染色性,一般为含有弱酸性染色基团的衣康酸,含强酸性染色基团的丙烯磺酸钠、甲基丙烯磺酸钠、对甲基丙烯酰胺苯磺酸钠,含有碱性染色基团的-甲基乙烯吡啶等。

　　自由基非均相溶液聚合制备聚丙烯腈聚合方法有其自身的特点。采用水相沉淀聚合工艺获得的聚合物,必须进行溶解才可以纺丝。这种"聚合"+"溶解纺丝"的二步法,虽然增加了"溶解"工序,但此工艺方法也有下列优点:采用水溶性的氧化-还原引发体系,可在较低的温度下,一般在 35 ℃~55 ℃之间引发聚合,因此得到的聚合物色泽较浅,接近白色;水相聚合的反应热容易排除,聚合反应容易控制,聚合物分子质量分布窄;聚合物料为浆状液容易处理,可使溶剂回收工序略为简单一些;聚合物干燥后的固体粒子可以作为纺丝前的中间原料,方便下游厂家使用;氧化还原引发剂体系采用过硫酸盐为氧化剂,使分子链上含有磺酸基,减少了第三单体用量,一定程度上降低了原材料成本。

　　具体制备工艺首先将丙烯腈、丙烯酸甲酯、丙烯磺酸钠、过硫酸钾水溶液、亚硫酸钠水溶液及少量十二烷基磺酸钠分别加入聚合釜中,并用硝酸调节体系 pH 为 1.9~2.2,开动搅拌、在 45 ℃下反应 1~2 h,控制转化率 80%~85%时,加氢氧化钠水溶液使聚合反应终止,得到含单体的聚合物淤浆。从淤浆中分离出固体聚合物需要通过聚合物后处理工序。脱除了单体的聚合物淤浆经过滤、洗涤、干燥得到纯净的固体聚合物。

　　pH 对丙烯腈的溶液聚合影响很大,因为采用的引发剂只有在 pH 为 1.9~2.2 时才有很好的引发活性,所以聚合开始前采用硝酸调节体系 pH,聚合至预定转化率,通过加入氢氧化钠溶液将体系 pH 调至碱性,使引发剂失去活性,终止聚合反应。聚合转化率会影响到聚合物产品的分子质量及其分布,经验表明转化率控制在 80%~85% 范围较好。

　　聚合温度对聚合速率及聚合物产品外观有较大影响,在 25 ℃反应,引发速率太慢;超过 60 ℃,则产物聚丙烯腈纤维的颜色较深,因此聚合温度控制在 35 ℃~55 ℃的范围较好。

　　水相沉淀聚合时,聚合物粒子的大小及其聚集状态是一个重要的控制指标。搅拌速率对聚合物粒子的大小和粒径分布有较大的影响,会影响聚合物淤浆的过滤性能,工业上搅拌速度一般控制在 55~80 r/min。

水相沉淀聚合工艺在实施过程中，聚合物会黏附在聚合釜的釜壁上引起"结疤"，所以在工业生产中避免"结疤"也是一个主要问题。"结疤"是沉淀聚合时产生了凝胶效应，使聚合物黏度急剧增大，使聚合物黏结釜壁上所致。为了减轻结疤，需及时排除反应热，还要控制恰当的转化速率，反应后期要加反应终止剂终止反应。如果产生了结疤，则要及时清洗釜壁，以免影响后续的聚合产物，另外釜壁上黏附有聚合物会影响反应热的及时散去。

反应体系中加入少量十二烷基磺酸钠等阴离子表面活性剂的作用就是提高聚合反应的起始速率。主要原因是阴离子表面活性剂能够使水溶性引发体系所产生的初级自由基与丙烯腈单体有很好的接触，使有效碰撞的机会增多，加速聚合反应。

### 3. 非均相溶液法制备丁基橡胶

丁基橡胶由异丁烯和少量二烯烃，如异戊二烯、丁二烯等共聚而成。这是一个典型的阳离子共聚合实例。最常用的二烯烃为异戊二烯，用量为 1.5%~4.5% 左右。阳离子聚合反应，对单体及溶剂等原料的纯度要求很高，一般原材料纯度要求在 99.9% 以上。若采用三氯化铝引发时，须加入少量水作为助引发剂。

异丁烯（$M_1$）与异戊二烯（$M_2$）共聚时，在三氯化铝为主引发剂，一氯甲烷为溶剂，零下 103 ℃ 的反应条件下测得的竞聚率 $r_1 = 2.5 \pm 0.4$，$r_2 = 0.4 \pm 0.1$。$r_1 > r_2$，说明异丁烯共聚活性大于异戊二烯，易于进入共聚物中成为大分子链上的主要单体单元。两种单体的竞聚率乘积 $r_1 \cdot r_2 \approx 1$，说明两种单体的共聚反应接近理想共聚，在恒比点附近投料可以获得组成较为均匀的共聚物。大分子链上两种单体的链节以无规的方式排列。大分子链中的两个单体单元的组成分布也不均匀。根据研究的数据表明，在低分子质量级分中异戊二烯的含量稍大，高分子质量级分中则较低。

阳离子机理合成丁基橡胶理论上可以有两种方法，包括均相溶液聚合和非均相溶液聚合。采用前一方法时，单体与聚合物皆溶解于溶剂中，溶剂一般为己烷、四氯化碳等。随反应的进行，聚合物的生成量增加，溶液黏度迅速上升，造成搅拌和传热困难，聚合物还会黏于釜壁形成挂胶等，且从均相溶液分离聚合物需要的程序更繁琐，故此法在工业中没有实际采用。工业中主要采用非均相溶液聚合，也称淤浆聚合法。以强极性氯代甲烷作溶剂，它能溶解单体，但不溶解聚合物。生成的聚合物能成为细小颗粒分散于溶剂中形成淤浆状，体系黏度较小利于搅拌，热效应易于扩散，利于快速聚合，生产效率高。淤浆聚合法过程生成的聚合物以沉淀形态析出，易于沉积于聚合釜底部及管道等搅拌够不到的位置，造成结垢甚至堵塞现象。解决的办法是采用强力的机械搅拌，或者特殊的列管式内循环聚合釜，能使物料强制循环，顺利导出聚合物。

阳离子机理合成丁基橡胶的反应需要在低温零下 100 ℃ 左右进行。如此低的温度需要强力的冷却措施，一般采用液态丙烯作冷却剂，借助大量的冷凝器和压缩机等设备构建的冷却系统来实现制冷。在冷却的条件下将精制的异丁烯、异戊二烯单体、氯甲烷溶剂按比例配制成混合溶液,再将催化剂三氯化铝等一同加入聚合釜,在零下 100 ℃左右快速聚合完毕,生成的反应热由冷却剂带走。聚合结束后的体系含丁基胶粒、未反应的单体及溶剂等,聚合物以固体形式分散在体系中,呈淤浆状。将聚合后的混合体系与水蒸气接触,通过水蒸气蒸馏的办法除去未反应单体及溶剂等,再经分离获得含水的胶粒,经振动筛、挤压、脱水、压缩膨胀,在活性氧化铝上干燥,再经压片,称量,包装得丁基橡胶成品。

**讨论:**聚乙烯醇的醇解度对其熔点、水中的溶解度及其用途的影响。

### 3.2.3 超临界二氧化碳溶液聚合

超临界二氧化碳的临界温度为 31.1 ℃,临界压力为 7.38 MPa。此状态下的二氧化碳为低黏液体,可以用作聚合介质,对自由基稳定,无链转移反应,并能溶解含氟单体和聚合物。

超临界二氧化碳中自由基聚合可以分成均相溶液聚合和非均相溶液聚合两类。均相溶液聚合时,单体及聚合物均能溶解在超临界二氧化碳中,聚合结束溶剂容易脱除,体系具有无毒、阻燃等优点。适用的单体包括四氟乙烯、丙烯酸-1,1-二羟基全氟辛酯、$p$-氟烷基苯乙烯等。此外,氟代单体还可以与乙烯、甲基丙烯酸甲酯、苯乙烯等单体共聚,这些共聚体系在聚合过程中能保持均相溶液状态,不会出现聚合物沉淀析出现象。

非均相溶液聚合也称沉淀分散聚合。其特点是单体和引发剂能溶解在超临界二氧化碳中,而聚合物不能溶,以沉淀形式从聚合体系中析出。苯乙烯、甲基丙烯酸甲酯的超临界二氧化碳溶液聚合等都属于这种情况。随着反应条件和稳定剂的不同,分散粒径可达成 $100 nm \sim 10 \mu m$。非均相溶液聚合得到的聚合物的分子质量比均相溶液聚合的要高,可能原因是自由基被包埋在沉淀析出的微粒中,难于终止,继续链增长使分子质量升高。

超临界二氧化碳溶液聚合具有对环境友好的优势。而且也不仅仅局限于自由基聚合,对于甲醛和乙烯基醚的阳离子聚合,环氧烷烃、丁氧环的开环聚合,降冰片烯的开环易位聚合,甚至一些缩聚反应理论上都可以在超临界二氧化碳中进行,这种聚合方法有着良好的发展前景。

# §3.3 悬浮聚合

### 3.3.1 自由基悬浮聚合的一般过程

1. 悬浮聚合及其分类

悬浮聚合是指溶有引发剂的单体,借助悬浮剂的悬浮作用和机械搅拌,使单体分散成小液滴的形式在介质水中的聚合过程。一个单体小液滴相当一个本体聚合单元,因此悬浮聚合也称小本体聚合。一般悬浮聚合体系以大量水为介质,因此不适合阴离子、阳离子、配位聚合机理的高分子合成反应,因为这些反应的引发剂遇水会剧烈分解。

依据单体对聚合物是否溶解,分为均相悬浮聚合和非均相悬浮聚合。均相悬浮聚合是指聚合物溶于单体,产物呈透明小珠,也称珠状聚合;如苯乙烯和甲基丙烯酸甲酯的悬浮聚合。非均相悬浮聚合是指聚合物不溶于单体,以不透明小颗粒沉淀出来,呈粉状,也称沉淀聚合或粉状聚合。如氯乙烯、偏二氯乙烯、三氟氯乙烯、四氟乙烯等悬浮聚合。

2. 悬浮聚合的成粒过程

单体受到搅拌剪切作用,先被打碎成条状,再在界面张力作用下形成球状小液滴,小液滴在搅拌作用下因碰撞凝结为大液滴,再重新被打碎为小液滴,因而短时间后处于动态平衡状态,形成能够存在的最小液滴分散体系,如图3-1所示。

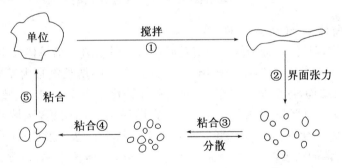

**图3-1 悬浮单体液滴分散及聚并过程示意图**

悬浮聚合的产物为粒状,具体形态及粒径大小与聚合过程的成粒机理有关。均相与非均相悬浮聚合的成粒过程是不一样的。

（1）均相悬浮聚合的成粒过程

聚合反应初期时,单体在搅拌下分散成直径一般为 $0.5\sim5~\mu m$ 的均相液滴,在分散剂的保护下,于适当的温度时引发剂分解为自由基,引发单体分子开始链增长。聚合物形成初期时,单体聚合的链增长速率较慢,生成的聚合物因能溶于自身单体使反应液滴保持均相。随聚合物增多,透明液滴的黏度增大,此阶段液滴内放热量增多,黏度上升较快,液滴间黏结的倾向增大,所以自转化率20%以后,进入液滴聚集结块的危险期,同时液滴的体积也开始减小。转化率达50%以上时,聚合物的增多使液滴变得更黏稠,聚合反应速率和放热量达到最大,此时若散热不良,液滴内会有微小气泡生成。转化率在70%左右,反应速度开始下降,液滴内单体浓度开始减小,大分子链愈来愈密集,大分子链活动愈受到限制,黏性逐渐减少而弹性相对增加。这时液滴黏结聚集的危险期渡过。当转化率达80%后,液滴内单体显著减少,聚合物大分子链因体积收缩被紧紧黏结在一起,残余单体在这些纠缠得很紧密的大分子链间进行反应并形成新的聚合物分子链,提高聚合温度使残余单体进一步反应接近完全,这些残余单体分子的进一步聚合使聚合物粒子内大分子链间愈来愈充实,弹性逐渐消失,聚合物颗粒变得比较坚硬。均相悬浮聚合生成的聚合物颗粒内大分子链相互无规的纠结在一起形成均匀的一相,成为均匀坚硬透明的球珠状粒子。所以整个过程就像一个在小液滴中的本体聚合过程。均相悬浮聚合的成粒过程如图3-2所示:

| 单体液滴 | 聚合初期 | 聚合中期 | 聚合后期 | 透明粒子 |

图3-2　均相悬浮聚合的成粒过程示意图

(2) 非均相悬浮聚合的成粒过程

以氯乙烯非均相悬浮聚合为例。当引发剂自由基引发氯乙烯单体发生聚合,链增长至10个单体链节以上时便从单体相中析出。含有约50个的增长链自由基聚集形成直径为10~20 nm的微域结构,形成第一次聚集,此时单体转化率小于1%。微域结构不稳定,大约10个微域结构立即聚集形成一个区域结构,形成第二次聚集,区域结构的直径约为0.1~0.2 $\mu$m,单体转化率为1%~2%。在区域结构中,进一步引发增长的大分子链使区域空间增大,形成所谓的初级粒子,直径为0.2~0.4 $\mu$m,单体转化率为4%~10%。随着聚合的深入,颗粒中逐渐形成聚氯乙烯相,它被单体溶涨为聚氯乙烯凝胶。该凝胶体易变形、容易聚集为直径为1~2 $\mu$m聚集体,随单体转化率提高,上述聚集体直径可增加到直径为2~10 $\mu$m,形成第三次聚集,即所谓的次级粒子。这些聚集体在搅拌作用下再次相互黏结,形成第四次聚集,就形成了直径为100~180 $\mu$m的悬浮法聚氯乙烯产品颗粒。非均相悬浮聚合的成粒过程如图3-3所示。

| 成粒过程 | 转化率 | 粒子名称 | 粒子形态 | 粒子尺寸 |
|---|---|---|---|---|
| 引发阶段 | <1% | 短链自由基 | 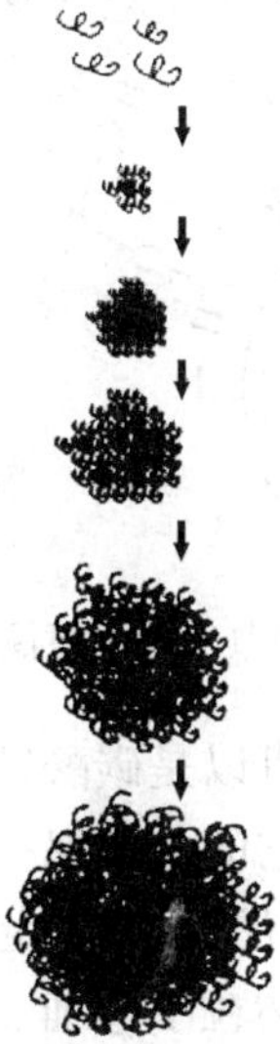 | 10 余个单体的链节 |
| 第一次聚集 | <1% | 微域结构 | | 10 nm～20 nm |
| 第二次聚集 | 1%～2% | 区域结构 | | 100 nm～200 nm |
| 链增长 | 4%～10% | 初级粒子 | | 200 nm～400 nm |
| 第三次聚集 | 10%～90% | 次级粒子 | | 2 $\mu$m～10 $\mu$m |
| 第四次聚集 | 10%～90% | 产品颗粒 | | 100 $\mu$m～180 $\mu$m |

**图 3 - 3　非均相悬浮聚合的成粒过程示意图**

非均相悬浮聚合的产物为多孔性不规则细粒状固体。孔隙的形成主要是由于初级粒子聚集时会产生孔隙,如果在聚合过程中,这些孔隙不被收缩作用或后来生成的聚氯乙烯分子所填充,则最终产品为多孔性、形状不规整的颗粒,即疏松型树脂,否则为孔隙甚少、形状近于圆球的紧密性树脂。此外,次级粒子的再次聚集也会形成一定量的孔隙。

3. 悬浮聚合体系

(1) 水

水在悬浮聚合体系中作为单体的分散介质,维持单体和聚合物粒子的稳定悬浮。在聚合过程中,水还可作为传热介质,及时排出聚合热。值得注意的是天然水中的杂质如铁、钙、镁等金属离子会阻碍聚合,产品着色,热、电性能下降;氯离子会破坏悬浮体系稳定性,使聚合物粒子增大;水中的溶解氧会阻碍聚合。因此作为悬浮聚合的水必须经过去离子、除氧以及机械杂质的净化操作方可使用。

(2) 悬浮剂

悬浮剂的主要作用是降低水的表面张力,防止单体液滴黏结,促使悬浮分散体系稳定。悬浮剂的种类有水溶性高分子化合物和不溶于水的无机化合物两大类。

水溶性高分子化合物,可以是明胶、纤维素醚、聚乙烯醇、聚丙烯酸、聚甲基丙烯酸盐等。它的分散保护机理主要是利用高分子链段中的亲油部分紧紧吸附在液滴表面,同时亲水部分朝向水中,形成一层保护层起到隔离作用,使液滴处于相对的分散悬浮稳定状态。如聚乙烯醇(PVA)的分散保护机理如图3-4所示。

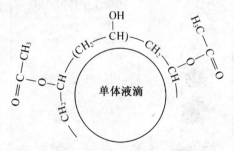

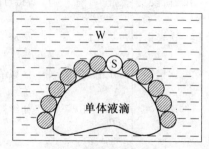

**图3-4　聚乙烯醇悬浮剂的分散保护示意图**　　**图3-5　非水溶性无机粉末分散保护示意图**

不溶于水的无机化合物,可以是碳酸钙、碳酸镁、碳酸钡、硫酸钙、硫酸钡、磷酸钙、滑石粉、高岭土、硅藻土、白垩等。它的分散保护机理主要是利用细颗粒的高吸附作用,使细颗粒紧密地吸附在液滴表面形成一层保护层,起到隔离分散保护作用。无机物的粉末越细,分散和保护能力越强,得到的聚合物粒子越细。因此,通常采用在水中进行化学反应的方法临时制备无机分散剂。非水溶性无机粉末分散保护原理如图3-5所示。

（3）引发剂

悬浮聚合一般采用油溶性引发剂,如偶氮类、过氧化二酰类、过氧化二碳酸酯类等的一种或几种复合。引发剂复合使用的效果比单独使用好,其优点是可使反应速度均匀,操作更加稳定,产品质量好,同时使生产安全。采用油溶性引发剂,说明引发剂存在于单体相,即悬浮聚合的聚合场所在单体液滴内。

4. 悬浮聚合的工艺要求

悬浮聚合体系的水的用量是一个重要参数。悬浮聚合必须要求符合一定范围的水油比,即聚合体系中介质水和单体的质量比。水油比大时,反应热扩散效果较好,产物颗粒大小均匀,产物分子质量分布较窄,聚合工艺易控制,但设备利用率低;反之,水油比小,传热效果差,聚合工艺难控制。一般情况下,悬浮聚合体系的水油比控制在(1~2.5)∶1较合理。

温度对悬浮聚合的影响遵循自由基聚合的一般规律,如温度升高,聚合速率加快,但易发生链转移反应,使分子质量降低。聚合时间与单体性质、温度、引发剂等因素有关。一般完成聚合则需要几小时至十几小时的时间。一般实际生产,聚合至转化率达90%后终止反应,未反应单体回收利用。悬浮聚合工艺流程方框图3-6如下。

**讨论:**比较悬浮聚合与本体聚合两种聚合方法的异同点。

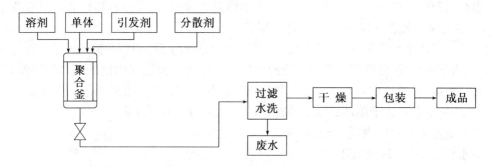

图 3-6 悬浮聚合的合成工艺流程图

### 3.3.2 悬浮聚合的工业实例

**1. 氯乙烯悬浮聚合制备聚氯乙烯**

工业生产聚氯乙烯树脂的方法主要采用悬浮聚合法。世界范围统计聚氯乙烯树脂产量的 75% 左右用悬浮聚合法生产,产品为 100~150 μm 直径的多孔性颗粒。10% 左右的聚氯乙烯树脂用自由基本体聚合法进行生产,产品形态用途基本与悬浮聚合的产品相似,但透明性优于悬浮聚合产品,适于注塑成型。15% 左右的聚氯乙烯树脂用自由基乳液聚合法或微悬浮法进行生产,从聚合反应釜中得到的是直径 0.2~3 μm 的聚氯乙烯初级粒子形成的胶乳,经喷雾干燥后得到的产品颗粒直径为 1~100 μm,主要是 20~40 μm 的聚氯乙烯次级粒子,它是初级粒子的聚集体,主要用作聚氯乙烯糊状树脂。中国大陆聚氯乙烯树脂绝大多数采用悬浮聚合法生产,约占 94% 左右。

悬浮聚合制备聚氯乙烯的过程,首先将去离子水加入聚合釜中,开启搅拌,依次加悬浮剂分散液、水相阻聚剂硫化钠溶液、缓冲剂碳酸氢钠溶液。然后对聚合釜进行试压,试压合格后,用氮气置换釜内空气除去釜内空气中的氧气。最后将单体加入聚合釜内进行聚合,同时向聚合釜夹套内通入蒸汽或热水。当聚合釜内温度升高至聚合温度(50℃~58℃)后,改通冷却水,控制聚合温度不超过规定温度的±0.2℃。当转化率达 60%~70% 时,会出现自加速现象,聚合速率加快,放热现象明显,应加大冷却水量及时排走反应热,维持正常的聚合温度。当釜内压力从最高值降到 0.294 MPa~0.196 MPa 时,加链终止剂结束反应。

在工业生产中,通常根据反应釜压力下降达规定值后结束反应。氯乙烯悬浮聚合的聚合压力通常为 0.50 MPa~0.65 MPa,可因树脂牌号而异。终止反应的方法可以是及时加入链终止剂,或迅速减压脱除未反应的单体。

氯乙烯悬浮聚合的温度一般在 50℃~60℃,温度波动范围不超过±0.2℃。聚合温度高不仅会使分子质量减小,还会引起向大分子转移,导致分子链支化,影响产品性能。

聚合过程中生成的聚氯乙烯树脂不溶于单体氯乙烯中,但聚氯乙烯树脂可以吸收单体达 27% 的质量百分含量,形成具有黏性的凝胶。所以当单体转化率达到 70% 以上时,由于游离的液态单体数量急骤减少,导致反应釜内的压力开始下降,而当游离的液态单体接近消失时,压力下降明显,然后聚合反应在凝胶内进行。由于在凝胶相内链的活动性降低,所以链终止速度减缓,活性中心浓度增加,聚合速率加快,出现自动加速现象。当转化率达到 80%~85% 范围时,由于单体数量明显减少,聚合反应速度再次下降。

单体氯乙烯是致癌物质,产品聚氯乙烯树脂的单体含量要求低于 $10^{-5}$,甚至低于 $10^{-6}$,所以聚合结束后的物料应进行所谓的单体剥离操作,也称之为"气提"操作。其方法是将含有少量单体的物料送入名叫单体汽提塔的装置,如图 3-7 所示。单体汽提塔内有五层伞,最上一层起阻挡作用以免进出的料液雾沫直冲真空管道。二至五层是使浆液在伞上成薄膜以增加蒸发面积,使浆液内单体或气体易于逸出。聚氯乙烯树脂浆料自塔顶送入塔内与塔底通入的热的水蒸汽作逆向流动。氯乙烯与水蒸汽自塔顶逸出后进行回收。剥离单体后的浆料经热交换器冷却后,送往离心分离工段脱除大部分水溶液,获得的聚氯乙烯树脂呈滤饼状,含水量约为 20%~30%。此滤饼送入卧式沸腾干燥器进行干燥,干燥后的聚氯乙烯树脂挥发物量为 0.3%~0.4%。经筛选除去大颗粒树脂后,制得悬浮聚氯乙烯树脂成品。

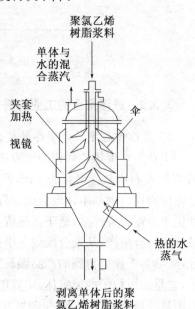

图 3-7 氯乙烯单体汽提塔示意图

### 2. 苯乙烯悬浮聚合制备聚苯乙烯

聚苯乙烯泡沫塑料具有质轻、价廉、成型方便等特点,广泛用作防震包装材料、隔热保温材料等。用作泡沫塑料的聚苯乙烯原材料是一种可发性聚苯乙烯,产品为内部含有大量孔隙的珠粒。可发性聚苯乙烯的合成方法有两种,一种方法是将一般的聚苯乙烯珠粒置于反应器中,用水分散,再加入低沸点脂肪烃使之在受热条件下溶胀,得到溶胀的聚苯乙烯珠粒,此法已逐渐被淘汰。另外一种方法就是悬浮聚合方法,在加有低沸点脂肪烃,如碳四、碳五馏分或石油醚的悬浮聚合体系中,苯乙烯经悬浮聚合得到为低沸点脂肪烃溶胀的聚苯乙烯珠粒,脱水以后,置空气中使低沸点烃逐渐挥发形成为空气置换的孔隙,制得颗粒状可发性聚苯乙烯产品。由于苯乙烯悬浮聚合温度超过 100 ℃,一般的有机类分散剂不能使用,而需要用高分散性不溶于水的无机盐粉料作为分散剂,常用的有磷酸钙、碳酸镁等。常用过氧化二苯甲酰,过氧化苯叔丁酯等中低活性引发剂。制造聚苯乙烯泡沫塑料制品时,将可发性聚苯乙烯珠粒置适当模具中用水蒸气加热或加热到 110 ℃~120 ℃,使发泡充满模具即得到一定形状的聚苯乙烯泡沫塑料制品。

悬浮聚合法也可用于聚苯乙烯均聚物的生产,但由于产品的透明性不及本体法产品,而且残存的单体不易脱除所以已逐渐被淘汰。目前,苯乙烯悬浮聚合方法主要用于苯乙烯共聚物如苯乙烯与丙烯腈共聚物、苯乙烯与甲基丙烯酸甲酯共聚物以及可发性聚苯乙烯等的生产。

**讨论**:制造聚氯乙烯及含氯聚合物中的氯元素主要来源于何种原材料?

### 3.3.3　微悬浮聚合技术

悬浮聚合的产物粒径一般在 $50\sim2000~\mu m$,乳液聚合的产物粒径一般在 $0.1\sim0.2~\mu m$,而微悬浮(microsuspension)的产物粒径一般在 $0.2\sim1.5~\mu m$,达亚微米级,与常规乳液聚合的单体液滴直径相当。例如微悬浮法制备的聚氯乙烯和乳液聚合聚氯乙烯混合使用配制聚氯乙烯糊,可以提高固含量,降低糊的黏度,改善涂布施工条件,提高生成能力。

微悬浮聚合需要特殊的复合乳化体系,一般为离子型表面活性剂十二烷基硫酸钠和难溶助剂长链脂肪醇或长链烷烃按一定比例构成。一方面复合乳化体系可以大大降低油水界面张力,稍加搅拌便可获得亚微米级的单体液滴。另一方面,复合乳化体系对微米级液滴和产物颗粒有很强的保护作用,有效防止液滴聚并,阻碍液滴间单体的相互扩散、传递和重新分配,以致产物颗粒数、粒径及其分布与起始时的液滴情况相当。这是微悬浮聚合技术的一个重要特点。

## §3.4　乳液聚合

### 3.4.1　自由基乳液聚合的一般过程

1. 乳液聚合及其特点

乳液聚合是指在单体、反应介质、乳化剂形成的乳状液中进行的聚合反应过程。经典乳液聚合体系主要由单体、水、乳化剂、引发剂和其他助剂所组成。经典乳液聚合体系以大量水为介质,此方法不适合阴离子、阳离子、配位聚合机理的高分子合成反应,因为这些反应的引发剂遇水会剧烈分解。经典乳液聚合方法以水作分散介质,价廉安全。水比热较高,利于传热。乳液黏度低,便于管道输送。生产可采用连续工艺或间歇工艺。聚合速率快,同时产物分子质量高,可在较低的温度下聚合。制备的乳液可直接利用,可直接应用的胶乳有水乳漆、黏结剂、纸张、皮革、织物表面处理剂等。不使用有机溶剂,干燥中不会发生火灾,无毒,不会污染大气。但是,需固体聚合物时,乳液需经破乳、洗涤、脱水、干燥等工序,生产工序繁琐。产品中残留有乳化剂等,难以完全除尽,有损电性能、透明度、耐水性等。聚合物分离需加破乳剂,如盐溶液、酸溶液等电解质,因此分离过程较复杂,并且产生大量的废水,如直接进行喷雾干燥需大量热能。所得聚合物的杂质含量较高。

### 2. 乳化剂及乳液的稳定性

#### (1) 乳化剂的定义及作用

乳化剂定义为能使油水变成相当稳定且难以分层的乳状液的一类物质。大多数乳化剂实际上是表面活性剂,包括阴离子表面活性剂、阳离子表面活性剂、非离子表面活性剂和两性离子表面活性剂等。阴离子表面活性剂一般是高级脂肪酸的羧酸盐、硫酸盐、磺酸盐等,应用最广泛,通常是在 pH>7 的条件下使用。阳离子表面活性剂一般是胺类化合物的盐类,如脂肪胺盐、季胺盐等,通常要在 pH<7 的条件下使用。两性离子型表面活性剂,如氨基酸等,其分子中兼有阴、阳离子基团,因此在任何 pH 条件下都有效。非离子型表面活性剂是一类分子结构兼有亲水及亲油基团的低分子质量聚合物,如聚氧乙烯的烷基或芳基的酯或醚、环氧乙烷和环氧丙烷的共聚物等,由于具有非离子特性,所以对 pH 变化不敏感,比较稳定,但乳化能力不足,一般不单独使用。

乳化剂的作用具有多重性,能有效降低水的表面张力;降低油水的界面张力;利用乳化剂形成的胶束,将不溶于水的单体以乳液的形式稳定悬浮在水中,这种现象称为乳化剂的乳化作用;利用吸附在聚合物粒子表面的乳化剂分子将聚合物粒子分散成细小颗粒,这种现象称为乳化剂的分散作用;利用胶束中的亲油基团吸收单体,好似增加了油性单体在水中的溶解度,这种现象称为乳化剂的增溶作用;降低了表面张力的乳状液容易扩大表面积使乳液体系容易产生泡沫,即所谓的发泡作用。

#### (2) 乳化剂的临界胶束浓度

少量的表面活性剂溶解于水中可以使水的表面张力明显降低,达到某一极限值后,继续增加表面活性剂浓度则表面张力变化很小。实践中还发现,溶液的若干性质,如界面张力、渗透压、电导性等方面都有相似表现。表面活性剂溶液性质发生突变的浓度范围称为表面活性剂的"临界浓度"。

表面活性剂溶液性质发生突变的理论解释,表面活性剂分子在临界浓度以下,呈单分子状态溶解或分散于水中。达到临界浓度时,则若干个表面活性剂分子聚集形成胶体粒子,此时每个分子的排列规则,亲水基团向着水分子排列。如果水是分散介质,则亲水基团向外,组成带有电荷的粒子,这种粒子被称为"胶束"。形成的胶束会有多种不同的形状,如小型胶束、棒状、球状、薄层状等,如图 3-8 所示。每个胶束有 50~100 个表面活性剂分子组成。表面活性剂分子形成胶束的最低浓度称为"临界胶束浓度"。

实践表明,表面活性剂溶解于水中以后,其降低表面张力和界面张力的效应不是立即可以显示出来的,而要经过一段时间方才达到最大效率。

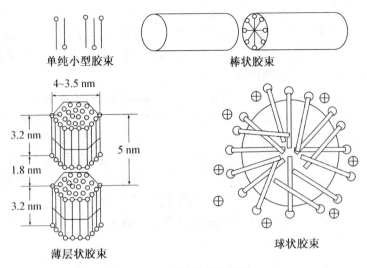

单纯小型胶束

棒状胶束

薄层状胶束

球状胶束

图 3-8 胶束的形状类型

（3）乳化剂的亲水亲油平衡值（HLB）

亲水亲油平衡值（Hydrophile-Lipophile Balance），简称 HLB 值，是指用来衡量乳化剂分子中亲水部分和亲油部分对其性质所做贡献大小的物理量。HLB 值越大表明亲水性越大；反之亲油性越大。因此可以采用"亲水-亲油平衡（HLB）值"来衡量表面活性剂的乳化效率。

（4）乳液的稳定性和破乳

固体乳胶微粒的粒径在 1 $\mu$m 以下，一般为 0.05～0.15 $\mu$m，乳液体系长时间静置时乳胶粒不沉降的性质称之为乳液的稳定性。乳液的稳定性原理可概括以下三个方面：第一，表面活性剂能降低分散相和分散介质的界面张力，降低了界面作用能，从而使液滴自然聚集的能力大为降低；第二，表面活性剂分子在分散相液滴表面形成规则排列的表面层、形成保护性薄膜防止液滴再聚集，乳化剂分子在表面层中排列的紧密程度越高，乳液稳定性越好；第三，液滴表面带有相同的电荷而相斥，所以阻止了液滴聚集。乳胶粒表面及附近区域的双电子层结构对乳液稳定性起到关键作用。图 3-9 为乳胶粒油水界面双电层示意图。

乳液由不互溶的分散相和分散介质所组

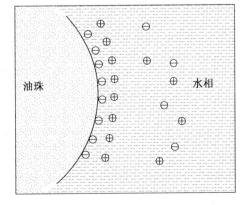

油珠　　　　　　　水相

图 3-9 乳胶粒油水界面双电子层示意图

成,属多相体系,乳液的稳定性是相对有条件的。破乳就是利用乳液稳定的相对性,使乳液中的胶乳微粒聚集、凝结成团粒而沉降析出的过程。常用破乳方法有在稳定的乳液体系中通过加入电解质、改变乳液 pH、将乳液进行冷冻、乳液高速离心沉降、乳液中加入有机沉淀剂以及其他机械方法等手段达到破乳的目的。

经乳液聚合过程生产的合成橡胶胶乳或合成树脂胶乳是固水体系乳状液。如果直接用作涂料、黏合剂、表面处理剂或进一步化学加工的原料时,要求胶乳具有良好的稳定性。如果要求从胶乳中获得固体的合成树脂或合成橡胶时,则应采用适当的破乳或相应的分离方法。例如生产聚氯乙烯糊用树脂要求产品为高分散性粉状物,应采用喷雾干燥进行分离的方法。生产丁苯橡胶、丁腈橡胶等产品则采用"破乳"的方法,使乳胶中的固体微粒聚集凝结成团粒而沉降析出,然后进行分离、洗涤、以脱除乳化剂等杂质。

胶乳在生产以及贮存、运输过程中可能发生非控制性破乳现象,此情况下会造成产品质量下降,甚至是产品质量事故。

3. 乳液聚合的过程

乳液聚合过程分为分散、增速、恒速、减速四个阶段。每个阶段各组分会表现出不同的行为,特别是聚合速率的不同。

(1) 分散阶段

在介质水中加入乳化剂,浓度低于临界胶束浓度时形成真溶液,高于临界胶束浓度时形成胶束。一般乳液聚合中乳化剂的用量总是要高于临界胶束浓度的,因此体系中含有大量胶束,数量一般在 $10^{18}$ 个/mL。在介质中加入单体,少量单体以分子状态分散于水中,部分单体溶解在胶束内形成增溶胶束,更多的单体形成小液滴,吸附一层乳化剂分子形成单体液滴。单体液滴数一般在 $10^{11}$ 个/mL。单体、乳化剂在单体液滴、水相及胶束相之间形成动态平衡。

(2) 增速阶段

此阶段为乳液聚合开始,乳胶粒生成阶段,聚合速率逐步增加。首先是水溶性引发剂溶解在水中,分解形成初级自由基。理论上,形成的初级自由基可以在不同的场所引发单体聚合生成乳胶粒。第一可能进行聚合的场所是胶束相,初级自由基进入增溶胶束,引发聚合,形成乳胶粒,即所谓的胶束成核。第二可能进行聚合的场所是水相,初级自由基进入引发水中的单体形成低聚物,即所谓的水相成核。第三可能进行聚合的场所是单体液滴相,初级自由基进入单体液滴引发聚合形成聚合物,即所谓的液滴成核。以上三种可能的聚合场所,根据概率计算胶束成核的几率最大,因此经典乳液聚合的聚合场所主要是在胶束相。此阶段自由基不断进入增溶胶束,导致乳胶粒数增多,链增长活性中心数量增加,因此聚合速率增加。

（3）恒速阶段

此阶段乳胶粒逐渐长大,乳液体系中已经没有胶束,乳胶粒数目恒定,聚合反应在乳胶粒中继续进行,聚合速率基本不变。

（4）减速阶段

此阶段体系中只有水相和乳胶粒两相。乳胶粒内由单体和聚合物两部分组成,水中的自由基可以继续扩散入内使引发增长或终止,但单体再无补充来源,聚合速率将随乳胶粒内单体浓度的降低而降低。

4. 乳液聚合的速率与分子质量

乳液聚合可以同时提高聚合速率和聚合物的分子质量,与自由基机理的其他聚合方法有着不一样的聚合过程,有其独特的动力学过程。

（1）聚合速率

乳液聚合的动力学研究着重在聚合的恒速阶段,自由基聚合速率的表达式(3-1)如下：

$$R_p = k_p[\text{M} \cdot][\text{M}] \tag{3-1}$$

式中：[M]表示乳胶粒中单体浓度(mol/L) ,一般约为 5 mol/L;[M·]表示 1 L 乳液的乳胶粒中的自由基浓度,与乳胶粒数有关,则：

$$[\text{M} \cdot] = \frac{10^3 \text{N} \bar{n}}{N_A} \tag{3-2}$$

式中：$N$ 为乳胶粒数,单位为个/mL,一般 $N = 10^{14} \sim 10^{15}$ 个/mL;$n$ 为每个乳胶粒内的平均自由基数(0.5);[M·] 一般为 $10^{-6} \sim 10^{-7}$ mol/L。将式(3-2)带入式(3-1)得到乳液聚合的速率公式(3-3)：

$$R_p = \frac{10^3 N \bar{n} k_p[M]}{N_A} \tag{3-3}$$

与自由基机理的其他聚合方法相比较,活性中心浓度高出一至两个数量级,乳胶粒中单体浓度也较高,故乳液聚合相对于自由基机理的其他聚合方法有着更高的聚合速率。

（2）聚合度

设体系中总引发速率为 $\rho$ ,即单位时间和体积生成的自由基个数(个/mL·s)。对于一个乳胶粒子,令其引发速率为 $r_i$ ,即单位时间自由基进入乳胶粒的速率,也即单位时间一个乳胶粒吸收自由基的个数($s^{-1}$)：

$$r_i = \frac{\rho}{N} \tag{3-4}$$

假定每个乳胶粒内只能容纳一个自由基,单位时间加到一个初级自由基上的单体分子数,就是一个乳胶粒子的链增长聚合速率。增长速率为 $r_p$($s^{-1}$)表示为：

$$r_p = k_p[M] \tag{3-5}$$

则：
$$\overline{X}_n = \frac{r_p}{r_i} = \frac{k_p[M]N}{\rho} \tag{3-6}$$

乳液聚合的平均聚合度就等于动力学链长。因为偶合终止时是长链自由基和扩散到乳胶粒内的初级自由基或短链自由基偶合。乳液聚合的增速期，$\rho$ 影响乳胶粒的生成数，进而影响聚合速率。在恒定的引发速率 $\rho$ 下，用增加乳胶粒 $N$ 的办法，可同时提高 $R_p$ 和聚合度，这也就是乳液聚合速率快、同时产物分子质量高的原因。

**讨论：乳化剂在乳液聚合中的作用有哪些？**

### 3.4.2 乳液聚合的工业实例

#### 1. 丁二烯/苯乙烯乳液共聚合制备丁苯橡胶

丁苯橡胶(Styrene-Butadiene Rubber，简称 SBR)是由丁二烯与苯乙烯两种单体共聚而得到的弹性体。丁苯橡胶是丁二烯和苯乙烯的无规共聚物，大分子链中丁二烯和苯乙烯两种结构单元存在一定的数量分布和序列分布。通用型丁苯橡胶中苯乙烯质量分数为23.5%。丁二烯和苯乙烯可按任一比例共聚，但所得丁苯共聚物的 $T_g$ 则随苯乙烯含量增加而线性上升。大量生产的普通型丁苯橡胶，含苯乙烯 23.5%，$T_g$ 为 $-57\ ℃ \sim -52\ ℃$。当苯乙烯含量高达 70% 时，$T_g$ 为 18 ℃，它的硬度高，耐磨、耐酸碱，但弹性下降。苯乙烯含量为10% 时，$T_g$ 为 $-75\ ℃$，其性能与高苯乙烯含量的相反，而耐寒性却提高很多。

乳液丁苯橡胶工业上的合成工艺路线有高温法和低温法两种。所谓高温法就是采用过硫酸钾引发，在 50 ℃ 左右进行聚合，此法生产周期长，橡胶弹性性能差，产品称之为硬丁苯或热丁苯，此方法已淘汰。所谓低温法就是采用氧化还原引发剂，在 5 ℃ 左右进行聚合，聚合温度相对较低，橡胶弹性性能好，产品称之为软丁苯或冷丁苯，是目前工业上主要的生产方法。

丁苯橡胶的乳液聚合过程主要有单体的纯化、引发剂的配制、聚合、未反应单体的回收、胶乳凝聚及后处理等。

原料丁二烯和苯乙烯用浓度为 10%～15% 的氢氧化钠水溶液，30 ℃ 下进行喷淋以脱除所含阻聚剂，与乳化剂、电解质、除氧剂、去离子水、还原剂等混合后进入冷却器，冷至 10 ℃，进入聚合釜，氧化剂则直接从釜底进入。聚合系统由 8～12 个聚合釜串联组成，反应温度5 ℃～7 ℃，操作压力 0.25 MPa，各釜平均停留时间 8～10 h，控制聚合转化率 60% 左右，加入终止剂终止聚合。胶乳中含有 40% 的未反应单体，需要回收循环使用。脱除单体后的胶乳加入防老剂和填充油等添加剂。添加剂的种类与用量根据产品牌号而定。

为得到固体聚合物必须要将稳定的乳液进行破坏。加入一定浓度的食盐溶液使胶乳粒子凝集增大，再与浓度为 0.5% 的稀硫酸混合，稳定的乳液彻底被破坏，获得粗制的胶粒产品。粗制的胶粒过滤、洗涤分离,再挤压脱水,脱去大部分水。经挤压膨胀干燥,使胶粒含水量达到指标要求,最后压块成型,一般每块重 25 kg,检验后包装入库。

2. 醋酸乙烯酯乳液聚合制备聚醋酸乙烯酯白乳胶

聚醋酸乙烯酯乳液于 1937 年在德国正式投入生产。聚醋酸乙烯酯乳液主要是醋酸乙烯均聚物或共聚物乳液,俗称白乳胶。白乳胶可常温固化、固化较快、黏接强度较高,黏接层具有较好的韧性和耐久性且不易老化,可广泛应用于粘接纸制品,如墙纸等,也可作防水涂料和木材的胶黏剂。

通用型聚醋酸乙烯酯乳液常用半连续乳液聚合方法进行生产。把去离子水和规定量的聚乙烯醇投入聚乙烯醇溶解釜中,向聚乙烯醇溶解釜的夹套中送入水蒸气,升温至 80 ℃,搅拌 4~6 h,配制成聚乙烯醇溶液。分别配制好氧化剂(10% 过硫酸钾溶液)和还原剂(10% 亚硫酸氢钠溶液)。准备好醋酸乙烯酯单体、邻苯二甲酸二丁酯增塑剂和 pH 缓冲剂等。首先向聚合釜中加入一部分单体醋酸乙烯酯和部分引发剂溶液,搅拌 30 min,同时向聚合釜夹套内通入水蒸气,将釜中物料升温至 60 ℃~65 ℃,此时聚合反应开始。因为是放热反应,故釜内温度自行升高,可达 80 ℃~83 ℃,在这期间,釜顶回流冷凝器中将有回流出现。待回流减少时,开始向釜中逐步滴加剩余的醋酸乙烯酯单体和过硫酸钾溶液,控制聚合反应温度在 78 ℃~80 ℃之间,大约八小时滴完,单体加完后,加入全部余下的过硫酸钾溶液。加完全部物料后,通水蒸气升温至 90 ℃~95 ℃,并在该温度下保温 30 min,向聚合釜夹套通冷却水冷却至 50 ℃,出料,过滤制得百乳胶产品。

> **讨论:采用乳液聚合方法制备丁苯橡胶有什么优点?**

### 3.4.3 乳液聚合的其他技术

1. 种子乳液聚合

所谓种子乳液聚合就是指在已有乳胶粒的乳液聚合体系中,加入单体,并控制适当条件,使新加入的单体在原有的乳胶粒中继续聚合,乳胶粒继续增大,但乳胶粒数不变。常规乳液聚合的产物粒径一般在 50~200 nm,需要较大粒径的乳胶粒时,可以通过种子乳液聚合技术实现。种子乳液聚合的产物粒径可以达到 2 μm,甚至更大。

种子乳液聚合技术的关键是防止乳化剂过量,以免形成新的乳胶粒,新形成的胶束仅用来提供逐步增大的乳胶粒对乳化剂的需求。种子乳液聚合的产物粒径接近单分散。如果在体系使用两种不同粒径的乳胶粒种子,则可以生成粒径呈双分布的乳胶粒。例如制备具有乳胶粒径双分布的聚氯乙烯糊,较小粒子可以填充在较大粒子空隙之间,提高树脂浓度,降低糊的黏度,便于施工,提高生产效率。

### 2. 核壳乳液聚合

核壳乳液聚合是种子乳液聚合技术的发展，若第一次聚合和第二次聚合采用的是两种不同的单体，则形成核壳结构的乳胶粒，第一单体先进行第一次乳液聚合形成聚合物乳胶粒核心，再加入第二单体进行第二次乳液聚合在此核心乳胶粒外层继续聚合，形成乳胶粒的外壳，因此形象地称之为核壳乳液聚合。

核壳乳液聚合是两种单体的共聚合，两种均聚物在核壳界面进行接枝共聚。这种结构大大增加了两种不同性质的大分子链的相容性和黏结力，提高了共聚物的力学性能。采用不同性质的单体可以制备出结构不同、性能多样的核壳结构的共聚物。按照两种大分子链的软硬性质，核壳结构有软核硬壳和硬核软壳两种。例如，以丁二烯为核、苯乙烯和丙烯腈共聚物为壳的 ABS 工程塑料就属于软核硬壳的情况。

### 3. 反相乳液聚合

经典乳液聚合的介质为水，单体为油溶性，对于单体为水溶性的情况，则需要采取反相乳液聚合的技术实现。所谓反相乳液聚合就是指将水溶性单体分散在有机介质中，在油溶性乳化剂（HLB 值为 0～8）作用下，与有机介质形成油包水（W/O）型乳状液，采用水溶性引发剂引发聚合形成油包水型聚合物胶乳的过程。采用反相乳液聚合技术可以制备出其他聚合方法难以实现的功能性聚合物。例如利用乳液聚合聚合速率高的特点制备高分子质量的水溶性聚合物；利用乳胶粒径小的特点，可制备能迅速溶于水的聚合物水溶胶。

适合反相乳液聚合的单体有丙烯酰胺、丙烯酸及其钠盐、甲基丙烯酸及其钠盐、对乙烯基苯磺酸钠、丙烯腈、N-乙烯基吡咯烷酮等，常用的分散介质有甲苯、二甲苯、环己烷、庚烷、异辛烷等。

### 4. 微乳液聚合

经典乳液聚合的产物粒径一般在 50～200 nm，乳液不透明，呈乳白色，属于热力学不稳定体系。而微乳液聚合的产物粒径一般在 8～80 nm，属于纳米级微粒，采用特殊表面活性剂保护，可以获得热力学上稳定、清亮透明、具有各向同性的聚合物乳液。

### 5. 无皂乳液聚合

传统意义上的乳液聚合均需要加入乳化剂，聚合结束需要除去乳化剂，然而吸附在乳胶粒表面的乳化剂常常难以洗净。所谓无皂乳液聚合就是指无外在乳化剂的参与下，利用引发剂或共聚单体的特殊结构产生乳化作用而进行的乳液聚合。在生化医药制品领域要求产品的纯度很高，采用无皂乳液聚合技术可以实现。例如，采用过硫酸钾引发剂时，硫酸根形成大分子链的端基，形成亲水端，可以起到乳化剂的作用进行无皂乳液聚合。采用不电离、弱电离或强电离的亲水性极性单体与苯乙烯、甲基丙烯酸甲酯等单体共聚，大分子链上形成具有亲水亲油段结构，起到乳化剂的作用，能发生所谓的无皂乳液聚合。

# §3.5 熔融缩聚

## 3.5.1 熔融缩聚的一般过程

熔融缩聚是指单体和缩聚物均处于熔融状态下进行的缩聚反应过程。聚合体系中仅有单体、产物及少量催化剂,就这方面而言与本体聚合有着相似之处,但是两者适用的聚合反应机理不同。熔融缩聚的特点聚合热不大,聚合过程的热效应没有本体聚合显著,因此聚合温度的控制相对容易。聚合体系简单,产物纯净,提高单体转化率时可以免去后续分离工序。聚合设备的利用率高、产能高,缩聚物可连续直接纺丝,生产成本低。但是,熔融缩聚需要很高的聚合温度,一般在 200 ℃～300 ℃之间,比生成的聚合物的熔点高 10 ℃～20 ℃。熔融缩聚方法不适合高熔点的缩聚物,不适合易挥发单体,不适合热稳定性不良的单体和缩聚物。制备高分子质量的缩聚物需要严格的等当量单体配比,计量操作难度大。反应物料黏度高,反应后期生成的小分子不容易脱除。局部过热导致物料受热不匀、甚至焦化。长时间的高温缩聚过程易发生副反应使分子链结构和聚合物组成复杂化,长时间高温缩聚物易氧化降解、变色,为避免高温时缩聚产物的氧化降解,常需在惰性气体中进行。

根据熔融缩聚的自身特点设置相应的聚合工艺条件。对于制备纤维、塑料用的缩聚物,分子质量相对较高,一般采用预缩聚、缩聚和后缩聚等多段的聚合工序。预缩聚反应温度低,反应程度低,体系黏度小,容易搅拌,传热传质容易,可以在较大的普通反应釜中进行。缩聚阶段体系黏度较大,小分子副产物难以排除,需要进一步升高温度,同时借助外力排除生成的副产物,促使缩聚平衡反应向着生成缩聚物的方向移动,提高缩聚反应程度。副产物的排除可以采用减压抽真空法、溶剂共沸回流法、惰性气体载汽逸出法等。后缩聚阶段缩聚物黏度已经很大,需要在专门的设备中进行,一般采用带有螺杆推进器的卧式反应器,同时附加高真空装置。后缩聚在高温、高真空的苛刻条件下进行,对聚合设备密封性要求高。

**讨论:**熔融缩聚的优缺点有哪些?

## 3.5.2 熔融缩聚的工业实例

1. 熔融缩聚制备涤纶

聚对苯二甲酸二乙二醇酯,业界称为涤纶,是一种线形缩聚物。工业上的合成路线有对苯二甲酸直接酯化法、酯交换法和环氧乙烷法。目前工艺上比较成熟的合成路线还是酯交换法,即先用对苯二甲酸二甲酯和乙二醇进行酯交换反应制备对苯二甲酸二乙二醇酯,然后缩聚得到聚对苯二甲酸二乙二醇酯聚合物。基本合成的工序包括酯交换、缩聚和后缩聚等。

工业上酯交换法,酯交换反应是在专门的酯交换塔中进行。在酯交换塔中对苯二甲酸二甲酯与过量乙二醇酯交换后生成对苯二甲酸二乙二醇酯中间产物,副产物甲醇与部分乙二醇从塔顶蒸出,经分馏冷凝,回收甲醇。酯交换温度控制在 180 ℃~200 ℃,当馏出甲醇量达到理论量的 90% 时,酯交换结束,时间一般在 4 h 左右。

经初步脱除乙二醇后的物料中主要含有对苯二甲酸二乙二醇酯,须经缩聚后才能得到聚对苯二甲酸二乙二醇酯。物料在缩聚塔中缩聚,操作条件为 220 ℃、0~16.7 kPa。

经缩聚达到一定反应程度的物料已经具有较高的黏度,难以在缩聚塔中继续进行反应,需要在专门的设备中进行后缩聚工序。将物料用齿轮泵送至第一卧式聚合釜,操作条件为 220 ℃~270 ℃、667 Pa。经第一卧式聚合釜缩聚后物料黏度及其分子质量逐步增大。物料再用齿轮泵送至第二卧式聚合釜进行缩聚,操作条件为 280 ℃~285 ℃、333~400 Pa。缩聚结束,物料用齿轮泵抽出,挤压成细条状,经水冷、造粒、干燥,制得涤纶产品。

2. 熔融缩聚制备醇酸树脂

醇酸树脂(alkyd resins)就是指由多元醇、多元酸和高级脂肪酸或动植物油经酯化、酯交换、再进一步缩聚反应得到的一类分子链上含有酯基基团的低分子质量聚合物。数均分子质量在 1 000~10 000 的范围。羟值为 20~400,酸值为 1~15。从大分子链的结构上看,醇酸树脂是一种多支化的端羟基的低分子质量聚合物,与交联剂树脂固化后可以制备多种结构与性能的热固性制品。因此,醇酸树脂是一种重要的热固性树脂。它们在涂料、层压材料、模塑材料、灌封材料、感光树脂、腻子和增塑剂等得到广泛应用。

将多元酸、多元醇一次性加入到反应釜中,通入氮气等惰性气体,开始加热。当反应釜内大多数物料熔化时,小心启动搅拌,加入催化剂,升温至 120 ℃。在此阶段主要发生醇酸酯化反应,生成低缩聚程度的酯化产物和副产物水,体系物料黏度很小。继续、逐渐升温至 200 ℃~230 ℃,酯化反应速率加快,反应程度加深,物料黏度逐渐增加,开始有低分子质量缩聚物产生。当物料黏度增加到一定程度时,低分子副产物水逸出困难,缩聚速率明显下降。加入二甲苯作为带水剂进行共沸蒸馏,控制物料温度在 230 ℃,通过二甲苯与微量副产物的共沸带出缩聚生成的副产物水,促进缩聚反应程度进一步加深。当缩聚反应达到终点时,开启真空泵,逐步减压,抽出体系中的二甲苯和挥发性物质,获得熔融状醇酸树脂。

原材料体系中的多元酸大多为固体,特别一些芳香酸熔点高,密度大。因此为避免损坏搅拌和电机,启动搅拌一定要小心试探,且要等到物料大多已经熔化时方可开启。催化剂设置在物料基本上熔化成均匀一相时加入,提高催化剂的利用率,提高催化剂效果。

采用逐渐升温的工艺模式,主要是考虑到物料中有一部分低沸点、易挥发的物料,如乙二醇等,还有易升华的物料,如苯酐、新戊二醇、对苯二甲酸二甲酯等。采用逐渐升温的工艺,可以在较低温度下让这些易逸失的物料先反应掉一部分,避免物料的逸失及管道堵塞等不良情况出现。

醇酸酯化、缩聚反应均属于可逆反应,且平衡常数较小,生成的副产物水若不及时排出反应体系,酯化及缩聚反应的程度将无法进一步提高。因为酯化缩聚阶段物料黏度较小,再加上有少量惰性气体气流的带动,副产物水较容易蒸出。随着反应程度的加深,体系黏度增大至一定程度时,副产物水就难于蒸出,反应处于平衡状态。

采用共沸蒸馏工艺需要加入一种与水不相溶的溶剂,如二甲苯等。这类物质称之为带水剂。它的主要作用有帮助缩聚脱水,调节物料温度,加速缩聚速度,有效排除空气,减少易升华原材料如苯酐的逸失。一般用量为总投料量的 2%~6%。带水剂的作用原理就是在达到二甲苯与水的共沸温度时,二甲苯便夹带生成的水蒸气一同蒸出,经冷凝后在分水器中分层,水相在分水器中下层,二甲苯在上层。在二甲苯带水回流的过程中,水不断被共沸带出,并分层于分水器下层,而二甲苯通过溢流管回到反应釜中,继续共沸回流带水。采用共沸蒸馏工艺制得的醇酸树脂的收率高、颜色浅、分子质量分布均匀。

**讨论**:熔融缩聚制备涤纶的原材料乙二醇起到了哪些作用?

# §3.6 溶液缩聚

## 3.6.1 溶液缩聚的一般过程

溶液缩聚是指缩聚单体溶解在适当溶剂中进行的缩聚反应过程。聚合体系中有单体、溶剂、产物及少量催化剂,就这方面而言与溶液聚合有着相似之处,但是两者适用的聚合反应机理不同。溶液缩聚包括均相溶液缩聚和非均相溶液缩聚两种情况。均相溶液缩聚单体及生成的聚合物均能溶解在溶剂中,聚合过程体系为均匀一相,而非均相溶液缩聚单体能溶解在溶剂中,生成的聚合物不能溶解,聚合至一定反应程度时,聚合物从体系析出,形成聚合物相。溶液缩聚工艺的优点就是溶剂的存在有利于热交换,反应物料混合均匀,避免了局部过热,缩聚反应工艺平稳,聚合温度容易控制;缩聚后期,溶剂可与产生的小分子副产物形成共沸而脱除;聚合物溶液可直接作为产品使用。但是,溶液缩聚工艺因为采用了溶剂,必然增加了原材料成本,增加了溶剂的分离、回收生产工序,产物的纯净程度受到影响,聚合反应釜的利用率下降,同时有机溶剂的易燃易爆性、挥发毒害性以及对环境的影响都是不利的因素。因此,溶液缩聚比较适合于一些难以熔融的高熔点缩聚物、单体及缩聚物高温下易分解、缩聚物溶液直接使用的情况等。

溶液缩聚采用的单体一般缩聚活性较高,如氨基与羧基反应生成酰胺、氨基与酸酐反应生成酰胺酸、甲醛与酚反应生成酚醛树脂等。溶液缩聚的聚合温度受制于溶剂的沸点,因此设定聚合温度应考虑到溶剂的沸点。工业上一些缩聚物的生产过程常常采用前期溶液缩聚、后期熔融缩聚的方法,如尼龙-66 的合成,先是己二酸己二胺盐的水溶液缩聚,最后是溶剂水不断排除,通过熔融缩聚得到产物。溶液缩聚在普通的聚合釜中进行,物料黏度不大,采用框式或釜式搅拌器就可。

**讨论**:溶液缩聚与溶液聚合两个概念的区别。

### 3.6.2　溶液缩聚的工业实例

**1. 溶液缩聚制备聚酰胺酸**

聚酰亚胺是一种线形缩聚物,熔点很高,一般很难采用熔融缩聚的方法合成。聚酰胺酸是合成聚酰亚胺的中间体,通过聚酰胺酸的进一步环化可得到聚酰亚胺。目前合成聚酰亚胺的工艺路线有溶液缩聚法、界面缩聚法两种。一般合成方法是采用芳香二酐和芳香二胺在高沸点溶剂中生成聚酰胺酸或聚酰胺脂中间体,然后再高温下亚胺化制备聚酰亚胺。溶液缩聚法制备聚酰亚胺,聚合温度低,可避免单体和聚合物分解,反应工艺平稳易控制,缩聚生成的小分子通过与溶剂共沸脱除,得到的聚酰胺酸或聚酰胺脂溶液可直接亚胺化。该方法特别适合制备高熔点的芳香族聚酰亚胺。

制备芳香族聚酰亚胺的主要原材料是均苯四酸二酐(PMDA, pyromellitic dianhydride)和 4,4′-二氨基二苯醚(ODA, oxydianiline)。由于二酐容易被空气或溶剂中的水分水解,得到的邻位二酸在低温下不能与二胺反应生成酰胺,从而影响到聚酰胺酸的分子质量。为了保证获得高分子质量的聚酰胺酸,使用前应将反应器、溶剂干燥。二酐使用前应密封防潮以防止水解,最好使用刚脱过水的新鲜二酐。将均苯四酸二酐,4,4′-二氨基二苯醚放入 120 ℃,真空度为 0.09 MPa 的真空干燥箱中进行干燥处理 30 min。溶剂二甲基乙酰胺经减压蒸馏和干燥处理。

在 0~20 ℃的温度条件下,先往反应器中通入氮气 5 min 后,依次加入二甲基乙酰胺和 4,4′-二氨基二苯醚,搅拌使之充分溶解,并同时保持搅拌转速在 100 转/分钟左右。然后将均苯四酸二酐分批加入到反应器中,搅拌反应大约 3 h 后,得到浅黄色聚酰胺酸的黏性溶液。经真空消泡后的聚酰胺酸溶液转入不锈钢溶液储罐备用。

聚酰胺酸是高温下亚胺化制备聚酰亚胺的中间体,能否获得合乎要求的中间体是制备聚酰亚胺的工艺关键。研究表明,加料顺序对合成实验结果影响很大。可能的加料顺序有三种:先加二胺,再加二酐;先加二酐,再加二胺;二胺和二酐同时加入。第一种方案得到的溶液黏度最大,其次是第三种方案,而先加二酐的情况下,基本得不到高分子质量的聚酰胺酸溶液。因此,操作时应将二酐以固态形式分批加入到二胺的溶液中,同时搅拌反应并外加冷却措施。

**2. 溶液缩聚制备酚醛树脂**

酚醛树脂是最早工业化的合成树脂。酚醛树脂是一类由酚类单体和醛类单体经缩聚反应生成的缩聚物。其中酚类单体主要有苯酚、甲酚、二甲酚、叔丁基苯酚等,醛类单体有甲醛、乙醛及糠醛等。酚醛树脂中最常见的就是苯酚甲醛树脂。苯酚与甲醛的缩聚反应可以在强酸性、弱酸性、中性及碱性条件下进行,生成的树脂结构也因此而有差别,用途也随之不同。强酸性和弱酸性条件下合成的酚醛树脂称为酸法树脂(novolac resins),碱性条件下合成的酚醛树脂称为碱法树脂(resols resins)。生产酚醛树脂主要采用间歇合成工艺,产品的形态因其用途的不同而有所不同。用来生产压塑粉时要求树脂为脆性固体。用来生成层压板以及浸渍加工原材料或涂料时,则要求产品形态为液态、或其酒精溶液、水溶液及水分散液等。

合成酚醛树脂的反应属于体形缩聚,依照缩聚程度反应有 A、B、C 三个相应的阶段。酚醛树脂在使用前只能处于 A、B 阶段,大多数情况下合成酚醛树脂只要合成到 A 阶段即可。

下面以生产碱法酚醛树脂压塑粉为例,说明其合成工艺过程。将苯酚和甲醛水溶液依次投入反应釜,开动搅拌,取样测 pH,然后用氨水或氢氧化钠水溶液调节 pH 至碱性,此时体系为均匀透明的水溶液体系。逐渐升温至 85 ℃,然后根据反应的放热情况,将反应温度控制在 80 ℃~95 ℃的范围内进行缩聚反应。当缩聚程度达到预期的缩聚程度,开启真空泵,进一步缩聚,同时抽除体系中大量的水及未反应的苯酚,制得 A 阶段酚醛树脂。该过程应注意控温,防止热效应明显、升温太快而导致体系凝胶化。通过每隔一定时间取样测定样品的热固化时间或滴落温度来控制缩聚程度。真空结束后,放料要快,防止放料过程中,酚醛树脂黏度增大太多,甚至凝固影响物料的流动性。放料方式有若干种方式。一般生产量较小时,将酚醛树脂熔体直接放入金属浅盘中吹冷风冷却、固化,然后破碎、包装。生产量较大时,可将酚醛树脂熔体直接打入带有保温装置的树脂接受罐,然后液态物料再经运动的冷却输送带冷风冷却、固化,然后破碎、包装。

缩聚阶段开始时,体系为均匀一相,无色透明或浅黄色透明。因为体系中的甲醛及加热至 70 ℃以上的苯酚均是水溶性的。但是,随着缩聚反应程度的加深,酚醛树脂分子质量达到一定值时,便从体系中析出,使体系出现浑浊。当缩聚结束时,体系静置后会分为上下两层,上层为水相,下层为酚醛树脂相。因此酚醛树脂的后期分离工艺也可以采用静置、自然分层方法进行粗分离。

A 阶段缩聚反应程度的控制,工业上一般采用测定样品的热固化时间来确定。热固化时间的测定就是将样品置于一定温度(150 ℃~200 ℃)的加热板上,测定其凝胶化的时间(90~130 s)。A 阶段的缩聚程度也可以采用测定样品的滴落温度来控制。滴落温度的测定就是在滴落温度测试仪中,测定一定升温速率下第一滴样品滴落时的温度(90 ℃~130 ℃)。

酚醛树脂的合成必须在酸性或碱性催化剂存在下进行。当甲醛水溶液和纯苯酚以等体积混合时,所得溶液的 pH 为 3.0~3.1,这样的酚醛混合物即使加热沸腾,在数日内仍不会发生反应,若在上述混合物内加入酸使 pH 小于 3.0,或加入碱使 pH 大于 3.0 时,则缩聚反应立即发生。因此,苯酚与甲醛的缩聚反应体系 pH 直接影响缩聚反应的速率和反应历程。在缩聚反应前必须将体系 pH 调节到预定值,并在缩聚过程中随时跟踪体系 pH 变化,以确保缩聚反应的正常速率和实现产物的预期结构不变。

在抽真空过程中,缩聚反应程度仍在继续加深,酚醛树脂黏度逐渐增大,因此应及时观测物料黏度的变化,防止凝胶化。抽真空过程中,物料温度应控制在 100 ℃以下,防止缩聚速率过快而失去控制。研究表明当物料温度超过 104 ℃时,会出现釜内严重冲料,甚至引起爆炸事故。缩聚及抽真空过程中,若出现升温过快,则应立即采取冷水降温措施。

**讨论:**比较溶液聚合法制备聚酰胺酸和酚醛树脂的异同点。

# §3.7 界面缩聚

### 3.7.1 界面缩聚的一般过程

界面缩聚是指将两种单体分别溶解在两种互不相溶的溶剂中,在两相界面处进行的缩聚反应。界面缩聚体系中虽然也有溶剂,但是与溶液聚合及溶液缩聚相比,聚合场所不同。溶液聚合及溶液缩聚的聚合场所是在整个溶剂中,而界面缩聚的聚合场所仅在两种溶剂的界面区域,并且生成的聚合物必须及时的排除才能使缩聚进一步的进行下去。

按照操作方法分为静态法和动态法两种。所谓静态法就是指两种可发生缩聚反应、互不相溶的两相,在界面上发生缩聚反应,同时生成的聚合物成丝状被连续抽出,界面区域的缩聚反应不断进行下去,一直到溶剂中的单体反应完全。静态法因为接触的界面极为有限,无实际生产意义,但在实验室不失为一种观察反应现象明显的好的实验方法。其聚合原理如图 3 - 10 所示。

动态法就是指在搅拌剪切力的作用下使两相中的一相成为分散相,另一相成为连续相,反应发生于两相接触面。若其中一相为有机相,另一相为水相,那么在搅拌作用下,实际形成了有机相分散在水相中的乳浊液。由于两相接触面积大大增加,界面层可以不断更新,促进了缩聚反应进行,该方法可实际应用。动态法合成工艺流程如图 3 - 11 所示。

界面缩聚方法的优点是反应条件温和;对两种单体的配比要求不严格;单体活性高,反应快,副反应少,反应速率常数高达 $10^4 \sim 10^5$ L/mol·s,反应不可逆;产物分子质量可通过选择有机溶剂来控制,大部分反应是在界面的有机溶剂一侧进行,较良溶剂能使高分子级分沉淀,而低分子质量级分保留在溶剂中继续反应。缺点是必须使用高活性单体,如酰氯等;

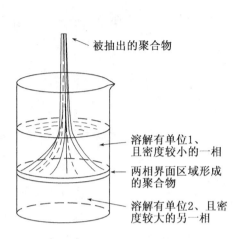

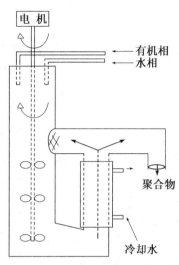

图 3-10 静态法界面缩聚原理图　　　图 3-11 动态法界面缩聚原理图

需要大量有机溶剂;产品不易精制。界面缩聚工艺适用于反应速率常数很高、反应不可逆的缩聚反应,如二元酰氯和二羟基化合物界面缩聚合成聚酯类缩聚物,单体选择受限。工业上采用二元酰氯和二元胺界面缩聚合成聚酰胺缩聚物等。界面缩聚反应主要发生在界面区域的有机相一侧。产物分子质量与界面反应区域内的官能团的配比有关,与投料比无直接关系。采用动态法,不断更新界面,有利于提高分子质量,因此动态法是工业生产上常用的界面缩聚方法。由于界面缩聚需要活性高的单体才能发生缩聚反应,因此界面缩聚只适用于少数缩聚物的合成,工业生产实例较少,目前工业上较为成熟的界面缩聚合成工艺主要是聚碳酸酯的合成。

界面缩聚工艺中的影响因素主要有界面区域的反应基团比例、有机溶剂、反应温度、物理及化学方面的干扰因素等。这些因素对界面缩聚反应的过程及产物的分子质量等有重要的影响,简要分析如下:

1. 界面区域的反应基团比例

界面缩聚反应中要获得高分子质量产物仍然需要反应区域内单体或基团的等当量比。然而,反应区域内单体的数量取决于单体向界面的扩散速率。扩散速率的数学表达式如式(3-7):式中 $c_A^0$、$c_B^0$ 分别为单体 $A$、$B$ 在溶液中的浓度,$\beta_A$、$\beta_B$ 分别为单体 $A$、$B$ 在溶液中的扩散速率常数,$S$ 为两相界面积。

$$V_A = \beta_A S c_A^0 \qquad V_B = \beta_B S c_B^0 \qquad\qquad (3-7)$$

假定界面区域两种官能团能反应完全,则产物聚合度为:

$$\overline{X}_n = \frac{N_A + N_B}{N_A - N_B} \qquad (3-8)$$

$N_A$、$N_B$ 分别为 $A$、$B$ 单体的分子数。因为反应区域单体数取决于其扩散速率,则:

$$\overline{X}_n = \frac{V_A + V_B}{V_A - V_B} = \frac{\beta_A S c_A^0 + \beta_B S c_B^0}{\beta_A S c_A^0 - \beta_B S c_B^0}$$

$$\overline{X}_n = \frac{\beta' c_A^0 / c_B^0 + 1}{\beta' c_A^0 / c_B^0 - 1} \qquad (3-9)$$

式中 $\beta' = \beta_A / \beta_B$ 为两种单体扩散速率常数之比。由式可见,聚合物的分子质量或聚合度取决于两种单体在溶剂中的浓度和单体在溶剂中的扩散能力。

2. 有机溶剂

有机溶剂对反应物在两相中的分配系数、扩散系数和反应速率有决定作用。因此选择溶剂应考虑以下一些因素。第一,选择对聚合物有良好溶解性能或良好溶胀性能的溶剂,有利于聚合物的链增长,增加分子质量。第二,选择对酰氯单体有良好溶解性能,且与水不互溶,对碱稳定的溶剂,可减少酰氯的水解,促进分子质量的提高。第三,溶剂用量尽可能少,可提高低聚物之间的相互接触、反应的概率,有利于提高反应速率和分子质量,同时提高设备利用率,但溶剂太少不利于有机相很好地分散在水相中,对缩聚不利。第四,所选溶剂中应不含单官能团化合物和酸酐单体。

3. 化学干扰因素

在界面缩聚过程中,由于反应物活性极高,极容易与一些活性杂质发生反应而影响正常界面缩聚的进行。这种现象称之为化学因素的干扰。例如酰氯单体的端基水解生成羧基,失去室温反应能力,同时生成的氯化氢又与胺类单体成盐,使胺类单体的反应活性下降;或者氯化氢使双酚 A 的钠盐单体转变为酚,失去室温下反应活性。

$$\sim\!\!\sim\!\!R\!-\!\overset{\overset{\displaystyle O}{\|}}{C}\!-\!Cl + H_2O \longrightarrow \sim\!\!\sim\!\!R\!-\!\overset{\overset{\displaystyle O}{\|}}{C}\!-\!OH + HCl$$

$$\sim\!\!\sim\!\!R'\!-\!NH_2 + HCl \longrightarrow \sim\!\!\sim\!\!R'\!-\!NH_2 \cdot HCl$$

$$\sim\!\!\sim\!\!\!\text{◯}\!-\!ONa + HCl \longrightarrow \sim\!\!\sim\!\!\!\text{◯}\!-\!OH + NaCl$$

在界面缩聚过程中常常加入一些单官能团化合物来控制产物的分子质量。单官能团化合物的用量越多,产物分子质量越小;单官能团化合物在有机相中的溶解度越大,分子质量越小。例如加入醋酸可与胺类单体反应而封端,使分子质量降低。

$$\sim\!\!\sim\!\!R'\!-\!NH_2 + CH_3COOH \longrightarrow \sim\!\!\sim\!\!R'\!-\!\overset{\overset{\displaystyle H}{|}}{N}\!-\!\overset{\overset{\displaystyle O}{\|}}{C}\!-\!CH_3 + H_2O$$

原材料中的少量活性杂质也会明显影响产物的分子质量。例如酰氯中的酸酐杂质引起

的反应活性降低,从而进一步影响界面缩聚反应和产物分子质量:

$$O=C(CH_2)_4C=O + H_2N-R-NH_2 \longrightarrow HOOC(CH_2)_4-\overset{\overset{\displaystyle O}{\|}}{C}-\overset{\overset{\displaystyle H}{|}}{N}-R-NH_2$$

为了减少或避免化学因素对界面缩聚反应的影响,因采用以下措施。单体须精制;对单官能度杂质和酸酐杂质要严格限制;反应生产的氯化氢及时用碱液吸收,防止降低酚盐和氨基等端基的反应活性;采用将水相加到油相的加料方式,防止酰氯水解。

4. 物理干扰因素

当物料处于设备的死角,由于扩散阻力,界面不能及时更新,导致链终止。反应后期有机相内分子链的缠结,阻碍活性端基酰氯向界面区域的扩散而影响缩聚反应的正常进行。加强搅拌,防止死角,减少扩散因素的影响。但是要注意搅拌速度的控制。虽然提高搅拌速度,两相充分混合,界面不断更新,对提高反应速率和增加分子质量有利,但副反应会增多,因此搅拌速度应适中。

5. 反应温度

同一般化学反应一样,温度升高,反应速率加快。但是由于界面缩聚反应单体活性高、易发生副反应的特点,温度过高,副反应增多,会导致分子质量下降。

**讨论:界面缩聚的优点及应用局限性。**

### 3.7.2 界面缩聚制备聚碳酸酯

大分子链上含有碳酸酯重复单元的线形聚合物称之为聚碳酸酯(Polycarbonate)。界面缩聚反应制备聚碳酸酯的方法包括溶剂相的配制、预聚合、缩聚等步骤。

首先分别配制好水相及油相。水相主要为双酚 A 的碱性水溶液,按双酚 A / NaOH 摩尔比为 1∶3.5 投料配制。先将 NaOH 制成 7% 的水溶液加入配制槽中,在搅拌下投入双酚 A、分子质量调节剂苯酚等,搅拌至全部溶解,制得透明水溶液。双酚 A 钠盐制备的反应原理如下:

$$HO-\text{C}_6\text{H}_4-\overset{\overset{\displaystyle CH_3}{|}}{\underset{\underset{\displaystyle CH_3}{|}}{C}}-\text{C}_6\text{H}_4-OH + 2NaOH \longrightarrow NaO-\text{C}_6\text{H}_4-\overset{\overset{\displaystyle CH_3}{|}}{\underset{\underset{\displaystyle CH_3}{|}}{C}}-\text{C}_6\text{H}_4-ONa$$

油相主要为光气的二氯甲烷溶液。二氯甲烷的用量按双酚 A∶$CH_2Cl_2$ 为 1 kg∶5 L 投料。光气的用量按双酚 A∶光气为 1∶1.25 mol 投料。溶剂二氯甲烷用冷冻盐水冷至 0 ℃,再将光气溶解在二氯甲烷中,并冷凝至 0 ℃～5 ℃ 制得光气的二氯甲烷溶液。

界面缩聚的第一步为光气化反应阶段,产物为简聚体,合成原理如下:

$$Cl-\overset{\overset{\displaystyle O}{\|}}{C}-Cl + NaO-\!\!\!\underset{}{\bigcirc}\!\!\!-\overset{\overset{\displaystyle CH_3}{|}}{\underset{\underset{\displaystyle CH_3}{|}}{C}}-\!\!\!\underset{}{\bigcirc}\!\!\!-ONa \longrightarrow Cl-\overset{\overset{\displaystyle O}{\|}}{C}-O-\!\!\!\underset{}{\bigcirc}\!\!\!-\overset{\overset{\displaystyle CH_3}{|}}{\underset{\underset{\displaystyle CH_3}{|}}{C}}-\!\!\!\underset{}{\bigcirc}\!\!\!-ONa + NaCl$$

双酚 A 钠盐在界面处遇到光气分子很容易反应生成简聚体。此阶段界面区域简聚体酚氧负离子端基浓度比双酚 A 钠盐小得多,因此主要发生光气与双酚 A 钠盐的反应,产物为简聚体。简聚体进一步缩聚,在 $25\sim30$ ℃下反应 $3\sim4$ 小时,反应结束后,静置,分去上层碱液。再加 5‰甲酸中和至 pH＝$3\sim5$,分去上层酸水液。此时树脂溶液中还存在有盐及低分子质量级分,盐分由水洗除去,然后加入沉淀剂丙酮,使低分子质量级分留在溶液中,而聚碳酸酯以粉状或粒状析出。经过滤、水洗、干燥和造粒得粒状成品。

> **讨论**:界面缩聚制备聚碳酸酯的双酚 A 为什么要先制备成双酚 A 的钠盐?

# §3.8 固相缩聚

## 3.8.1 固相缩聚的一般过程

固相缩聚是指单体及聚合物处于固相状态下进行的缩聚反应。固相缩聚的温度一般在聚合物的玻璃化温度以上、熔点以下。此阶段聚合物的大分子链段能自由活动,活性端基能进行有效碰撞发生化学反应。固相缩聚与熔融缩聚、本体聚合的相同点都是没有溶剂或反应介质的参与,但是熔融缩聚是在单体及聚合物熔点之上反应的,本体聚合没有明确的反应温度范围。固相缩聚工艺的优点是反应温度较低,温度低于熔融缩聚温度,反应条件相对熔融缩聚而言较温和。固相缩聚工艺的缺点是反应原料需要充分混合,固体粒子粒径要求达到一定细度;反应速率低;生成的小分子副产物不易脱除。经固相缩聚获得的聚合物可以是单晶或多晶聚集态。固相缩聚在实际应用中主要有两种情况:结晶性单体的固相缩聚和预聚物的固相缩聚。

## 3.8.2 结晶性单体的固相缩聚

结晶性单体通过固相缩聚制备线形缩聚物的方法较为适合以下几种情况:第一,要求缩聚物大分子链结构高度规整而通过缩聚方法难于实现的情况;第二,易于发生环化反应的结晶性单体的情况;第三,结晶性单体的空间位阻大、难反应的情况等。例如采用对卤代苯硫醇合成聚苯硫醚,熔融缩聚法获得的聚合物易产生支链及交联结构,而采用固相缩聚方法获得的聚苯硫醚是结构规整的线形结构。

$$n \; X-\boxed{\phantom{}}-SMe \longrightarrow \left[\boxed{\phantom{}}-S\right]_n + n \; MeX$$

$$Me=Li, K, Na; X=F, Cl, Br, I$$

固相缩聚的反应温度一般低于结晶性单体的熔点 5 ℃～40 ℃。由于固相缩聚本身需要较高的温度才能发生，因此低熔点的结晶性单体不适合采用固相缩聚方法。

固相缩聚的反应时间与单体及聚合温度有关，可数小时、数天、甚至更长时间。为了加快固相缩聚反应速度，可以选择相应的催化剂，例如合成聚酰胺采用硼酸为催化剂。

固相缩聚过程中产生的小分子副产物可以采用真空脱除、惰性气体脱除或惰性介质共沸脱除等方法。为了使物料受热均匀及利于副产物的排除，结晶性单体原料要事先粉碎成粒径在 20～25 目或更细的粉末。这些粉末状反应物可以悬浮在惰性气体或惰性反应介质中进行固相缩聚。

适合于固相缩聚的单体有氨基酸、环状酰胺、卤代苯硫醇等。例如 ω-氨基十一酸单晶，熔点 188 ℃，在 160 ℃、真空条件下固相缩聚得到尼龙-11。对苯氧羰基氨基苯甲酸经固相缩聚制备一种高熔点的全芳香族聚酰胺，反应式如下：

$$n \; \boxed{\phantom{}}-O-\overset{O}{\underset{}{C}}-NH-\boxed{\phantom{}}-COOH \longrightarrow \left[NH-\boxed{\phantom{}}-CO\right]_n + n \; CO_2 + n \; \boxed{\phantom{}}-OH$$

### 3.8.3 预聚物的固相缩聚

预聚物的固相缩聚适用于提高已经合成的缩聚物的分子质量的情况。起始反应物大多为半结晶性预聚物，工业上已经有成熟的实施实例，例如涤纶树脂用作工程塑料时，由于分子质量偏低，机械强度达不到要求，可以通过固相缩聚提高分子质量；再如聚酰胺-6也可以通过固相缩聚进一步提高分子质量达到提高尼龙机械强度的目的。

预聚物固相缩聚的工艺是将具有一定分子质量的预聚物粒料或粉料，在反应设备中加热到缩聚物的玻璃化温度以上至熔点以下的温度范围，确定一个合适的反应温度使端基官能团能顺利发生缩聚反应，同时采取抽真空或惰性气体高速流动的办法及时带走生成的小分子副产物。小分子副产物的脱除包括自预聚物固体颗粒内部扩散至颗粒表面，然后再从颗粒表面解吸逸出缩聚体系的两个过程。因此，副产物分子的扩散速率与解吸速率直接影响缩聚的反应速率。研究表明预聚物颗粒尺寸、结晶度、起始分子质量、端基活性、催化剂、缩聚温度及时间、副产物脱除措施、反应设备等都是预聚物固相缩聚反应的主要影响因素。工业上固相缩聚采用的反应器主要有转鼓式干燥器、固定床反应器或流动床反应器等。采用惰性气体脱除小分子副产物，可以采用的惰性气体有氮气、氢气、氩气、二氧化碳、空气等，氮气使用最为广泛。

涤纶树脂的固相缩聚包括树脂的结晶、干燥和固相缩聚三个阶段。结晶阶段采用慢速搅拌，物料温度为 120 ℃～150 ℃；干燥阶段的物料温度为 175 ℃～185 ℃；固相缩聚阶段的物料温度为 185 ℃～240 ℃，温度最高，搅拌速度也相应提高。最高温度应以低于树脂熔点 10 ℃～40 ℃为限，防止发生树脂颗粒黏结现象。体系内加入少量玻璃微球可以防止物料粘壁。

**讨论：**固相缩聚与本体聚合的区别。

1. 乙烯进行自由基聚合时，为什么需在 130 ℃ ～ 280 ℃ 的高温、150 MPa ～ 250 MPa 的高压的苛刻条件下进行？

2. 欲合成一分子质量为 2 万的聚合物，反应 30 min 时取样分析，所得聚合物数均分子质量为 600，单体转化率为 96%；反应 60 min 时取样分析，数均分子质量为 1 000，单体的转化率为 98%，根据实验现象分析该体系的聚合反应属于哪种聚合机理？并说明理由。举出两种可以提高该反应产物分子质量的措施？

3. 丙烯腈连续聚合制造腈纶纤维，除加入丙烯腈作主要单体外，还常加入丙烯酸甲酯和衣康酸（$CH_2$＝$C(COOH)CH_2COOH$）辅助单体与其共聚。试说明两种共聚单体对产品性能的影响。

4. 丙烯进行气相本体聚合获得聚丙烯 98 g，产物经沸腾庚烷萃取后得不溶物 90 g。试求该聚丙烯的全同结构聚丙烯的百分含量。

5. 以丁二烯作主单体、以自由基型乳液聚合生产的橡胶大品种有哪几种？为什么这些橡胶都是以乳液聚合方法生产？

6. 已知在苯乙烯单体中加入少量乙醇进行自由基聚合时，所得聚苯乙烯的相对分子质量比一般本体聚合要低。但当乙醇量增加到一定程度后，所得到的聚苯乙烯的相对分子质量要比相应条件下本体聚合要高，试解释之。

7. 使用 Ziegler-Natta 引发剂时须注意什么问题，聚合体系、单体、溶剂等应采用何种保护措施？聚合结束后用什么方法除去残余引发剂？

8. 从醋酸乙烯酯单体到维尼纶纤维，需经哪些反应？每一反应的要点和关键是什么？用作合成纤维用与用作悬浮聚合分散剂使用的聚乙烯醇有何不同？

9. 乳液聚合丁苯橡胶有冷胶和热胶之分。试分别列举一种引发剂体系和聚合条件。单体转化率通常控制在 60%左右，为什么？

10. 界面缩聚体系的基本组分有哪些？对单体有何要求？聚合速率是化学控制还是扩散控制？试举出几种利用界面缩聚法进行工业生产的聚合物品种。

## 参考文献

[1] 赵德仁.高聚物合成工艺学.北京:化学工业出版社,1997.

[2] 于红军.高分子化学及工艺学.北京:化学工业出版社,2000.

[3] 王久芬.高聚物合成工艺.哈尔滨:国防工业出版社,2005

[4] 李克友,张菊华,向福如.高分子合成原理及工艺学.北京:科学出版社,1999.

[5] 侯文顺.高聚物生产技术.北京:化学工业出版社,2003.

[6] 张武最,罗益锋.合成树脂与塑料.合成纤维.北京:化学工业出版社,2002.

[7] 张京珍.泡沫塑料成型加工.北京:化学工业出版社,2005.

# 第四章　聚合物化学反应

在历史上利用天然高分子的化学反应曾是获得高分子改性的首要方法。自 1493 年 Columbus 发现印第安人利用天然橡胶后,就有很多科学家致力于天然橡胶的改性,直到 1839 年 Goodyear 发现硫黄与天然橡胶反应后,硫化橡胶的综合性能得到大大提高,天然橡胶才得以迅速发展,并被广泛用于汽车、飞机、电气、国防工业等多个领域。1832 年,Braconnot 首次用硝酸处理纤维素。1847 年,Schonbein 制备出硝化纤维,含氮量高的主要用作无烟炸药;而含氮量低的二硝酸纤维作为塑料制品,1872 年,Hyatt 制得了赛璐珞;而 Eastman 不断拓展其新用途,1884 年用其制造照相胶片,1885 年又利用它制造人造纤维,1889 年建厂生产。1920 年开始利用硝化纤维制造汽车涂料。1857 年德国获得了铜氨纤维,1865 年发明了用乙酸酐与纤维素作用可制得醋酸纤维,以后又制得粘胶纤维。以上都是对天然高分子结构进行化学转化,以提高其使用的综合性能,迄今仍然有广泛用途。

1935 年 Adams 通过聚合物的侧基反应最先合成了离子交换树脂,广泛应用于净水、化学分析、冶金、催化、医药等方面。1963 年 Merrifield 首次利用固相法成功合成了肽。在此基础上迅速开展了如多肽、寡核苷酸及糖类等化学合成生物大分子的研发工作。高分子化学反应的深入研究极大地推动了功能高分子材料的开发。

综上所述,聚合物化学反应系指以聚合物为主要反应物,其结构发生化学转化的各种过程,包括高分子链的化学组成和功能基的转化,以及聚合度、链节序列和表观性能的变化等。

聚合物化学反应的分类及其意义:

（1）聚合度不变的反应　主要指聚合物的侧基反应等。

如:聚合物侧基基团的酰基化、烷基化、卤化、磺化、氯磺化、硝化、氯甲基化、氢化（加成）、水解、醚化、离子交换反应等。是合成新型高分子的有力手段之一,可得到许多通常难以直接由聚合反应合成的、复杂多样的高分子结构,从而赋予聚合物新的特殊性能和用途。

脂肪族聚合物的侧基反应,是聚合物改性加工的重要基础。不饱和高分子烃类可进行异构化（包括双键转移,顺、反式异构）、环化、加成、卤化、环氧化、氢化及与各类羰基试剂反应等;饱和高分子脂肪烃如聚乙烯、聚氯乙烯可进行卤代反应、氯磺化反应、氯羰基化反应、膦酸化反应等。

带有氨基、膦基、羧基、羰基和羟基等基团的聚合物,可作为高分子配位体,与金属离子络合,形成高分子络合物。高分子络合反应在分析化学、分离萃取、催化等方面具有十分重要的应用。

（2）聚合度增加的反应　主要指接枝、交联、扩链和嵌段等。

是开发聚合物新品种、拓展聚合物应用范围、改善聚合物性能的重要手段。如：聚合物表面通过化学或辐照等方法制得接枝共聚物，是改进表面性能的重要手段；可以通过高分子的接枝反应获得结构明确的、特殊的嵌段共聚物、接枝共聚物等，而这类聚合物通常很难由聚合反应直接获得；天然橡胶等线性高分子通过硫化交联反应得到具有广泛使用范围的网状结构的聚合物。

（3）聚合度减小的反应　如降解、解聚、分解和老化等。

高分子在使用时，由于光、热、辐射、空气中的氧和水汽、化学试剂、机械力等因素的作用，导致聚合物降解，引起性能的改变，如力学性能变差、发脆、变色、发黏等，影响产品性能。聚合物的降解，往往是几个因素共同作用的结果。

研究聚合物的降解反应，也有其积极的一面。如：有助于了解和验证聚合物的组成和结构，了解聚合物在使用过程中造成破坏的原因及规律、制备可降解聚合物、研究聚合物阻燃机理，从废弃的聚合物中回收单体，利用天然高分子水解得到小分子等。例如，可利用邻二醇反应来测定聚乙烯醇分子链中首—首连接结构的含量，利用天然高分子如纤维素和淀粉水解制葡萄糖等。通常杂链聚合物容易受酸、碱作用而水解，碳链聚合物容易受氧、光、电离辐射等影响而降解。

本章要求重点掌握聚合物化学反应的特点和影响因素；了解重要聚合物的化学改性方法，功能高分子的主要类型和发展方向，聚合物的接枝、交联扩链和嵌段的方法；了解聚合物降解和老化的一般规律及相应的控制降解和老化的措施。

# §4.1　聚合物化学反应的特点及影响因素

## 4.1.1　聚合物化学反应的特点

由于聚合物主链以共价键连接为主，且相对分子质量高，参加化学反应的主体是大分子的某个部分（如侧基或端基等）而不是整个分子，使得聚合物化学反应不同于低分子化学反应。主要表现为以下几点：

（1）多数情况下，与相应的小分子化学反应相比，聚合物主链由于空间位阻的屏蔽，聚合物的化学反应速率和转化率通常较低，高分子链所带功能基可能并不能全部参与反应，因此反应产物分子链上既带有起始功能基，也带有新生成的功能基，很难像小分子反应一样可分离得到含单一功能基的反应产物。此外，聚合物本身是不同聚合度的混合物，每条高分子链上的功能基转化程度也可能不同，且功能基在分子链上呈随机分布，所以产物结构复杂、不均匀。

（2）聚合物功能基反应比小分子的反应速率慢得多，虽然聚合物官能团的反应活性与相应的小分子的官能团活性相接近（官能团等活性理论），但往往因扩散步骤成为反应速率的控制因素，使反应速率降低。

（3）聚合物的化学反应可能导致聚合物的物理性能，如溶解性、构象、静电作用等发生改变，从而影响反应速率甚至影响反应的进一步进行。

（4）高分子化学反应中副反应的危害性更大。当反应过程存在有副反应时，小分子反应可通过各种分离提纯手段将副产物除去，而高分子化学反应中，能否将不期望的副产物除去，直接取决于副反应的性质，如果在产物分子链中同时含有副反应生成的功能基与目标功能基，就无法将两者分离。此外在高分子化学反应中，不期望的交联或降解等副反应都将对产物的物理性能造成致命的损伤，必须充分考虑。

总之，聚合物化学反应的突出特点是反应的复杂性、产物的多样性和不均匀性。尽管如此，当聚合物与小分子试剂进行局部的反应后，形成类似共聚物结构的产物，就能大幅度地改变原有聚合物的性质，而使产物具有不同的用途。

**讨论：**比较高分子化学反应与低分子反应的异同点。

### 4.1.2　聚合物化学反应的影响因素

影响聚合物化学反应的因素多种多样，通常情况下影响低分子化学反应的因素如温度、压力、酸碱性等反应条件同样对聚合物化学反应产生影响。不过本节重点讲述那些仅对聚合物化学反应产生特殊影响的一些物理因素和化学因素。

1. 物理因素

影响聚合物化学反应的物理因素主要有构象、构型、聚集态、相容性等。

（1）聚合物构象、构型的影响

聚合物在溶液中分子链呈无规线团构象，线团中心的密度总是较线团外部的大，而且在不良溶剂中，整个线团紧缩，其密度增大。在反应过程中，当聚合物的溶解性由好变差时，其分子链构象将由伸展状态向蜷曲状态转变，分子链上的一些功能基就会受到屏蔽，导致小分子反应物难以与聚合物功能基接触，使反应速率减慢。

在具有不同立构异构体的聚合物参加的化学反应中，发现它们的反应速率并不相同。例如，甲基丙烯酸甲酯的水解反应：

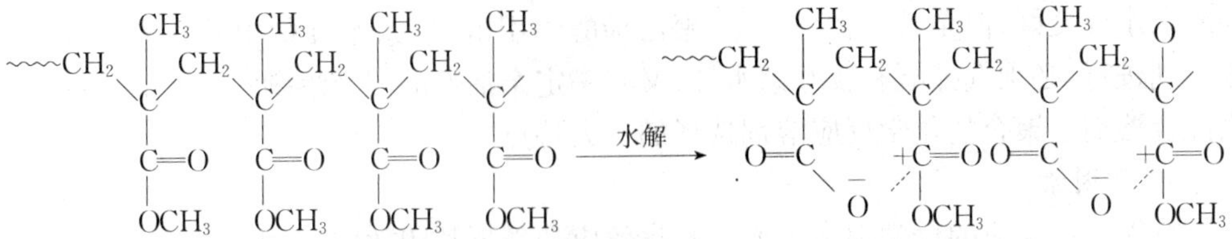

显而易见,全同立构聚甲基丙烯酸甲酯由于其大分子主链上的所有酯基都处于主链平面的同一侧,所以先期水解生成的、带负电荷的羧基对临近酯基的水解反应就具有一定程度的催化促进作用,从而使这种全同立构聚甲基丙烯酸甲酯的水解反应速率表现越来越快的特点。与此相反的是,间同立构聚甲基丙烯酸甲酯的酯基交替处于主链平面的两侧,因此已经水解的羧基不具有这种催化作用。随着水解反应的进行,未水解基团越来越少,水解反应速率也就越来越慢。对于无规结构的聚甲基丙烯酸甲酯而言,它的水解反应速率则介于全同立构物和间同立构物之间。

(2)聚合物聚集态的影响

在反应条件下,如果结晶或部分结晶聚合物的晶区没有熔化或溶解,由于晶区中分子链排列规整,分子链之间相互作用强,链与链之间结合紧密,小分子不易扩散进入晶区,晶区中的聚合物功能基难以与小分子反应试剂接触,因此反应只可能发生在非晶区,所得产物是不均匀的,反应速率随聚合物中非晶区含量的增加而加快。只有通过选择适当的反应温度和/或溶剂使聚合物的晶区熔化或溶解,使反应在均相条件下进行时,聚合物的反应才会与相应的小分子化学反应相似。虽然通常均相体系对反应更有利,但有些场合并不希望改变聚合物的本体性能,此时非均相反应反而更有利。典型例子如聚乙烯的氯化反应,一般是将聚乙烯颗粒悬浮在惰性溶剂(如四氯化碳)中进行氯化,这样得到的氯化聚乙烯的玻璃化温度和硬度肯定低于采用溶液法得到的氯化聚乙烯。

(3)相容性的影响

聚合物化学反应中涉及的相容性通常包括以下两个方面:① 参加反应的聚合物与生成的组成和结构已经发生改变的聚合物之间的相容性;② 参加反应的聚合物和生成的聚合物分别与反应介质(溶剂)之间的相容性。

一般而言,化学组成和结构比较接近的聚合物之间的相容性较好;极性接近的聚合物之间的相容性较好;与合成聚合物的单体具有比较接近的溶度参数的溶剂与该聚合物的相容性较好。

然而,如果反应聚合物与生成聚合物之间的化学组成和结构差别很大,它们之间的相容性就很差,甚至中间产物从介质中析出,难以进一步反应,引起聚合物结构的不均匀性。在某些特殊情况下,当参加反应的小分子试剂或催化剂以固态分散在反应体系中时,沉淀出来的中间产物会包裹试剂微粒,在其表面进一步发生反应直至达到完全的程度,这种情况下也很难确定同时与它们都有很好相容性的反应溶剂。例如,聚乙烯醇的缩甲醛反应,反应物聚乙烯醇亲水性良好,但是其产物维尼纶(聚乙烯醇缩甲醛)的亲水性却很差。为了使该反应能够顺利进行,必须选择既有较好亲水性、又有一定亲油性的混合溶剂——水和甲醇。广泛采用混合溶剂是聚合物化学反应溶剂选择的一大特点。

2. 化学因素

影响聚合物反应的化学因素主要有几率效应和邻近基团效应。

(1) 几率效应的影响

在聚合物化学反应中,如果有两个或两个以上的官能团参加反应,当反应进行到后期时就有可能出现这样的情况,即 1 个官能团的周围已经没有能够与之协同反应的第 2 个官能团,则这个官能团就好像被"隔离"或"孤立"起来而无法继续进行反应。比较典型的例子是聚乙烯醇的缩甲醛反应。

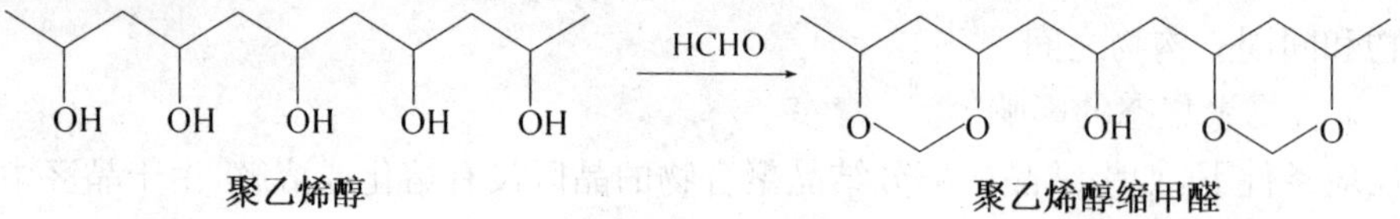

聚乙烯醇      聚乙烯醇缩甲醛

该反应在聚乙烯醇大分子链上 2 个羟基与 1 个甲醛分子之间进行,如果 1 个孤立的羟基周围没有第 2 个羟基与之协同反应,则该羟基的缩醛化反应就无法进行到底,只能以—OH 或—$OCH_2OH$ 的形式保留在大分子链上。通常聚乙烯醇的缩甲醛化程度只能达到大约 90%～94%,大约有 6%～10%的羟基被孤立化。

(2) 邻近基团的影响

聚合物链上相邻基团对功能基反应能力的影响称为邻近基团效应,这种效应是由高分子结构单元之间不可忽略的相互作用引起的,主要有以下几种:

① 位阻效应   聚合物侧链的功能基在参加化学反应时,侧链的空间位阻对其反应能力有很大的影响。如聚乙烯醇与三苯乙酰氯的酯化反应:

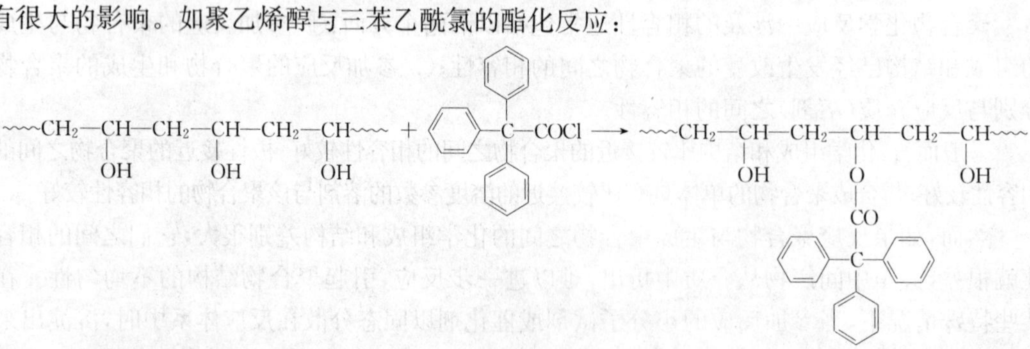

研究发现对于聚乙烯醇的羟基而言,该反应能够达到的最高反应程度为 50%。因为先期反应进入大分子链的体积庞大的三苯乙酰基对邻近的羟基起到了"遮盖"或"屏蔽"的作

用,严重妨碍低分子反应物(三苯乙酰氯)向邻位羟基的接近,当然也就无法继续进行反应。在聚乙烯醇的缩丁醛反应中,同样也会遇到类似的情况,只是由于 4 个碳的丁基体积相对于三苯乙酰基要小一些,所以其对反应的影响程度也就小一些。

② 静电效应

邻近基团的静电效应可提高或降低功能基的反应活性。聚合物化学反应涉及酸催化,或具有离子反应物参与反应,或产生离子基团的情况,该化学反应进行到后期,未反应基团的进一步反应往往会受到邻近带电荷基团的静电作用而改变速度。典型的例子是聚丙烯酰胺的水解,其水解反应速率随反应的进行而增大,原因是水解生成的羧基与邻近未水解的酰胺基作用生成酸酐环过渡态,从而有利于酰胺基—$NH_2$ 的脱除,加速水解。

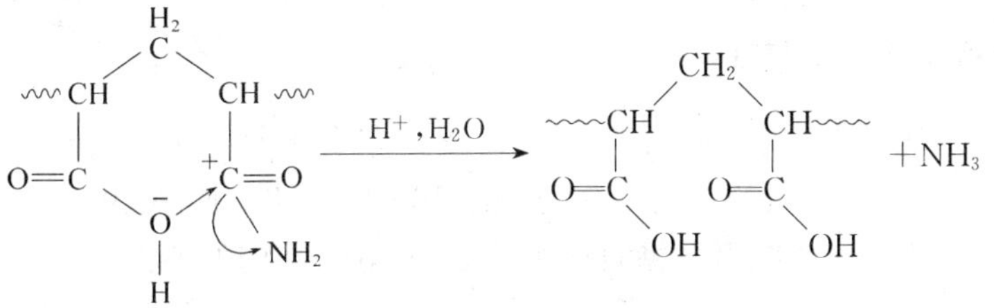

而聚丙烯酰胺在强碱条件下的水解反应则是一个典型的邻基静电效应降低反应活性的例子。当聚丙烯酰胺中某个酰胺基邻近的基团全部转化为羧酸根后,由于进攻的—$OH^-$ 与高分子链上生成的—$COO^-$ 带相同电荷,相互排斥,难以与被进攻的酰胺基接触,不能再进一步水解,导致聚甲基丙烯酰胺在碱性条件下的水解程度一般低于 70%。

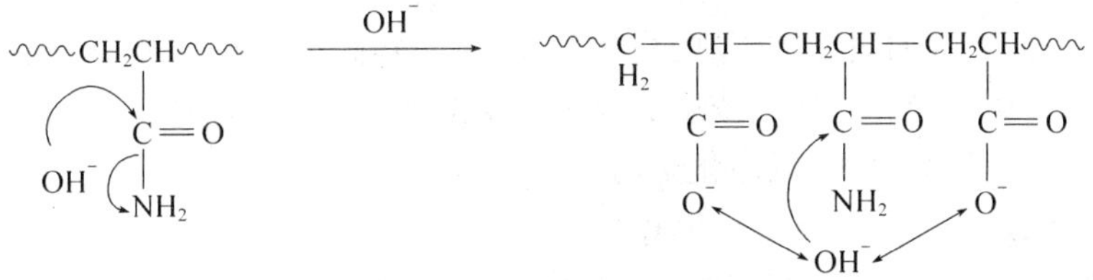

显然,这种邻近基团效应不会发生在类似的小分子反应中,因为在小分子反应中,未反应的官能团与已反应的官能团是被溶剂分隔开来的,不会相互影响。

综上所述,影响聚合物化学反应的因素多种多样,通常情况下是多种因素同时产生影响,所以在确定反应条件和分析反应结果的时候需要综合考虑这些因素。

**讨论**:总结影响聚合物反应性的因素。

## §4.2 聚合度不变的反应

聚合度基本不变的反应是聚合物与低分子化合物发生仅限于侧基或端基转变的反应，也称为聚合物的相似转变。聚合物的相似转变是聚合物改性以及合成新的高分子的一种有效的方法，许多聚合物相似转变具有重要的工业价值。应用时需解决的关键问题之一是寻找合适的温和而又有效的反应条件。理想的聚合物相似转变反应必须避免任何可能导致交联、降解或其他损害高分子性能的不期望的副反应发生，并且易于通过计量化学控制转变程度，这就要求相似转变反应的产率要高，最好能定量进行。

### 4.2.1 纤维素的化学改性

纤维素是丰富的天然聚合物资源之一，广泛分布在木材（约 50% 纤维素）和棉花（约 96% 纤维素）中。天然纤维素的重均聚合度可达 10 000～18 000，是由 D-吡喃葡萄糖通过 (β-1,4) 糖苷键链接而成的线型多糖直链大分子，其分子结构如下：

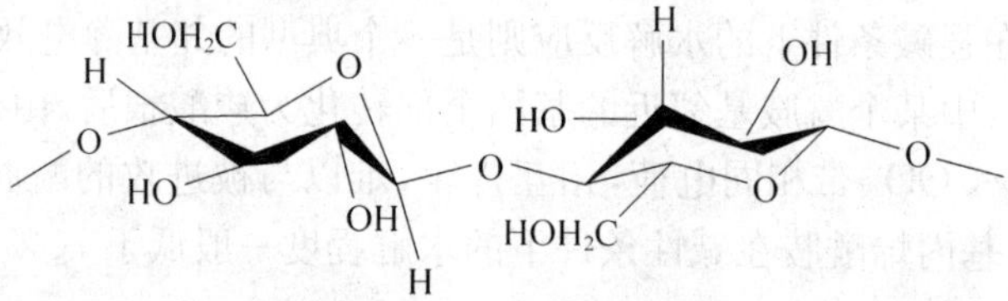

纤维素分子间有强的氢键，结晶度高（60%～80%），高温下只分解而不熔融，不溶于一般溶剂中，但可被硫酸、醋酸、适当浓度的氢氧化钠溶液（约 18%）溶胀。因此纤维素在参与化学反应前，须预先溶胀溶解，以便化学药剂的渗透。

1. 再生纤维素——粘胶纤维和铜氨纤维

再生纤维素一般以使用价值较低、纤维较短的木浆和棉短绒为原料，经溶胀溶解和化学反应，再水解沉析凝固而成。与原始纤维素相比，再生纤维素的结构发生了变化：一是因纤维素溶胀过程中的降解，分子量有所降低；另一是结晶度显著降低。

(1) 粘胶纤维是将纤维素经碱溶胀、继用 $CS_2$ 处理而成的再生纤维素。制备的原理大致如下：用碱液处理纤维素，使溶胀得到碱化纤维素，继与 $CS_2$ 反应成可溶性的黄酸钠胶液，经纺丝拉伸凝固，用酸水解成纤维素黄酸，同时脱 $CS_2$，再生出纤维素，经拉伸、洗涤、漂白即得再生纤维人造丝。若经窄缝压入凝固液中则得到玻璃纸（赛璐玢），可做成包装糖果的薄膜。图示如下：

$$\text{(P)}\!-\!\text{OH} \xrightarrow{\text{NaOH}} \text{(P)}\!-\!\text{ONa}$$

$$-CS_2 \uparrow \qquad\qquad \downarrow +CS_2$$

$$\text{(P)}\!-\!\text{O}\!-\!\text{CSSH} \xleftarrow{\text{H}^+} \text{(P)}\!-\!\text{O}\!-\!\text{CSSNa}$$

（2）铜氨纤维是将纤维素原料用铜氨溶液处理形成络合物，使其成为纤维素的铜氨溶液。在成型（纺丝或成膜）后，用酸或碱分解这种络合物结构而重新生成纤维素。

铜氨法比较简单，但铜和氨的成本较高，虽然95%的铜和80%的氨可以回收。

（3）纤维素的直接溶解加工。以上两种方法尽管工艺较成熟，但是生产过程中消耗大量的化学品和新鲜水，还需要后续的三废处理，生产工艺流程长，所用$CS_2$为挥发性有毒溶剂，易燃易爆，可能引起呼吸及神经系统疾病，存在环境、安全隐患，近年来已逐步被淘汰。取而代之的是用溶剂氧化甲基吗啉（NMMO）将纤维素浆粕直接溶解并制成一定黏度的纺丝溶液，后经干湿法纺丝得到纤维素纤维，为一纯物理过程，可维持原料物质的高度聚合作用，所得再生纤维的干、湿态强度都高于粘胶纤维和棉纤维，其湿、干强度比高达85%。相对于粘胶法所采用的碱化、压榨、粉碎、老化、黄化、溶解、熟成等工艺，其工艺路线简单，流程可减少2/3以上，从而使生产设备、占地面积、能耗大幅度减少，生产周期缩短，生产效率显著提高。

不过由于NMMO的合成路线复杂，价格昂贵，目前尚存在高效率回收溶剂的问题。

**2. 纤维素的酯化——硝酸纤维素和醋酸纤维素**

纤维素羟基与无机酸、有机酸或酸酐、酰卤等都能发生酯化反应，生成各种纤维素酯类衍生物，重要的品种有硝酸纤维素和醋酸纤维素。

（1）硝化纤维素是由纤维素在25 ℃～40 ℃经硝酸和浓硫酸的混合酸硝化而成的酯类。浓硫酸起着使纤维素溶胀和吸水的双重作用，硝酸则参与酯化反应。

$$\text{(P)}\!-\!\text{OH} + HNO_3 \xrightarrow{H_2SO_4} \text{(P)}\!-\!\text{ONO}_2 + H_2O$$

并非三个羟基都能全部酯化，每单元中被取代的羟基数定义为取代度（DS），工业上则以含氮量N%来表示硝化度。理论上硝化纤维素的最高硝化度为14.4%（DS＝3），实际上则低于此值，硝化纤维素的取代度或硝化度可以由硝酸的浓度来调节。混合酸的最高比例为：$H_2SO_4$：$HNO_3$：$H_2O$＝6：2：1。含氮量为12.5%～13.6%的称为高氮硝酸纤维素，用于制造无烟火药的原料。含氮量在10.0%～12.5%的称为低氮硝酸纤维素，可用于制造赛璐珞塑料、清漆和照相底片等，但易燃易爆，现已逐步被淘汰。

（2）醋酸纤维素是以硫酸为催化剂经冰醋酸和醋酐乙酰化而成。硫酸作为催化剂，并和醋酐一起还有脱水的作用。

$$+C_6H_7O_2(OH)_3\xrightarrow[]{\quad CH_3COOH,(CH_3CO)_2,H_2SO_4\quad}+C_6H_7O_2(OH)_{3-m}(OCOCH_3)_m+_n$$
醋酸纤维素，$m=1,2,3$

经上述反应，纤维素直接酯化成三醋酸纤维素（实际上 DS＝2.8）。

尽管将三乙酸纤维素溶解在氯仿或二氯甲烷和乙醇的混合物中，也可以制成薄膜或模塑制品，但使用更多的是乙酸纤维素取代度为 2.2～2.8 的品种，可用作塑料、纤维、薄膜、涂料等。因其良好的强度和透明性，可用来制作磁带、薄膜基材、眼镜架、电气零件、玩具等。

3. 纤维素的醚化——纤维素与卤代烃、环氧乙烷或硫酸酯

纤维素与卤代烃、环氧乙烷或硫酸脂等作用得到各种纤维素醚类衍生物，其品种很多，如甲基-、乙基-、羟乙基-、羟丙基-、羟丙基甲基-、羧甲基-纤维素等，用途非常广泛。其中甲基纤维素可用于纺织工业中上浆剂，化学工业中作增稠剂；羧甲基-纤维素、羟乙基-纤维素、羟丙基-纤维素可用作胶黏剂、织物处理剂和乳化剂等；羟丙基甲基纤维素用作悬浮聚合的分散剂。

**讨论**：从纤维素制备醋酸纤维素，产物的分子质量和聚合度与原料相比有什么样的变化趋势？

### 4.2.2 聚烯烃的氯化和氯磺化

聚烯烃的氯化和氯磺化是取代反应，属于比较简单的高分子基团反应。

1. 聚乙烯的氯化和氯磺化

聚乙烯与烷烃相似，耐酸、耐碱、化学惰性，但易燃。在适当温度或经紫外光照射下，氯原子容易取代部分氢原子而成为氯侧基，生成氯化聚乙烯（CPE），并释放出氯化氢。该反应属于自由基连锁机理。氯吸收光量子后均裂成氯自由基，再转变成聚乙烯链自由基基团和氯化氢。链基团与氯反应，形成氯化聚乙烯和氯自由基。如此循环进行下去。

$$Cl_2\xrightarrow[\text{或有机过氧化物}]{\quad\text{光}\quad}2Cl\cdot$$

$$\sim\sim CH_2CH_2\sim\sim+Cl\cdot\longrightarrow\sim\sim CH_2\overset{\cdot}{C}H\sim\sim+HCl$$

$$\sim\sim CH_2\overset{\cdot}{C}H\sim\sim+Cl_2\longrightarrow\sim\sim CH_2\underset{\underset{Cl}{|}}{CH}\sim\sim+Cl\cdot$$

在聚乙烯分子链上引入氯原子后破坏了聚乙烯原有的分子链规整性，通常选用高密度聚乙烯作为原料，根据其氯化程度以及氯原子在分子链中的分布，可使结晶性的聚乙烯转化为半塑性、弹性或硬质塑料。氯化聚乙烯（CPE）的含氯量可以调节在 10%～70%（质量分数）范围内。氯化后，可燃性降低，溶解度有增有减，视氯含量而定。氯含量低时，性能与聚

乙烯相近。但含 $30\%\sim40\%$ Cl 的氯化聚乙烯(CPE)却是弹性体,阻燃,可用作聚氯乙烯抗冲改性剂。大于 $40\%$ Cl,则刚性增加,变硬。

工业上制备氯化聚乙烯有两种方法:① 溶液法,以四氯化碳作溶剂,在回流温度(例如 $95\ ℃\sim130\ ℃$)和加压条件下进行氯化,产物含 $15\%$ 氯时,就开始溶于溶剂,可以适当降低温度继续聚合,以便使产物中氯原子分布比较均匀;② 悬浮法,以水作介质,氯化温度较低(如 $65\ ℃$),氯化多在表面进行,含氯量可到 $40\%$。适当提高温度(如 $75\ ℃$),含氯量还可提高,但需克服黏结问题。悬浮法产品中的氯原子分布不均匀。

聚乙烯与 $Cl_2$、$SO_2$ 或 $SO_2Cl_2$ 在自由基引发剂存在下可发生氯磺化反应,同时在聚合物分子上引入氯磺基和氯。$SO_2Cl_2$ 单独也可以作氯磺化试剂,但必须与催化剂量的吡啶或其他有机碱协同作用。有机碱的作用可能是催化 $SO_2Cl_2$ 分解生成 $SO_2$ 和 $Cl_2$。

$$\sim\!\!\sim\!\!CH_2CH_2CH_2CH_2\!\sim\!\!\sim + Cl_2 + SO_2 \xrightarrow{\text{引发剂}} \sim\!\!\sim CH_2\underset{\underset{Cl}{|}}{C}H\!-\!CH_2\underset{\underset{SO_2Cl}{|}}{C}H\!\sim\!\!\sim + HCl$$

$$\sim\!\!\sim\!\!CH_2CH_2CH_2CH_2\!\sim\!\!\sim + SO_2Cl_2 \xrightarrow[\text{碱催化剂}]{\text{引发剂}} \sim\!\!\sim CH_2\underset{\underset{Cl}{|}}{C}H\!-\!CH_2\underset{\underset{SO_2Cl}{|}}{C}H\!\sim\!\!\sim + HCl + SO_2$$

氯磺基的引入则为聚合物提供了交联反应活性点,使之可用于热固性应用。氯磺化聚乙烯弹性体耐氧化、耐化学药品,在较高温度下仍能保持较好的机械强度,可用于特殊场合的填料和软管,也可以用作涂层。

**2. 聚丙烯的氯化**

聚丙烯含有叔氢原子,更容易被氯原子所取代。

$$\sim\!\!\sim CH_2\!-\!\underset{\underset{H}{\overset{\overset{CH_3}{|}}{|}}}{C}\!\sim\!\!\sim + Cl_2 \longrightarrow \sim\!\!\sim CH_2\!-\!\underset{\underset{Cl}{\overset{\overset{CH_3}{|}}{|}}}{C}\!\sim\!\!\sim + HCl$$

聚丙烯经氯化,结晶度降低,并伴有降解,力学性能变差,因此,其发展受到限制。但氯原子的引入,增加了极性,提高了黏结力,可以用作聚丙烯的附着力促进剂。常用的氯化聚丙烯含有 $30\%\sim40\%$(质量分数)Cl,软化点约 $60\ ℃\sim90\ ℃$。

### 4.2.3　聚乙烯醇和维尼纶

聚乙烯醇是一种大规模生产、用途广泛的黏结剂、分散剂,也是合成重要合成纤维——维尼纶的原料。由于合成聚乙烯醇的"理论"单体——"乙烯醇"并不存在,所以只能采用间接法通过聚醋酸乙烯酯醇解(水解)来制备。

聚乙烯醇在热水中溶解性较好,该溶液黏稠、具有良好的分散性能。在酸或碱的催化下,聚醋酸乙烯酯可用甲醇醇解成聚乙烯醇,即醋酸根被羟基所取代。碱催化法高效,副反应少,用得较广。醇解前后聚合度几乎不变,是典型的相似转变。

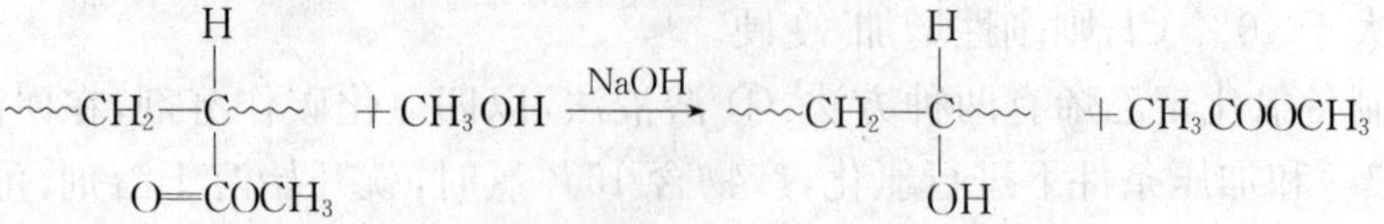

$$\sim CH_2-\underset{\underset{O=COCH_3}{|}}{\overset{\overset{H}{|}}{C}}\sim + CH_3OH \xrightarrow{NaOH} \sim CH_2-\underset{\underset{OH}{|}}{\overset{\overset{H}{|}}{C}}\sim + CH_3COOCH_3$$

上述反应中,并非所有—OCOCH₃都转变成—OH,转变的摩尔百分比称作醇解度(DH)。产物的性能与用途与醇解度有关,纤维用聚乙烯醇要求 DH>99%;用作氯乙烯悬浮聚合分散剂要求 DH=80%,两者都能溶于水;DH<50%,则成为油溶性分散剂。

将其适度缩甲醛化以后又是很好的无毒水性涂料(市售 107、801 胶水)。聚乙烯醇经过水溶液纺丝以后再进行高度的缩甲醛化,即制成一种重要的合成纤维——维尼纶。

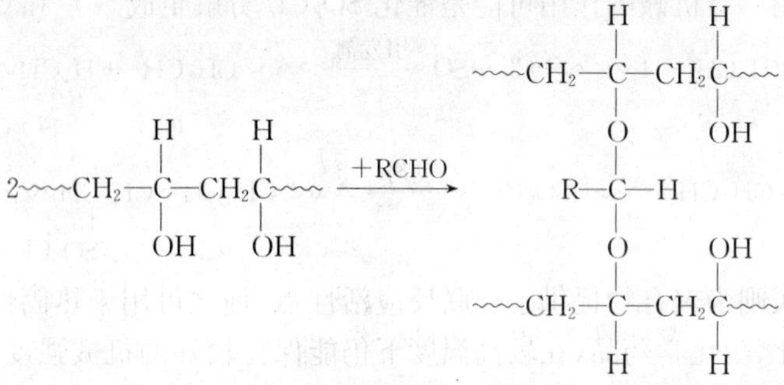

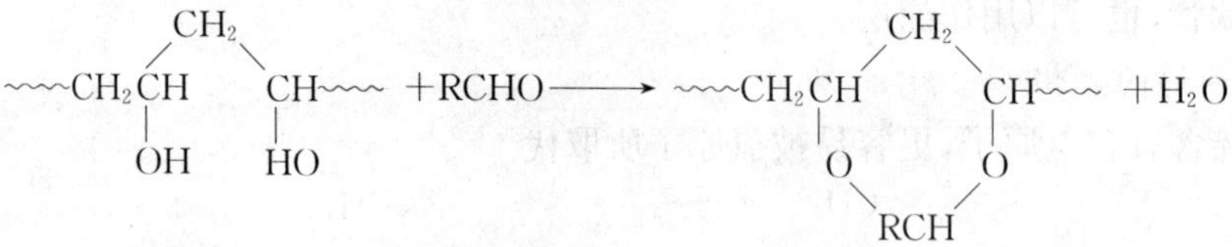

$$2\sim CH_2-\underset{\underset{OH}{|}}{\overset{\overset{H}{|}}{C}}-CH_2-\underset{\underset{OH}{|}}{\overset{\overset{H}{|}}{C}}\sim \xrightarrow{+RCHO}$$

缩甲醛化反应既可以在分子链内进行,也可以在分子链之间进行,所以会产生一定程度的交联,从而使维尼纶不再具有水溶性。不仅如此,分子链上也可能存在水解和缩醛化反应不完全的酯基、羟基和羟亚甲基等。聚乙烯醇与丁醛缩合可以得到具有高度韧性的、用于加工防弹、防脆裂钢化玻璃的夹层材料——聚乙烯醇缩丁醛,该产品还可用做电绝缘膜和涂料。

### 4.2.4 聚丙烯酸酰胺的基团反应

丙烯酰胺是一种水溶性单体,采用自由基聚合可以得到相对分子质量高达百万以上、絮凝捕捉效果良好的高分子絮凝剂——非离子型聚丙烯酰胺。将非离子型聚丙烯酰胺部分水解即可得到阴离子型聚丙烯酰胺;将其与甲醛和三甲胺等反应,则生成阳离子型聚丙烯酰胺;将阳离子型聚丙烯酰胺部分水解即可得到两性型聚丙烯酰胺。

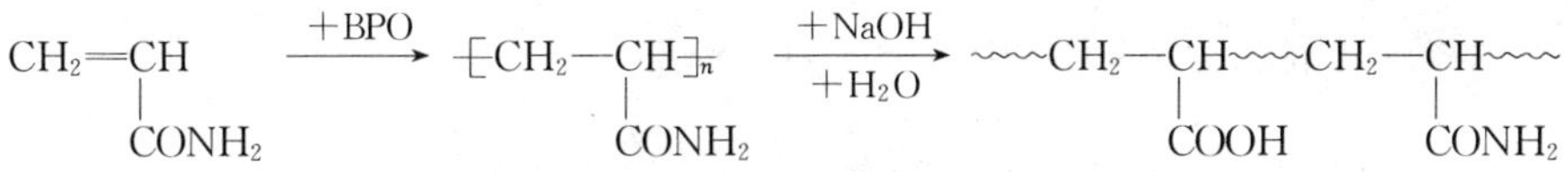

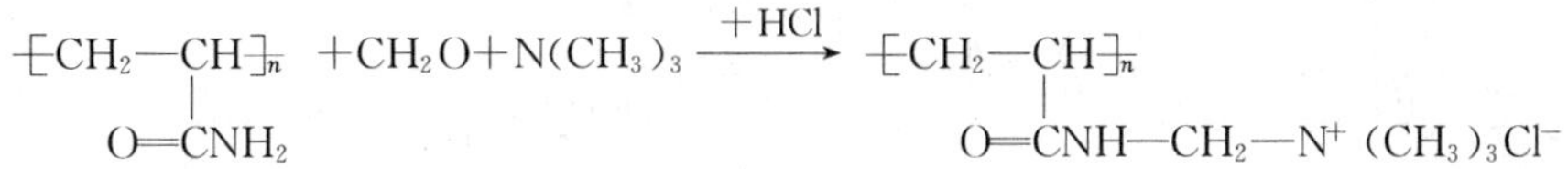

$$\underset{\underset{CONH_2}{|}}{CH_2=CH} \xrightarrow{+BPO} \underset{\underset{CONH_2}{|}}{[CH_2-CH]_n} \xrightarrow[+H_2O]{+NaOH} \sim\sim CH_2-\underset{\underset{COOH}{|}}{CH}\sim\sim CH_2-\underset{\underset{CONH_2}{|}}{CH}$$

$$\underset{\underset{O=CNH_2}{|}}{[CH_2-CH]_n} +CH_2O+N(CH_3)_3 \xrightarrow{+HCl} \underset{\underset{O=CNH-CH_2-N^+(CH_3)_3Cl^-}{|}}{[CH_2-CH]_n}$$

实践证明,阳离子型聚丙烯酰胺对水中带负电荷的黏土等悬浮杂质具有特别高效的絮凝作用,只有几十毫克每升剂量即可达到快速絮凝目的,目前广泛用于自来水生产、锅炉水的防垢等工业生产及城市污水处理等。另一方面,离子型聚丙烯酰胺又是一种性能特殊的高分子电解质,特别是经过适当的交联得到的树脂具有高的吸水能力,被广泛用于卫生材料的吸水剂、土壤保水抗旱剂等。

**讨论**:如何制备非离子型、阳离子型、阴离子型聚丙烯酰胺?

### 4.2.5 苯环侧基的取代反应

聚苯乙烯中的苯环与苯相似,可以进行系列取代反应,如烷基化、氯化、磺化、氯甲基化、硝化等,可被用来合成功能高分子。聚苯乙烯与不饱和烃(如环己烯)经傅氏反应,可制得油溶性聚合物,用作润滑油的黏度改进剂。

另一方面,聚苯乙烯还可以共聚或氯甲基化后再在苯环上引入其他基团。如苯乙烯和二乙烯基苯的共聚物是离子交换树脂的母体,与发烟硫酸反应,可以在苯环上引入磺酸根基团,即成阳离子交换树脂。尤其是聚苯乙烯的氯甲基化,由于生成的苄基氯易进行亲核取代反应而转化为许多其他的功能基,如与氯代二甲基醚反应,引入氯甲基,进一步引入季铵基团,即成阴离子交换树脂。一些典型的聚苯乙烯母体功能化反应的示例如图4-1所示。

**讨论**:试说明离子交换树脂在水的净化和海水淡化方面的应用。

### 4.2.6 环化反应

相对于线性聚合物,环状聚合物因为没有末端基团而具有许多独特的溶液、熔体以及固态性能,导致产生独特的流体动力学性能、流变性、热学性能、光电性能等。环状聚合物一般由线型聚合物前体反应得到相应的环。如聚氯乙烯与锌粉共热、聚乙烯醇缩醛环化反应。环引入到聚合物中增加了刚性,提高了耐热性。典型的如聚丙烯腈或粘胶纤维,经热降解后,发生环化形成梯形结构,甚至稠环结构。

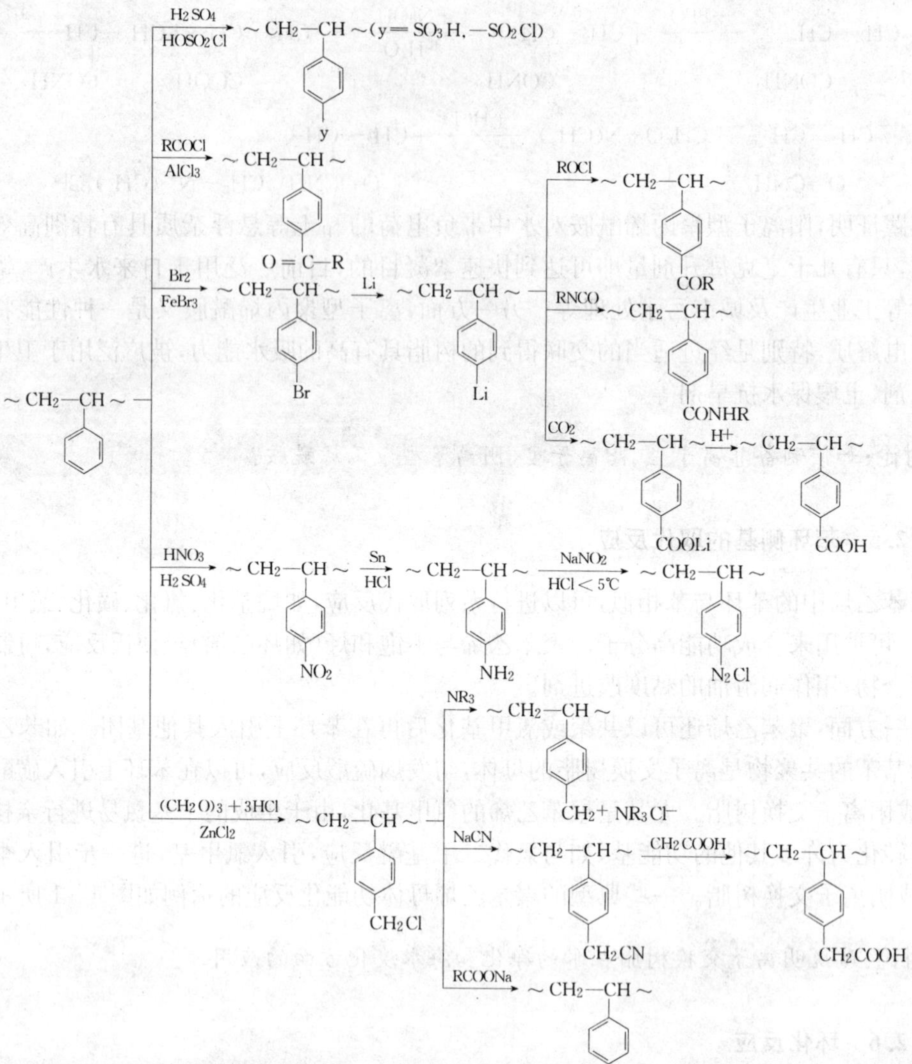

~CH₂—CH~ ─

$\xrightarrow[\text{HOSO}_2\text{Cl}]{\text{H}_2\text{SO}_4}$ ~CH₂—CH~—(y=SO₃H, —SO₂Cl)

（带苯环，对位 y）

$\xrightarrow[\text{AlCl}_3]{\text{RCOCl}}$ ~CH₂—CH~

（带苯环，对位 O=C—R）

$\xrightarrow[\text{FeBr}_3]{\text{Br}_2}$ ~CH₂—CH~ （带苯环，对位 Br） $\xrightarrow{\text{Li}}$ ~CH₂—CH~ （带苯环，对位 Li）

$\xrightarrow{\text{ROCl}}$ ~CH₂—CH~ （带苯环，对位 COR）

$\xrightarrow{\text{RNCO}}$ ~CH₂—CH~ （带苯环，对位 CONHR）

$\xrightarrow{\text{CO}_2}$ ~CH₂—CH~ （带苯环，对位 COOLi） $\xrightarrow{\text{H}^+}$ ~CH₂—CH~ （带苯环，对位 COOH）

$\xrightarrow[\text{H}_2\text{SO}_4]{\text{HNO}_3}$ ~CH₂—CH~ （带苯环，对位 NO₂） $\xrightarrow[\text{HCl}]{\text{Sn}}$ ~CH₂—CH~ （带苯环，对位 NH₂） $\xrightarrow[\text{HCl}<5℃]{\text{NaNO}_2}$ ~CH₂—CH~ （带苯环，对位 N₂Cl）

$\xrightarrow[\text{ZnCl}_2]{(\text{CH}_2\text{O})_3+3\text{HCl}}$ ~CH₂—CH~ （带苯环，对位 CH₂Cl）

$\xrightarrow{\text{NR}_3}$ ~CH₂—CH~ （带苯环，对位 CH₂⁺NR₃Cl⁻）

$\xrightarrow{\text{NaCN}}$ ~CH₂—CH~ （带苯环，对位 CH₂CN） $\xrightarrow{\text{CH}_2\text{COOH}}$ ~CH₂—CH~ （带苯环，对位 CH₂COOH）

$\xrightarrow{\text{RCOONa}}$ ~CH₂—CH~ （带苯环，对位 CH₂OCOR）

**图 4-1　一些典型的聚苯乙烯母体功能化反应**

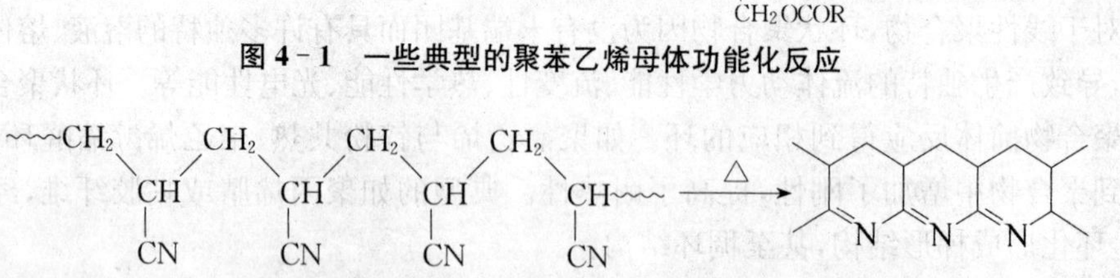

~~~CH₂—CH(CN)—CH₂—CH(CN)—CH₂—CH(CN)—CH₂—CH(CN)~~~ $\xrightarrow{\triangle}$ （稠环吡啶结构）

　　上述反应是制备碳纤维的基本原理。由聚丙烯腈制碳纤维大约分成三段：先在 200 ℃～300 ℃预氧化，继在 800 ℃～1 900 ℃炭化，最后在 2 500 ℃石墨化，析出其他所有元素，形成碳纤维。粘胶纤维也可用来制备碳纤维。碳纤维是高强度、高模量、耐高温的石墨态纤维，与合成树脂复合后，成为高性能复合材料，可用于宇航和特殊场合。

# §4.3　聚合度增加的反应

以大分子主链为反应主体，通过接枝、扩链、交联等方法使聚合度增加的反应属于分子质量增加的化学反应。

## 4.3.1　接枝

聚合物主链通过引入一定量与主链结构相同或不同的支链的过程称为接枝，属于高分子设计的范畴。结构明确的具有独立组分的微相结构接枝共聚物，通常难以通过直接聚合反应得到，但可以由高分子的接枝反应将具有各种特殊性质的聚合物进行连接，设计出具有高度复合特性的材料。主要分为以下三类：

### 1. 长出支链

由主链中的反应性侧基的基团通过自由基或离子聚合反应，引发加入的其他单体，长出支链。

### （1）烯烃聚合物的接枝

侧基为—X、—$N_2X$、—COOR、—COOOR 等的聚烯烃，在引发剂或光、热、辐射条件下产生活性中心，再引发第二单体形成支链。如：

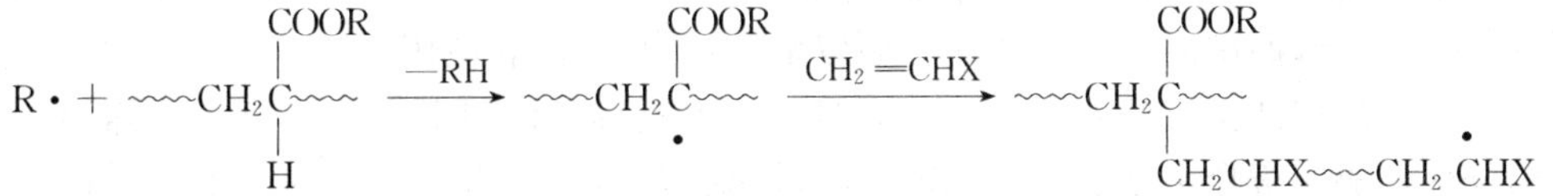

聚丙烯酸丁酯接枝氯乙烯制备 MA-g-VC 接枝共聚物，该聚合物的耐候性、耐紫外光、耐老化、耐低温、抗冲性能提高，同时对 PVC 固有的刚性、拉伸性能、耐热性影响较少。因其改性效果好，具有较大的市场需求，主要用于塑钢门窗等异型材。与此相类似的还有 EVA-g-VC（乙烯-乙酸乙烯酯-氯乙烯接枝共聚物）、CPE-g-VC（氯化聚乙烯-氯乙烯接枝共聚物）。

再如聚苯乙烯接枝甲基丙烯酸甲酯制备的 St-g-MMA 接枝共聚物：

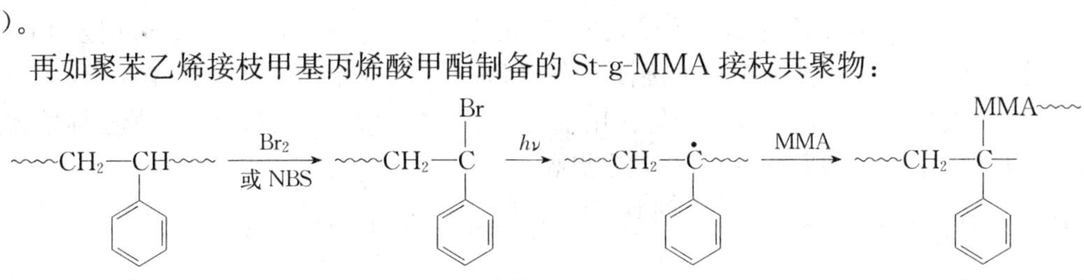

该产物维持了二者原有的良好的透明性，同时机械强度、抗冲击性能好；因其折光指数

与 PVC 相近,且相容性好,可用做 PVC 改进剂。尤其是近来有学者利用废 PS 泡沫塑料,以甲基丙烯酸甲酯对其接枝改性制得一种新型废 PS 改性胶黏剂,性能优于白乳胶,不失为一种新的回收利用废旧 PS 方法。

以上两个例子都属于自由基聚合机理,接枝效率的大小与自由基的活性有关,引发剂的选用非常关键。以 St-g-MMA 接枝共聚为例,用过氧化二苯甲酰为引发剂,接枝效率较高;用过氧化二叔丁基时,接枝效率低;用偶氮二异丁腈,几乎不形成接枝物;由于叔丁基和异丁腈自由基活性较低,不容易链转移。此外,接枝效率的大小还取决于单体的种类和活性,如不论采用何种引发剂,PMMA/VAc 或 PSt/VAc 体系,都很难形成接枝共聚物,只形成 PVAc 均聚物。

主链上如果含有一些碳阳离子功能基,如聚氯乙烯、聚氯丁二烯、氯化丁苯橡胶、氯化聚丁二烯等主链上含有碳-卤键,可通过 Lewis 酸引发产生阳离子活性中心。而是一些单体如异丁烯只能进行阳离子聚合,可采用阳离子接枝共聚,得到其他聚合方法所不能得到的接枝共聚物。用此法得到的支链主要有聚异丁烯、苯乙烯、α-甲基苯乙烯等。

$$\sim\sim CH_2-\underset{\underset{Cl}{|}}{CH} + AgSbF_6 \xrightarrow{-AgCl} \sim\sim CH_2-\underset{\underset{SbF_6^-}{|}}{\overset{+}{CH}} \xrightarrow{IB} \sim\sim CH_2-CH \atop \underset{\underset{CH_3}{\sim}}{\overset{H_2C}{\underset{|}{H_3C-\underset{|}{C}-CH_3}}}$$

### (2) 二烯烃聚合物的接枝

聚丁二烯、丁苯橡胶、天然橡胶等主链中都含有双键,其接枝行为有别于烯烃聚合物,双键和烯丙基氢通常成为接枝点。根据接枝点所产生的活性中心种类,其反应机理可分为自由基、阴离子聚合;而阳离子聚合在这方面效率较低,几乎没有应用。

如以制备高抗冲接枝共聚聚苯乙烯(HIPS)为例:将 PB 和引发剂溶于苯乙烯中,引发剂受热分解形成初级自由基后,一部分引发苯乙烯聚合成均聚物 PSt,另一部分与 PB 加成或转移,进行接枝共聚,所以合成得到的接枝产物是接枝共聚物 B-g-S 和均聚物 PB、PS 的混合物,其中 PS 占 90% 以上,成为连续相;PB 约 7%~8%,以 2~3 μm 的粒子分散在 PS 连续相内,形成海岛结构。接枝共聚物 B-g-S 是 PB、PS 的增容剂,促进两相"相容",从而提高了 PS 的抗冲性能。该接枝过程属于自由基反应机理。

同样是利用 PB 和苯乙烯制备接枝共聚物,先通过丁基锂和四甲基乙二胺引发 PB,生成大分子阴离子接枝点,得到阴离子接枝共聚物 PS。该反应中由于碳阴离子稳定,加上引发速度快,因此先用丁基锂与聚丁二烯作用生成聚丁二烯阴离子,然后再加入苯乙烯单体进行接枝,几乎无苯乙烯均聚物,使接枝效率提高。

$$\sim\sim\sim CH_2-CH=CH-CH_2 \xrightarrow[n-BuLi]{(CH_3)_2NCH_2CH_2N(CH_3)_2} \sim\sim\sim \overset{-}{CH_2}-CH=CH-CH_2 \atop +Li$$

$$\mathrm{CH_2\!=\!CH} \quad \longrightarrow \quad \sim\!\!\sim\!\!\mathrm{CH\!-\!CH\!=\!CH\!-\!CH_2}\!\!\sim\!\!\sim$$

该方法较自由基接枝方法在接枝点、接枝长度、接枝数目等方面相对可控得多。

（3）侧基反应长出支链

利用侧基官能团产生活性点，引发单体聚合长出支链，形成接枝共聚物。

如以聚乙烯醇、纤维素、淀粉等一些含有侧羟基聚合物作为还原剂，与 $Ce^{4+}$、$Co^{2+}$、$Fe^{3+}$ 等高价金属化合物构成氧化还原引发体系，在聚合物侧基上产生自由基活性点，而后进行接枝反应。

例如：接枝共聚物 VA-g-AN 的合成。

$$\sim\!\!\sim\!\!\mathrm{CH_2\!-\!\underset{OH}{\overset{H}{C}}}\!\!\sim\!\!\sim \quad \xrightarrow{\ Ce^{4+}\ } \quad \sim\!\!\sim\!\!\mathrm{CH_2\!-\!\underset{OH}{\overset{\bullet}{C}}}\!\!\sim\!\!\sim \ +Ce^{3+}+H^+$$

$$\sim\!\!\sim\!\!\mathrm{CH_2\!-\!\underset{OH}{\overset{\bullet}{C}}}\!\!\sim\!\!\sim \ + \ \mathrm{CH_2\!=\!\underset{CN}{CH}} \ \longrightarrow \ \sim\!\!\sim\!\!\mathrm{CH_2\!-\!\underset{OH}{\overset{CH_2-\underset{CN}{\overset{CN}{CH}}\sim\sim}{C}}}\!\!\sim\!\!\sim$$

类似的，淀粉在 $Ce^{4+}$ 的作用下与丙烯腈、丙烯酸或丙烯酰胺的接枝共聚物可制备超强吸水树脂。

还有许多侧基反应可用来合成接枝共聚物，尤其是聚苯乙烯类。例如，在聚苯乙烯的苯环上引入异丙基，氧化成氢过氧化物，再分解成自由基，而后引发单体聚合，长出支链，形成接枝共聚物。应用阴离子聚合机理，也可在大分子侧基上引入接枝点，如聚苯乙烯接上丙烯腈。配位阴离子聚合、阳离子聚合、缩聚等都可能用于侧基反应，产生接枝点。

综合以上三种接枝反应类型发现：烯烃、二烯烃聚合物的接枝反应其实质是链转移反应，存在一些缺陷：① 接枝效率低；② 接枝共聚物与均聚物共存；③ 接枝数、支链长度等结构参数难以定量测定和控制。但该法简便经济，有较多的实际应用价值，工业上已经应用链转移原理来生产多种接枝共聚物产品。

如苯乙烯、丙烯腈在聚丁二烯乳胶粒上接枝合成 ABS，它将 PS，SAN，BS 的各种性能有机地统一起来，兼具韧、刚相均衡的优良力学性能，已成为目前产量大、应用广泛的热塑性塑料;甲基丙烯酸甲酯、苯乙烯在聚丁二烯乳胶粒上接枝合成 MBS,甲基丙烯酸甲酯在聚丙烯酸丁酯乳胶粒上接枝合成 ACR,两者均用作透明聚氯乙烯制品的抗冲改性剂;苯乙烯、丙烯腈在乙丙橡胶上接枝合成 AES,由于其中的 EPDM(三元乙丙橡胶)分子链双键含量少,故 AES 的耐候性比 ABS 高 4~8 倍,热稳定性、吸水率和冲击强度均优于 ABS 树脂,其他性能则与 ABS 相似,具有良好的耐候性能。

### 2. 嫁接支链

预先分别制备主链和支链,主链中有活性基团 X,支链有活性端基 Y,通过反应,将支链嫁接到主链上。这类接枝并不一定是链式反应,也可以是官能团之间的缩聚反应。

$$\text{\~\~\~AAAAA\~\~} + \text{Y—CH}_2\text{CHR—CH}_2\text{CHR} \longrightarrow \text{\~\~\~AAAAA\~\~} + \text{XY}$$

该方法的优越性在于:主链与支链高分子可分别合成与表征,特别是当主链与支链高分子都可由活性聚合获得时,其分子量与分子量分布都可控,因此所得接枝聚合物具有可控而精确的结构,因此,这一方法为接枝共聚物的分子设计提供了基础。该方法的局限性在于:① 偶联反应为高分子与高分子之间的反应,立体阻碍大;② 可能存在相容性问题。多数情况下,高分子中功能基的引入由化学改性来实现。

离子聚合最宜用于这一方法。因为末端功能化聚合物是阴离子活性链,由于其支链由活性聚合获得,可精确控制其分子量大小,因而在控制接枝聚合物的结构,进而控制共聚物性能方面具有独特的优势。带有乙酰基、酸酐、环氧基、酯、腈基、吡啶、乙烯基硅、苄卤、硅卤功能基等亲电功能基的大分子很容易与活性聚合物阴离子偶合,进行嫁接,接枝效率可达 80%~90%。

例如活性阴离子聚苯乙烯,一部分氯甲基化,另一部分羧端基化,两者反应,就形成预定结构的接枝共聚物。

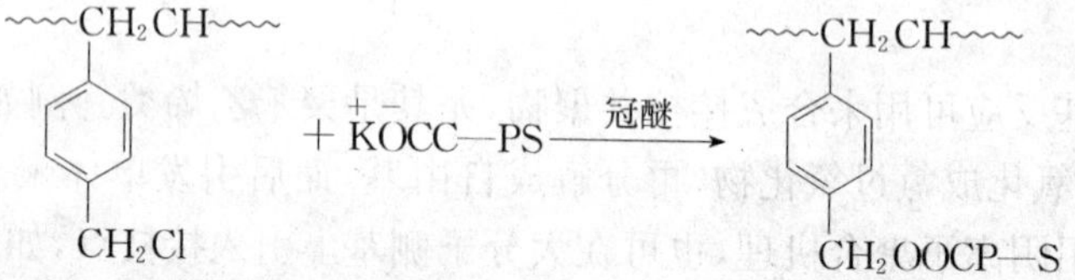

阳离子聚合也可用来合成嫁接支链的接枝物,例如活性聚四氢呋喃阳离子可以嫁接到氯羟基化的聚丁二烯和丁腈橡胶上,接枝效率达 52%~89%。同理,也可嫁接到环氧化后的丁基橡胶和环氧化的乙丙橡胶上。

### 3. 大单体接枝共聚法

大单体指末端带有一个可聚合功能基的预聚物,通过其均聚或共聚反应可获得以起始大分子为支链的接枝聚合物,又称"在支链存在下生成主链的接枝共聚法",以末端带乙烯基的大分子单体为例,其通式可示意为:

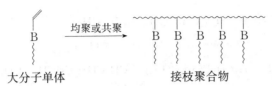

大分子单体　　　　　　　　接枝聚合物

大单体多半是带有双键端基的齐聚物,或看作带有较长侧基的乙烯基单体,与普通乙烯基单体共聚后,大单体的长侧基成为支链,而乙烯基单体就成为主链。这一方法可避免链转移法的效率低和混有均聚物的缺点。

通常合成大单体分两步:先合成中分子量的预聚物,然后在该预聚物的一端引入具有聚合功能的官能团(即带有聚合物链的单体);然后在进行聚合反应形成接枝共聚物。

如合成末端为(甲基)丙烯酸甲酯基的大单体,然后以偶氮二异丁腈(AIBN)为引发剂,与丙烯酸酯类共聚,即成接枝共聚物,反应式如下:

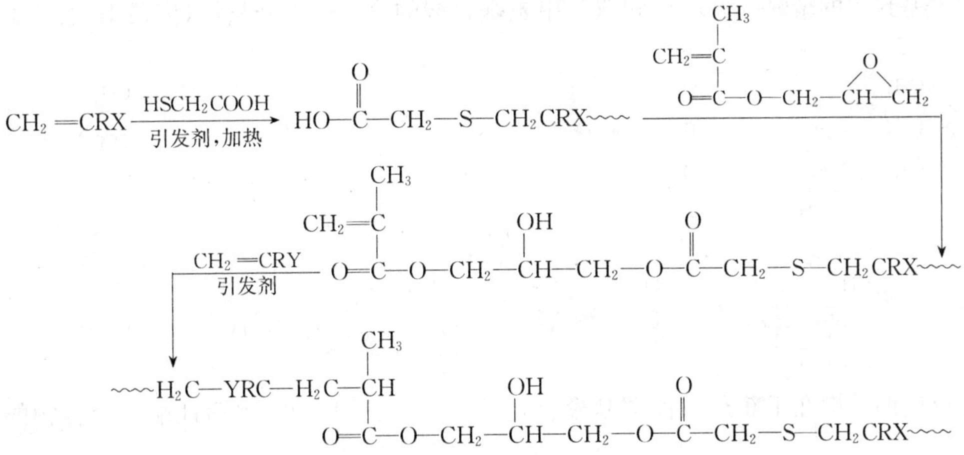

$$CH_2=CRX \xrightarrow[\text{引发剂,加热}]{HSCH_2COOH} HO-\overset{\overset{O}{\|}}{C}-CH_2-S-CH_2CRX\sim\sim$$

$$\xrightarrow[\text{引发剂}]{CH_2=CRY} \sim\sim H_2C-YRC-H_2C-\overset{\overset{CH_3}{|}}{\underset{|}{C}}H$$

### 4.3.2　扩链与嵌段

扩链反应是指以适当的方法,通过扩链剂将分子量较低、含有特定端基的低聚物连接起来,使分子量成倍或几十倍提高,使聚合物主链增长的过程。通常有 4 种类型的扩链方法,即活性阴离子链引发的阴离子聚合、预聚物相互反应法、与低分子偶联剂进行缩合、链交换反应等。扩链部分既可以是同种高分子,也可以是第二种高分子,后者得到的产物即为嵌段共聚物。

1. 活性阴离子链引发的阴离子聚合

该方法利用阴离子聚合无终止的特征,依次进入不同单体的聚合阶段。最典型的例子是苯乙烯—丁二烯—苯乙烯三嵌段共聚物(SBS弹性体)的合成:

$$RLi+(n+1)CH_2=CHPh \longrightarrow R\{CH_2CH(Ph)\}_n CH_2 \overset{\ominus}{C}H\overset{\oplus}{L}i \xrightarrow{CH_2=CHCH=CH_2}$$

$$\xrightarrow[\text{终止}]{(n+1)CH_2=CHPh} R\{CH_2CH(Ph)\}_n CH_2\underset{|}{C}H\{CH_2CH=CHCH_2\}_m CH_2\overset{\ominus}{C}H=CH\overset{}{C}H_2\overset{\oplus}{L}i$$

$$R\{CH_2CH(Ph)\}_{n+1}\{CH_2CH=CHCH_2\}_{m+1}\{CH_2CH(Ph)\}_n CH_2CH_2Ph$$

所得的 SBS 热塑性弹性体具有优良的拉伸强度、弹性和电性能,永久变形小,屈挠和回弹性好,表面摩擦大,兼有塑料和橡胶的特性,被称为"第三代合成橡胶"。

**2. 预聚物相互反应法**

预聚物相互反应法常用来合成多嵌段、三嵌段和二嵌段共聚物,要求预聚物的末端都带有官能团,且两种组成不同的预聚物各自的端基官能团不同,但能相互反应。

如双羟基封端的聚砜(嵌段 A)和双二甲氨基封端的聚二甲基硅氧烷(嵌段 B)的缩聚反应:

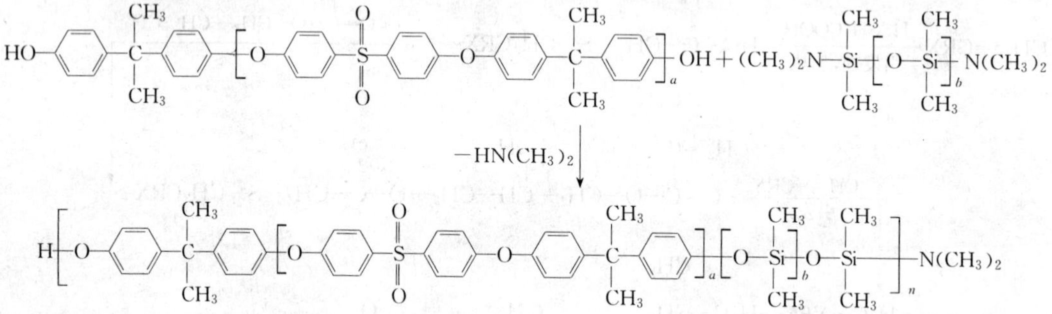

此类反应的关键在于获得活性端基聚合物,以下归纳了几种获得活性端基聚合物的方法:

(1) 缩聚　二元酸或二元醇缩聚,控制一种官能团过量,可得到端基为羧基或羟基的预聚物。

(2) 自由基聚合　利用带官能团的偶氮或过氧化物引发剂,双基终止,形成两端带官能团的预聚物。例如,将偶氮二异丁腈引发合成的聚苯乙烯进行催化加氢反应。

(3) 阴离子聚合物　用萘钠引发,形成双阴离子活性聚合物,再与环氧乙烷或 $CO_2$ 反应,即生成大分子两端都带有羟基或羧酸基的遥爪预聚物。

对于不同的活性端基,相应的扩链剂也不相同。

表 4-1 不同活性端基对应不同扩链剂官能团

| 活性端基 | 扩链剂官能团 |
|---|---|
| —OH | —COOH；—N=C=O |
| —COOH | —OH；$\begin{smallmatrix}O\\\\N\end{smallmatrix}$；$\triangle$O 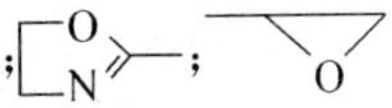 |
| 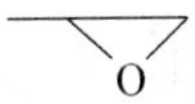 $\triangle$O | —OH；—NH$_2$；—COOH；—(CO)$_2$O |
| —N=C=O | —OH；—NH$_2$；—NHR；—COOH |

① 端羟基型扩链剂

二异氰酸酯(diisocyanates)是一类具有较多的不饱和基团—NCO 的反应活性极高的化合物,极易与水或羟基类化合物发生反应。扩链反应中最容易发生的是异氰酸根和羟基的反应。

芳香族二异氰酸酯

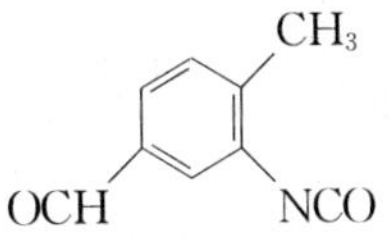

TDI 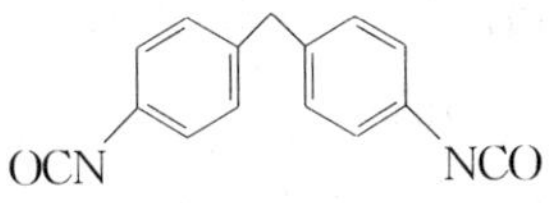        MDI         PPDI 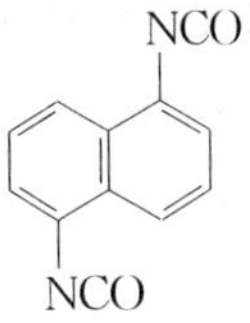        NDI

脂肪族二异氰酸酯  OCN(CH$_2$)$_6$NCO    HDI

活性端基反应活性  OH>NH$_2$>NHR>COOH

② 端羧基型扩链剂

双噁唑烷(bisoxazolines)

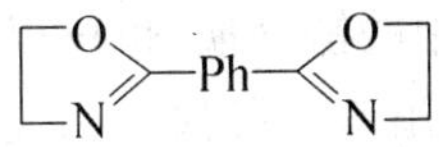

1,4-苯基-双(2-噁唑啉)

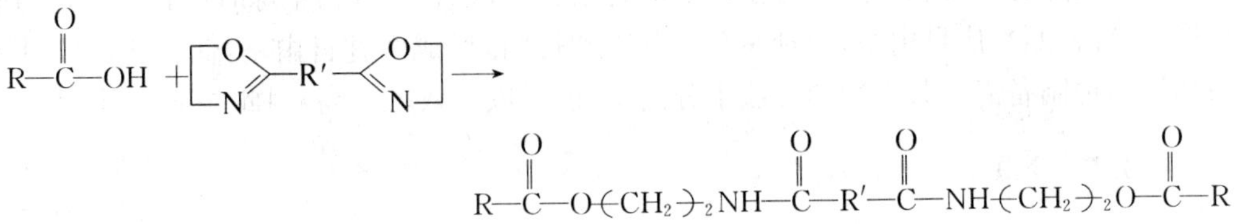

环氧树脂(epoxy)

$$双酚A型环氧$$

双酚A型环氧

$$R\text{-}\overset{O}{\underset{}{C}}\text{-}OH + \overset{}{\underset{O}{\triangle}}\text{-}R'\text{-}\overset{}{\underset{O}{\triangle}} \longrightarrow R\text{-}\overset{O}{\underset{}{C}}\text{-}O\text{-}CH_2\text{-}\underset{OH}{CH}\text{-}R'\text{-}\underset{OH}{CH}\text{-}CH_2\text{-}O\text{-}\overset{O}{\underset{}{C}}\text{-}R$$

**3. 与低分子偶联剂进行缩合**

一些带有两个活泼基团的有机化合物如 $Br(CH_2)_2Br$、$Cl\text{-}CH_2\,C_6H_4CH_2\text{-}Cl$、$Br(CH_2)_3Br$ 等,其预聚物链端的官能团相同,可通过加入偶联剂,进行偶合反应制备嵌段共聚物,结果使聚合物的聚合度增大1倍。

例如:双羟基封端的双酚A型聚碳酸酯与双羟基封端的环氧乙烷可以以光气作为偶联剂制备嵌段共聚物。

$$HO\text{-}[CH_2CH_2O]_a H + Cl\text{-}\overset{O}{\underset{}{C}}\text{-}Cl + HO\text{-}\left[\text{...}\right]_b\text{-}OH$$

$$\downarrow -HCl$$

$$\left[\overset{O}{\underset{}{C}}\text{-}O\text{-}[CH_2CH_2O]_a\text{-}\overset{O}{\underset{}{C}}\right]_x\left[\text{...}\right]_y$$

偶联剂能偶合组成不同的链段,也能把组成相同的链段偶合在一起,因此产物链上不一定是 $x/y=1$。

**4. 链交换反应**

链交换反应既可以是缩聚反应中的链交换,也可以是聚合物塑炼时的力化学法交换。

在缩聚反应中,如果将聚酯和聚酰胺两种聚合物混合加热熔融,则两种聚合物大分子链之间可能发生链交换反应,生成既含有聚酯和聚酰胺的嵌段共聚物分子,也含有未发生链交换反应的聚酯分子链和聚酰胺分子链的混合聚合物;或者聚合物塑炼时,当剪切力达到一定程度,主链将断裂成自由基,两种聚合物共同塑炼时,形成两种自由基,偶合成嵌段共聚物。虽然这两种制备嵌段共聚物的方法十分简单,但是嵌段效率不高,因此并不常用。

### 4.3.3 交联

所谓交联就是使线型聚合物转化成具有三维空间网状结构、不溶不熔的聚合物的过程。

根据机理交联可分为物理交联和化学交联两大类。由氢键、极性键等物理力结合的,则称作物理交联;大分子间由共价键结合起来的,称作化学交联。

交联聚合物具有许多优异的力学性能和不溶不熔的特点,因此在高分子加工成型过程中常需要将线型加成聚合物进行适度的交联。多官能度单体的体型缩聚、无规预聚体和确定结构预聚体的共聚交联等都属于高分子的交联反应,有关内容会在相应的章节中介绍,本章节重点介绍其他种类的化学交联,如:橡胶的硫化、过氧化物的交联、光或辐射交联、某些缩聚和相关反应的交联等。

### 1. 不饱和橡胶的硫化

未经交联的二烯类天然橡胶或合成橡胶,称作生胶,该类聚合物虽说分子量很大,但大分子之间容易相互滑移、硬度和强度低、弹性差,基本没有使用价值。直到 1839 年,美国人 Charles Goodyear 无意中发现了硫黄能够令天然橡胶固化(硫化)后才真正开拓了橡胶的工业应用,"硫化"也就成了交联的代名词。但是随着高分子科学的建立和各种合成橡胶的问世,人们发现一些聚烯烃塑料转变成弹性橡胶的过程并不需要单质硫,而是采用其他物质如某些金属氧化物等,因此应该对传统的"硫化"概念重新定义。

通常顺丁、异戊、氯丁、丁苯、丁腈等二烯类橡胶以及乙丙三元胶主链上都留有双键,必须经硫化交联,才能阻止大分子的滑移、消除永久变形、发挥其高弹性。工业上这类橡胶的硫化一般是采用硫黄或一些含硫有机化合物加热发生交联反应。经研究发现自由基引发剂和阻聚剂对硫化并无影响,用电子顺磁共振也未检出自由基;但有机酸或碱以及介电常数较大的溶剂却可加速硫化。因此认为硫化属于离子机理。

以聚丁二烯橡胶的硫黄硫化为例,其硫化过程包括以下几个步骤:

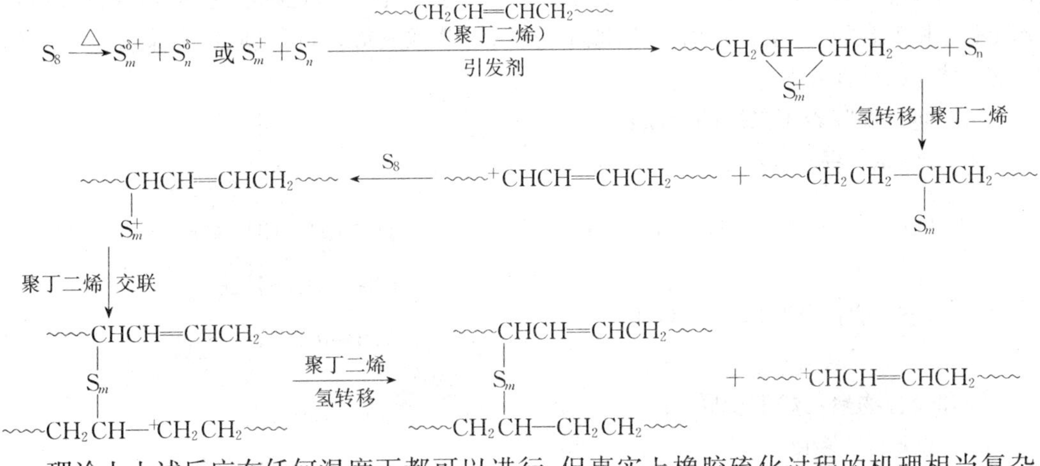

理论上上述反应在任何温度下都可以进行,但事实上橡胶硫化过程的机理相当复杂。工业上一般在 50℃～75 ℃或更高温度下进行;反应速度慢,需几个小时;硫黄的利用率低,

在 135℃～155 ℃时,大约有 8%的硫(相对于橡胶的质量比)参与反应,这是因为形成了多个硫原子(40～50 个)的交联键。

为了改善硫化的效率,开发了很多硫化促进剂,常用的是有机硫化物:

$$
\underset{\text{四甲基秋兰姆二硫化物}}{(CH_3)_2N-\overset{\overset{S}{\|}}{C}-S-S-\overset{\overset{S}{\|}}{C}-N(CH_3)_2}
$$

2-巯基苯并噻唑

$$
\underset{\text{二甲基二硫代氨基甲酸锌}}{\left[(CH_3)_2N-\overset{\overset{S}{\|}}{C}-S\right]_2 Zn}
$$

苯并噻唑二硫化物

单质硫和促进剂共用时,硫化速度和效率仍不很理想。但如果加入氧化锌和硬脂酸等活化剂后,速度和效率显著提高,硫化时间可以缩短到几分钟至几十分钟,而且大多数只含 1～5 个硫原子的短交联,甚至相邻双交联和硫环结构。常用的含锌活化剂有:ZnO＋脂肪酸＋胺,或 ZnO＋胺,ZnO 形成锌的硫醇盐等,硬脂酸的作用是与氧化锌成盐,提高其溶解度。锌提硫化效率可能是锌与促进剂的螯合作用,类似形成锌的硫化物。

**2. 有机过氧化物的交联**

聚乙烯、乙烯丙烯二元共聚物、聚硅烷等聚合物分子链上无双健,无法用硫来交联,却可以在有机过氧化物的引发下进行交联反应。这个过程属于自由基机理,将聚合物与过氧化物混合加热,过氧化物分解产生自由基,该自由基从聚合物链上夺氢转移形成高分子自由基,高分子自由基偶合就形成交联。有机过氧化物称为硫化剂(也称固化剂),它既可以用于交联不饱和聚合物,如聚丁二烯橡胶、顺丁橡胶、丁苯橡胶等;也可交联饱和聚合物,如聚乙烯、乙丙橡胶、硅橡胶等。

如不饱和橡胶聚丁二烯的交联:

$$ROOR \longrightarrow 2RO\cdot$$

$$RO\cdot + \text{～}CH_2-CH=CH-CH_2\text{～} \longrightarrow \text{～}CH_2-CH=CH-\overset{\cdot}{C}H\text{～} + ROH$$

$$2\text{～}CH_2-CH=CH-\overset{\cdot}{C}H\text{～} \longrightarrow \underset{\text{～}CH_2-CH=CH-\underset{\underset{H}{|}}{\overset{\overset{\text{～}CH_2-CH=CH-}{|}}{C}}\text{～}}{}$$

饱和聚合物聚乙烯的交联:

$$ROOR \longrightarrow 2RO\cdot$$

$$RO\cdot + \text{～}CH_2-CH_2\text{～} \longrightarrow \text{～}CH_2-\overset{\cdot}{C}H\text{～} + ROH$$

$$2 \sim\!\!\sim CH_2 - \overset{\bullet}{C}H \sim\!\!\sim \longrightarrow \sim\!\!\sim CH_2 - \overset{\overset{\displaystyle H}{|}}{\underset{\underset{\displaystyle H}{|}}{C}} \sim\!\!\sim$$

通常用做橡胶硫化剂的过氧化物有过氧化二苯甲酰、特丁基过氧化物和异丙苯过氧化物等。

几乎所有的不饱和橡胶都可进行过氧化物交联。过氧化物交联产生的碳-碳键键能（346.9 kJ/mol$^{-1}$）要大于硫化物交联产生的硫-硫键键能（284.2 kJ/mol$^{-1}$），因此过氧化物形成的交联结构比硫黄硫化形成的交联结构具有更好的耐热稳定性和机械性能，且气味小。尽管如此，由于过氧化物与硫黄相比价格贵，且副反应较多，如降解、初级自由基的夺氢与脱氢反应等，因此过氧化物交联在经济上不具竞争力。该交联法主要用于那些不含双键、不能用硫黄进行硫化的聚合物，如聚乙烯、乙丙橡胶和聚硅氧烷等。

过氧化物交联是聚乙烯交联的一种重要方式，聚乙烯交联后，具有更高的抗张强度和抗冲击强度、良好的抗应力开裂和耐候性、优良的耐磨性和抗蠕变性以及很好的耐热性。同时，其具有的卓越电绝缘性能以及耐化学试剂、耐辐射性能，使之在各种电线电缆的生产中占主导地位。而乙丙橡胶和聚硅氧烷必须交联后才能作为橡胶使用。

在此特别需要注意的是有些聚合物由于受到大分子结构的限制不能使用过氧化物作为硫化剂，如聚异丁烯：

$$\sim\!\!\sim CH_2 - \overset{\overset{\displaystyle CH_3}{|}}{\underset{\underset{\displaystyle CH_3}{|}}{C}} - CH_2 - \overset{\overset{\displaystyle CH_3}{|}}{\underset{\underset{\displaystyle CH_3}{|}}{C}} - CH_2 - \overset{\overset{\displaystyle CH_3}{|}}{\underset{\underset{\displaystyle CH_3}{|}}{C}} \sim\!\!\sim$$

因为聚异丁烯主链上的侧甲基多，过氧化物的作用往往不是交联而是断链，造成聚异丁烯的降解。

与过氧化物交联机理类似的还有醇酸树脂的干燥原理。经不饱和油脂改性的醇酸树脂在空气中 $O_2$ 的作用下，由重金属的有机酸盐（如萘酸钴）来固化或"干燥"。$O_2$ 先使带双键的聚合物形成氢过氧化物，钴使过氧基团还原分解，形成大自由基而后交联。

$$\sim\!\!\sim CH_2CH_2CH\!=\!CH \sim\!\!\sim \xrightarrow{O_2} \sim\!\!\sim CH_2\underset{\underset{\displaystyle OOH}{|}}{C}HCH\!=\!CH \sim\!\!\sim \xrightarrow{Co^{2+}}$$

$$\sim\!\!\sim CH_2\underset{\underset{\displaystyle O^{\bullet}}{|}}{C}HCH\!=\!CH \sim\!\!\sim + Co^{3+} + OH^{-}$$

### 3. 高能辐射交联

高能辐射交联是利用高能辐射在聚合物链上产生自由基引发活性种，高分子自由基偶合产生交联，是应用广泛的接枝方法。除了高分子自由基的产生方式不同外，辐射交联在本质上与过氧化物交联是相同的,能辐射交联的聚合物往往也能用过氧化物交联。

高能辐射可以在极短时间内产生离子,并激发分子重排,产生离子或自由基促使 C—C 和 C—H 断裂,产生降解和/或交联。哪一占优势,与辐射剂量和聚合物结构有关。高剂量辐射有利于降解。辐射剂量低时,哪一反应为主则决定于聚合物结构。1,1-双取代的乙烯基聚合物,如聚甲基丙烯酸甲酯、聚 α-甲基苯乙烯、聚异丁烯、聚四氟乙烯等,趋向于降解,而且解聚成单体;聚氯乙烯类则趋向于分解,脱氯化氢;聚乙烯、聚丙烯、聚苯乙烯、聚丙烯酸酯类等单取代聚合物以及二烯类橡胶,则以交联为主。

聚合物与单体组合及加料方式也是影响辐射交联的一个不可忽视的因素。如果单体和聚合物一起加入时,在生成接枝聚合物的同时,单体也可能因为辐射而均聚。因此必须小心选择聚合物与单体组合,一般选择聚合物对辐射很敏感、而单体对辐射不敏感的接枝聚合体系。此外,为了减少均聚物的生成,可先对聚合物进行辐射引入引发活性中心,然后再加入单体进行接枝聚合反应。

由于辐射交联所能穿透的深度有限,限用于薄膜、涂料、黏合剂及某些特殊的场合。如辐射交联已在聚乙烯及其他聚烯烃、聚氯乙烯等在电线、电缆的绝缘以及热收缩产品(管、包装膜、包装袋等)的应用上实现商业化。辐射交联在涂料以及黏合剂的固化等方面也有应用。

有些场合,如宇航,需要采用耐辐射高分子。一般主链或侧链含有芳环的聚合物耐辐射,如聚苯乙烯、聚碳酸酯、聚芳酯等。苯环是大共轭体系,会将能量传递分散,以免能量集中,破坏价键,导致降解和交联。

4. 缩聚交联及离子交联

缩聚交联主要是指低分子缩聚物通过固化反应获得实际应用。例如环氧树脂黏合剂、酚醛树脂的模塑粉、铸塑塑料、涂料以及不饱和树脂层压玻璃钢、制革过程中用的三聚氰胺甲醛鞣剂等。

根据缩聚交联(固化)机理主要分为两类:

(1) 无规预聚物

在成型加工时通过直接加热,在一定温度下即可转变为高交联密度的网状结构。如在模塑成型过程中,酚醛树脂模塑粉受热,交联成热固性制品。

(2) 结构预聚物

必须加入交联剂(固化剂)才能进行交联(固化)反应。如遥爪型液体橡胶是通过官能团反应来实现固化的,常用的固化剂是氮丙啶类化合物和环氧树脂。

离子交联是指聚合物之间通过形成离子键而产生的交联。如氯磺化的聚乙烯与水和氧化铅可通过形成磺酸铅盐产生交联:

$$\sim CH_2CH \sim \xrightarrow{PbO,\ H_2O} \quad \begin{array}{c} \sim CH_2CH \sim \\ | \\ SO_2^- \\ | \\ Pb^{2+} \\ | \\ SO_2^- \\ | \\ \sim CH_2CH \sim \end{array} \qquad \begin{array}{c} \sim H_2CH_2C \sim \quad \sim CH_2C \sim \\ | \\ COO^- \\ | \\ M^{2+} \\ | \\ COO^- \\ | \\ \sim H_2CH_2C \sim \quad \sim CH_2C \sim \end{array}$$

这一类离子交联的聚合物通常叫离聚物。多以乙烯、苯乙烯、丁二烯、丙烯酸酯类的聚合物及聚氨酯等为骨架链,所包含的离子基团主要为羧基和磺酸基,阳离子为 $K^+$、$Na^+$、$Ba^{2+}$、$Zn^{2+}$、$Mg^{2+}$、$Cs^+$ 等。这类聚合物通常为基于离子相互作用和非共价键交联的、具有商业应用价值的弹性体,与传统聚合物相比具有更好的抗张强度。

5. 光交联

光交联是指将线型高分子、或线型高分子与单体的混合物经受紫外光或可见光的照射发生交联反应转化为固体聚合物的过程。在此起重要作用的是感光性基团。一般情况下,亦可在聚合物中加入光敏物质,此种物质受特定波长的光照射时,分解产生自由基,引起聚合反应而交联固化,这种物质称为光交联剂或光敏剂。

早在古巴比伦时代,巴比伦人就利用光交联沥青用于装饰。现在光敏高分子已经在许多方面取得了应用,包括光敏涂料、光敏黏合剂、光敏油墨、光刻材料、齿科医用材料等。

光交联(光固化)的优点主要表现在以下几个方面:① 固化温度低,通常在室温或略高于室温下进行,适用于高温易变质材料的包装和涂饰,如皮革制品、纸制品、电子元器件;② 固化速度快,生产效率高,占地面积小;③ 固化装置简单,节能;④ 无溶剂的光固化涂层近 100% 转化为膜,污染少。

光交联按反应方式可分为:① 光引发加成反应:发生在含可光聚合反应官能团高分子之间(有时需要光敏剂,但不必加入其他光交联剂或聚合单体);② 高分子与光化学交联剂:只有当官能团与光激发交联剂的光解产物相遇时才能被活化而聚合(有时需要光敏剂存在);③ 在有多官能团单体存在下的光聚合(该体系中光敏剂不可缺少)。

高分子光交联体系通常是由小分子单体和/或低分子预聚物、光交联剂、光敏剂、稀释剂等多种物质混合构成,在设计组成时一般考虑以下几个因素:

(1)主链或侧链引入光交联基团

因为高分子溶液流动性差,光交联很少采用高分子直接交联,而是选用小分子单体、低分子预聚物或其混合物。小分子最好选择沸点较高的液体;预聚物要求相对分子质量一般为 1 000～5 000,具有良好的浸润性及适宜的流动性,具有合适的操作活化时间。

能够进行光交联的预聚物和单体主链或侧链上需具有可聚合基团(感光基团),常用的主要有以下几类:

① 环氧树脂型低聚物——常见的光敏涂料预聚物

如丙烯酸或甲基丙烯酸与环氧树脂酯化:

$$H_2C-CH-CH_2-O-\!\!\!\bigcirc\!\!\!-C(CH_3)_2-\!\!\!\bigcirc\!\!\!-O-CH_2CHCH_2-O-\!\!\!\bigcirc\!\!\!-C(CH_3)_2-\!\!\!\bigcirc\!\!\!-OCH-CH_2$$

双羧基化合物单酯,如富马酸单酯与环氧树脂酯化,增加树脂中不饱和基团数量:

$$-\!\!\!\bigcirc\!\!\!-OCH_2CH-CH_2 \xrightarrow{CH_2=CHCOOH} -\!\!\!\bigcirc\!\!\!-OCH_2CHCH_2-OC-CH=CH-$$

$$\longrightarrow -\!\!\!\bigcirc\!\!\!-OCH_2CH-CH_2-OC-CH=CH_2$$

丙烯酸羟烷基酯、马来酸酐等与环氧树脂酯化:

$$-\!\!\!\bigcirc\!\!\!-OCH_2CH-CH_2 + \begin{matrix}ROOC-CH\\ \| \\ CHCOOH\end{matrix} \longrightarrow$$

$$\begin{matrix}ROOC-CH\\ \| \\ CHCOOCH_2CHCH_2O-\!\!\!\bigcirc\!\!\!-\end{matrix}$$

丙烯酸和环氧树脂投料摩尔比为 1∶1~1.05,环氧树脂稍微过量,可以防止残存的丙烯酸对基材和固化膜有不良影响,但残留的环氧基也会影响树脂的贮存稳定性。

② 不饱和聚酯——最早的光敏涂料预聚物

主要由不饱和二元酸或酸酐与二元醇缩聚而成。不饱和二元酸或酸酐大多采用马来酸或酸酐、富马酸或酸酐等。为改善不饱和聚酯的弹性,减少体积收缩,增加聚酯的塑性,还需加入一定量的邻苯二甲酸酐、丁二酸等饱和二元酸或酸酐,但会影响树脂的光交联速度。二元醇主要有乙二醇、丙二醇、丁二醇等。

典型组成:1,2-丙二醇+邻苯二甲酸酐+顺丁烯二酸酐,一般羟基过量,比例为 2∶1∶0.5,氮气保护气氛中进行反应,合成原理如下:

$$\begin{matrix}CH_3\\ CHOH\\ CH_2OH\end{matrix} + \text{(邻苯二甲酸酐)} + \begin{matrix}HC-C\\ \| \quad \\ HC-C\end{matrix}O \longrightarrow$$

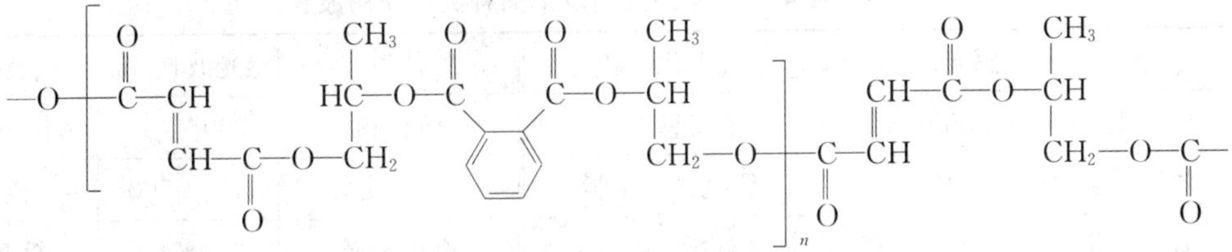

③ 聚氨酯——重要的光固化低聚物

由多异氰酸酯、长链二醇和丙烯酸羟基酯经两步反应合成：

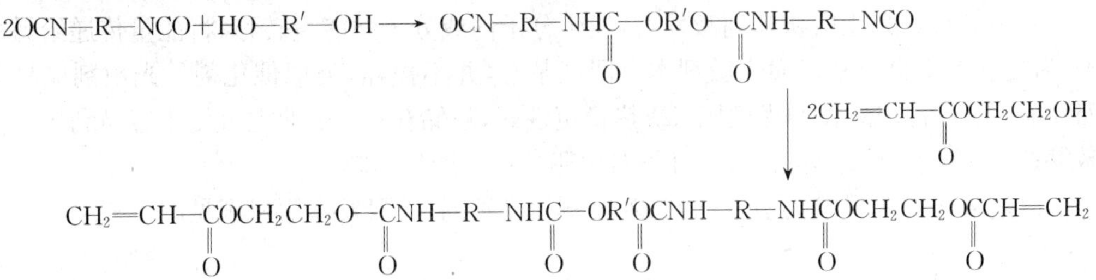

$$2OCN—R—NCO + HO—R'—OH \longrightarrow OCN—R—NHC—OR'O—CNH—R—NCO$$

$$\downarrow 2CH_2=CH—COCH_2CH_2OH$$

$$CH_2=CH—COCH_2CH_2O—CNH—R—NHC—OR'OCNH—R—NHCOCH_2CH_2OCCH=CH_2$$

由于多异氰酸酯和长链二醇品种较多，选择不同的多异氰酸酯和长链二醇可得到不同结构的产品，因此聚氨酯丙烯酸酯是目前光固化树脂中产品牌号最多的低聚物。

④ 聚醚——黏度低，价格便宜

由环氧乙烷或环氧丙烷与二元醇或多元醇在强碱中经阴离子开环聚合，得到端羟基聚醚：

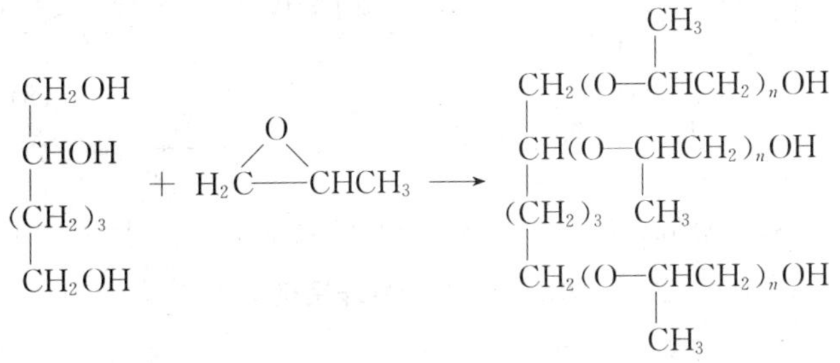

上述产物再经丙烯酸酯化得到聚醚丙烯酸酯。

聚醚丙烯酸酯的柔韧性和耐黄变性好，但机械强度、硬度和耐化学性差，因此，不作为主体光交联树脂使用，但其黏度低、稀释性好，可用作活性稀释剂。

(2) 聚合物中添加光引发剂和/或光敏剂

为了保证快速交联固化，常需加入光引发剂和/或光敏剂等。

光引发剂的作用机理为吸收适当的光能跃迁到激发态，当其能量高于分子键断裂能时，断键产生自由基或阳离子，光引发剂被消耗。常见光引发剂的种类见表4-2。

表 4-2　常见光引发剂的种类和使用波长

| 种类 | 感光波长/nm | 代表化合物 | 种类 | 感光波长/nm | 代表化合物 |
|---|---|---|---|---|---|
| 羰基化合物 | 360～420 | 安息香 | 卤化物 | 300～400 | 卤化银、溴化汞 |
| 偶氮化合物 | 340～400 | 偶氮二异丁腈 | 色素类 | 400～700 | 核黄素 |
| 有机硫化物 | 280～400 | 硫醇、硫醚 | 有机金属 | 300～450 | 烷基金属 |
| 氧化还原对 | | 铁(Ⅱ)/过氧化氢 | 羰基金属 | 360～400 | 羰基锰 |

光敏剂吸收光能后跃迁到激发态,发生分子内或分子间能量转移,将能量传递给另一分子,为交联提供自由基。而光敏剂本身回到基态,并不损耗,类似催化剂。光敏剂应具备下列性能:① 对特定波长的光敏感;② 热稳定性好,耐储存;③ 工业上可使用容易利用的光源激发;④ 易溶解,呈透明状态,并且不对树脂的性能产生影响。

以过氧化二苯甲酰为引发剂、二苯甲酮为光敏剂,其引发作用机理见图 4-2:

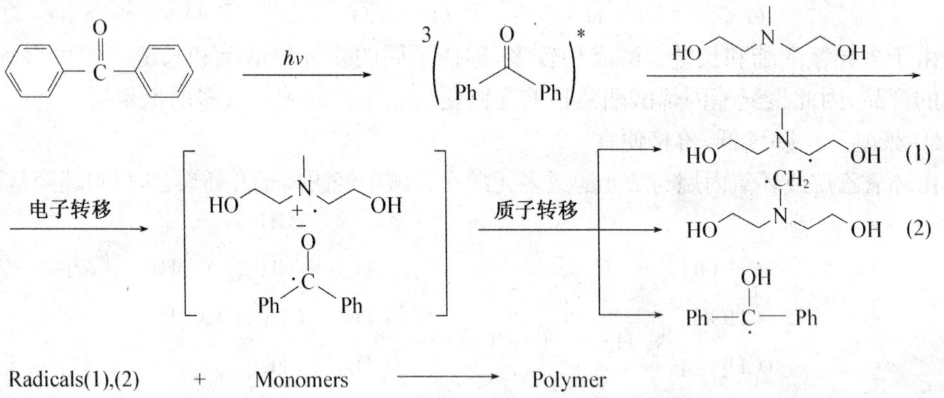

图 4-2　光引发作用机理

（3）稀释剂等其他助剂

由于预聚物黏度较大,施工性能较差,需加活性稀释剂调节黏度。它在光交联过程中的作用不可小视:光固化前起溶剂作用;聚合过程中起交联作用;交联完成后成为漆膜的一部分。

因此,选择活性稀释剂时应关注以下几个方面:① 对聚合物交联后性能的影响;② 均聚物的玻璃化温度;③ 聚合时的收缩率、黏度、气味和毒性;④ 对预聚物的溶解能力;⑤ 成本高低。

目前使用最多的是丙烯酸酯或甲基丙烯酸甲酯类稀释剂。包括单丙烯酸酯类,如丙烯酸羟乙酯、丙烯酸异辛酯等;双丙烯酸酯类,如聚乙二醇双丙烯酸酯、邻苯二甲酸丙烯酸酯等;三丙烯酸酯,如三羟甲基丙烷三丙烯酸酯等;四丙烯酸酯,如季戊四醇四丙烯酸酯。近年来新型的乙烯基醚类活性稀释剂由于其挥发性小、无异味、光固化速度快、毒性低、黏度低可实现喷涂受到人们的日益关注。

此外,为了改善涂层的韧性及流动性可适当加入增塑性稀释剂,如纤维素丁酯等;加入流平剂改善光固化时出现的缩孔、针孔、流挂等,如低分子量的聚丙烯酸酯;还有颜料和其他添加剂等。但因无光交联活性,甚至会使交联速度降低,以上成分需慎用、尽量少用或不用。

# §4.4 聚合度减小的反应

聚合物在使用过程中受各种外界条件的影响而发生化学组成、结构和性能的改变,导致分子质量变小的过程称为聚合物分子质量降低的化学反应。这种组成和结构的改变一般指高分子主链发生断裂,也有可能侧基发生消除,而更多的是两种情况同时存在。按照导致聚合物结构和性能改变的差异可以分为降解和老化两种类型,本节重点介绍降解,而后提及老化,同时介绍一些典型的抗降解、防老化的方法。

### 4.4.1 降解及抗降解

分子质量的降低导致聚合物性能变差称为降解,包括解聚、无规断链、侧基脱除等。影响降解的因素很多:如热、机械力和超声波、光和辐射等物理因素,氧、水、化学品、微生物等化学因素。根据影响因素的不同可以分为热降解、力化学降解、水解、化学降解和生物降解、氧化降解、光降解和光氧化降解。通常聚合物的降解是多种因素共同作用的结果,但高分子链的组成和结构不同对外界条件的反应不同,其间差异很大。如杂链聚合物对水、化学品、微生物等化学因素很敏感,而碳链聚合物往往易受到物理因素及氧的影响发生降解反应。

研究降解的目的有三:① 有效利用,如天然橡胶硫化成型前的素炼以降低分子量,废聚合物的高温裂解以回收单体,聚乳酸的生物降解以制备可吸收手术缝合线,以及耐热高分子和易降解塑料的剖析和合成等;② 探讨降解机理,提出抗降解措施,避免聚合物在加工和使用过程中因为降解而出现性能下降,研制耐降解聚合物和环境友好易降解聚合物,指导聚合物的裂解回收;③ 根据降解产物,研究聚合物结构。

1. 热降解

热降解通常与氧降解共同作用,是最常见的降解方式,但由于热降解是聚氯乙烯等烯烃类聚合物的重要降解方式,所以需要单独加以剖析。

热降解是指聚合物在单纯热的作用下发生的降解反应,有三种类型:无规断链、解聚和基团脱除。

(1) 无规断链

在聚合物主链中,结构相同的键具有相同的键能,断裂活化能也相同。在受热降解时,

每个断裂的概率相同,因而断裂的部位是无规的。例如聚乙烯的无规热降解反应表达式为:

$$\sim\!\!\sim\!\!CH_2CH_2CH_2CH_2\!\!\sim\!\!\sim \longrightarrow \sim\!\!\sim\!\!\overset{\cdot}{C}H_2CH_2 + H_2\overset{\cdot}{C}CH_2\!\!\sim\!\!\sim \longrightarrow \sim\!\!\sim\!\!CH=\!\!CH_2 + H_3CH_2C\!\!\sim\!\!\sim$$

由于聚乙烯大分子主链末端不容易生成自由基,而断链后形成的自由基活性高,易发生分子内"回咬"转移而断链。从大分子主链任意部位断裂的结果是相对分子质量降低而几乎不生成单体。属于此类降解的聚合物还有聚丙烯、聚丙烯酸甲酯、聚氧化乙烯等。

(2) 解聚

聚合物的解聚又称为链式降解反应,聚合物在降解反应中几乎完全转化为单体。这类聚合物的降解反应,往往由大分子链的末端断裂形成自由基而开始,一个接一个的结构单元脱离主链而转变成单体,是自由基聚合的逆反应。聚甲基丙烯酸甲酯的降解过程是典型的解聚反应:

$$\sim\!\!\sim\!\!CH_2\!-\!\underset{\underset{COOCH_3}{|}}{\overset{\overset{CH_3}{|}}{C}}\!-\!CH_2\!-\!\underset{\underset{COOCH_3}{|}}{\overset{\overset{CH_3}{|}}{\overset{\cdot}{C}}} \longrightarrow \sim\!\!\sim\!\!CH_2\!-\!\underset{\underset{COOCH_3}{|}}{\overset{\overset{CH_3}{|}}{\overset{\cdot}{C}}} + CH_2\!=\!\underset{\underset{COOCH_3}{|}}{\overset{\overset{CH_3}{|}}{C}}$$

由于甲基丙烯酸甲酯聚合时多以歧化方式终止,一半大分子的端基为双键,容易在烯丙基C—C键处断裂,产生自由基,链自由基一旦生成,解聚反应立即开始直至大分子链消失。失去氢原子后的三级碳自由基迅速再解聚,如此反复,就形成拉链式的解聚机理。

从上述反应可知,聚甲基丙烯酸甲酯必须在远低于其热降解反应开始发生的温度条件下使用,否则聚合物链将被彻底破坏。从另一个角度来说,可以利用其解聚的特性对废旧聚合物进行热降解,得到很高回收率的单体。同属此类的聚合物还有聚 $\alpha$-甲基苯乙烯、聚四氟乙烯、聚甲醛(非自由基机理)等。这类单体的主链均含有季碳原子,属于 1,1-二取代单体所得的聚合物。

聚四氟乙烯是耐热高分子,但高温时,先无规断链,因无链转移反应,迅速从端自由基开始全部连锁解聚成单体。这是实验室内制备四氟乙烯单体的有效方法。

这里尤其需要提出的是聚苯乙烯在 350 ℃的热降解,同时有断链和解聚,产生约 40% 单体、少量甲苯、乙苯、甲基苯乙烯,以及二、三、四聚体;725 ℃的高温裂解,则可得 85% 苯乙烯。聚苯乙烯的裂解产物组成复杂,还有许多低分子物,包括苯、乙烯、氢等有利用价值的裂解产物。

**讨论:**利用热降解回收有机玻璃边角料时,如果在其中混有 PVC 杂质时会使 MMA 的产率降低、质量变差,试解释其原因。

(3) 基团脱除

聚氯乙烯、聚醋酸乙烯酯、聚乙烯醇和聚甲基丙烯酸叔丁酯等含有活泼侧基的聚合物,在温度不高的条件下,主链暂不断裂,发生侧基的消除反应,并引起主链结构的变化。

$$\text{~~~CH}_2\text{—CH~~~} \xrightarrow{\triangle} \text{~~~CH}=\text{CH~~~} +HCl$$
$$|$$
$$Cl$$

以聚氯乙烯为例,主链中形成了双键,双键旁的氯就是烯丙基氯,烯丙基氯极不稳定。可见双键愈多,愈不稳定,愈易连锁脱氯化氢。氯化氢一旦形成,对聚氯乙烯继续脱氯化氢有催化作用,加速降解,反应后期也有可能发生断链或交联。

除氯化氢外,氧、铁盐对聚氯乙烯脱氯化氢也有催化作用。热解产生的氯化氢与加工设备反应形成的金属氯化物,如氯化铁,又促进催化。

根据聚氯乙烯热降解的机理,为了提高热稳定性,在聚合过程中,应尽可能减少双键等弱键的形成;在弱键无法避免的情况下,成型加工时,须添加稳定剂,这是制备硬聚氯乙烯制品获得成功的必要条件。稳定剂的主要作用有三:① 中和氯化氢;② 使杂质钝化;③ 破坏和消除残留引发剂和自由基反应。

根据这些机理,结合国外热稳定剂的现状及其发展来看聚氯乙烯热稳定剂产销量较大的有下列三大类:

① 铅盐 如碱式铅盐,其中未成盐的氧化铅与氯化氢的结合能力强,可称为氯化氢捕捉剂或吸收剂;但其碱性不宜过强,否则,将促进聚氯乙烯中氯化氢的脱除,加速降解。其特点是热稳定效果优,电绝缘性好,价廉;但有毒,易被硫化污染,制品不透明,用量较多,分散性能较差等。可与其他热稳定剂混用。

② 金属皂类 如碱土金属(Mg、Ca、Ba 等)和重金属(Zn、Cd、Pb 等)硬脂酸盐或月桂酸盐。硬脂酸能吸收 HCl,抑制分解,同时羧基的 $\alpha-H$ 有吸收自由基的作用,抑制拉链式的脱氯化氢。硬脂酸盐的润滑性好,二月桂酸盐的润滑性和加工性都很好,往往多种稳定剂混合使用,能产生良好的协同作用。镉盐有毒,逐渐被锌盐所代替,如钡—锌体系,食品包装用薄膜可选用钙—锌混合皂。硬脂酸锌单独使用时,稳定效果不佳。

③ 有机锡类 作用机理是与不稳定的氯原子配位而后取代;或与自由基作用,从而抑制脱氯化氢的连锁反应。特点是热稳定性和透明性好,最常用的有二月桂酸二丁基锡及二月桂酸二辛基锡,后者低毒,可用于透明食品包装级制品。

聚醋酸乙烯酯在 200 ℃～250 ℃时热降解脱除乙酸:

$$\text{~~~CH}_2\text{—CH~~~} \xrightarrow{\triangle} \text{~~~CH}=\text{CH~~~} +CH_3COOH$$
$$|$$
$$OCOCH_3$$

聚乙烯醇、纤维素及其酯等也可发生类似的反应。基团脱除与断链反应相比活化能低,只需在较低温度下进行,当温度升高时,基团脱除与断链反应将逐步变为竞争反应。

以乙烯-醋酸乙烯酯的共聚物为例,通过图4-3中共聚物的热失重曲线可以看出,当试样加热到340℃～390℃时醋酸乙烯酯热降解,脱除的乙酸以气体的形式逸出,继续加热至470℃左右开始剩余的碳氢链节开始急剧裂解。

**讨论**:聚合物的降解有哪些类型?评价聚合物热稳定性的指标是什么?

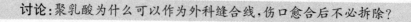

图4-3 乙烯-醋酸乙烯酯共聚物的热失重曲线

#### 2. 水解、化学降解和生化降解

日常使用聚合物总是要与有一定湿度的大气、水、生物酶、或一些化学药剂如醇、酸或碱等直接接触,通常会发生相应的降解作用,其中以研究水对聚合物的作用最为重要。

碳—碳键耐化学降解,聚烯烃、乙烯基聚合物等饱和的碳链聚合物长期埋在含有细菌的酸性或碱性土壤中,也难引起分子链的降解,只对材料的电性能产生较显著的影响,因此可用作防腐材料。

杂链聚合物含有 C—O、C—N、C—S 等含杂原子的极性键,是水解、醇解、酸解、胺解等化学降解的薄弱环节。缩聚物的化学降解可以看作缩聚的逆反应。因此,缩聚物更易化学降解。纤维素和尼龙含有极性基团,能吸收一定的水分,在室温和含水量不高的条件下,水分可以起到增塑、降低刚性和硬度、提高强度的作用。但在较高的加工温度和较高的相对湿度下,却会水解降解,特别是聚酯和聚碳酸酯对水解很敏感,加工前应充分干燥,以防降解使聚合度和强度降低。

另一方面,利用化学降解的原理,可使缩聚物降解成单体或低聚物,进行废聚合物的回收和循环利用。例如纤维素、淀粉经酸性水解成葡萄糖,天然蛋白质水解成白明胶和氨基酸,废涤纶树脂加过量乙二醇可醇解成对苯二甲酸二乙二醇酯或低聚物,聚酰胺经酸或碱催化水解,可得氨基或羧基低聚物,固化了的酚醛树脂可用过量苯酚降解成酚醇或低聚物。

聚乳酸易水解,可制外科缝合线,手术后,无需拆线;经体内生化水解为乳酸,由代谢循环排出体外。易降解塑料,在土壤中自然降解,成为环境友好材料。

相对湿度70%以上的环境有利于微生物对天然高分子和有些合成高分子的生化降解。许多细菌能产生酶,使缩胺酸和糖类水解成水溶性产物。天然橡胶经交联或纤维素经过乙酰化,可增加对生化降解的耐受力;也可加入酚类或铜、汞、锡的有机化合物,防止菌解。

**讨论**:聚乳酸为什么可以作为外科缝合线,伤口愈合后不必拆除?

### 3. 氧化降解与抗氧化

聚合物暴露在空气中难免会发生氧化作用,在分子链上形成过氧基团或含氧基团,从而引起分子链的断裂,有时也伴随着交联反应,使聚合物变硬、变色、变脆等。氧化降解往往又与其他物理因素如热、光、机械作用引起的降解交错进行,因此,氧化降解作用是极为复杂的,也是聚合物性能变坏的最主要因素之一。与化学降解相反,氧化降解是聚烯烃的特征,杂链高聚物一般不发生此反应。

氧化降解过程是一个自由基链式反应,包括链引发、链增长和链终止反应。链终止反应为各种自由基的偶合或歧化反应。

碳链聚合物氧化降解过程的链引发反应一般是指聚合物在加工、使用过程中受氧气、臭氧、残留引发剂自由基等进攻形成初级自由基。这是决定氧化降解速率的关键步骤,其快慢主要取决于聚合物自身结构。

链增长反应包括两步,第一步反应为高分子链自由基与氧气反应生成过氧自由基,反应非常快。第二步反应为高分子过氧自由基从高分子链夺取氢,形成一个新的高分子链自由基和一个过氧化氢基团,反应要慢得多。

聚合物的耐氧化性与其结构密切相关,一般地:

(1) 饱和聚合物的耐氧化性>不饱和聚合物;

(2) 线型聚合物>支化聚合物;

(3) 结晶聚合物在其熔点以下比非结晶性聚合物耐热抗氧化性好;

(4) 取代基、交联都会改变聚合物的耐氧化性能。

饱和聚合物的降解较慢,氧化反应的主要后果是断链反应。而不饱和聚合物的氧化反应要快得多,因为主链上的双键和 $\alpha$-碳原子上的氢容易吸氧被氧化,故聚双烯类最容易发生氧化降解和交联、环氧化、环过氧化等,结果反而导致交联密度增大,聚合物变硬。以聚丁二烯为例。

聚丁二烯氧化降解反应:

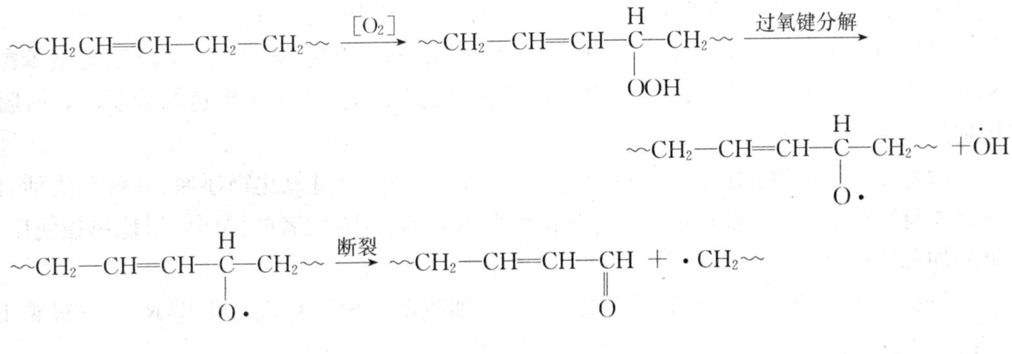

$$\sim CH_2 CH=CH-CH_2-CH_2\sim \xrightarrow{[O_2]} \sim CH_2-\overset{\overset{\displaystyle H}{|}}{C}-\overset{\overset{\displaystyle H}{|}}{\underset{\underset{\displaystyle O}{|}}{C}}-CH_2-CH_2\sim$$

$$\xrightarrow{过氧键断裂} \sim CH_2-\overset{\overset{\displaystyle H}{|}}{\underset{\underset{\displaystyle O\cdot}{|}}{C}}-\overset{\overset{\displaystyle H}{|}}{\underset{\underset{\displaystyle O\cdot}{|}}{C}}-CH_2-CH_2\sim \xrightarrow{断裂} \sim CH_2-\underset{\underset{\displaystyle O}{\|}}{CH} + \underset{\underset{\displaystyle O}{\|}}{HC}-CH_2-CH_2\sim$$

聚丁二烯氧化交联反应：

$$\sim CH_2-CH=CH-\overset{\overset{\displaystyle H}{|}}{\underset{\underset{\displaystyle O\cdot}{|}}{C}}-CH_2\sim + \sim CH_2-CH=CH-CH_2-CH_2\sim \longrightarrow$$

$$\sim CH_2-CH=CH-\overset{\overset{\displaystyle H}{|}}{\underset{\underset{\displaystyle O}{|}}{C}}-CH_2\sim$$
$$\sim CH_2-\overset{\overset{\displaystyle H}{|}}{\underset{\underset{\displaystyle H}{|}}{C}}-CH_2-CH_2\sim \cdot$$

或者

$$2\sim CH_2-CH=CH-CH_2\sim \xrightarrow{[O_2]} \begin{array}{c} \sim CH_2-\overset{H}{\underset{|}{C}}-\overset{H}{\underset{|}{C}}-CH_2\sim \\ |\ \ \ \ |\ \ \ \ \\ O\ \ \ \ O \\ |\ \ \ \ |\ \ \ \ \\ \sim CH_2-\underset{\underset{H}{|}}{\overset{\overset{H}{|}}{C}}-\underset{\underset{H}{|}}{\overset{\overset{H}{|}}{C}}-CH_2\sim \end{array}$$

为了提高聚合物的抗氧化能力，首先要合成和选择比较稳定的聚合物，尽量减少聚合物中的不饱和键、支链等；其次是使可氧化的基团与氧隔离(如表面涂层)，最后是添加抗氧剂，防止氧化或降低氧化速度。

根据抗氧机理可将抗氧剂分为：

(1) 链终止剂型抗氧剂——主抗氧剂　该类制剂实际上是阻聚剂或自由基捕捉剂，其主要作用是通过链转移，及时消灭已经产生的初始自由基，终止连锁反应。

典型的抗氧剂一般是带有体积较大供电基团的酚类和芳胺，如2，4，6-三烷基苯酚类，N，N-二苯基对苯二胺等二级芳胺类。胺类有颜色有毒，主要用于黑色橡胶制品，而浅色塑料制品多用酚类抗氧剂。

(2) 氢过氧化物分解剂——副抗氧剂　其作用是使氢过氧化物还原、分解和失活，而分解剂本身则被氧化，又称失活剂。与终止剂型抗氧剂合用，两者的协同效果比单独使用时效果的加和还要好。

氢过氧化物分解剂实质上是有机还原剂，如硫醇 $RSH$、有机硫化物 $R_2S$、三级膦 $R_3P$三级胺 $R_3N$ 等。

（3）金属钝化剂——助抗氧剂　铁、钴、铜、锰、钛等过渡金属对氢过氧化物分解成自由基的反应有催化作用。因此，在以上主、副两类抗氧剂的基础上，还添加金属钝化剂，消除或减弱其催化分解作用。其作用机理主要是与金属络合或螯合，使之钝化。钝化剂通常是酰肼类、肟类、醛胺缩合物等。

常将上述三类抗氧剂复合使用，具体配方根据聚合物的品种而定。抗氧剂复合得不当，例如胺类和酚类复合，作用会有所抵消，效果反不如单独使用。在考虑各种抗氧剂化学性质的同时，尚需注意稳定、无毒、无色、价格及与聚合物的相容性等因素。

4. 光降解、光氧化降解和光稳定剂

聚合物使用过程中在日常光照的作用下，常发生光降解和光氧化降解，所以必须探明其氧化降解机理并采取必要的措施以提高聚合物的稳定性。研究发现，聚合物的光降解和光氧化反应是按照自由基历程进行的，吸收的光能大于键能时，便断键降解。

透过大气臭氧层以后照射到地球上的日光包括可见光和波长为 $300 \sim 400$ nm 的近紫外光，其中近紫外光的光量子所具有的能量足以打断大部分有机化合物的化学键。但实际情况并没有这么糟糕，主要是因为有些物质在吸收了足够能量之后，不一定发生化学反应，而将这部分能量以热能、荧光等形式释放出去了。到底何种聚合物在吸收光能后会发生降解反应，与聚合物的分子结构有关。

实验表明，分子链中含有醛与酮羰基、过氧化氢基或双键的聚合物最容易吸收紫外光的能量，并引起光化学反应。

聚烯烃类在合成、热加工、长期存放和使用过程中往往容易被氧化而带有醛与酮的羰基、过氧化氢基或双键。因此，大多数聚烯烃类材料实际上是不耐紫外光的。

以羰基聚合物的光降解反应为例，羰基易吸收光能被激发，发生分解，其断键机理有两种类型，见下式。Ⅰ型生成烷基自由基；Ⅱ型生成羰基和乙烯基，羰基和乙烯基都具有较强的光降解和光氧化的活性。

$$\sim\sim\text{CH}_2-\text{CH}_2-\overset{\overset{\text{O}}{\|}}{\text{C}}-\text{CH}_2-\text{CH}_2\sim\sim \quad \begin{cases} \xrightarrow{\text{Norrish I}} \sim\sim\text{CH}_2-\text{CH}_2-\overset{\overset{\text{O}}{\|}}{\text{C}}\cdot + \cdot\text{CH}_2-\text{CH}_2\sim\sim \\ \xrightarrow{\text{Norrish II}} \sim\sim\text{CH}_2-\text{CH}_2-\overset{\overset{\text{O}}{\|}}{\text{C}}-\text{CH}_3 + \text{CH}_2=\text{CH}\sim\sim \end{cases}$$

为了防止或延缓聚合物的光降解，可在聚合物中加入光稳定剂。

根据聚合物的光降解机理，可将光稳定剂分为三类：

（1）紫外光屏蔽剂　主要是为了防止紫外光透入聚合物体内，如在其外表涂上反光或保护涂层，如水性丙烯酸树脂与玻璃微珠等共混涂料、铝粉涂层等。

（2）紫外光吸收剂　也称光稳定剂，能吸收 $290 \sim 400$ nm 的紫外光，从基态转变为激发态,然后本身能量转移,放出强度较弱的荧光、磷光,或转变为热,或将能量转送到其他分子而自身恢复到基态,即分子本身不发生变化。典型的如水杨酸酯类、二甲苯酮类、苯并三唑类、三嗪类、取代丙烯腈类等,特别是上述物质与受阻胺类复配,可取得比任何紫外光吸收剂单独使用更好的效果。

(3) 紫外光淬灭剂 这类稳定剂能与被激发的聚合物分子作用,本身成为非反应性的激发态,并无损害地耗散能量,使被激发的聚合物分子回到原来的基态。常用的有过渡金属的络合物,尤其是二价镍的络合物或盐。

在此特别值得一提的是近几年来新发展起来的受阻胺类光稳定剂,它的作用机理不同于以上三种类型。其原理是通过清除聚合物中的自由基或分解过氧化氢达到稳定作用,代表了光稳定技术的主要进展。这类物质都有特征性的四甲基哌啶结构。

光稳定剂的种类繁多,选择时需遵从几条原则:① 对聚合物的保护性能,这是首先需要考虑的;② 物理状态、颗粒尺寸及分布、热稳定性;③ 与聚合物的溶解性和相容性,因其在聚合物中的含量较高;④ 与其他添加剂的相互作用,尤其是颜料对光稳定剂的影响。

**5. 机械降解**

机械降解是指聚合物在塑炼或熔融挤出、聚合物溶液在强力搅拌或超声波作用下由于剪切应力促使价键断裂而引起的降解。断链,产生两个链自由基;在有氧存在时,则形成过氧自由基。

碳链聚合物中的 C—C 键能约 $350 \ kJ/mol^{-1}$,聚合物在塑炼或熔融挤出过程中,高分子溶液流过毛细管受强剪切力或超声波作用,当作用力超过这一数值时,就有可能断链。例如将高分子材料多次反复形变,由于形变滞后于应力,可能使应力集中在某一键上而断链。

天然橡胶的塑炼是机械降解的工业应用。天然橡胶分子量高达百万,经塑炼后,可使分子量降低至几十万,便于成型加工。塑炼时往往加有苯肼一类制剂来捕捉自由基,相当于阻聚剂,防止重新偶合,以加速降解。

在机械降解中,剪切应力将链撕断,形成两个自由基。大分子卷曲得愈厉害,耐应力的能力愈差,愈易降解。因此由于刚性大分子在良溶剂中分子链较为伸展,耐应力能力较好,不易机械降解;而在不良溶剂中、低温和高剪切速率等条件下,刚性大分子将剧烈降解。聚合物发生机械降解时相对分子质量随时间增加而降低,降解速度逐渐变慢,但降到某一数值,不再降低。

根据机械降解原理,可制备嵌段共聚物。这种方法在天然橡胶的塑炼时有应用,如将天然橡胶用甲基丙烯酸甲酯溶胀,然后挤出,由机械作用产生的自由基引发单体聚合和链转移反应,结果形成异戊二烯和甲基丙烯酸甲酯的嵌段共聚物。

超声波降解是机械降解的一个特例。在溶液中,超声能产生周期性的应力和压力,形成"空穴",其大小相当于几个分子。空穴迅速碰撞,释放出相当大的压力和剪切应力,释放出来的能量超过共价键能时，就使大分子无规断链。超声降解与输入的能量有关，当溶液彻底脱气，使空穴的核难以形成，也就减弱了降解。

### 4.4.2　聚合物的老化及防老化

聚合物的老化是指聚合物在加工、储存及使用过程中，其物理化学性能及力学性能发生不可逆变坏的现象。

绝大多数聚合物的使用环境都是在大气、水或土壤之中，不可避免会受到热、氧、光、水、化学物质和微生物等多种因素的综合作用，随着使用时间的推移，聚合物的化学组成和结构会发生一系列的复杂变化，从而其物理性能也会随着逐渐变坏，如材料发硬、发黏、变脆、变色、强度降低等，聚合物的老化是多种因素综合的结果，并无单一的防老化方法。

聚合物的防老化途径一般可以归纳为以下几点：

（1）从源头上防止老化：即针对加工、使用的要求选用合适的聚合物原料及聚合工艺条件，或采用合适的聚合方法如共聚、交联等提高聚合物的耐老化性能。

（2）采用适宜的成型加工工艺（如选择合适的加工温度、压力，加入改善加工性能的助剂），防止加工过程中的老化，或减少产生新的老化诱发因素。

（3）根据具体聚合物材料的老化机理和使用环境添加相应的热稳定剂、抗氧剂、紫外光吸收剂和屏蔽剂、防霉杀菌剂等。

（4）采用适当的物理保护措施，如表面涂层等。

可降解塑料（Degradable Plastic）又称可降解高分子材料，是指在使用和保存期内能满足原来的应用性能要求，使用后的化学结构在特定环境条件下能在较短时间内发生明显变化而引起某些性质损失的一类塑料。根据引起降解的客观条件或机理不同，可降解塑料大致可分为生物降解塑料、光降解塑料、氧化降解塑料以及化学降解塑料等。随着塑料制品不断贴近人们的生活，为解决各种塑料产品废弃后对环境带来的"白色污染"问题，可降解塑料应运而生，可降解高分子材料的研究与开发也成为近年来高分子领域的热点之一。

**讨论：研究高分子的降解与回收具有什么样的意义？**

1. 名词解释：聚合物的相似转变、邻近基团效应、几率效应、橡胶的硫化、降解、老化。
2. 简述下列聚合物的合成方法：
（1）ABS 树脂；
（2）HIPS 树脂（高抗冲聚苯乙烯）；

（3）SBS 热塑性弹性体；

（4）端羟基和端羧基聚苯乙烯。

3. 下列聚合物可以选用哪类反应进行交联：天然橡胶、乙丙橡胶、环氧树脂、聚乙烯薄膜、聚甲基硅氧烷、线性酚醛树脂。

4. 从醋酸乙烯酯到维尼纶纤维要经过哪些化学反应？

5. 写出聚乙烯氯化及氯磺化反应，说明产品的用途。

6. 写出强酸型和强碱型聚苯乙烯离子交换树脂的合成方程式，并简述交换机理。

7. 有机玻璃、聚乙烯、聚苯乙烯、聚氯乙烯、聚丙烯腈的热降解特点和差异？

8. 聚合物老化的原因有哪些？有些聚合物老化后龟裂变黏，有些变硬发脆，说明为什么？

## 参考文献

[1] 潘祖仁. 高分子化学(增强版). 北京：化学工业出版社，2011.

[2] 王槐三，寇晓康. 高分子化学教程. 北京：科学出版社，2007.

[3] 卢江，梁晖. 高分子化学(第二版). 北京：化学工业出版社，2010.

[4] 黄军左，葛建芳. 高分子化学改性. 北京：中国石化出版社.

[5] 赵文元，王亦军. 功能高分子材料. 北京：化学工业出版社，2008.

[6] 韩哲文. 高分子科学教程. 上海：华东理工大学出版社，2004.

[7] 方海林. 高分子材料加工助剂. 北京：化学工业出版社，2008.

[8] 周其凤，胡汉杰. 高分子化学. 北京：化学工业出版社，2001.

[9] 董金狮，王鹏. 理性看待可降解塑料，合理解决"白色污染"[J]. 食品安全导刊，2010，7：62～65.

# 第五章 高分子的结构

高分子材料的性能具有显著的多样性特点。有些具有很高的强度,如工程塑料;有些具有很高的弹性和韧性,如橡胶;有些具有很高的耐腐蚀性,如一些氟塑料。有些功能高分子材料则具有独特的物理、化学或者生物功能,如导电高分子、医用高分子等。性能上的多样性使得高分子材料的应用非常广泛。

高分子材料的性能是它们结构和分子运动的反映。高分子材料性能的多样性源于其结构的多样性与复杂性。因此,研究高分子材料的性能和应用需要从研究高分子的结构入手。本章介绍高分子的结构。

由于高分子通常是由 $10^3 \sim 10^5$ 个结构单元组成,因而高分子材料除具有低分子化合物所具有的结构特征(如化学结构、同分异构、几何异构、旋光异构)外,还具有许多特殊的结构特点。高分子的结构可分为两个主层次:链结构和聚集态(或凝聚态)结构。高分子的链结构是指单个分子的组成化学结构、立体化学结构以及分子的大小和形态,又分为近程结构和远程结构。近程结构包括构造、构型和共聚物的序列结构,属于化学结构范畴,又称一级结构。构造是指结构单元的化学组成、侧基和端基、结构单元的键接方式,构型是指分子中由化学键所固定的原子在空间的几何排列,包括旋光异构和几何异构两种。要改变分子的构造和构型必须经过化学键的断裂和重组。远程结构包括高分子的形态、大小、尺寸及构象,又称为二级结构。聚集态结构是指分子链聚集在一起形成聚合物的分子聚集结构,包括晶态结构、非晶态结构、取向态结构、液晶态结构以及多相体系的高分子合金结构(共混物、共聚物的相态等)。前四者是讲述高分子材料中的分子之间是如何堆砌的,又称三级结构。而高分子合金结构则属于更高级的结构,有人称之为四级结构。

## §5.1 高分子的链结构

### 5.1.1 高分子链的近程结构

1. 构造

(1)结构单元的化学组成

高分子链是单体通过聚合反应而形成的。高分子链中结构(重复)单元的数目称为聚合度($n$)。高分子链的结构单元不同,聚合物的性能和用途也不同。

根据结构单元化学组成的不同,高分子可以分为以下四类。

① 碳链高分子 分子主链全部由碳原子以共价键连接。这是最重要的一类高分子化合物,绝大多数烯烃类和二烯烃类聚合物都属于碳链高分子。如聚乙烯、聚丙烯、聚苯乙烯、聚氯乙烯、聚甲基丙烯酸甲酯、聚丁二烯等。它们大多由加聚反应制得,具有良好的可塑性,容易成型加工等优点;但很多碳链高分子耐热性差,容易燃烧,易老化,不能在苛刻条件下使用。

② 杂链高分子 分子主链除碳原子以外,还含有氧、氮、硫等其他原子,两种或两种以上的原子以共价键相连接而成。如聚酯、聚酰胺、聚甲醛、酚醛树脂等。杂链高分子多通过缩聚反应或开环聚合制得,其耐热性和强度均较高,通常用作工程塑料。但由于具有极性基团,较易水解、醇解或酸解。

③ 元素有机高分子 元素有机高分子主链由硅、磷、铝、钛、锑、硼、氧等元素组成,不含碳原子,但侧基却由有机基团如甲基、乙基、芳基等组成,这类大分子称元素有机高分子。它兼有无机物的热稳定性和有机物的弹性及塑性。例如聚二甲基硅氧烷,也称硅橡胶,硅氧键使它既具有橡胶的高弹性,又有优异的高低温使用性能。

④ 无机高分子 主链和侧基都不含碳原子的高分子称无机高分子。代表性例子是聚氯化膦腈。其结构单元为:

$$\sim\!\!\sim\!\!\underset{\underset{\displaystyle Cl}{|}}{\overset{\overset{\displaystyle Cl}{|}}{P}}\!=\!N\!-\!\underset{\underset{\displaystyle Cl}{|}}{\overset{\overset{\displaystyle Cl}{|}}{P}}\!=\!N\!\sim\!\!\sim$$

该材料因具有高弹性而称作膦腈橡胶。无机高分子的最大特点是耐高温性能好,但力学强度较低,化学稳定性较差。

（2）侧基和端基

除了结构单元的化学组成外,侧基和端基对聚合物性能的影响也是很大的。例如聚乙烯是塑料,而氯磺化聚乙烯(部分—H 被—$SO_3H$ 取代)成为一种橡胶材料。

端基的类型取决于聚合过程中链的引发和终止机理。端基可能来自单体、引发剂、溶剂或分子质量调节剂等,其化学性质与主链很不相同。端基会影响聚合物的热稳定性、电性能、化学活性等。主链的断裂可以从端基开始。因此一些合成高分子在聚合反应完成后需要封端以提高热稳定性。例如聚甲醛的端羟基可以通过酯化来封端;而聚碳酸酯的端基可能是羧基或酰氯基团,这些基团都能促使聚碳酸酯在高温下降解,所以在聚合过程中需要加入单官能团的化合物(如苯酚类)进行封端,体系的热稳定性显著提高。

（3）结构单元的键接方式

键接方式是指结构单元在分子链中的连接形式。由缩聚或开环聚合生成的高分子,其结构单元键接方式是确定的。但由自由基或离子型加聚反应生成的高分子,结构单元的键接会因单体结构和聚合反应条件的不同而出现不同的方式,对产物性能产生重要的影响。

结构单元对称的高分子,如聚乙烯$+CH_2CH_2+_n$结构,结构单元的键接方式只有一种。带有不对称取代基的单烯类单体生成高分子时,结构单元的键接方式则可能有头-尾、头-头和尾-尾三种不同方式,而尾-尾结构一定伴随着头-头结构,所以以下不再讨论尾-尾结构。

由于聚合时的位阻效应和端基活性物种的共振稳定性两方面原因,大多数由自由基或离子型聚合生成的高分子采取头-尾键接方式,其中掺杂少量(约 1%)头-头键接。但有时头-头结构的比例可以相当大。例如据核磁共振测定,在自由基聚合的聚偏氟乙烯$+CH_2—CF_2+_n$中,头-头结构大约有 10%~12%,在聚氟乙烯中,也达 6%~10%。通常,当位阻效应很小以及链生长端(自由基、阳离子、阴离子)的共振稳定性很低时,会得到较大比例的头-头或尾-尾结构。

双烯类聚合物中单体单元的键合结构更加复杂,如丁二烯聚合过程中,有 1,2 -加成和 1,4 -加成两种方式,分别得到如下产物:

$$+CH_2—CH+_n \quad 和 \quad +CH_2—CH=CH—CH_2+_n$$
$$\underset{\underset{CH_2}{\overset{\|}{CH}}}{|}$$

对于 1,2 -加成,可能有头-尾、头-头、尾-尾三种键合方式;对于 1,4 -加成,又有顺式和反式等各种构型。而第二或第三碳原子上有取代基的双烯类单体,在 1,4 -加成中也有头-尾和头-头链结的问题。例如,自由基聚合的聚氯丁二烯,其中 1,4 -加成产物中主要是头-尾键合,但头-头键合的含量有时可高达 30%。

单体单元的键合方式对聚合物的性能有很大的影响。例如,从聚乙烯醇制备维纶时,只有头-尾键合才能与甲醛缩合生成聚乙烯醇缩甲醛。如果是头-头键合,羟基就不易缩醛化,产物中仍保留一部分羟基,这是维纶纤维缩水性较大和纤维湿态强度下降的根本原因。

2. 构型

由于构型不同而形成的异构体分为两类:旋光异构体和几何异构体。

(1) 旋光异构

碳原子的四个价键形成正四面体结构,链角都是 109.5°。当四个取代基团或原子都不一样时,就产生旋光异构体,这样的中心碳原子叫不对称碳原子。如丙氨酸有两种旋光异构体,它们互为镜像结构,互为镜像而不能实际重合(图 5-1)。所谓旋光异构,是指饱和碳氢化合物分子中由于存在不同取代基的不对称碳原子而形成的两种互成镜像关系的构型,表现出不同的旋光性。这两种旋光性不同的构型分别用 $D$ 和 $L$ 表示。

对于$+CH_2—C^*HX+_n$型高分子,每一结构单元含一个不对称碳原子 C*,当分子链中所有 C* 都具有相同的 $D$(或 $L$)构型时,就称为全同立构;$D$ 和 $L$ 构型交替出现的称为间同

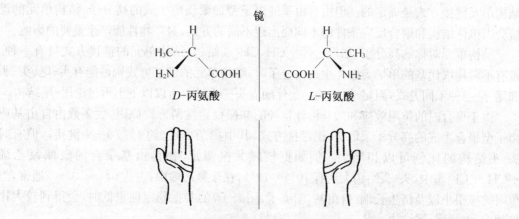

**图 5-1 旋光异构体的互为镜像关系**

立构;$D$ 和 $L$ 构型任意排列的就是无规立构。全同和间同高分子统称等规高分子或有规异构体,有规异构体占的百分数称为等规度,它只是一个平均值。

若通过主链单键内旋转将 C—C 链放在一个平面上,则不对称碳原子上的 R 和 H 分别处于平面的上侧或下侧。取代基全部处于平面一侧的为全同立构高分子,取代基相间地分布于平面上下两侧的为间同立构高分子,不规则分布时为无规立构高分子(图 5-2)。

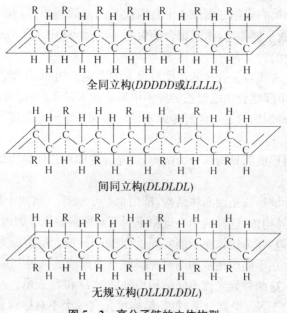

全同立构(*DDDDD* 或 *LLLLL*)

间同立构(*DLDLDL*)

无规立构(*DLLDLDDL*)

**图 5-2 高分子链的立体构型**

对于 $+C^*HX{-}C^*HY+_n$ 型高分子,结构单元中含有两个不对称碳原子,其旋光异构体的结构更加复杂。这里不再深入讨论。

对于小分子物质,不同空间构型有不同的族光性(左旋或右旋)。高分子链虽然有许多不对称碳原子,但一般的高分子旋光异构体并没有旋光性,这是由于内消旋和外消旋的结果。

**讨论:** *为什么高分子旋光异构体会有内消旋和外消旋作用?既然高分子旋光异构体并没有旋光性,那么高分子旋光异构会对高分子产生怎样的影响?*

（2）几何异构

当主链上存在双键时,形成双键的碳原子上的取代基不能绕双键旋转。当组成双键的两个碳原子同时被两个不同的原子或基团取代时,由于双键上的基团在双键两侧排列的方式不同而有顺式构型和反式构型之分,称之为几何异构体。以聚1,4-丁二烯为例,双键上基团在双键一侧的为顺式,在双键两侧的为反式。图5-3表示聚1,4-丁二烯的两种构型的结构单元,图5-4表示该种聚合物分子链的两种构型。

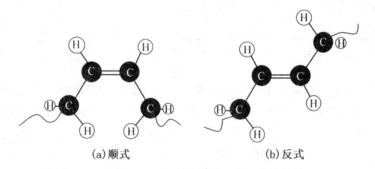

(a)顺式 　　　　　　　　　　(b)反式

**图5-3　聚1,4-丁二烯分子链立体异构结构单元**

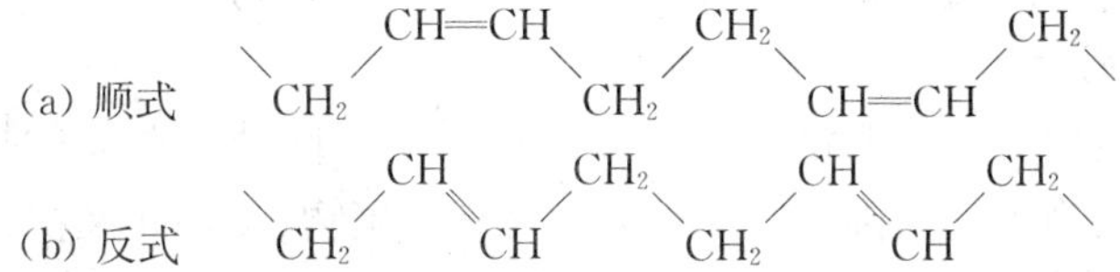

(a)顺式

(b)反式

**图5-4　聚1,4-丁二烯分子链立体异构**

几何异构也对高分子的性能产生明显的影响。

例如丁二烯用钴、镍和钛催化系统可制得顺式构型含量大于94%的聚丁二烯,也称顺丁橡胶,其分子链间的距离较大,不易结晶,是一种弹性很好的橡胶。而用钒或醇烯催化剂制得的聚丁二烯橡胶主要为反式构型,易结晶,不能作为橡胶使用。

再例如 1,4 -加聚的聚异戊二烯,顺式结构为:

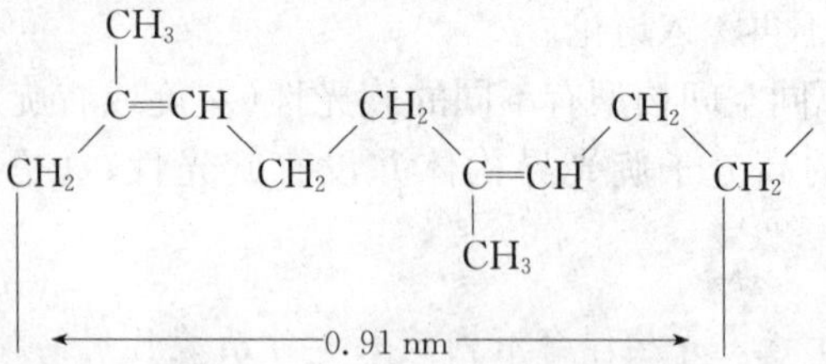

等同周期(0.91 nm),不易整齐排列而结晶,是富有高弹性的天然橡胶的主要成分。反式结构为:

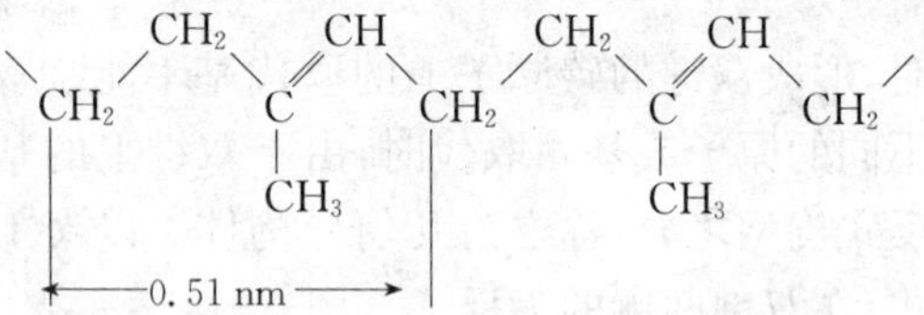

反式结构聚异戊二烯因等同周期小(0.51 nm),结晶度高,常温下为一种弹性很差的硬韧的塑料材料(即古塔波胶),不能作为橡胶使用。

**讨论:若不考虑异戊二烯聚合时的结构单元的键接顺序,则聚异戊二烯可能有几种异构体?**

链节取代基的定向和异构主要是由合成方法所决定。当催化体系(包括催化剂或引发剂等)相同时,聚合过程的其他条件如温度、介质、转化率、调节剂等的作用相对较小。例如,一般自由基聚合只能得到无规立构聚合物,而用 Ziegler-Natta 催化剂进行定向聚合,可得到有规立构聚合物。又如,双烯类单体进行自由基聚合,既有 1,2 -加成和 3,4 -加成,又有顺式和反式加成,且反式结构含量较多。可以分别用钴、镍和钛催化系统或者钒(或醇烯)催化剂配位聚合制得高顺式或高反式结构的 1,4 -双烯类聚合物。

3. 共聚物的序列结构

共聚物的序列结构是指共聚物中两种或两种以上不同结构单元的排列方式。由 A、B 两种单体形成的共聚物按序列排布方式可分为无规共聚物、交替共聚物、嵌段共聚物和接枝共聚物四种。

下面以二元共聚物为例进行说明。

(1) 无规共聚物

共聚物中不同单体单元的排列是完全无规的,例如

~~~AAABABBAABABBBABAABA~~~

75%的丁二烯和 25%的苯乙烯共聚可以得到无规共聚的丁苯橡胶。聚甲基丙烯酸甲

酯(PMMA)是一种很好的塑料,但由于分子链上带有极性的酯基,分子间作用力较大,高温流动性差,不宜采取注塑成型法加工。为了改善其高温流动性,可在聚合过程中加入少量的苯乙烯进行共聚,这样得到的 PMMA 可用注塑法生产各种制品。又如苯乙烯与少量的丙烯腈共聚,能够提高聚苯乙烯的冲击性能、耐热性能及耐化学腐蚀性能等。

（2）交替共聚物

两种单体单元交替排列在主链中的共聚物,如:

$$\sim\sim\sim ABABABABABABABABA \sim\sim\sim$$

将苯乙烯与马来酸酐共聚得到交替共聚物;以丙烯与丁二烯进行交替共聚可以获得很好的橡胶产品,其性能与聚异戊二烯相似,但是单体的来源及价格则比异戊二烯方便、低廉,是生产合成橡胶的一种很有前途的方法。

（3）嵌段共聚物

共聚物的线形主链是由两种不同的结构单元形成的一段链彼此镶嵌而成的,例如:

$$\sim\sim\sim AAABBBAAABBBAAABBB \sim\sim$$

用阴离子聚合方法制得的苯乙烯-丁二烯-苯乙烯三元嵌段共聚物（SBS）是热塑性弹性体,高温下能塑化成型而在常温下显示橡胶弹性。其分子链的中段是聚丁二烯（PB）,两端是 PS。常规下,PB 是一种橡胶,而 PS 是硬塑料,两者是不相容的,因此 SBS 具有微相分离结构（图5-5）。PB 段形成连续的橡胶相,PS 段形成微区分散在树脂中,它对 PB 起物理交联的作用,这种物理交联起了类似橡胶硫化的作用。由于在 SBS 的结构中并无化学交联,因此 SBS 是热塑性的,在高温下能流动。所以 SBS 是一种可用注塑方法进行加工而不需要硫化的橡胶。

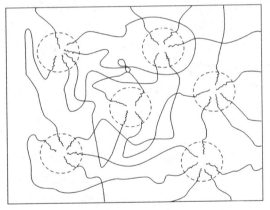

**图5-5　SBS 三元嵌段共聚物结构示意图**
（虚线包围的部分为 PS 段组成的微区）

（4）接枝共聚物

共聚物中由一种单体单元的均聚物形成主链,在主链上接上另一种单体单元的均聚物形成侧链。例如:

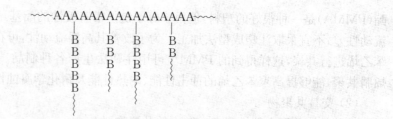

聚氯乙烯(PVC)的低温性能很差,容易发脆。将丁二烯接枝到 PVC 的主链上,得到接枝共聚物。该共聚物在−30 ℃时的强度是 PVC 均聚物的 50 倍以上,是一种耐寒性很好的塑料。以 7%的丁二烯与 93%的苯乙烯进行接枝共聚,可以得到高抗冲聚苯乙烯(HIPS),它是一种韧性很好的塑料。

除排列方式外,共聚物的组成比、单体单元的序列长度等均能影响共聚物的性能。如嵌段共聚物有嵌段平均长度及分布问题,接枝共聚物有支链平均长度及分布问题。这些结构参数常用来表征共聚物序列结构的差异。

不同组分、不同序列结构的共聚物,其物理、力学性能不同。利用"分子设计",改变共聚物的组成和结构,已成为开发新材料和进行高分子改性的重要手段。如乙烯和丙烯共聚合,50%~70%的乙烯和 20%~50%的丙烯采用茂金属催化技术聚合,得到的乙丙橡胶具有分子质量分布确定、带长支链等特点,其物理、力学性能稳定,耐热、耐臭氧、耐紫外线、耐水性及加工流动性优良。若 90%以上的丙烯和 4%~5%的乙烯无规共聚合,共聚物是一种力学性能很好的改性聚丙烯塑料(PP-R),乙烯的无规加入降低了聚合物的熔点和结晶度,改善了材料的抗冲击性、加工性能和长期耐水压性能等,是优良的水管材料。

应用非常广泛的 ABS 树脂是丙烯腈、丁二烯和苯乙烯的三元共聚物,共聚方式是无规共聚与接枝共聚相结合,结构非常复杂。它既可以以丁苯橡胶为主链,接枝上苯乙烯和丙烯腈;也可以以苯乙烯与丙烯腈的共聚物为主链,接枝上丁二烯和丙烯腈;还可以以丁腈橡胶为主链,接枝上苯乙烯。三者统称 ABS 树脂,但分子结构不同,材料性能也有区别。总的来说,ABS 树脂兼有三种组分的特性,丙烯腈的结构单元,能使共聚物耐化学腐蚀,提高制品的抗张强度和硬度;丁二烯可使共聚物具有橡胶的高韧性,提高制品的冲击性能;而苯乙烯可以提高共聚物的高温流动性能,使其便于加工成型,且可以降低制品的表面粗糙度。因此 ABS 树脂是一类性能优良的热塑性塑料。

### 5.1.2　高分子链的远程结构

所谓远程,指沿分子链方向上考察的距离较远。实际上由于大分子的卷曲性,其真正的空间距离可能很近。远程结构包括由化学结构确定的高分子链的形态、分子质量及其分布和分子链的构象。关于分子质量及其分布在第六章讲述,本节着重讲述由化学结构确定的高分子链的形态和高分子链的构象。

**1. 由化学结构确定的高分子链的形态**

由化学结构确定的高分子链的形态有三种，即线形高分子(一维高分子)、支链形高分子(二维高分子)和交联高分子(三维高分子)。

**(1) 线形高分子**

一般高分子链是线形的。高分子链的直径几乎小于一纳米，长可达数百纳米，长径比极大。高分子链可以卷曲成团，也可以伸展成锯齿链，这取决于高分子链本身的柔顺性及外部条件。自然状态下，柔性高分子处于卷曲状态，典型的高密度聚乙烯链的结构见图5-6。二官能度单体的线形缩聚能生成线形高分子，例如对苯二甲酸和乙二醇缩聚得线形聚对苯二甲酸乙二醇酯(涤纶)；烯类单体的加成聚合和环状单体的开环聚合都能生成线形高分子。例如聚乙烯、聚丙烯、聚氯乙烯、聚己内酰胺等塑料。

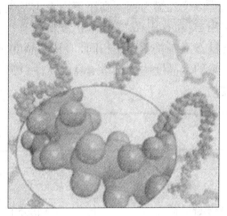

**图5-6　线形聚乙烯链结构示意图**

线形高分子的分子间没有化学键结合，在受热或受力时可以相对移动。因此线形高分子在适当溶剂中可溶解，加热时可熔融，易于加工成型，是可溶可熔的热塑性高分子。

**(2) 支链形高分子**

在自由基聚合过程中发生链转移反应，或对线形主链的接枝反应时会生成支链形高分子；在缩聚过程中有二官能度以上的单体存在时，反应会先支化，后交联。

支化的结果使高分子主链带上了长短不一的支链。支化高分子常见的有梳形、星形、超支化、树形等类型。图5-7给出了支化高分子的几种结构模型。

  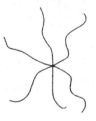 

(a) 短链和长链支化高分子　　(b) 梳形高分子　　(c) 星形高分子　　(d) 树形高分子

**图5-7　几种典型的支化高分子的模型**

支化高分子的性质与线形高分子类似,也是可溶可熔的热塑性高分子。既能溶于适当的溶剂中,加热也能熔融流动,具有较好的加工成型性能。但支化对聚合物的物理、力学性能的影响有时是相当显著的。支化程度越高,支链结构越复杂,影响越大。链的支化破坏了分子的规整性,使其密度、结晶度、熔点、硬度等都比线形聚合物低;而长支链的存在则对聚合物的物理机械性能影响不大,但对其溶液的性质和熔体的流动性影响较大。

以聚乙烯为例。高压下由自由基聚合得到的低密度聚乙烯为支化高分子,而在低压下采用 ziegler-Natta 催化剂由配位聚合得到的高密度聚乙烯属于线形高分子,只有少量的短支链。两者化学性质相同,但其结晶度、熔点、密度等性质差别则很大(表 5-1)。低密度聚乙烯的结晶度约为 65%,熔点 $T_m = 105$ ℃,密度 $d = 0.916$ g/cm³;而高密度聚乙烯的结晶度约为 95%,$T_m = 135$ ℃,$d = 0.964$ g/cm³。这种性能上的差异主要是由于支化结构不同造成的。

表 5-1　几种聚乙烯性能的比较

| 性能＼品种 | 低密度聚乙烯 | 高密度聚乙烯 | 交联聚乙烯 |
|---|---|---|---|
| 分子链形态 | 支化分子 | 线形分子 | 网状分子 |
| 密度(g/cm³) | 0.91~0.94 | 0.95~0.97 | 0.95~1.04 |
| 结晶度(X 射线法) | 60%~70% | 95% | |
| 熔点/℃ | 105 | 135 | 不熔、不溶 |
| 断裂强度/MPa | 10~20 | 20~70 | 50~100 |
| 最高使用温度/℃ | 80~100 | 120 | 135 |
| 用途 | 软塑料制品、薄膜等 | 硬塑料制品:管材、棒材、单丝、缆绳等 | 电工器材、电缆等 |

支链的长短也对高分子材料的性能有重要影响。一般短支链主要对材料熔点、屈服强度、刚性、透气性以及与分子链结晶性有关的物理性能影响较大,而长支链则对黏弹性和熔体流动性能有较大的影响。

通常以支化点密度或两相邻支化点之间的链的平均分子质量来表征支化的程度,称为支化度。支化度主要通过核磁共振测定。

(3) 交联高分子

通过多官能团单体的反应或交联剂(固化剂)、硫化剂等将大分子链之间通过支链或某种化学键相键接,形成一个分子质量无限大的三维网状结构的过程称交联,形成的高分子叫交联高分子,又称网状高分子或体形高分子。热固性塑料(如酚醛、环氧、不饱和聚酯)、硫化橡胶等都是交联结构的网状高分子。交联后,整块材料可看成是一个大分子。

交联高分子的最大特点是既不能溶解也不能熔融(即不溶不熔),只有当交联程度不太大时才能在溶剂中溶胀,这与支化结构有本质的区别。未经硫化的橡胶能溶于溶剂,分子之间容易滑动,受热变软发黏,受力后橡胶会产生永久变形,不能回复原状,因而没有使用价值。而橡胶经过硫化(交联)后,高分子主链之间通过化学键相联结,分子链形成具有一定强度的网状结构,分子之间不能滑动,不仅具有很好的可逆弹性形变(高弹性)和相当的强度,还有良好的耐热、耐溶剂性能,成为性能优良的弹性体材料;但是交联的程度也不宜过大,否则就会失去弹性,成为硬橡皮,失去使用价值。一般橡胶的含硫量在5%以下。

交联高分子的交联程度通常用交联度来表征。而交联度又通常用相邻两交联点之间的链(称网链)的平均分子质量表示,或者用交联点密度表示。交联点密度定义为交联的结构单元占总的结构单元的分数,即每一结构单元的交联概率。交联度可由溶胀度的测定和力学性质的测定估算。

交联高分子具有优良的耐热性、耐溶剂性能及尺寸稳定性等,可用于特种高分子材料。例如耐烧蚀的酚醛树脂可作火箭的外壳材料,经过辐射交联或化学交联后的聚乙烯具有较高的软化点和强度,可用于电线电缆的绝缘包层材料。

### 2. 高分子的构象

高分子主链上C—C单键是由$\sigma$电子组成的,电子云分布具有轴对称性,因而C—C单键可以绕轴旋转,称为内旋转。高分子链由于单键内旋转而产生的分子在空间的不同形态称为构象,又称内旋转异构体。构象与构型的根本区别在于,构象通过单键内旋转可以改变,构型无法通过内旋转改变。

假设碳原子上没有氢原子或取代基,单键的内旋转完全自由。由于键角固定为109.5°,一个键的自转会引起相邻键绕其公转,轨迹为圆锥面。如图5-8,令(1)键固定在z轴上,由于(1)键的自转,引起(2)键绕(1)键公转,$C_3$可以出现在以(1)键为轴、顶角为$2\alpha$的圆锥体底面圆周的任何位置上。同理,由于(2)键的自转,(3)键公转,$C_4$可以出现在以(2)键为轴、顶角$2\alpha$的圆锥体底面圆周的任何位置上。实际上,(2)、(3)键同时在公转。所以,$C_4$活动余地更大了,依次类推。一个高分子链中,每个单键都能内旋转,因此,很容易想象,理想高分子链的构象数是很大很大的,长链能够很大程度地卷曲。

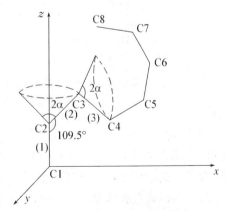

**图5-8  高分子链的内旋转构象**

可以想象,一个高分子链类似一根摆动着的绳子,高分子链中的单键旋转时互相牵制,一个键转动,要带动附近一段链一起运动。这样,每个键不能成为一个独立运动的单元。把若干个键组成的一段链作为一个独立运动的单元,称为链段,它是高分子物理学中的一个重要概念。

实际上,碳原子上总是带有其他的原子或基团,电子云间的排斥作用使 C—C 单键内旋转受到阻碍,旋转时需要消耗一定的能量。

首先以小分子乙烷和丁烷分子为例来分析内旋转过程中能量的变化。图 5 - 9(虚线)为乙烷分子的位能函数图,横坐标是内旋转角 $\varphi$,纵坐标为内旋转位能函数 $u(\varphi)$。若视线在 C—C 键方向,两个碳原子上键接的氢原子重合时为顺式,相差 60°时为反式。顺式重叠构象位能最高,反式交错构象能量最低,这两种构象之间的位能差称作位垒 $\Delta u_{\varphi}$,其值为 11.5 kJ/mol。一般,热运动的能量仅 2.5 kJ/mol,所以乙烷分子处于反式构象的概率远较顺式构象大。丁烷分子($CH_3$—$CH_2$—$CH_2$—$CH_3$)中间的 C—C 键,每个碳原子上连接着两个氢原子和一个甲基,内旋转位能函数如图 5 - 9(实线)所示。

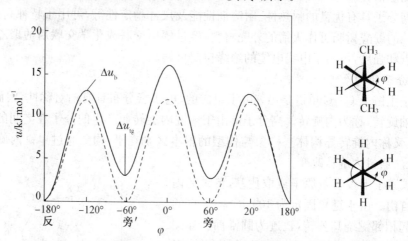

**图 5 - 9  乙烷(虚线)和正丁烷(实线)中心 C—C 键的内旋转位能函数**
**平面图表示沿着 C—C 键观察的两个分子**

图中,$\varphi = -180°$时,C2 与 C3 上的 $CH_3$ 处于相反位置,距离最远,相互斥力最小,势能最低,为反式交错构象;$\varphi = -60°$ 和 60°时,C2 与 C3 所键接的 H 和 $CH_3$ 相互交叉,势能较低,为旁式交错构象;$\varphi = -120°$ 和 120°时,C2 与 C3 所键接的 H 和 $CH_3$ 互相重叠,分子势能较高,为偏式重叠构象;$\varphi = 0°$时,两个甲基完全重叠,分子势能量高,为顺式重叠构象。

物质的动力学性质是由位垒决定的。对于丁烷,最重要的一个位垒为反式和旁式构象之间转变的位垒 $\Delta u_b$。而热力学性质是由构象能决定的,即能量上有利的构象之间的能量差。对于丁烷,只有一个构象能差是最重要的,即反式与旁式构象之间的能量差 $\Delta u_{tg}$。

随着烷烃分子中碳数增加,构象数增多,能量较低而相对稳定的构象数也增加。例如,丙烷有一个比较稳定的构象,正丁烷有 3 个比较稳定的构象,戊烷可有 9 个比较稳定的构象,正己烷有 27 个比较稳定的构象等。理论上,含 $n$ 个碳原子的正烷烃具有 $3^{n-3}$ 个可能的稳定构象。以聚合度为 501 的聚乙烯为例,这 1 002 个 C—C 单键如果任意选择反式交错和旁式交错的构象,则这一大分子将有 $3^{1\,000}$ 个构象。

由以上讨论可知,分子内旋转受阻的结果使得高分子链在空间可能有的构象数远小于自由内旋转的情况,但仍然是一个巨大的数字。因此,高分子长链通常呈线团状卷曲形态。当然,受阻程度越大,可能有的构象数目越少。因此,高分子链的柔性大小取决于分子内旋转的受阻程度。

由统计规律可知,高分子链呈伸直构象的概率是极小的,除非受到特殊相互作用的阻碍。通常呈卷曲构象,这种不规则卷曲的高分子链的构象称为无规线团,如果施加外力使链拉直,再除去外力时,由于热运动,分子链会自动回缩到自然卷曲的状态,这就是为什么高分子普遍存在一定弹性的根本原因。

总的来说,高分子链有四种形态,即无规线团、伸直链、折叠链和螺旋链。无规线团是线形高分子在溶液和熔体中以及在非晶态中的主要形态。折叠链、螺旋链和伸直链主要存在于结晶态。

**3. 高分子链的柔顺性**

高分子链的柔性是指高分子链能够改变其构象的性质。这是高分子许多性质不同于低分子物质的主要原因。高分子链通过 C—C 单键内旋转改变其构象的能力大小决定其柔顺性的大小。影响高分子链柔顺性的因素如下:

(1) 结构因素

① 主链结构　若主链全部由单键组成,一般链的柔性较好。例如,聚乙烯、聚丙烯、乙丙橡胶等。但是,不同的单键,柔性也不同,其顺序依次如下:—Si—O—>—C—N—>—C—O—>—C—C—。例如,聚己二酸己二酯分子链的柔性好,聚二甲基硅氧烷的柔性更佳,前者可用作涂料,后者分子质量很大时可用作橡胶。

若主链含有孤立双键时,大分子的柔性也较大。例如,顺式聚 1,4-丁二烯,双键旁的单键内旋转容易,链的柔性好。如果主链为共轭双键,不能内旋转,则分子链呈刚性,如聚乙炔、聚苯等聚合物,则为典型的刚性链。

$$—CH\!=\!CH—CH\!=\!CH—CH\!=\!CH—$$ 聚乙炔

聚苯

主链含有芳杂环结构时,由于芳杂环不能内旋转,所以,这样的分子链的柔性差。例如,芳香尼龙的分子链刚性很大。梯形高聚物主链含有更多比例的不能内旋转的环状结构,因此柔顺性更差。

$$\begin{array}{c} O & O \\ \| & \| \\ ( NH \underline{\hspace{1cm}} NH - C \underline{\hspace{1cm}} C )_n \end{array}$$

② 取代基　取代基的极性大,相互作用力大,分子链内旋转受阻严重,柔性变差。如聚丙烯腈分子链的柔性比聚氯乙烯差,聚氯乙烯分子链的柔性又比聚丙烯差。

极性取代基的比例越大,即沿分子链排布距离小或数量多,则分子链内旋转越困难,柔性越差。例如,聚氯丁二烯的柔性大于聚氯乙烯,聚氯乙烯的柔性又大于聚 1，2 - 二氯乙烯。

分子链中极性取代基的分布对柔性亦有影响,如聚偏二氯乙烯的柔性大于聚氯乙烯,这是由于前者取代基对称排列,左旁式、右旁式具有相同的能量,内旋转较易所致。

对于非极性取代基来说,基团体积越大,空间位阻越大,内旋转越困难,柔性越差。如聚苯乙烯分子链的柔性比聚丙烯小,后者柔性又比聚乙烯小。非极性取代基对称取代时,主链间距离增大,作用力减弱,分子链柔顺性增加。如聚异丁烯,柔性比聚乙烯好。当某些柔性非极性取代基的体积增大时,链的柔性先提高而后降低,例如聚甲基丙烯酸酯类,甲酯基柔性最小,乙酯基柔性增大,依次类推,此时,分子间作用力减弱,起主导作用;当取代基 $(CH_2)_n CH_3$ 中,$n>18$ 时,长支链的内旋转阻力起了主导作用,柔性才随取代基的体积增大而减小。

③ 支化、交联　若支链很长,阻碍链的内旋转起主导作用时,柔性下降。

对于交联结构,当交联程度不大时,如含硫 $2\%\sim3\%$ 的橡胶,对链的柔性影响不大;当交联程度达到一定程度时,如含硫 $30\%$ 以上,则大大降低链的柔性。

④ 聚合度　一般说来,聚合度越大,分子链越长,构象数目越多,链的柔性越好。

⑤ 结晶　分子结构越规整,结晶能力越强,高分子一旦结晶,链的柔性就表现不出来,聚合物呈现刚性。例如,聚乙烯的分子链是柔顺的,但由于结构规整,很容易结晶,所以聚合物具有塑料的性质。

高分子链的柔性和实际材料的刚柔性不能混为一谈,两者有时是一致的,有时却不一致。判断材料的刚柔性,必须同时考虑分子内的相互作用以及分子间的相互作用和凝聚状态,才不至于得出错误的结论。

(2) 外部因素

除分子结构影响链的柔性之外,外界因素对链的柔性也有很大影响。

① 温度　温度是影响高分子链柔性最重要的外因之一。温度升高,分子热运动能量增加,内旋转变易,构象数增加,柔性增加。例如聚苯乙烯,室温下链的柔性差,聚合物可作塑料使用,但加热至一定温度时,也呈现一定的柔性;顺式聚 1，4 - 丁二烯,室温下柔性好,可用

作橡胶,但冷却至$-120$ ℃,却变得硬而脆了。

② 外力　当外力作用速度缓慢时,柔性容易显示;外力作用速度快,高分子链来不及通过内旋转而改变构象,柔性无法体现出来,分子链显得僵硬。

③ 溶剂　溶剂分子和高分子链之间的相互作用对高分子的形态也有重要的影响。

**讨论:试分析纤维素的分子链的刚柔性。**

4. 高分子链柔顺性的表征参数

(1) 几个概念

① 均方末端距　对于无规线团状高分子,可以采用"均方末端距"或者"根均方末端距"来表征其分子尺寸。所谓末端距,是指线形高分子链的一端至另一端的直线距离,以 $h$ 表示,由于不同的分子以及同一分子在不同的时间其末端距是不同的,所以应取其统计平均值。又由于 $h$ 的方向是任意的,故 $\overline{h} \to 0$,而 $\overline{h^2}$ 或 $\sqrt{\overline{h^2}}$ 则是一个标量,称作"均方末端距"和"根均方末端距",是常用的表征高分子尺寸的参数。

② 自由连接链　键长 $l$ 固定,键角 $\theta$ 不固定,内旋转自由的理想化的模型。均方末端距为: $\overline{h_{f,j}^2} = nl^2$。

③ 自由旋转链　即键长 $l$ 固定($l = 0.154$ nm),键角 $\theta$ 固定($\theta = 109.5°$),内旋转自由的长链分子模型。均方末端距为: $\overline{h_{f,r}^2} = 2nl^2$。

④ 伸直链　即平面锯齿链。均方末端距为: $\overline{h_{\max}^2} = \dfrac{2}{3} n^2 l^2$。

⑤ 等效自由连接链(高斯链)　实际高分子链不是自由连接链,而且,内旋转也不是完全自由的。但是,主链中的每一个 C—C 单键都有一定的内旋转自由度,因此,可将一个含有 $n$ 个键长为 $l$、键角 $\theta$ 固定、旋转不自由的高分子链视为一个含有 $Z$ 个长度为 $b$ 的链段组成的"等效自由连接链"。所谓等效,即指这种链的均方末端距仍可以借用 $\overline{h_{f,j}^2} = nl^2$ 的形式进行计算,即 $\overline{h_{f,j}^2} = Zb^2$。

⑥ 无扰尺寸　必须将高分子分散在溶剂中才能进行分子尺寸的测定。但是,由于高分子与溶剂分子之间的相互作用等热力学因素对链的构象会产生影响或者说是干扰,实测结果不能真实反映高分子本身的性质。不过,这种干扰的程度随着溶剂和温度的不同而不同。选择合适的溶剂和温度,可以使溶剂分子对高分子构象所产生的干扰忽略不计(此时高分子"链段"间的相互作用等于"链段"与溶剂分子间的相互作用),这样的条件称为 $\theta$ 条件,在 $\theta$ 条件下测得的高分子尺寸称为无扰尺寸,只有无扰尺寸才是高分子本身结构的反映。$\theta$ 条件下实验测得的均方末端距记为 $\overline{h_0^2}$。

以上关系通过高分子链构象的数学统计,可推导出。(详细过程可参考相关资料,本书不做详述。）

（2）高分子链柔顺性的表征参数

上一节中定性讨论了高分子链柔顺性的影响因素。为了定量地表征链的柔性通常采用由实验测定的参数。

① 空间位阻参数（刚性因子）$\sigma$

因为键数和键长一定时，链越柔顺，其均方末端距越小。所以，可以用实测的无扰均方末端距 $\overline{h_0^2}$ 与自由旋转链的均方末端距 $\overline{h_{f,r}^2}$ 之比作为分子链柔性的量度，即

$$\sigma = \left(\frac{\overline{h_0^2}}{\overline{h_{f,r}^2}}\right)^{\frac{1}{2}} \tag{5-1}$$

链的内旋转阻碍越大，分子越松散，$\sigma$ 值越大，柔性越差；反之，$\sigma$ 值越小，链的柔性越好。该参数表征链的柔性较为准确可靠。

② 特征比 $C_n$

在高分子链柔性的表征中，还经常采用特征比的量 $C_n$，定义为无扰链与自由连接链均方末端距的比值，即

$$C_n = \frac{\overline{h_0^2}}{nl^2} \tag{5-2}$$

$C_n$ 对 $n$ 依赖性的大小，也是链柔性的一种反映。$C_n$ 越小，链的柔性越好。

③ 链段长度

若以等效自由连接链描述分子尺寸，则链越柔顺，高分子链可能实现的构象数越多，链段越短。所以，链段长度 $b$ 也可以表征链的柔性。但是，由于实验测定上的困难，实际应用还不多。

# §5.2  高分子的聚集态结构

高分子的聚集态是指高分子链之间的几何排列和堆砌状态，包括固体和液体。固体又有晶态和非晶态之分，非晶态聚合物属液相结构（即非晶固体），晶态聚合物属晶相结构。聚合物熔体或浓溶液是液相结构的非晶液体。液晶聚合物是一种处于中介状态的物质。取向态是一种热力学上的非稳定状态。聚合物不存在气态，这是因为高分子的分子质量很大，分子链很长，分子间作用力很大，超过了组成它的化学键的键能。

高分子的链结构决定了聚合物的基本性质，而聚集态结构与材料的性能有着直接的关系。研究高分子的聚集态结构特征、形成条件及其与材料性能之间的关系，对于控制成型加工条件以获得预定结构和性能的材料，对于材料的物理改性和材料设计都具有十分重要的意义。

物质通过分子间力聚集在一起形成聚集态。与小分子物质相同,聚合物分子间作用力强弱也可用内聚能或内聚能密度来表示。内聚能定义为 1 mol 的凝聚体汽化时,克服分子间作用力所需要的能量 $\Delta E$,内聚能密度($CED$)定义为单位体积凝聚体汽化时所需要的能量。

$$CED = \frac{\Delta E}{V_m}$$

式中:$V_m$ 为摩尔体积。

对于小分子化合物,其内聚能近似等于恒容蒸发热或升华热,可以直接由热力学数据估算其内聚能密度。然而,聚合物不能汽化,无法直接测定它的内聚能和内聚能密度,只能用它在不同溶剂中的溶解能力来间接估计。主要方法是最大溶胀比法和最大特性黏数法。

部分线形聚合物的内聚能密度数据列于表 5-2 之中。

表 5-2 线形聚合物的内聚能密度

| 聚合物 | $CED/(J/cm^3)$ | 聚合物 | $CED/(J/cm^3)$ |
|---|---|---|---|
| 聚乙烯 | 259 | 聚甲基丙烯酸甲酯 | 347 |
| 聚异丁烯 | 272 | 聚乙酸乙烯酯 | 368 |
| 天然橡胶 | 280 | 聚氯乙烯 | 381 |
| 聚丁二烯 | 276 | 聚对苯二甲酸乙二酯 | 477 |
| 丁苯橡胶 | 276 | 尼龙 6 | 774 |
| 聚苯乙烯 | 305 | 聚丙烯腈 | 992 |

内聚能密度在 300 $J/cm^3$ 以下的聚合物,都是非极性聚合物,分子间的作用力主要是色散力,比较弱,分子链属于柔性链,具有高弹性,可用作橡胶。聚乙烯例外,它易于结晶而失去弹性,呈现出塑料特性。内聚能密度在 400 $J/cm^3$ 以上的聚合物,由于分子链上有强的极性基团或者分子间能形成氢键,相互作用很强,因而有较好的力学强度和耐热性,加上易于结晶和取向,可成为优良的纤维材料。内聚能密度在 300~400 $J/cm^3$ 之间的聚合物,分子间相互作用居中,适合于作塑料。所以,分子间作用力大小对聚合物聚集态结构和性能有着很大的影响。

### 5.2.1 高分子的晶态结构

1. 高分子晶态结构的认识

大量实验证明,如果高分子链具有必要的规整结构,同时给予适宜的条件(温度、冷却速率等),就会发生结晶,形成晶体。高分子链可以从熔体结晶,从玻璃体结晶,也可以从溶液结晶。结晶聚合物最重要的实验证据为 X 射线衍射花样和衍射曲线。

图 5-10 为晶态等规立构聚苯乙烯和非晶态无规立构聚苯乙烯的 X 射线衍射花样。

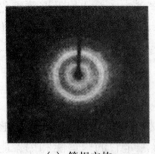 

(a) 等规立构　　　　　　　　　　(b) 无规立构

**图 5-10　聚苯乙烯的 X 射线衍射花样**

可以看出:等规立构聚苯乙烯既有清晰的衍射环,又有弥散环;而无规立构聚苯乙烯仅有弥散环。通常,结晶聚合物是部分结晶的或半结晶的多晶体,既有结晶部分,又有非晶部分。

晶体学中将晶胞类型分为立方、四方、斜方(正交)、单斜、三斜、六方、正方 7 个晶系。其中,立方、六方为高级晶系,正方(四方)、斜方为中级晶系,三斜、单斜为初级晶系。在高分子晶系中,由于长链运动的复杂性,很难出现高级晶系,多数属于初级、中级晶系。如聚乙烯常见的是正交晶系,等规聚丙烯常见的是单斜晶系。

由于聚合物分子具有长链结构的特点,结晶时链段并不能充分地自由运动,这就妨碍了分子链的规整堆砌排列。因而,高分子晶体内部往往含有比低分子晶体更多的晶格缺陷。典型的高分子晶格缺陷是由端基、链扭结、链扭转引起的局部构象错误所致。链中的局部键长、键角的改变和链的局部位移使聚合物晶体中时常会有许多歪斜的晶格结构。当结晶缺陷严重影响晶体的完善程度时,便出现准晶结构,甚至成为非晶区。

结晶聚合物的晶体结构、结晶程度、结晶形态等对其力学性能、电学性能、光学性能都有很大影响。研究晶态结构具有重要理论和实际意义。

**2. 高分子结晶形态**

所谓结晶形态,是指由晶胞结构堆砌而成的晶体外形,一般尺寸为微米到毫米数量级。结晶形态可分为单晶和多晶:单晶是结晶体内部的晶胞在三维空间呈规律性的、周期性的排列,特点是具有一定外形、存在长程有序;多晶是由无数微小的单晶体无规则地聚集而成的晶体结构。在高分子的晶体中,多晶更为普遍,多晶包括球晶、树枝状晶、伸直链晶、串晶、纤维状晶、柱晶等。

**(1) 单晶**

早期,人们认为高分子链很长,分子间容易缠结,所以,不容易形成外形规整的单晶。1957 年,Keller 等首次发现将浓度约 0.01% 的聚乙烯溶液以极缓慢的速度冷却时可生成菱形片状的、在电子显微镜下可观察到的片晶,其边长为数微米到数十微米。它们的电子衍射图呈现出单晶所特有的典型的衍射花样,如图 5-11 所示。

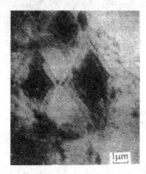 

(a) 电镜照片    (b) 电子衍射图

**图 5-11  聚乙烯单晶**

随后,又陆续观察到聚甲醛、尼龙、线形聚酯等的单晶。

聚合物单晶横向尺寸可以从几微米到几十微米,但其厚度一般都在 10 nm 左右,最大不超过 50 nm。而高分子链长通常可达数百纳米。电子衍射数据证明,单晶中分子链是垂直于晶片的。因此,可以认为,高分子链规则地近邻折叠,进而形成片状晶体——片晶,这就是 Keller 的“折叠链模型”。

结晶过程包括初级晶核的形成和晶粒的生长两个过程。由若干个高分子链规则排列形成具有折叠链结构的晶核,其他分子链仍以折叠链形式在其侧面以单分子层附着继续生长成单晶。

从极稀溶液中得到的单晶一般是单层的。而从稍浓溶液中得到的片晶往往是多层的。过冷程度增加,结晶速度加快,也会生成多层片晶。此外,高分子单晶的生长规律与小分子相似,为了减小表面能,往往是沿着螺旋位错中心不断盘旋生长。图 5-12 为聚甲醛单晶的螺旋生长机制。

(2) 球晶

球晶是聚合物结晶的一种最为常见的形式。当结晶性聚合物从浓溶液中析出或从熔体冷却结晶时,在不存在应力或流动的情况下,都倾向于生成这种更为复杂的结晶形态。球晶呈圆球形,直径通常在 $0.5 \sim 100~\mu m$ 之间,大的甚至达到厘米数量级。例如聚乙烯、等规聚丙烯薄膜未经拉伸前的结晶形态就是球晶。不少结晶聚合物的挤出或注塑制件的结晶形态也是球晶。$5~\mu m$ 以上的较大球晶很容易在光学显微镜下观察到。在偏光显微镜中观察,球晶呈现特有的黑十字消光图像,如图 5-13。黑十字消光图像是聚合物球晶的双折射性质和对称性的反映。

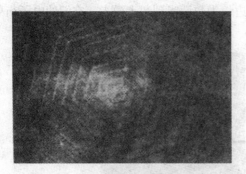

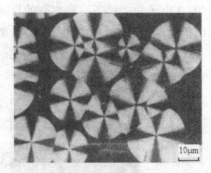

图 5-12　聚甲醛的单晶螺旋生长机制　　图 5-13　全同立构聚苯乙烯球晶的偏光显微镜照片

大量关于球晶生长过程的实验表明：球晶是由一个晶核开始，片晶辐射状生长而成的球状多晶聚集体。成核方式包括均相成核和异相成核。成核初期先形成一个多层片晶晶核，然后逐渐向外张开生长，不断分叉形成捆束状形态，片晶继续以晶核为中心发散生长，最后形成规则的球晶(图 5-14)。晶核少，球晶较小时，呈现球形。晶核多并继续生长互相接触后，就成为多面体最终填满空间。

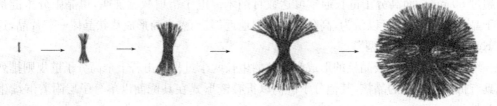

图 5-14　球晶生长过程示意图

用偏光显微镜观察球晶时，还发现在一定条件下，球晶呈现更复杂的图案，在黑十字消光图像上出现明暗相间的同心消光圆环。进一步的研究证明，这些同心消光圆环是由于片晶的协同扭曲造成的(图 5-15)。

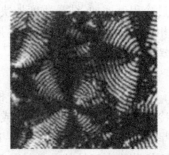

研究球晶的结构形态、形成条件、影响因素，有着十分重要的意义。例如，球晶的大小直接影响聚合物的力学性能。球晶越大，材料的韧性越差，冲击强度越小。再如，球晶大小对聚合物透明性有明显影响。通常，非晶聚合物是透明的，而结晶聚合物中，晶相与非晶相共存，由于两者折射率不同，光线通过时，在两相界面上将发生折射和反射，从而不透明。球

图 5-15　带同心消光圆环的聚乙烯球晶偏光显微镜照片

晶尺寸越大，透明性越差。如果球晶尺寸小到比可见光波长还要小，那么对光线不发生折射

和反射作用,材料也就是透明的。

(3) 其他结晶形态

① 树枝状晶

从溶液中结晶时,当结晶温度较低或溶液浓度过大时,聚合物不再形成单晶。结晶的过度生长将导致较为复杂的结晶形式,生成树枝状晶,如图 5-16 所示。在树枝状晶生长过程中,重复发生分叉支化,这是在特定方向上择优生长的结果。

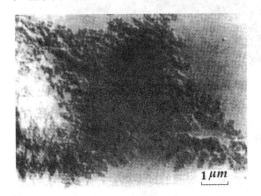

图 5-16　聚乙烯的树枝状晶　　　　图 5-17　聚乙烯的伸直链晶体

② 伸直链晶

聚合物在高压和高温下结晶时,可以得到厚度与其分子链长度相当的晶片,称为伸直链片晶。例如,聚乙烯在 25 ℃下 0.5 GPa 下结晶 2h 得到的伸直链晶体,其熔点为 140 ℃,结晶度达 97%,密度为 0.994 g/cm$^3$,伸直链晶片厚度达 1~3 $\mu$m,与伸直链分子长度相当(图 5-17)。

除聚乙烯外,聚三氟氯乙烯、聚偏氟乙烯、聚对苯二甲酸乙二醇酯、尼龙 6 等都可以在高压下生成伸直链晶体。

③ 纤维状晶和串晶

高分子溶液受剪切作用以及纺丝或塑料成型时,所受的应力还不足以形成伸直链晶体,但能形成纤维状晶。纤维状晶几乎由伸直的分子链组成,晶体总长度可大大超过分子链的平均长度,分子平行但交错排列。串晶是以纤维状晶为脊纤维,上面附加许多片晶而成,串在纤维状晶上面的珠子。这是由于溶液在搅拌应力作用下,一部分高分子链伸直取向聚集成分子束,当停止搅拌后,这些取向了的分子束成为结晶中心继续外延生成折叠链晶片(图 5-18)。例如,将 5%线形低密度聚乙烯的二甲苯溶液在 102 ℃搅拌下结晶,就得到串晶。

串晶是塑料成型时常见的结晶形态,通过控制成型温度、剪切强度和聚合物分子质量等因素能显著改变串晶的精细结构。由于特殊的形态结构,其力学性能要优于普通的折叠链结构的球晶。

图 5‑18  串晶结构模型

图 5‑19  聚丙烯柱晶

④ 柱晶

柱晶是另一种结晶形态。聚合物在应力作用下冷却结晶,由于晶体生长在应力方向上受到阻碍不能形成完整的球晶,取向的伸展链起了成核剂的作用,使折叠链片晶的生长过程只限于垂直方向。柱晶的形成可以看成是从弱取向熔体中生成的球晶的扁平化现象。

柱晶在薄膜和纤维中均可看到(图 5‑19)。高密度聚乙烯的纺丝过程中,随着卷绕速度的变化会出现不同结晶形态,在很低的卷绕速度下生成球晶;在中等卷绕速度下生成柱晶,柱晶中片晶发生扭曲而呈螺旋形生长;在较高的卷统速度下生成柱晶,柱晶中片晶未发生扭曲,平行生长。

3. 高分子结晶形态的结构模型

(1)缨状微束模型

这一结构模型是 20 世纪 30 年代提出来的,用以解释天然橡胶和角朊蛋白质的晶体结构。按照这一模型,一个长链大分子可以交替通过几个晶区和非晶区,在晶区中,它的大小在 1～100 nm 之间,称为微晶,分子链段规则排列;在非晶区中,分子链段无规卷曲、相互缠结,缨状结构是指晶区和非晶区的过渡区(图 5‑20)。根据这一模型,晶区和非晶区是不可分的,因此这个模型也被称为两相模型。

图 5‑20  缨状微束模型

这种结晶模型主要得到以下两个实验事实的证明:一是在聚合物的 X 射线衍射图上,同时存在结晶的锐利衍射峰和非晶的弥散峰,两者叠加在一起,说明晶区和非晶区共有;二是用 X 射线衍射测得的晶区尺寸远小于分子链的伸直长度。说明一根高分子链可以穿过几个晶区和非晶区,没有明确的晶区相界面。这一模型解释了聚合物性能中的许多特点,如晶区部分具有较高的强度,而非晶部分降低了聚合物的密度,提供了形变的自由度等。但这一模型不能合理地解释单晶和球晶的结构特征。

(2) 折叠链模型

20 世纪 50 年代,Keller 等人从高分子稀溶液培养制得聚乙烯、聚丙烯、聚酰胺等单晶,这在高分子结晶学上是一个很重要的发展。电子衍射研究发现,高分子单晶一般都具有共同的形态,即是厚度约为 10 nm,长、宽达几个微米尺寸的薄片晶,而且高分子链的方向是垂直于片晶平面。因为伸直的高分子链的长度可达 1 000 nm,所以唯一合理的解释是大分子链发生折叠,形成晶体结构。因此,Keller 认为分子链采取了规则近邻折叠的方式,夹在片晶之间的不规则排列链段形成非晶区,这就是折叠链模型(图 5 - 21)。

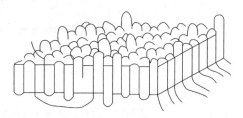

**图 5 - 21 规则近邻折叠链模型**　　　　　**图 5 - 22 近邻松散折叠链模型**

但是,从单晶的热分析和电子显微镜观察等都发现,即使在单晶中仍存在着非晶区。这些无序区常存在于单晶表面,分子链折叠时也未必是非常规则的。因此有人提出了修正的模型,如 Fischer 提出邻近松散折叠模型(图 5 - 22),是对 Keller 规则近邻折叠链模型的改进。

(3) 插线板模型

20 世纪 50 年代初,Flory 提出组成片晶的"杆"是无规连接的,即从一个片晶出来的分子链并不在其邻位处回折到同一片晶。而是在进入非晶区后在非邻位以无规方式再回到同一片晶,也可能进入另一片晶。非晶区中,分子链段或无规地排列或相互有所缠绕,形象地被称为插线板模型(图 5 - 23)。小角中子散射(SANS)实验证明,晶态聚丙烯中,分子链的尺寸与它在 $\theta$ 溶剂中及熔体中的分子尺寸相同,有力地证明了晶态聚合物中分子链的构象可以用不规则非近邻折叠模型来描述(插线板模型)。

编者认为,其实上述三种模型分别适用于不同的体系:

① 折叠链模型更适合于从稀溶液缓慢结晶的体系。此时近邻折叠占优势;

② 插线板模型更适合于从熔体结晶的体系,结晶速度快,来不及近邻规则折叠,此时不规则非近邻折叠占优势;

③ 缨状微束模型更适合于拉伸才结晶的低结晶性聚合物(如天然橡胶、聚酯等)。

折叠链结构经拉伸或剪切会在一定程度上转变成缨状微束结构;相反,缨状微束结构经

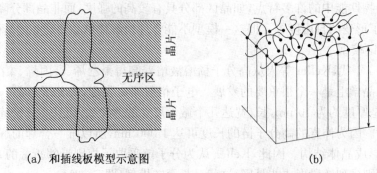

无序区

(a) 和插线板模型示意图　　　　　　　　(b)

**图 5‑23　分子链在片晶间不规则非近邻排列示意图**

热处理倾向于转变成折叠链结构。即三种模型中,缨状微束模型是有序程度最低的模型,折叠链模型是有序程度最高的模型。

4. 高分子的结晶能力和结晶度

(1) 高分子的结晶能力

高分子形成结晶的能力要比小分子弱很多。由于高分子结构的复杂性,高分子结晶总是不完全的,即便是结构最简单的聚乙烯也不能 100% 结晶,含有一些非晶相。相当大的一部分高分子是不结晶或很难结晶的,能结晶的称为结晶性聚合物,不能结晶的称为非结晶性聚合物。

要注意区别结晶性聚合物与结晶聚合物两个不同的概念,有能力结晶的聚合物称为结晶性聚合物。由于条件所限,结晶性聚合物的实际聚集态结构可能没有明显的晶区结构,而呈现出非晶聚合物。例如,聚对苯二甲酸乙二醇酯是结晶性高分子,但如果没有适当的结晶条件(如从熔体骤冷),得到的是非晶态,此时不能称为结晶聚合物。也就是说,结晶能力除了高分子的结构因素外还有温度等外界因素,以下只讨论结构因素。

① 规整性　影响结晶过程的内部因素之一是聚合物必须具有化学结构的规则性和几何结构的规整性。

链结构规整性好的聚乙烯、聚偏氯乙烯、聚异丁烯、聚四氟乙烯、全同聚丙烯等易结晶,而链结构规整性差的无规聚丙烯、聚苯乙烯、聚甲基丙烯酸甲酯、乙烯丙烯无规共聚物等不结晶。

> **讨论:**聚乙烯的结晶度为 95%,聚氯乙烯为 5%,聚偏氯乙烯为 75%,聚四氟乙烯为 90%,请用规整性理论解释。

对于二烯类聚合物,反式的对称性比顺式好,所以反式更易结晶。如反式聚 1,4‑丁二烯比顺式聚 1,4‑丁二烯易结晶,因为反式结构的重复周期较短,规整性好,顺式结构的重复周期较长,常温下不结晶,呈现高弹态,是一种橡胶(顺丁橡胶)。实际上顺式聚 1,4-丁二烯的链结构也有一定的规整性,能够在低温时结晶,晶体熔点低。该橡胶在应力作用下,分子链取向有序从而诱发结晶,这种应力诱导的结晶能提高橡胶的强度。

共聚破坏了链的规整性,所以无规共聚物通常不能结晶或结晶度极低。例如,聚乙烯和聚丙烯都是结晶能力很强的塑料,但乙烯和丙烯的无规共聚物(丙烯 25% 以上)却完全失去结晶能力,是一种橡胶。

② 柔顺性　柔顺性提高了链段向晶区运动和排列的活动能力。柔性很好的聚乙烯即使从熔融态直接投入液氮中也能结晶。相反,主链链结构虽具有较好的规整性,但柔性差的聚碳酸酯结晶速度十分缓慢,以至于熔体在通常的冷却速度下得不到结晶,呈现玻璃态结构。主链柔顺性中等的聚对苯二甲酸乙二醇酯(PET)只有缓慢冷却时才结晶,冷却稍快就不结晶。

**讨论:**是否柔顺性好的高分子链结晶能力也较强?

③ 分子间作用力　分子间作用力强使结晶结构稳定,从而利于结晶。典型例子是尼龙,强的氢键是其易于结晶的主要原因。

(2) 结晶度

结晶度定义为试样中结晶部分所占的质量分数或体积分数

$$X_c^m = \frac{m_c}{m_c + m_a} \times 100\%, X_c^V = \frac{V_c}{V_c + V_a} \times 100\%$$

式中:$X$ 表示结晶度;下标 $c$ 和 $a$ 分别代表结晶部分和非晶部分。

结晶度可以通过密度法、DSC、X 射线衍射、红外光谱、核磁共振等方法测定。各种方法的测定结果存在较大的差别,所以报道结晶度测定结果时,应当同时说明测定方法。

(3) 结晶度和晶体尺寸对材料性能的影响

结晶对聚合物性能的影响因素主要是结晶度和结晶尺寸。

① 力学性能　结晶一般使塑料变脆(冲击强度和断裂伸长率下降),拉伸强度下降。但硬度提高;应力诱发结晶使橡胶的拉伸强度提高,硬度提高,断裂伸长率下降。球晶(或晶粒)越大,一般力学性能越差。球晶生长过程中,非晶区和杂质被排斥,集中在球晶边界,形成晶间缺陷,成为力学薄弱处。

② 光学性能　结晶使聚合物不透明,结晶聚合物通常呈乳白色,如聚乙烯、尼龙等,这是因为晶区与非晶区密度不同,在其界面会发生光散射。球晶(或晶粒)越大越不透明。当球晶尺寸减小到比光波长还小时,光波不会因为干涉而引起散射,从而是透明的。

③ 热性能　聚合物的结晶度达 40% 以上时,由于晶区相互连接,贯穿整个材料,因此它在玻璃化转变温度以上仍不软化,最高使用温度可提高到接近晶体的熔点,这对提高塑料的

热形变温度有重要意义。

④ 耐溶剂性、抗渗透性等　因为晶体中分子链堆砌紧密,能更好地阻挡各种试剂的渗入,提高了材料的耐溶剂性。但对于纤维材料来说,结晶度过高不利于它的染色性。

结晶度的高低要根据材料使用的要求来适当控制。

**讨论:**如何控制结晶性聚合物的结晶度和球晶尺寸?

**5. 高分子结晶速度的影响因素**

**(1) 结构因素**

影响结晶速度的结构因素与前述的影响结晶能力的结构因素基本一致。结晶能力强的聚合物,在一定条件下结晶速度也快,所以结晶度较大的聚合物,其结晶速度也较大。

分子质量是影响结晶速度的重要因素。分子质量越大,体系的黏度越大,分子链做扩散运动的能力下降。所以同一体系,分子质量增大,结晶速率降低。

**(2) 外界因素**

影响结晶过程的外界因素主要有:温度、溶剂、应力、杂质等。

① 温度　温度对结晶速度影响最大,高于 $T_m$(熔点)或低于 $T_g$(玻璃化转变温度)都不能结晶。结晶开始的温度比 $T_m$ 低 10℃~30 ℃,这一现象叫"过冷",这个区域称为过冷区,因为熔点理论上是开始结晶的温度,也是晶体熔融的温度,链段运动强烈,因此成核速率极小。

聚合物的"结晶速率～温度"曲线可细分为三个区(图 5 - 24)。

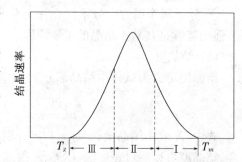

**图 5 - 24　聚合物的结晶速率-温度曲线示意图**

Ⅰ区——开始成核速率很小,结晶生长速率也很小,随着温度降低,结晶生长速率迅速增大,但成核速率增大不多,这一区域内,成核过程控制总结晶速率。

Ⅱ区——这是结晶的主要区域,晶核形成和结晶生长速度都很快,所以总结晶速率在此区域达极大值。

Ⅲ区——成核速率仍然很大,但结晶生长速度逐渐下降,所以总结晶速率也随之下降。这个区域内,总结晶速率主要由晶粒生长过程控制。

结晶速率最大值 $T_{c,\max}$ 可以从 $T_m$ 来估计,经验公式如下

$$T_{c,\max} = (0.80\sim0.85)T_m$$

② 溶剂　一些结晶速率较小的结晶性聚合物在过冷度稍大时来不及结晶。如果将这类透明的非晶薄膜浸泡于适当的溶剂中,薄膜被溶胀,相当于加入一些增塑剂,使链段易于运

动而促进结晶,薄膜就变得不透明。这种溶剂作用导致的结晶过程称为溶剂诱导结晶。

例如,透明的聚对苯二甲酸乙二醇酯切片在二氧六环中浸泡会变得不透明;又如水能促进尼龙6结晶。尼龙6渔网丝需要有较高的透明性,生产上采用水作为冷却介质时,由于水的诱导作用,在尼龙丝的表面产生较大的球晶,降低了透明性,同时使尼龙丝变得粗糙,改进的方法是用油作冷却介质。

③ 外力  应力可以加速聚合物结晶。应力有利于分子链沿应力方向排列。天然橡胶常温下不能结晶,但在拉伸条件下只要几秒钟就能结晶。除去应力,生成的结晶就熔融。这一性质有助于提高轮胎使用时的强度。另一方面,高压下能得到伸直链晶体,具有伸直链晶体的材料有较高的强度。

④ 杂质  有些杂质能加速结晶的进行,这类杂质通常是不溶性的,在结晶过程中起成核剂的作用。相反,另外一些杂质阻碍或延缓结晶的进行,这类杂质通常是可溶性的,可以看成是一种稀释剂,降低了可结晶分子的浓度。例如,在等规聚苯乙烯中加入一定量的无规聚苯乙烯,结晶速度明显降低。

6. 高分子晶体的熔融过程与熔点($T_m$)

(1) 熔融过程和熔点

物质从结晶状态变为液态的过程称为熔融,这种转变为一级相转变。在通常的升温速率下,结晶聚合物熔融过程与低分子晶体熔融过程既相似,又有差别。相似之处在于热力学函数(如体积、比热容等)发生突变;不同之处在于聚合物熔融过程有一较宽的温度范围,例如10 ℃左右,称为熔限。在这个温度范围内,发生边熔融边升温的现象。而小分子晶体的熔融发生在0.2 ℃左右的狭窄的温度范围内。图5-25给出了结晶聚合物熔融过程体积(或比热容)对温度的曲线,并与小分子晶体进行比较。

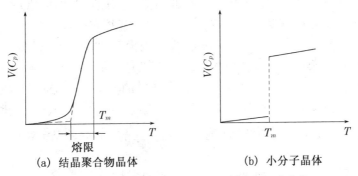

(a) 结晶聚合物晶体          (b) 小分子晶体

图5-25  晶体熔融过程体积(或比热容)-温度曲线

为了弄清楚结晶聚合物熔融过程的热力学本质,实验过程中,每变化一个温度,如升温1 ℃,恒温约24 h,直至体积不变后才测定比体积。结果表明,在这样的条件下,结晶聚合物的熔融过程十分接近跃变过程,熔融过程发生在 3℃～4℃ 的较窄的温度范围内。上述实验事实有力地证明,结晶聚合物的熔化过程是热力学的一级相转变过程,与低分子晶体的熔化现象只有突变程度的差别,而没有本质的不同。

研究表明,结晶聚合物边熔融边升温的现象是由于试样中含有完善程度不同的晶体。结晶时,如果降温速度不足够慢,随着熔体黏度的增加,分子链的活动性减小,来不及作充分的位置调整,则结晶停留在不同的阶段上;等温结晶过程中,也存在着完善程度不同的晶体。这时再升温,在通常的升温速度下,比较不完善的晶体将在较低的温度下熔融,比较完善的晶体则要在较高的温度下熔融,因而出现放宽的熔融范围。如果升温速度足够慢,不完善晶体可以熔融后再结晶而形成比较完善的晶体。最后,所有较完善的晶体都在较高的温度下和较窄的温度范围内被熔融,比体积-温度曲线出现急剧的变化和明显的转折。

(2) 影响熔点的因素

从热力学上讲,在熔点处,晶相和非晶相达到热力学平衡,即自由能变化 $\Delta G = 0$。因此,

$$\Delta H - T\Delta S = 0$$

$$\Delta T = T_m^0 = \frac{\Delta H}{\Delta S}$$

熔融热 $\Delta H$ 和熔融熵 $\Delta S$ 是聚合物结晶热力学的两个重要参数。熔融热 $\Delta H$ 标志着分子或链段离开晶格所需吸收的能量,与分子间作用力强弱有关;熔融熵 $\Delta S$ 标志着熔融前后分子混乱程度的变化,与分子链的柔性有关。当 $\Delta S$ 一定时,分子间作用力越大,$\Delta H$ 越大,$Tm$ 越高;当 $\Delta H$ 一定时,链的柔性越差,$\Delta S$ 越小,$Tm$ 越高。

① 分子间作用力 增加高分子或链段之间的相互作用,即在主链或侧基上引入极性基团或氢键,可以使 $\Delta H$ 增大,熔点提高。例如,主链含有酰胺基(—CONH—)、酰亚胺基(—CONCO—)、氨基甲酸酯基(—NHCOO—)的聚合物熔点较高;侧链含有羟基(—OH)、氨基(—NH₂)、腈基(—CN)、硝基(—NO₂)等基团的聚合物有较高的熔点。

对于分子链间能形成氢键的聚合物,熔点的高低还与形成氢键的强度和密度有关。

② 分子链的刚性 分子链的刚性增加,高分子链的构象在熔融前后变化较小,$\Delta S$ 较小,故熔点提高。通过在主链上引入环状结构、共轭双键或在侧链上引入庞大而刚性的基团均可达到提高熔点的目的。在主链中可引入对苯撑( —⟨ ⟩— )、联苯基( —⟨ ⟩—⟨ ⟩— )、萘基( —⟨ ⟩— )、均苯四酸二酰亚胺基( —N⟨ ⟩N— )、共轭双键

（—C≡C—C≡C—C≡C—）、叔丁基（ $-\overset{\underset{\displaystyle CH_3}{|}}{\underset{\underset{\displaystyle CH_3}{|}}{C}}-CH_3$ ），在侧链上可引入萘基（ ），氯苯基

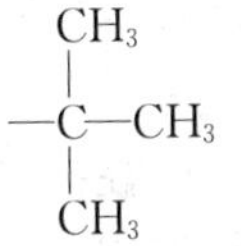

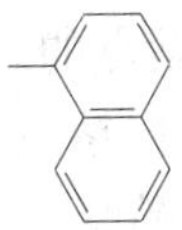

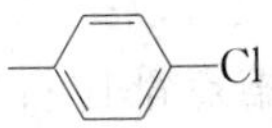

（ —⟨苯环⟩—Cl ）等。

表5-3 分子链的刚性对聚合物 $T_m$ 的影响

| 聚合物 | 结构单元 | $T_m/℃$ | 聚合物 | 结构单元 | $T_m/℃$ |
|---|---|---|---|---|---|
| 聚乙烯 | —CH₂—CH₂— | 137 | 聚对苯二甲酸乙二酯 | 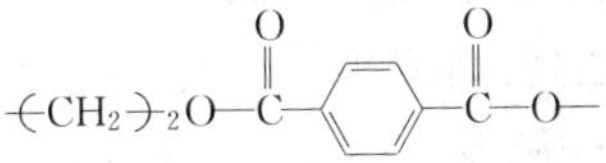 ―(CH₂)₂O―C(=O)―⟨苯⟩―C(=O)―O― | 265 |
| 聚对二甲苯 |  —CH₂—⟨苯⟩—CH₂— | 375 | 尼龙66 | —NH(CH₂)₆NHCO(CH₂)₄CO— | 265 |
| 聚辛二酸乙二酯 | ―(CH₂)₂O―C(=O)―(CH₂)₆CO― | 45 | 芳香尼龙 | 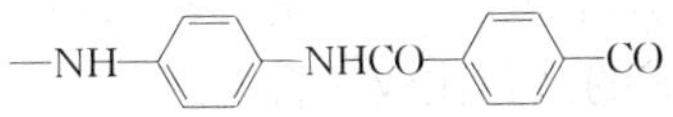 —NH—⟨苯⟩—NHCO—⟨苯⟩—CO— | 430 |

③ 分子链的对称性和规整性 增加主链的对称性和规整性,可以使分子排列得更为紧密,熔融过程中 ΔS 减小,故熔点提高。例如,苯环上取代基的异构化对 $T_m$ 有很大影响。

邻位(聚邻苯二甲酸乙二酯)

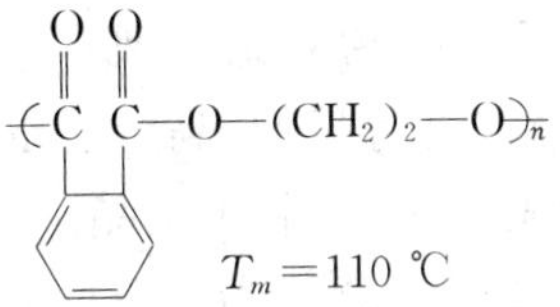

―(C(=O)C(=O)―O―(CH₂)₂—O)ₙ $T_m=110℃$

间位(聚间苯二甲酸乙二酯)

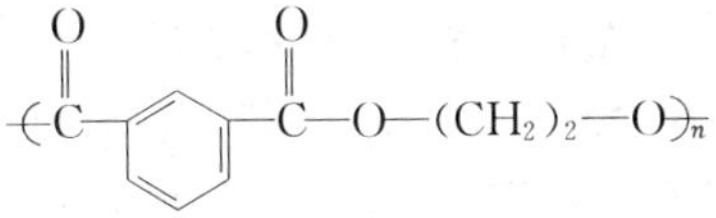

―(C(=O)―⟨苯⟩―C(=O)―O―(CH₂)₂—O)ₙ

$T_m=240℃$

对位(聚对苯二甲酸乙二酯)

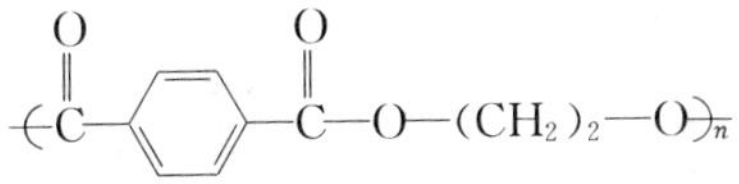

―(C(=O)―⟨苯⟩―C(=O)―O―(CH₂)₂—O)ₙ $T_m=267℃$

对位芳香族聚合物的熔点比相应的间位和邻位的熔点要高。这是因为对位基团围绕其主链旋转180°后构象几乎不变, ΔS 较小,熔点较高;而邻位、间位基团转动时构象就不相同,所以 ΔS 在熔融过程中变化较大,故熔点较低。

研究又表明,具有相同组成的共聚物,由于序列分布不同,分子链规整性不同,其熔点将会有很大的差别。例如,可以通过无规共聚降低均聚物的熔点,改善其加工性能;通过嵌段共聚,在聚合物熔点降低极少的前提下,改善其弹性等。

④ 稀释效应 在聚合物加工中,常常加入增塑剂或可溶性添加剂等助剂以改善其加工性能。这类小分子助剂通常使结晶聚合物的熔点降低,即产生稀释效应。如果把高分子的

链末端对熔点的影响看作是对长链高分子的稀释效应,则可得出晶体熔点和聚合度的关系。聚合度增加,熔点上升。

⑤ 片晶厚度　结晶聚合物在成型过程中,往往要作退火或淬火处理,以控制制品的结晶度。与此同时,片晶的厚度和完善程度不同,熔点也不相同。通常,退火处理可以提高结晶度,晶粒进一步完善,片晶厚度增加,熔点高;淬火处理时,制品的结晶度和熔点都比自然冷却来得低。

片晶厚度对熔点的这种影响与结晶的表面能有关,结晶表面上的分子链或链段的排列不够完善,对熔融热的贡献不及片晶内部的分子链或链段。片晶厚度越小,单位体积内晶体的表面能越高,熔点越低。

⑥ 结晶温度　结晶聚合物的熔点和熔限与结晶形成的温度有关。结晶温度越低,熔点越低,熔限越宽;在越高的温度下结晶,则熔点越高,熔限越窄。这是由于在较低温度下结晶时,分子链的活动能力较差,形成的晶体较不完善,完善程度的差别也较大,这样的晶体将在较低的温度下被破坏,即熔点较低,熔融温度范围宽;在较高温度下结晶时,分子链活动能力较强,形成的结晶比较完善,完善程度差别也小,故熔点较高,熔融温度范围较窄。

⑦ 应力和压力　对于结晶聚合物,拉伸有助于结晶,结果提高了结晶度,也提高了熔点。例如,纤维拉伸纺丝时所用的拉力越大,熔点越高。从热力学观点很容易解释这一现象。因为要使聚合物结晶能自发进行,必须使自由能变化小于零,即

$$\Delta G = \Delta H - T\Delta S < 0$$

结晶过程通常是放热的,$\Delta H$ 为负值。但是,结晶又是分子链堆砌从无序到有序的变化,熵减小,$\Delta S$ 为负值,不利于结晶自发进行。在结晶前对聚合物进行拉伸,高分子链在非晶相中已经具有了一定的有序性,这样,结晶过程相应的 $\Delta S$ 也就小了,有利于结晶。

在压力下结晶,可以增加片晶厚度,从而提高熔点。例如,226 ℃、485 MPa 下形成的聚乙烯晶体为伸直链结构,$T_m$ 可达 140 ℃。

### 5.2.2　高分子的非晶态结构

温度等条件不同,非晶态聚合物可以呈现出不同的状态,包括:玻璃体、高弹体和熔体。

非晶态聚合物通常是指完全不结晶的聚合物。从分子结构角度来看,包括:① 链结构的规整性很差,以致不能形成可观的结晶,如无规立构聚合物(无规聚丙烯、无规聚苯乙烯等),其熔体冷却时,仅能形成玻璃体;② 链结构具有一定的规整性,可以结晶,但由于结晶速度十分缓慢,以至于熔体在通常的冷却速度下得不到可观的结晶,呈现玻璃体结构。例如,聚碳酸酯等;③ 链结构虽然具有规整性,但因分子链空间堆砌松散不易结晶,常温下呈现高弹态,低温时才能形成可观的结晶,例如,顺式聚 1,4-丁二烯等。

高分子链如何堆砌在一起形成非晶态结构,一直是高分子科学界热烈探索和争论的课

题。20 世纪 70 年代以来,出现了两种对立的学说。其一是 Flory 的无规线团模型,其二为以 Yeh 为代表的局部有序模型。

**1. 无规线团模型**

Flory 于 20 世纪 50 年代提出非晶态聚合物分子链呈无规线团状态。70 年代得到了直接的实验证据。Flory 认为在非晶态聚合物本体中,分子链构象也与溶液中一样,呈无规线团状。分子互相缠结,整个聚集态结构是均相的。这一模型得到了许多实验证据的证明,如:

(1) 用小角中子散射实验证明:本体中分子的旋转半径与 $\theta$ 溶液中分子的均方旋转半径相同,说明分子链在聚合物本体中和 $\theta$ 溶液中都有相同的状态。

(2) 橡胶弹性模量不随稀释剂的加入而有反常的变化,说明分子链是完全无规的,不存在可以进一步被拆散的有序结构。

**2. 两相球粒模型**

1972 年 Yeh 提出不同的观点,认为非晶聚合物中存在局部有序性。他的两相球粒模型(图 5 - 26)主要包括粒子相(2~4 nm 的有序区,分子平行排列)和粒间相(1~5 nm,无规线团、链端、连接链等)两部分。实验证据是电子显微镜观察到几纳米到几十纳米的球形结构。还可以解释许多现象,如:

(1) 非晶态聚合物的实际密度比按无规线团计算的密度大,密度的增加可以用有序区的存在来解释。

(2) 有序区的存在为结晶的迅速发展准备了条件,这就不难解释许多聚合物结晶很快的事实。

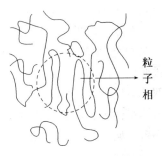

粒
子
相

图 5 - 26　两相球粒模型

(3) 某些非晶态聚合物缓慢冷却或热处理后密度增加,电镜下观察到球形结构增大,可以用粒子相扩大或有序区增加来解释。

### 5.2.3　取向态结构

**1. 取向的概念**

聚合物分子链的长径比可达几百到几万,分子的形状具有明显的几何不对称性,而且沿着分子链方向主要是共价键结合,而垂直于分子链方向则是通过范德华力结合。因此在外场作用下,大分子链、链段或微晶可以沿着外场方向有序排列,这种有序的平行排列称为取向,形成的聚集态结构称为取向结构。很多聚合物如合成纤维、塑料打包带、吹塑和双轴拉伸的薄膜、挤出的管材等都存在取向结构,因此研究取向有着重要的实际意义。

取向结构对材料的力学、光学和热性能影响显著。平行于取向方向的力学强度大大提高,垂直于取向方向的力学强度反而降低。这是因为取向方向的强度是化学键键能的加和,而垂直于取向方向的是范德华力的加和,因而在力学性能上表现为各向异性;取向方向和垂直于取向方向的分子堆砌密度不同,因此折射率不同,在光学上出现双折射现象等光学各向异性特性;取向使材料的玻璃化温度和使用温度提高。对晶态聚合物,取向使其密度和结晶度提高,热稳定性也提高。有一个实验生动地说明了这一点,将一个砝码系于聚乙烯醇纤维的一端,把砝码和部分纤维浸入盛有沸水的烧杯中。如果砝码悬浮在水中,则体系是稳定的。因为纤维受到砝码的拉力作用而取向,而取向结构有好的热稳定性;如果砝码挨着烧杯底部使纤维上没有拉力,则纤维被溶解了,因为维持取向的外力消失,此时聚乙烯醇本身不耐沸水。

取向态的有序性可以被"冻结"下来。在纤维中,人们将高度取向的结构固定下来,这对提高使用性能是有利的。但有时被"冻结"的有序性是不利的,例如,注射制品中被"冻结"的不均匀取向结构导致内应力,在存放和使用过程中会引起制品开裂或翘曲。解决的办法是加热"退火"以消除内应力。例如聚碳酸酯是典型的容易应力开裂的聚合物,其制品可以在异丙醇中加热退火,溶剂的溶胀作用有助于分子链或链段的取向松弛。

对于不同的材料,不同的使用要求,可采取不同的取向方式。一般按照外力作用方式可分为两类:单轴取向和双轴取向。单轴取向就是聚合物材料只沿一个方向拉伸,分子链和链段倾向于沿着与拉伸方向平行的方向排列[图5-27(a)],如纤维纺丝、薄膜的单轴拉伸等。双轴取向就是沿着聚合物薄膜或板材的平面纵向与横向分别拉伸,分子链和链段倾向于与薄膜平面平行的方向排列,但是在此平面内分子链的方向是无规的[图5-27(b)]。薄膜平面各方向的性能相近,但薄膜平面与平面之间易剥离。

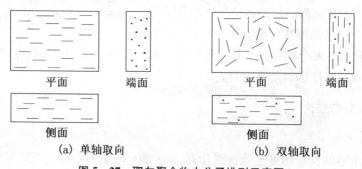

|平面|端面|平面|端面|
|侧面|侧面|
|(a) 单轴取向|(b) 双轴取向|

图5-27 取向聚合物中分子排列示意图

2. 取向的机理

聚合物的聚集态不同,其取向机理也不同。非晶态聚合物有两种不同的运动单元——整个分子链和链段,因而可分为整链的取向和链段的取向。链段的取向通过单键的内旋转运动来完成,链段沿外场作用方向平行排列,但整个分子链的排列仍然是杂乱无章的,例如在聚合物高弹态下拉伸。这种取向一般在温度较低或拉力较小的情况下就可以进行;整个分子链的取向则需要聚合物各链段的协同运动才能实现,分子链均沿外场方向平行排列。因此,只有在温度很高(如熔体)或拉力很大的情况下才能进行。例如在黏流态下,外力可使整个分子链取向。

由于取向过程是一个链段运动的过程,必须克服聚合物内部的黏滞阻力,因而完成取向过程需要一定的时间。很显然,整链的取向和链段的取向所受到的阻力是不同的。因此,这两种取向过程的速度也不一样。在外力的作用下,首先发生链段的取向,然后才是整链的取向。

取向过程是分子的有序化过程,而热运动却使分子趋向于杂乱无序,即所谓的解取向过程。链段比较容易发生取向,也更容易发生解取向。在热力学上,取向过程必须在外场作用下才能使构象熵减小,而解取向则是构象熵增加的自发过程。因此只要有取向结构的存在,解取向过程就在进行着。所以,取向状态是热力学上的非平衡状态。

**讨论**:为什么产品需要取向,如何保证取向结构的相对稳定?

结晶聚合物的取向过程要比非晶聚合物复杂得多。结晶聚合物的拉伸取向过程除了其非晶区可能发生链段和整链的取向外,还可能发生晶粒的取向。在外力作用下,晶粒将沿外力方向择优取向,伴随着晶片的倾斜、滑移过程,原有的折叠链晶片被拉伸破坏,重排为新的取向折叠链晶片或伸直链微晶(图5-28)。球晶发生形态的变化,从球形到椭球形,直至转变为微纤结构(图5-29)。

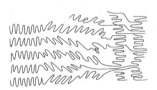

(a) 形成新的取向的折叠链片晶

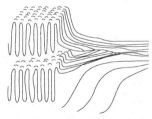

(b) 形成伸直链晶体

**图5-28　晶态聚合物在拉伸时结构变化示意图**

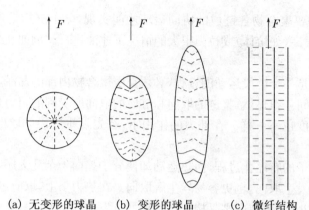

(a) 无变形的球晶　　(b) 变形的球晶　　(c) 微纤结构

图 5-29　球晶拉伸变形时形态和内部片晶的变化示意图

**讨论:**取向与结晶的区别?

3. 取向的应用

(1) 纤维的牵伸和热处理

牵伸工艺可大幅度地提高纤维的强度,未牵伸的尼龙丝的抗张强度为 $700 \sim 800$ kg/cm²,牵伸后可达 $4\,700 \sim 5\,700$ kg/cm²。但牵伸也同时使断裂伸长率降低很多,使纤维缺乏弹性。为了使纤维既有适当的强度又有适当的弹性,可利用整链取向慢而链段取向快的特点,首先用慢的取向过程(牵伸)使整个分子链得到良好的取向,以达到高强度,然后用快的热处理过程(称为热定型)使链段解取向,同时保持分子链的取向,使纤维获得弹性。两步处理后的纤维内分子的形态示意图如图 5-30 所示。

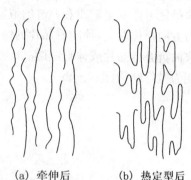

(a) 牵伸后　　　　(b) 热定型后

图 5-30　纤维内分子和
链段取向示意图

(2) 片材和薄膜的取向

取向的片材在抗冲击强度、拉伸屈服强度和抗应力龟裂方面有显著的提高。例如,未取向的聚苯乙烯片材是很脆的,而经双轴取向后成为柔性的材料。薄膜既可以单轴取向也可双轴取向,聚丙烯薄膜经单轴取向后获得 6 倍以上的强度,用作打包带绳。双轴拉伸的聚丙烯薄膜(BOPP 薄膜)用作包装材料。双轴拉伸的聚乙烯可用作具有收缩记忆功能的"缠绕膜",具有较高的拉伸强度、抗撕裂强度,能将物体紧急包裹,防止运输时散落倒塌,是货物运输的重要包装材料。双轴拉伸的聚乙烯或聚氯乙烯"热收缩膜",是商品的常用包装材料。双轴拉伸的 PET 薄膜用作胶片片基、录音录像磁带,提高了使用强度和耐折性。

一般吹塑膜也有一定程度的双轴取向效果。压缩空气的吹胀力使薄膜受到与膜筒轴向垂直的拉伸力,另一方面,牵引卷绕会产生沿轴向方向的拉伸力(图5-31)。此外,在挤出、压延和注射等成型工艺中,也会产生故意或非故意的取向。

4. 取向的表征

取向度可以通过取向材料所表现出的各种物理性质的各向异性来进行研究。其测定方法很多。包括声波传播法、红外二色性法、光学双折射法、偏振荧光法、激光拉曼光谱、激光小角光散射法以及X射线衍射法等。但是必须注意,高分子具有不同的取向单元,如分子整链、链段、晶粒及晶片的取向等,因而用不同方法所测得的取向度,可能表征的是不同的取向单元的取向程度,通常难以直接比较,必须说明测定方法。

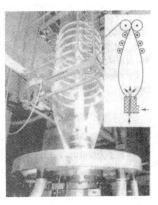

图5-31 吹塑工艺

### 5.2.4 液晶态结构

液晶又称中介相,是分子有序性介于液体和固体(一般为晶体)之间的一种相态。液晶既具有液体的自由流动性,又具有晶体的结构有序性,存在许多物理性质的各向异性。

1967年,R. Williams发现液晶的电光效应为液晶材料的广泛应用打开了大门,由于有体积小、质量轻、厚度薄、耗电低、不闪烁、无辐射等众多优点,使得液晶材料已经在电子工业、航空、激光、微波、全息等领域得到极为广泛的应用,其中最为人们熟知的是液晶显示材料。

液晶包括液晶小分子和液晶高分子。液晶高分子与液晶小分子化合物相比,具有高分子质量和高分子化合物的特性;与其他高分子相比,又有液晶相所特有的分子有序性。高分子质量和液晶有序性的有机结合,赋予液晶高分子独特的性能。例如,具有液晶态结构的高分子材料具有极高的强度和模量,被用于制造防弹衣、缆绳及航天航空器的大型结构部件,也可用于原位复合材料。所谓原位复合材料,是将热致液晶在与热塑性聚合物共混过程中"就地"形成微纤结构,从而增强基体的力学性能(例如,聚碳酸酯/聚酯液晶、聚醚砜/聚酯液晶等);液晶材料热膨胀系数很小,适用于光导纤维的被覆;其微波吸收系数小,耐热性好,适用于制造微波炉具;具有铁电性,适用于显示器件、信息传递和热电检测等。

1972年,杜邦公司成功开发出了高强度高模量耐高温的芳香尼龙纤维Kevlar系列产品,是高分子液晶开始走向实用的标志。研究和开发液晶高分子,不仅可提供新的高性能材料并导致技术进步和新技术的产生,而且可促进分子工程学、合成化学、高分子物理学、高分子加工以及高分子应用技术的发展。此外,由于许多生命现象与物质的液晶态相关,对高分子液晶态的研究也有助于对生命现象的理解并可能导致有重要意义的新医药材料和医疗技术的发现。因此,研究液晶高分子具有重要的意义。目前,液晶高分子材料在机械、电子、航空航天等领域的应用已崭露头角,正向生命科学、信息科学、环境科学等其他科技领域扩展。越来越多的高分子学者和科学家、物理学家和生物学家正在投身于液晶高分子的基础研究和应用开发。

1. 高分子液晶形成的结构条件

(1) 小分子液晶形成的结构条件

先简要介绍形成小分子液晶的基本结构条件,这对理解高分子液晶的结构要求是十分必要的。分子必须具有液晶介元(又称液晶基元)才能形成液晶。大多小分子液晶介元是长棒状的分子。这些长棒状分子的基本化学结构如下:

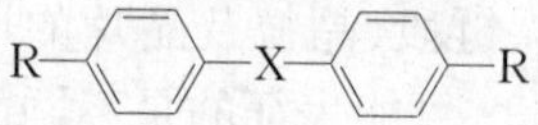

$$R \!-\!\!\boxed{\phantom{ }}\!-\! X \!-\!\!\boxed{\phantom{ }}\!-\! R$$

它的中心是一个刚性的核,核中间有的有一桥键—X—,例如,—CH=N—、—N=N—、—COO—等,两侧有苯环或者脂环、杂环组成,形成共轭体系。分子的尾端含有较柔性的极性基团或者可极化的基团—R、—R',例如,酯基、氰基、硝基、氨基、卤素等。理论和实验都已表明,只有当分子的长径比(轴比)大于4左右的物质才有可能呈液晶态。

表 5-4　具有各种介晶元的各种小分子液晶化合物

| 化合物 | 液晶温度范围/℃ |
|---|---|
| 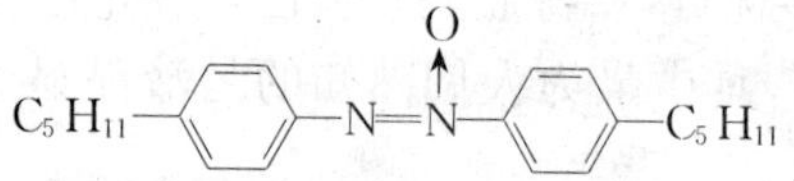 $C_5H_{11}$—⬡—N=N—⬡—$C_5H_{11}$ (O) | 22～65 |
| 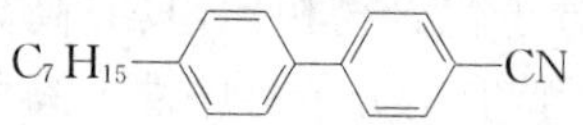 $C_7H_{15}$—⬡—⬡—CN | 30～55 |
| 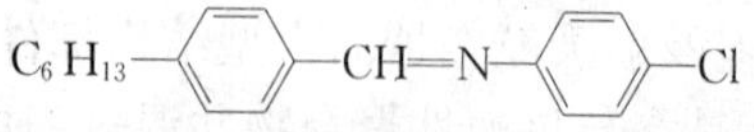 $C_6H_{13}$—⬡—CH=N—⬡—Cl | 59～98 |
| 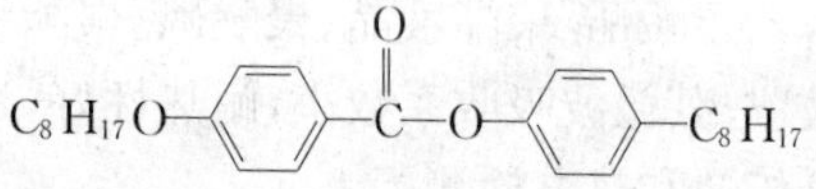 $C_8H_{17}O$—⬡—CO—O—⬡—$C_8H_{17}$ | 80～165 |
| 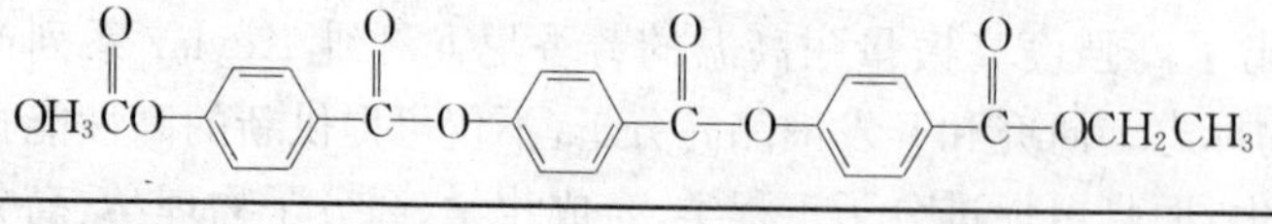 $OH_3CO$—CO—⬡—CO—O—⬡—CO—O—⬡—CO—$OCH_2CH_3$ | 142～182 |

盘状分子也可以呈现液晶态。通常,盘状分子轴比小于 1/4 才有可能呈现液晶态。盘状分子液晶的发现,有助于理解石墨和沥青中的液晶序,应用上有一定价值,理论上有重要意义。例如,苯六正烷基羧酯:

$$R = C_7H_{15}-COO-$$

（2）高分子液晶形成的结构条件

液晶高分子是具有液晶性的高分子。它由含有液晶基元的小分子键合而成或者将含有液晶基元的小分子接枝到高分子的侧链上形成。这些液晶基元可以是棒状的，也可以是盘状的，或者为更复杂结构。但是，绝大多数液晶高分子都含有刚棒状的结构单元。

**2. 高分子液晶的分类**

（1）热致液晶和溶致液晶

不同液晶性的物质呈现液晶态的方式不同。在一定温度范围内呈现液晶性的物质称为热致液晶；在一定浓度的溶液中呈现液晶性的物质称为溶致液晶。

（2）主链液晶和侧链液晶

根据液晶基元在高分子中的存在方式，可以将液晶高分子分成两大类：① 主链型高分子液晶，其液晶基元位于主链之内；② 侧链型高分子液晶，其液晶基元作为支链悬挂在主链上。一般情况下，侧链液晶高分子的主链是相当柔顺的。如果侧链型液晶高分子的主链和支链上均含有液晶基元，这种高分子被称为组合式液晶高分子。若用刚棒代表液晶基元，各类液晶高分子的分子构造可用图 5-32 表示。无论是主链液晶还是侧链液晶，都有热致型液晶和溶致型液晶两种。

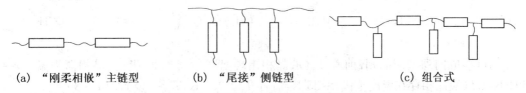

(a) "刚柔相嵌"主链型　　　(b) "尾接"侧链型　　　(c) 组合式

**图 5-32　液晶高分子的分子构造示意图**

主链型液晶高分子是刚性液晶基元位于主链上的高分子。例如，用来生产高强纤维 Kevlar 的聚对苯二甲酰对苯二胺（PPTA）属于完全刚性主链的溶致液晶高分子，结构式为：

$$\begin{bmatrix} NH{-}\!\!\bigcirc\!\!{-}NH{-}\underset{O}{\overset{\|}{C}}{-}\!\!\bigcirc\!\!{-}\underset{O}{\overset{\|}{C}} \end{bmatrix}_n$$

主链的柔性是影响液晶行为的主要因素。完全刚性的高分子，熔点很高，通常不出现热致液晶，而可以在适当溶剂中形成溶致液晶。在主链液晶基元之间引入柔性链段，增加了链的柔性，使聚合物的熔点（$T_m$）降低。可呈现热致液晶行为。例如：

$$\left[O-C-C(CH_2)_{x-2}-C-O-\bigcirc-C=C-\bigcirc\right]_n$$
$$\quad\quad O\quad\quad\quad\quad O\quad\quad\quad\quad CH_3\ H$$

在 $x=8\sim14$ 时都具有液晶行为,随着 $x$ 的增加,柔性链段含量增大,最终导致聚合物不能形成液晶。

其他重要的溶致液晶高分子还有聚苯并噻唑、纤维素衍生物、多肽等,它们自身熔点太高,必须使用强酸等制成液晶溶液再进行成型加工。为了改善其加工性能,普遍采用的方法是在刚性结构单元间引入柔性间隔段和连接基团。

侧链型液晶高分子可以是液晶基元与柔性主链直接连接,但一般为柔性主链、刚性液晶基元、柔性间隔段、连接基团几部分组成。

柔性间隔段的引入,可以降低高分子主链对液晶基元排列与取向的限制,有利于液晶相的形成与稳定。例如:

$$\left[CH_2-\overset{CH_3}{\underset{\underset{O}{\overset{|}{C}}-O-(CH_2)_x-O-\bigcirc-\bigcirc-CN}{|}}\right]_n$$

$x=2$ 时,不形成液晶相;$x=5\sim11$ 时,呈现近晶型液晶相行为。

主链柔性影响液晶的稳定性。通常,主链柔性增加,液晶的转变温度降低。例如

$$\left[CH_2-\overset{CH_3}{\underset{COOR}{\overset{|}{C}}}\right]_n \quad 与 \quad \left[CH_2-\overset{H}{\underset{COOR}{\overset{|}{C}}}\right]_n,\quad 其中,R=-(CH_2)_2-O-\bigcirc-COO-\bigcirc-OCH_3$$

均可形成向列型液晶相,前者 $T_g$(液晶相出现温度)$=368\ K$,$T_i$(液晶相消失温度)$=394\ K$,$\Delta T$(液晶相存在温度范围)$=25\ K$,后者 $T_g=320\ K$,$T_i=350\ K$,$\Delta T=30\ K$。

液晶基元的长度增加,通常使液晶相温度增宽,稳定性提高。例如:

$$\left[CH_2-\overset{CH_3}{\underset{COO-(CH_2)_6-O-\bigcirc-COO-\bigcirc-OCH_3}{\overset{|}{C}}}\right]_n \quad 和$$

$$\left[CH_2-\overset{CH_3}{\underset{COO-(CH_2)_6-O-\bigcirc-COO-\bigcirc-\bigcirc-OCH_3}{\overset{|}{C}}}\right]_n$$

前者在 $T_g=309\ K$ 形成向列型液晶相,$T_i=374\ K$,温度范围 $\Delta T=65\ K$;后者在 $T_g=333\ K$ 形

成近晶型液晶相,398 K 转变成向列型液晶相,$T_i = 535$ K,$\Delta T = 202$ K。

(3) 向列型($N$ 型)、近晶型($S$ 型)和胆甾型($C$ 型)液晶

高分子液晶与小分子液晶一样,也可以呈现三种不同的聚集状态,即向列型、近晶型和胆甾型液晶。

向列型液晶是唯一没有平移有序的液晶,它是液晶中最重要的成员,得到了广泛的应用。在向列型液晶中分子彼此倾向于平行排列,是一维有序排列,分子重心没有长程有序。根据 Flory 理论,决定向列型液晶的基本因素,对于低分子化合物是分子的长径比,对于高分子是分子链的伸展和刚性。图 5-33(a) 为向列相液晶结构示意图。

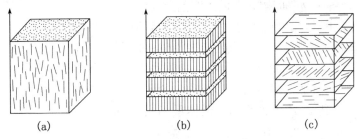

(a)    (b)    (c)

**图 5-33 液晶分子排列示意图**

近晶型结构是所有液晶中最接近结晶结构的一类。这类液晶中,棒状分子依靠所含官能团提供的垂直于分子的长轴方向的强有力的相互作用,互相平行排列成层状结构,分子的长轴垂直于层片平面或者与层片平面有一个夹角。这些层片不是严格刚性的,分子可以在本层内活动,但不能来往于各层之间。因此,层与层之间作用很弱,彼此间很容易滑动,而垂直于层片方向的流动则非常困难。图 5-33(b) 为近晶相液晶结构示意图。

胆甾型液晶中,刚性分子一般是扁平的,依靠端基的相互作用,彼此平行排列成层状,但是他们的长轴是在层片平面上的,层内分子与向列型相似,而相邻两层间,分子长轴的取向由于伸出层片平面外的光学活性基团的作用,依次规则地扭转一定角度,层层累加而形成螺旋面结构。图 5-33(c) 为胆甾型液晶结构示意图。

3. 高分子液晶的特性和应用

(1) 主链型高分子液晶的特性和应用

主链型高分子液晶能呈现液晶有序,即在微区内分子链近似互相平行排列。如果令这些微区也有序排列,则样品中所有分子链会沿特定方向高度取向,从而产生超高强度、高模量和韧性的材料。这些材料广泛用作纤维、薄膜或模塑制品。

① 液晶纺丝 芳香聚酰胺类是最早实现工业化生产的液晶材料,它主要通过液晶纺丝制成纤维,例如通过 PPTA 生产 Kevlar 纤维(美国杜邦公司)。具体做法是,将 PPTA 溶于浓硫酸中制成溶致液晶溶液,然后进行纺丝。聚对苯二甲酰间苯二胺的商品名是 Nomex。

Kevlar 纤维和 Nomex 纤维在我国称为芳纶纤维，Kevlar 纤维称为芳纶 1414，Nomex 纤维称为芳纶 1313，其数字表示高分子链节中酰胺键和亚胺键与苯环上的碳原子相连接的位置。

液晶纺丝是 20 世纪 70 年代发展起来的一种新型纺丝工艺。液晶纺丝具有以下特点：

（i）高浓度和低黏度。普通的高分子溶液黏度随浓度增加而增大，因而一般纺丝原液的浓度不能太高，否则会因为黏度太大而挤不出喷丝孔。但这却降低了生产效率，且耗费了大量的溶剂。液晶纺丝独特的黏度特性（图 5-34）却能很好地解决这一问题。在低浓度范围内，黏度随浓度增加而急剧上升，出现一个黏度极大值；随后浓度增加，黏度反而急剧下降，并出现一个效度极小值；最后，黏度又随浓度增大而上升。这是因为浓度很小时，刚性高分子在溶液中均匀分散，无规取向，形成均匀的各向同性溶液，这种溶液的黏度-浓度关系与一般体系相同。随着浓度增加，黏度迅速增大，当浓度达到一个临界值（临界浓度 $c_1^*$）时，黏度出现极大值。当浓度越过 $c_1^*$ 时，体系内高分子链开始自发地有序取向排列，形成向列型液晶，此过程黏度开始迅速下降。浓度继续增大. 各向异性相

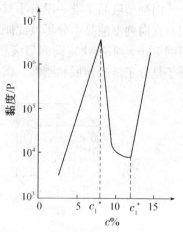

图 5-34　聚对苯二甲酰对苯二胺/浓硫酸溶液的黏度-浓度曲线（20 ℃，$M=29\,700$）

的比例增大，黏度减小，直到体系形成均匀的各向异性溶液时，体系的黏度达到极小值，此时溶液的浓度达到临界值 $c_2^*$. $c_1^*$ 和 $c_2^*$ 之间是两相共存区。根据液晶溶液的这种黏度特性，可配成高浓度但黏度仍然较低的纺丝原液。

（ii）牵伸力小。聚芳酰胺类溶液纺丝的浓度虽高，但由于分子规整性好，分子链间缠结少，因此在流体流动过程中自取向，喷出的纤维不必牵伸或只需低倍牵伸，从而减少了拉伸时对纤维的损伤。

（iii）高强度和高模量。液晶高分子呈伸直棒状，有利于获得高取向度的纤维，也有利于大分子在纤维中获得紧密的堆砌，减少纤维中的缺陷，从而大大提高纤维的力学性能。这种纺丝溶液从喷丝孔挤出后，大分子易于沿纤维拉伸方向取向，然后采用低温凝固浴，使取向的液晶结构快速固定。沿分子排列方向的高度取向（几乎为完全伸直链结构）使纤维具有高强度和高模量。Kevlar 纤维与脂肪族聚酰胺纤维尼龙 6 的力学性能如表 5-6。可见 Kevlar 纤维实际强度甚至可达到根据分子完全取向和紧密堆砌计算的理论值的 80% 以上，而普通纤维仅能达到约 10%。Kevlar 纤维的优势还体现在密度小，其比强度（单位密度的抗张强度）是钢材的 5 倍，是铝的 10 倍，被称为"梦的纤维"。芳纶纤维主要用于飞机的结构材料、导弹壳体材料、轮胎帘子线、防弹衣、降落伞绳等高端装备制造；用于高尔夫球杆、钓鱼

竿、网球拍、滑雪板、游艇等运动用具;用于复合材料的增强纤维。聚芳酰胺液晶纺丝的缺点是需采用浓硫酸等腐蚀性溶剂,制造工艺复杂。

表 5-5 Kevlar 纤维与尼龙 66 纤维性能比较

| 性能 | Kevlar29 | Kevlar49 | 尼龙 66 |
|---|---|---|---|
| 断裂强度/GPa | 2.9 | 2.8 | 0.7 |
| 伸长率/% | 3.6 | 2.6 | 25 |
| 模量/GPa | 58 | 124 | 10.86 |
| 实测结晶模量/GPa | 153 | 156 | |
| 理论模量/GPa | 182 | 182 | |

② 自增强塑料 聚芳酯类液晶高分子是热致液晶,形成液晶态无需制成溶液,因此应用范围也更加广泛,除了前述的纤维外还可制成"自增强塑料"(又称液晶塑料)。其优异性能可概括如下:

(ⅰ)高强度和高模量。热致液晶在熔融温度以上一定温度范围内存在有序的液晶相,当温度迅速降到玻璃化转变温度以下时,这种有序结构能够被"冻结"。从而不必添加任何纤维材料制得像添加了玻璃纤维等增强型填料那样的高强度高模量材料,因此被称为"自增强塑料"或"超级工程塑料"。图 5-35 显示自增强塑料结构上与普通塑料及增强塑料的区别。如果聚芳酯再用玻纤增强,其比模量(单位密度的模量)可以与金属媲美。

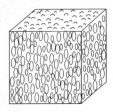

(a) 普通塑料(无定形)　　　(b) 增强塑料　　　(c) 自增强塑料

图 5-35　普通塑料、增强塑料与自增强塑料的结构

(ⅱ)良好的流动性。熔体黏度很小,能在低的挤出压力下成型,在模具内冷却固化速度快,残余应力小,特别适于制作超薄制品以及难填充的复杂构件。这是由于分子高取向而导致良好的流动性所致。良好的流动性使得液晶高分子具有优异的成型加工性能。

(ⅲ)尺寸稳定性好。由于液晶高分子刚性较一般高分子大,分子链较为伸展,在液晶相中分子排列有序且堆砌紧密。因而熔融状态和冷却固化后比容变化小,收缩率低,可进行高精度注塑或挤塑。在外场作用下,只是分子的进一步取向,取消外场再恢复平衡态时,变形量相对较小,所需时间也较短。

（ⅳ）具有"皮-芯"结构。对液晶高分子挤出物的断面进行的观察。发现：皮层分子链高度取向，而芯层分子链则出现卷曲缠结。由于高取向的皮层呈现高刚性，而芯层则呈现一定的高弹性。因此当制品很薄时，皮层所占比例较大，材料呈现高的弯曲刚性；当材料受到震动时，致密的皮层迅速传递震动，具有高弹性的芯层可把传递过来的震动快速吸收，从而使材料具有良好的抗震性；同时，致密的皮层结构也是液晶高分子材料具有高阻隔性的主要原因。

液晶高分子作为塑料主要用于精密电子电器零部件、汽车零部件、薄膜等领域，比如线圈、继电器、接线柱、精密电器零部件等。这是利用了其耐热性、薄壁流动性和尺寸稳定性等特点。

③ 复合材料　液晶高分子材料一般价格较高，广泛应用受到限制。实际上，在普通热塑性塑料中添加少量的热致型液晶高分子（TLCP），在共混加工的过程中，TLCP 就能就地取向形成微纤结构，而达到短纤维增强的效果。这种复合材料称为分子复合材料或原位复合材料。图 5 - 36 是液晶聚芳酯/聚苯醚（30：70）复合材料断面的结构，像春笋般立着的是聚芳酯微纤，形成这样的结构对提高力学性能是非常有用的。但液晶高分子与热塑性树脂通常是不相容的，两相间的作用较弱，常需通过加入增容剂等方法改善相容性。

图 5 - 36　液晶聚芳酯-聚苯醚（30：70）复合材料断面的 SEM 照片

液晶高分子原位复合材料的另一个优势是可以重复加工利用。用玻璃纤维增强的热塑性塑料在回收重复使用过程中，虽然能再成型，但玻璃纤维会在加工中破损而使制品强度下降。而以 20％聚芳酯纤维填充的聚丙烯制成的增强塑料在回收时强度不会下降。因为被破坏的液晶相在熔融时会重新形成，在拉伸阶段也会重新形成微纤和取向。

（2）侧链型高分子液晶的特性和应用

液晶的大多数物理性质是各向异性的，比如光学双折射以及热传导、磁化率、介电常数等的各向异性,这些性质对外部的扰动都极其敏感,这是因为液晶有像液体一样的流动性。在很弱的外部磁场、电场或者光场的作用下,取向和由此产生的双折射很容易被操控而引发强烈的"磁-光-电"效应。最成功的应用是众所周知的利用"电-光"效应的电脑屏幕、电视屏幕和仪器仪表等的液晶显示器。

高分子液晶因其结构特征带来的易固定性、聚集态结构的多样性等特点使之在光学效应、光选择性等光功能方面得到应用。其中,侧链液晶高分子材料利用间隔基团将主链和侧链的液晶基元隔离,使侧基液晶基元具有较高的运动自由度,当电场(或磁场)作用时,可显示出取向态改变而骨架不变的特性,而且侧链液晶聚合物取向速度要比主链液晶聚合物快。冷却到玻璃化转变温度以下,可冻结由电场诱导的取向。因而侧链液晶聚合物的光学性质易于利用外加电场改变,从而可以应用于显示器件、分子开关器件、记录储存材料、传感器和非线性光学材料等。

侧链型高分子液晶在以上领域的应用具有传统小分子液晶不具备的优势,例如传统的液晶显示材料都采用小分子液晶,但小分子液晶难以制造大面积显示屏和可以弯曲的柔性显示屏,成型加工也不如高分子方便。于是出现了小分子液晶与高分子液晶的复合材料,它结合了小分子液晶在外场作用响应迅速的特性和高分子液晶成膜性好易于加工的优势。

液晶材料特别是高分子液晶材料在实际应用中常出现响应速度慢的现象,提高高分子液晶材料的响应速度是开发侧链型高分子液晶材料的关键。

### 5.2.5　高分子合金的结构

科学技术的发展对高分子材料的性能提出了更加苛刻的要求,这就要求人们不断地开发出新的、具有优异性能的高分子材料。

在高分子材料开发早期,人们把主要的注意力放在合成新的聚合物品种上,这主要是通过两种途径来实现的:一是开发新的聚合物单体,二是寻找新的聚合方法。到了20世纪60年代以后,由于多数通用单体的聚合问题均已基本解决,使得这种开发聚合物新材料的方法变得越来越困难。另一方面,由于高分子材料应用的日趋广泛,要求其具有更加多样化的、更高的综合性能。例如,期望聚合物材料既耐高温又易于加工成型,既有卓越的韧性又有较高的硬度,不仅性能良好而且价格低廉等。但单一组分的聚合物材料,其性能常常存在明显的缺陷,不能满足需要。因此,高分子材料的开发出现了新的趋势,即通过物理的或化学的方法将现有的高分子材料进行复合,或者与其他材料进行复合,形成多组分的复合体系,这已成为当前高分子材料开发的主要途径之一。

目前,人们已经广泛采用共混、共聚、增塑和填充等方法来改善和提高高分子材料的各种性能,以满足现代科学技术的发展对材料性能越来越高的要求。高分子合金是指将两种或两种以上的聚合物通过物理或化学的方法混合而成的宏观上均匀的物质体系。

### 1. 高分子合金化的目的

高分子合金化在改善聚合物材料性能方面效果明显,能使不同材料的性能取长补短,实现有利性能的结合,使材料得到改性,或使它同时具有多种性能。具体地说,有以下几个方面的目的。

(1) 改善聚合物的力学性能

如聚丙烯,虽然有相对密度小、透明性好的优点,拉伸强度及耐热性也均优于聚乙烯。但其冲击强度、耐应力开裂性及低温韧性不如聚乙烯。而由它们制成的合金材料则同时保持了两组分的优点,具有较高的拉伸强度和冲击强度,且应力开裂性比聚丙烯好,耐热性则优于聚乙烯。

(2) 提高脆性聚合物的韧性

如在 PS、PVC 等脆性树脂中混入 10%～20% 的橡胶,可使它们的冲击强度大幅度提高。

(3) 改善聚合物的加工性能

现代尖端科学技术领域,比如航天航空领域常常使用耐高温的高分子材料,然而许多耐高温聚合物因熔点高、熔体流动性差、缺乏适宜的溶剂而难以加工成型。高分子合金技术在这方面显示出重要的作用。例如,难熔难溶的聚苯醚与熔融流动性良好的聚苯硫醚共混后可以方便地注射成型,由于两种聚合物均有卓越的耐热性能,它们的共混物仍然是极好的耐高温材料。

(4) 赋予聚合物某种特殊的性能

可以通过高分子合金的方法制备具有特殊性能的高分子材料。例如,为制备阻燃高分子材料,可与含卤素的阻燃聚合物进行共混;为获得具有珍珠光泽的装饰用塑料,可将光学性能差异较大的不同聚合物共混。

(5) 降低成本

对某些性能卓越但价格昂贵的工程塑料,可通过共混,在不影响使用要求的条件下降低原料成本,例如 PA、PPO、PC 等与聚烯烃的共混。

### 2. 高分子合金化的方法

高分子合金的制备方法有很多种,可以简单地分为物理共混法和原位聚合共混法。物理共混法包括熔融共混、溶液共混和乳液共混等;原位聚合共混法包括接枝共聚-共混法和互穿聚合物网络法(IPN)。无论是在实验室还是在实际应用中,对共混方法、设备及工艺参数的选择,要考虑多方面的因素,除了首先要考虑所制备合金的形态结构和性能外,还要兼顾实施的难易、成本和效率等。以上各种共混方法的详细情况,读者可参考相关资料,本书不做详述。

3. 高分子合金的结构

高分子合金可由两种或两种以上组分的聚合物组成。从实用性来考虑,一般以热力学不相容的两组分形成多相形态结构为好,因为这种结构形态可以发挥两组分的性能优势,可达到高性能化的目的。以两组分的情形来讨论,依据相的连续性,其结构形态可分为三种类型:单相连续结构、两相交错结构以及相互贯穿的两相连续结构。

(1) 单相连续结构

单相连续结构是构成聚合物共混物的两个或多个相中只有一个相是连续的,这连续相称为基体,其他的相分散于连续相中,称为分散相。依据分散相的相畴(即微区)的形状、大小以及与连续相结合情况的不同可呈现不同的形式。主要有:

① 分散相为颗粒状  分散相呈颗粒或球形。如三嵌段共聚物 SBS(苯乙烯-丁二烯-苯乙烯三嵌段共聚物),当丁二烯较少时,则丁二烯相呈均匀的球状分散于苯乙烯嵌段所构成的连续相中,球的粒径一般在 0.1 $\mu$m 以下(图 5-37)。

② 分散相为胞状  分散相呈颗粒状,但其中包含连续相成分所构成的更小的颗粒。把分散颗粒当做胞,胞壁由连续相成分构成,胞本身有分散相成分构成,而胞内又包含连续相成分构成的更小颗粒。接枝共聚-共混法制得的高分子合金大都具有这种结构。图 5-38 是乳液接枝共聚法 ABS 的形态结构。

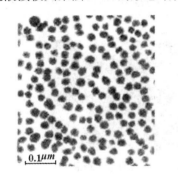

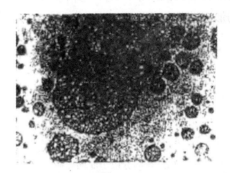

图 5-37  SBS 三嵌段共聚物的形态结构
　　　　　(丁二烯含量 20%)

图 5-38  G 型 ABS 形态结构的电镜照片黑色
　　　　　为橡胶,白色为树脂

(2) 两相交错结构

这种结构也被称为两相共连续结构,包括层状结构和互锁结构。当嵌段共聚物和某些聚合物合金两组分含量相近时,可形成这种结构。例如 SBS 三嵌段共聚物,当丁二烯含量为 60% 左右时即形成两相交错的层状结构(图 5-39)。

(3) 相互贯穿的两相连续结构

相互贯穿两相连续形态结构的典型例子是互穿聚合物网络(IPN)。在 IPN 中聚合物网络相互贯穿,使得整个共混物成为一个交织网络,两相都是连续的(图5-40)。

 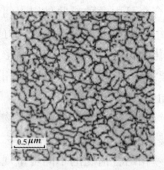

图5-39　SBS(丁二烯含量60%)　　　　图5-40　聚顺丁二烯/聚苯乙烯
　　　　　形态结构的电镜照片　　　　　　　　　　IPN电镜照片

（4）含结晶聚合物的共混物的形态结构

高分子合金中一种组分为结晶性聚合物,另一种组分为非晶性聚合物时,其形态结构主要有以下三种(图5-41):① 球晶或晶粒分散于非晶态中;② 非晶态分散于球晶中;③ 形成非晶/非晶形态。这取决于体系的相容性和共混工艺。一般来说,相容性差,主要表现为①的情况;相容性好,易出现②的情况;若非结晶性聚合物组分的比例很高时,常形成非晶/非晶的形态结构。

（a）球晶分散于非晶介质中　　　　　　（b）非晶分散于球晶中

图5-41　晶态/非晶态共混物的形态结构示意图

结晶/结晶聚合物共混物的形态结构就更为复杂,本书不再讨论。

（5）高分子合金的界面层结构

高分子合金的两相或多相之间普遍存在界面层。界面层的结构对合金性能,特别是力学性能有着决定性的作用。两种链段的热运动扩散的结果使两种聚合物在界面的两边产生明显的浓度梯度(图5-42,图5-43)。从热力学角度分析,两种链段之间扩散的推动力是混合熵,因此,扩散程度主要取决于两种聚合物的热力学相容性。

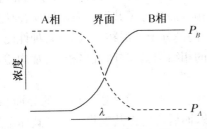

图 5-42 界面层中两种聚合物的浓度梯度

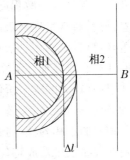

图 5-43 界面层示意图

4. 高分子的相容性

两种或两种以上高分子能不能混合，混合的程度如何？这就是高分子的相容性问题。高分子的相容性概念与低分子的互溶性概念有相似之处，但又不完全相同。对于低分子来说，互溶就是指两种化合物能达到分子水平的混合，否则就是不互溶，要发生相分离。是否互溶决定于混合过程中自由能变化是否小于零，即要求

$$\Delta G = \Delta H - T\Delta S \ll 0$$

对于高分子与高分子的混合，这个条件仍然适用。但是由于高分子的分子质量很大，混合前分子链就较为杂乱，因此混合时熵变很小，且混合过程一般是吸热过程，即 $\Delta H$ 是正值，因此要满足 $\Delta G \ll 0$ 的条件是很困难的，多数情况下 $\Delta G$ 是正值，因此绝大多数高分子-高分子混合物都不能达到分子水平的混合，或者说是不相容的，结果形成非均相混合物，即所谓的"两相结构"。但这种非均相体系却能给共混物带来一系列独特的性质，因此这种结构往往正是所追求的。

在不完全相容的高分子-高分子混合物中，还存在着混合程度的差别，而混合程度仍然与高分子间的相容性有关。因此，高分子的相容性概念不像低分子的互溶性那么简单，不只是指相容与不相容，更重要的是相容性的好坏和局部相容性。

判断和研究高分子相容性的方法有很多种，包括溶度参数法、光学显微镜法、电子显微镜法（SEM/TEM）、示差扫描量热法（DSC）、动态热机械分析法（DMA）等。

由于并不能达到分子水平的相容，因此大多数高分子共混物所形成的非均相体系从热力学的观点上来看，并不是一种稳定的状态，但是它又不像一般低分子不相容体系那样容易发生进一步的相分离。从动力学上说，高分子共混体系的黏度很大，分子或链段的运动实际上处于一种冻结的状态，或者说运动的速度是极其缓慢的，使这种热力学上不稳定的状态得以维持，相对地稳定下来。但是，嵌段共聚物形成的非均相体系，则可以是热力学上稳定体系。

　　高分子共混物的分散程度决定于组分间的相容性。相容性太差时,两种高分子的混合程度很差,材料通常呈现宏观的相分离,因而很少有实用价值;两种高分子的相容性越好,则混合得越好,材料的两相分散得越均匀,完全相容的高分子共混体系的性质往往与两种高分子材料的性质有线性加和关系;而相容性适中的高分子共混物,往往在某种性能上呈现突出的优异性,具有较大的实用价值,这类高分子的相结构呈现"微观多相、宏观均相"的特点。

　　5. 高分子合金的增容

　　聚合物间的不相容性导致熔融状态下高的表面张力以及固态时弱的界面黏合力,前者使得熔融共混时很难形成均匀的、细小的分散,而后者使得共混物的机械破坏总是沿着薄弱的相界面进行,从而导致共混物的力学性能下降。而且,随着时间的延长,相分离现象越来越明显,导致性能的不稳定和劣化。由聚合物间的热力学不相容性导致的这些问题可以通过增容技术来解决,常用的增容技术有:加入增容剂、反应增容、引入特殊相互作用和强迫相容等。其中增容剂也称为相容剂。

　　增容技术的发展和应用,为制备一系列性能优异的聚合物合金创造了条件,也是聚合物共混物研究与工程领域内最热门的课题之一,尤其是加入增容剂和反应增容在高分子合金的开发和工程应用领域占有特别重要的位置。

　　(1) 加入增容剂

　　增容剂包括非反应型和反应型两类,非反应型增容剂通常就是共混聚合物组分的嵌段共聚物、接枝共聚物或者无规共聚物,它们与共混物中的聚合物组分不发生化学反应。反应型增容剂能够与共混物中的一个或两个组分发生反应。

　　由于结构上的特点,增容剂与共混的各组分聚合物都有良好的亲和力。增容剂的主要效果有:降低两相之间的界面能,减小相尺寸,增强相界面间的黏结力,阻止分散相的凝聚。

　　**讨论**:为什么增容剂能起到增容的效果?

　　对于聚合物 A 和聚合物 B 组成的共混体系,常选择它们的接枝共聚物 PA-*g*-PB 或嵌段共聚物 PA-*b*-PB 作为增容剂,增容效果与增容剂的结构、分子质量、用量以及成型加工工艺等因素有关。

　　由于嵌段共聚物的合成比较困难,而且对于某些聚合物共混体系。甚至很难得到它们的嵌段共聚物。但是,可以按照下面的思路去寻找合适的增容剂。

　　① 如果嵌段共聚物 PA-*b*-PB 或接枝共聚物 PA-*g*-PB 可作为 PA、PB 共混体系的增容剂,而 PC 与 PA 相容,PD 与 PB 相容,则 PA-*b*-PB 或 PA-*g*-PB 可作为 PC-PB 或 PA-PD 以及 PC-PD 体系的增容剂。

　　② 从聚合物之间的相容性与结构的关系出发,增容剂还可以不局限于嵌段或接枝共聚物。当 PC 上同时带有 PA、PB 所特有的某些官能团时,PC 就有可能成为 PA-PB 共混体系

的有效增容剂。

（2）反应增容

另外一种增容共混物的有效途径就是在共混过程中就地生成嵌段或接枝共聚物，这就是反应增容技术。反应增容可以通过外加反应性增容剂实现，或者先在参与共混的聚合物上引入相应的反应性的官能团，然后在共混的过程中使之相互反应。反应性官能团可位于分子链的末端，也可以在分子链的中间，既可以是聚合物分子链本身所具有的，也可以是通过接枝反应、共聚反应有目的地引入的。

虽然有机反应的种类很多，但是由于共混过程中，聚合物接触的时间很短，因此，用于反应增容的反应性官能团必须合理选择，以保证它们在熔融共混的有限时间内能够充分反应。此外，反应过程中不能生成其他副产物，以避免对聚合物性能产生不利影响。由于这些限制，可用于反应增容的官能团和化学反应并不多。常见的有羧基与氨基的反应、酸酐与氨基的反应等。例如制备尼龙与聚乙烯的共混物时，可以加入乙烯-甲基丙烯酸共聚物作为反应性增容剂，在熔融共混过程中，增容剂中的羧基与尼龙分子中的胺基发生反应，将两者连接起来，从而起到增容作用，反应过程示意图如下：

$$\sim\!\!\sim\!\!COOH + H_2N\!-\!PA \longrightarrow \sim\!\!\sim\!\!\overset{\displaystyle C=O}{\underset{\displaystyle NHPA}{|}}$$

酸酐比羧基具有更高的反应活性，常用马来酸酐合成增容剂用于聚酰胺类共混物的增容，增容反应是酸酐与胺基之间的反应。例如在制备 PP-PA 合金时，可以加入马来酸酐接枝的聚丙烯（PP-g-MA）作为反应性增容剂，在共混过程中发生如下反应：

$$\sim\!\!\sim\!\!\underset{\displaystyle \underset{O}{\overset{\displaystyle O=C}{|}}\ \ \underset{O}{\overset{\displaystyle C=O}{|}}}{\overset{\displaystyle CH\!-\!CH_2}{}} + H_2N\!-\!PA \longrightarrow \sim\!\!\sim\!\!\underset{\displaystyle \underset{}{\overset{\displaystyle COOH}{|}}\quad \underset{O}{\overset{\displaystyle |}{}}}{\overset{\displaystyle CH\!-\!CH_2\!-\!C\!-\!NH\!-\!PA}{}}$$

**习 题**

1. 高分子有哪些结构层次？各结构层次研究的内容是什么？

2. 构象与构型有何区别？聚丙烯分子链中碳—碳单键是可以旋转的，通过单键的内旋转是否可以使全同立构聚丙烯变为间同立构聚丙烯？为什么？

3. 由 1,3-戊二烯聚合可以得到几种有规立构聚合物，写出它们的结构式。

4. 比较下列几组高分子柔顺性的大小，并说明原因：

（1）聚乙烯，聚丙烯，聚苯乙烯；

(2) 聚丙烯,聚氯乙烯,聚丙烯腈;

(3) 聚苯醚,聚苯,聚环氧乙烷。

5. 假定聚乙烯的聚合度为 2 000,键角为 109.5°。求伸直链的长度 $Lmax$ 和根均方末端距之比值,并由分子运动的观点解释某些高分子材料在外力作用下可以产生很大形变的原因。

6. 晶态高聚物的 X 射线衍射图中为什么常出现弥散环?为什么高聚物结晶大多数是较低的晶系?

7. 什么叫做结晶性高聚物,什么叫做晶态高聚物,讨论影响高聚物结晶的主要因素。

8. 聚合物的结晶形态主要有哪几种,它们的形成条件是什么?球晶的大小对材料的力学性能有何影响?在工业生产中如何控制球晶的生长速度和大小?

9.(1) 将熔融态的聚乙烯(PE)、聚对苯二甲酸乙二醇酯(PET)和聚苯乙烯(PS)淬冷至室温,PE 是半透明的,而 PET 和 PS 是透明的,请解释之。

(2) 将上述的 PET 透明试样,在接近玻璃化转变温度 Tg 下进行拉伸,发现试样由透明逐渐变得浑浊,请解释这一现象。

10. 何谓聚合物合金,包括哪些类型?聚合物共混需要完全相容吗?为什么?给出一种判定二组分高分子合金相容性好坏的方法。

## 参考文献

[1] 符若文,李谷,冯开才. 高分子物理. 北京:化学工业出版社,2005.

[2] 董炎明,朱平平,徐世爱. 高分子结构与性能. 上海:华东理工大学出版社,2010.

[3] 何曼君,张红东,陈维孝,董西侠. 高分子物理(第三版). 上海:复旦大学出版社,2007.

[4] 金日光,华幼卿. 高分子物理(第三版). 北京:化学工业出版社,2007.

[5] 王玉忠,陈思翀,袁立华. 高分子科学导论. 北京:科学出版社,2010.

[6] 张克惠. 塑料材料学. 西安:西北工业大学出版社,2006.

# 第六章  高分子溶液与相对分子质量

## §6.1  高分子溶液

### 6.1.1  研究高分子溶液的重要性

高分子溶液是高分子化合物以分子状态自动分散在溶剂中,形成的均相混合物。高分子溶液的本质是真溶液,属于均相分散体系。由于高分子分子质量比较大,并在溶液中具有无规线团的结构特征,单个高分子线团的体积与小分子凝聚体粒子相当,使其某些行为与胶体相似。因此,在高分子学科发展之初相当长的一段时期,高分子溶液曾被误认为是胶体分散体系。但实际上,高分子溶液与胶体溶液的性质存在很多的不同点(见表6-1)。

表6-1  高分子溶液与胶体溶液性质异同之处

| 异同点 溶液 | 高分子溶液 | 胶体溶液 |
|---|---|---|
| 相同性质 | 粒子大小 10～100 nm | |
| | 扩散慢 | |
| | 不能透过半透膜 | |
| 不同性质 | 溶质与溶剂间有亲和力 | 分散相与分散介质间无亲和力 |
| | 稳定体系 | 不稳定体系 |
| | 平衡体系,有一定的溶解度 | 非平衡体系,没有一定的溶解度 |
| | 真溶液,均相体系,丁达尔效应微弱 | 多相体系,丁达尔效应明显 |
| | 可以长期存放 | 沉降现象 |
| | 对电解质不是很敏感 | 对电解质敏感 |

高分子溶液在科学研究和生产实践中的应用是十分广泛的。科学研究方面,如高分子分子质量及其分布理论、高分子结晶、高分子分子链构型、高分子溶解等。生产实践方面,如化纤工业中的溶液纺丝、塑料工业中的增塑以及用量很大的涂料、黏合剂、反应性预聚物溶

液(中间体、浇铸液)等。

目前对于高分子溶液的研究,从理论到实验研究较多的也较为成熟的只限于稀溶液体系,已经取得较大的成就。通过对高分子溶液的研究,可以定量和半定量关系来描述其热力学与动力学性质(高分子—溶剂体系的混合熵、混合热、混合自由能;高分子溶液的沉降、扩散、黏度等);可以帮助了解高分子的化学结构、构象、相对分子质量和相对分子质量分布;可以利用高分子溶液的特性(蒸汽压、渗透压、沸点、冰点、黏度和光散射等)测定高分子的平均相对分子质量。这些研究大大提高了人们对高分子结构以及结构与性能之间的基本规律和内在联系的认识,对指导生产和发展基本理论都具有重要的意义。因此高分子溶液性质的研究对于高分子科学的建立与发展起了十分重要的作用。

高分子溶液研究之所以重要,还因为它直接与工业实践息息相关。用于应用领域多为高分子浓溶液。如许多黏合剂、涂料品种,本身就是高分子溶液,并以溶液的形式直接应用。在纺织工业中,溶液纺丝技术是通过高分子溶液制备化学纤维的。在利用热固性树脂制造玻璃钢、层压板等材料时,常用高分子溶液做浸渍液。在高分子材料成型加工中,为了改善塑性聚合物,加入增塑剂,增塑剂增塑的塑料也是一种浓溶液,呈固体状。在高分子合成工业中,许多聚合过程是在溶液中进行的,对于均相的本体连锁聚合体系,在聚合完成之前是高分子溶于其单体形成的溶液体系。因此,对于高分子溶液性质的深入理解还将有助于高分子合成的反应机理与过程控制的研究。

### 6.1.2 高分子的溶解

#### 1. 高分子溶液浓度的概念

高分子溶液可按分子链形态的不同和浓度的大小分为高分子浓溶液和高分子稀溶液。20 世纪 70 年代,De Gnnes 的标度理论认为高分子溶液划分为稀溶液、亚浓溶液和浓溶液。20 世纪 80 年代,钱人元认为高分子溶液划分为极稀溶液、稀溶液、亚浓溶液、浓溶液和极浓溶液。20 世纪 90 年代,程镕时认为高分子溶液划分为极稀溶液、稀溶液、亚浓溶液和极浓溶液。

一般,我们讨论的高分子溶液按浓度分为浓溶液、亚浓溶液和稀溶液。高分子稀溶液通常浓度在 1% 以下。高分子以分子水平分散,溶液的黏度很小而且很稳定,在没有化学变化的条件下其性质不随时间而改变,是一个热力学稳定体系。高分子链线团(包括其排斥体积)是孤立存在的,相互之间没有交叠。一般用于分子质量测定及分子质量分级(分布)等。亚浓溶液通常浓度在 1%～5% 之间,高分子链各线团之间互相穿插交叠,整个溶液中的链段分布趋于均一。浓溶液通常浓度在 5% 以上。如纺丝液浓度为 15% 以上,油漆等溶液浓度高达 60%。这时溶液黏度较大,稳定性较差。高分子链之间发生聚集和缠结(见图 6-1)。凝胶、冻胶和增塑高聚物等半固体或固体属于更高浓度的浓溶液。

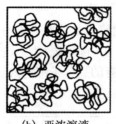

(a) 稀溶液　　　　　(b) 亚浓溶液　　　　　(c) 浓溶液

**图 6 - 1　高分子溶液中大分子链的聚集情况**

### 2. 高分子溶液的特点

多年来,随着人们对高分子溶液研究的深入,对它的结构、特点以及溶液的本质有了一个认识的飞跃,下面将高分子溶液特点做一下介绍。

(1) 高分子溶液中单个高分子链线团的体积与胶体粒子(小分子缔合体)的尺寸相当,但与胶体有着本质差异,因为高分子是链式结构。

(2) 在同一个浓度下,高分子溶液黏度比小分子溶液大得多,并且其性质不随溶液的不同而有很大的变化。浓度为 1％～2％ 的高分子溶液,其黏度约为纯溶剂的 15～20 倍。例如:5％ 的天然橡胶(NR)的苯溶液常态下为冻胶不流动状态。

(3) 高分子与小分子溶剂间的相互作用,导致高分子链周围被大量溶剂分子包围,形成更大的运动单元,同时减小了高分子链和小分子溶剂的活动性。

(4) 高分子溶液黏度与分子质量关系密切,分子质量越大,黏度越大,此外高分子链间的缠结现象也会增加溶液的黏度。

(5) 高分子溶液的行为与理想溶液有很大的偏差,主要是高分子的混合熵比小分子理想溶液的混合熵要大得多。

### 3. 高分子的溶解

物质的溶解过程,实际上就是溶剂与溶质相互渗透的过程。作为小分子而言,它的溶解非常迅速和均匀。相对而言,高分子的分子质量比小分子大得多且具有多分散性,结构复杂,形态多样,有线型、支化和交联之分。此外高分子的聚集态又表现为晶态和非晶态,因此,高分子的溶解现象比小分子物质的溶解要复杂得多。

高分子链与溶剂分子的尺寸相差悬殊,两者的分子运动速率也差别很大,溶剂分子能很快渗透进入高分子,而高分子向溶剂的扩散却非常慢,因此高分子溶解过程相当缓慢,常常需要几小时、几天,甚至几星期。

(1) 非晶态高分子的溶解

高分子溶解是一个复杂而缓慢的过程,包括两个阶段:溶胀和溶解。首先是溶胀,溶剂分子渗透到高分子线团里,削弱大分子间相互作用力,使高分子体积膨胀,这过程是溶剂分子的单向渗透,整个高分子链并没有松动。当溶胀到一定程度后,随着溶剂分子的不断渗入,高分子链间的空隙不断增大,同时渗入的溶剂分子与高分子链单元间的作用力逐步克服高分子链单元间的吸引力,使链段运动不断增强,直至脱离高分子间的吸引力,拆散高分子,如同揭下胶布,此时转入溶解。当所有的高分子都进入溶液后,形成完全溶解的分子分散的均相体系。其溶解过程示意图见图 6-2。

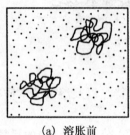 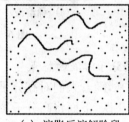

(a) 溶胀前　　　　　　(b) 溶胀后溶胀阶段　　　　　(c) 溶胀后溶解阶段

图 6-2　高分子的溶解过程示意图

在溶解过程中的各个阶段,体系运动单元都不同。溶胀前,运动单元为溶剂分子和部分链段;溶胀后,运动单元为溶剂分子、大部分链段和小部分高分子链;溶解后,运动单元为溶剂分子、所有链段和所有高分子链。

溶胀过程又可分为无限溶胀和有限溶胀。无限溶胀是指线型高分子溶于良溶剂中,能无限制地吸收溶剂分子,直到溶解成均相溶液为止。所以溶解也可看成是高分子无限溶胀的结果。例:天然橡胶在汽油中;聚苯乙烯在苯中。有限溶胀是指交联聚合物或线型高分子溶于不良溶剂中,吸收溶剂分子到一定程度,无论与溶剂接触多久,吸入溶剂的量不再增加,高分子的体积也不再增加,即溶胀只能进行到一定程度,这时,体系达到平衡,保持两相状态。

(2) 晶态高分子的溶解

晶态高分子的晶区部分分子链排列规整,堆砌紧密,热力学稳定相态,分子间作用力强,溶剂分子很难渗入其内部,因此其溶解比非晶态高分子困难。晶态高分子的溶解有两个过程:首先吸热使分子链开始运动,晶格被破坏,成为非晶态,然后被破坏晶格的高分子与溶剂发生作用,同非晶态高分子一样,先发生溶胀,再溶解。

晶态中又分极性的和非极性的。对于非极性结晶高分子,这类高分子一般是由加聚反应生成的,如聚乙烯、等规聚丙烯等,它们是纯碳氢化物,分子间虽没有极性基团相互作用力,但由于分子链结构规整,所以也能结晶。分子间有很强的作用力,因此常温下不溶解,需要将体系加热到熔点附近,使晶格破坏,溶剂才能渗入高分子内部而将其溶胀和溶解。如高密度聚乙烯的熔点为 135 ℃,需加热至 120 ℃以上才能溶解于四氢萘中。间同立构聚丙烯的熔点为 134 ℃，需加热至 130 ℃以上才能溶解于十氢萘中。聚苯硫醚的熔点 283 ℃，需加热至 206 ℃以上才能溶解于 1-氯代萘中。

对于极性结晶高分子，这类聚合物大多是由缩聚反应生成的，如聚酰胺，涤纶聚酯等，分子间有很强的作用力。对这类高分子，除了用加热方法使其溶解之外，也可在常温下加强极性溶剂使之溶解。这是因为结晶高分子中含有极性的非晶区，它与强极性溶剂接触时，两者强烈的相互作用放出大量的热，使晶格被破坏，然后被破坏的晶区就可与溶剂作用而逐步溶解。如聚酰胺室温可溶于甲酚、40%的 $H_2SO_4$、60%的甲酸及苯酚—冰醋酸的混合溶剂中。涤纶聚酯可溶于间苯甲酚、邻氯代苯酚和质量比为 1:1 的苯酚—四氯乙烷混合溶剂中。

高分子的溶解度与分子质量、聚集态、柔性和极性有关。高分子相对分子质量大，溶解度小；交联度大，溶胀度小；结晶度大，溶解度小；分子链柔性小，溶解度也小，如聚乙烯醇易溶于水；高分子链刚性，溶解度小，如纤维素不溶于水。为了缩短溶解时间，对溶解体系进行搅拌或者适当加热是有利的。

> **讨论**：橡皮能否溶解和熔化，为什么？

（3）溶剂的选择

目前对于高分子溶剂的选择还没有一个成熟的理论，然而我们可以借助和参考小分子溶解规律，结合高分子的溶解经验来加以判断选择。

溶剂选择有三个原则：极性相似原则、溶度参数相近原则和溶剂化原则。

① 极性相似原则。极性大的溶质溶于极性大的溶剂；极性小的溶质溶于极性小的溶剂。溶质与溶剂的极性越相似，越易溶解。如非极性天然橡胶可溶于汽油、苯、己烷、石油醚等非极性溶剂；弱极性聚苯乙烯可溶于甲苯、氯仿、苯胺和苯等弱极性或非极性溶剂；极性聚乙烯醇可溶于水等极性溶剂；强极性聚丙烯腈可溶于 DMF、乙腈等强极性溶剂。

② 溶度参数相近原则。溶度参数是表征高分子—溶剂相互作用的参数。高分子的内聚性质可由内聚能予以定量表征，单位体积的内聚能称为内聚物密度，其平方根称为溶度参数，用 $\delta$ 表示。当高分子与溶剂的溶度参数相近时，高分子在溶剂中的溶解性好。溶度参数相近原则只适合于非极性或弱极性高分子，当 $|\delta_1 - \delta_2| > 1.7 \sim 2.0$，则高分子不溶解。如天然橡胶（$\delta = 16.2$）可溶于甲苯（$\delta = 18.2$），不溶于乙醇（$\delta = 12.7$）。常见高分子和溶剂的溶度参数可以查阅相关手册。若难以找到合适的单一溶剂，可以选择混合溶剂。混合溶剂的溶度参数计算如式（6-1）所示：

$$\delta_{混合} = \phi_A \delta_A + \phi_B \delta_B \tag{6-1}$$

式中：$\delta_A$ 和 $\delta_B$ 为两种纯溶剂的溶度参数；$\phi_A$ 和 $\phi_B$ 为两种溶剂在混合溶剂中所占的体积分数。如氯乙烯-co-醋酸乙烯共聚物（$\delta = 21.2$）不能单独溶于乙醚（$\delta = 15.2$）和乙腈（$\delta = 24.2$）中，但是其可溶于两者按体积比 1:2 配成的混合溶剂。表 6-2 给出了一些常用的高分子及溶剂的溶度参数。

表 6 - 2  常用溶剂及高分子的溶度参数

| 溶剂 | $\delta(J^{0.5}/cm^{1.5})$ | 高分子 | $\delta(J^{0.5}/cm^{1.5})$ |
|---|---|---|---|
| 正己烷 | 14.9 | 聚乙烯 | 15.8～17.0 |
| 环己烷 | 16.8 | 聚丙烯 | 16.6～16.8 |
| 苯 | 18.7 | 聚苯乙烯 | 17.4～19.0 |
| 甲苯 | 18.2 | 聚甲基丙烯酸甲酯 | 18.6～26.2 |
| 二甲苯 | 17.9～18.4 | 聚氯乙烯 | 19.2～19.8 |
| 硝基苯 | 20.5 | 聚丙烯酸甲酯 | 19.8～21.3 |
| 二甲亚砜 | 15.7 | 环氧树脂 | 19.8～22.5 |
| 乙醚 | 21.9 | 聚甲醛 | 20.3～22.5 |
| 正辛醇 | 20.5 | 尼龙- 66 | 27.8 |
| N,N-二甲基甲酰胺 | 22.7 | 聚丙烯腈 | 25.6～31.5 |
| 丙酮 | 20.1 | 酚醛树脂 | 23.5 |
| 环己酮 | 19.0 | 聚四氟乙烯 | 12.7 |
| 甲乙酮 | 19.0 | 聚丁二烯 | 16.6～17.6 |
| 二乙酮 | 18.0 | 聚碳酸酯 | 19.4～20.1 |
| 二氯甲烷 | 19.8 | 聚硅氧烷 | 19.2 |
| 氯仿 | 19.0 | 聚乙烯醇 | 25.8～47.9 |
| 四氯化碳 | 17.6 | 醋酸纤维素 | 22.3～23.3 |
| 水 | 47.9 | 聚氨酯 | 20.5 |
| 甲醇 | 29.7 | 聚对苯二甲酸乙二醇酯 | 22.9～23.9 |
| 乙醇 | 26.0 | 天然橡胶 | 16.2～16.7 |
| 四氢呋喃 | 19.0 | 氯丁橡胶 | 16.8～18.8 |
| 乙酸乙酯 | 18.6 | 丁苯橡胶 | 16.6～17.6 |
| 三乙胺 | 14.9 | 丁基橡胶 | 15.8 |
| 甲酰胺 | 36.4 | 丁腈橡胶 | 18.9～19.4 |
| 乙酰胺 | 34.2 | 乙丙橡胶 | 16.2 |

③ 溶剂化原则。即广义酸碱作用原则。指溶质和溶剂分子之间的作用力大于溶质分子之间的作用力,以致使溶质分子彼此分离而溶解于溶剂中。溶剂化作用要求高分子和溶剂中,一方是电子接受体(亲电性),另一方是电子给予体(亲核性),两者相互作用产生溶剂化。如聚氯乙烯($\delta=19.4$)和聚碳酸酯($\delta=19.6$)的溶度参数很接近,但是聚氯乙烯只溶于环己酮($\delta=19.0$),聚碳酸酯可溶于二氯甲烷($\delta=19.8$)和氯仿($\delta=19.0$)。这是由于聚氯乙烯是电子接受体,易溶于亲核性的环己酮中,而聚碳酸酯是电子给予体,易溶于亲电性的二氯甲烷中。

**讨论:为什么聚四氟乙烯至今找不到合适的溶剂?**

### 6.1.3 高分子溶液热力学

高分子溶液是热力学稳定体系,溶液的性质不随时间而变化,因此,可以用热力学方法研究高分子溶液,用热力学函数描述高分子溶液的性质。因为高分子溶解过程是高分子和溶剂分子相互混合的过程,此过程是否能自发进行由吉布斯自由能变化值决定。如吉布斯自由能方程(6-2)中 $\Delta G_m < 0$,则说明高分子溶解能自发进行。

$$\Delta G_m = \Delta H_m - T\Delta S_m \tag{6-2}$$

因此,正确估计高分子溶解过程中 $\Delta G_m$ 的变化非常重要。由于高分子溶液比较特殊,不同于理想溶液,所以为了计算方便,Flory 和 Huggins 借助于似晶格模型(图6-3)进行了假设。

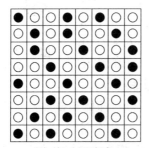 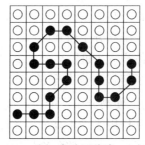

(a) 低分子溶液          (b) 高分子溶液

○ 溶剂分子;    ● 溶质分子:低分子或链段

**图6-3 似晶格模型**

假设一,高分子溶液中分子的排列像晶体一样,也是一种晶格的排列,每个溶剂分子占有一个格子,每个高分子占有 $x$ 个相连的格子。其中,$x$ 为高分子与溶剂分子的体积比,也就是说,可以把高分子链作为有 $x$ 个链段组成的,每个链段的体积与溶剂分子的体积相同;假设二,高分子链是柔性的,可以自由弯曲,所有构象具有相同的能量;假设三,溶液中高分子链段是均匀分布的,即链段所占任意格子的几率相同。通过假设,得出 Flory-Huggins 高分子溶液理论,即高分子溶解过程中 $\Delta G_m$ 的计算公式如下

$$\Delta G_m = RT[n_1 \ln \phi_1 + n_2 \ln \phi_2 + \chi_1 n_1 \phi_2] \tag{6-3}$$

式中:$n_1$ 和 $\phi_1$ 分别指溶剂的物质的量和体积分数;$n_2$ 和 $\phi_2$ 分别指高分子溶质的物质的量和体积分数;$\chi_1$ 为 Flory-Huggins 相互作用参数,反映了高分子与溶剂混合时相互作用能的变化。

Flory-Huggins 相互作用参数与溶解度参数之间存在以下关系:

$$\chi_1 = \frac{V_m}{RT}(\delta_1 - \delta_2)^2 \tag{6-4}$$

$V_m$ 为溶剂的摩尔体积。

$\chi_1$ 值也可用来衡量溶剂的溶解能力。当 $\chi_1 < 0.5$，说明该溶剂为良溶剂，高分子能溶解在该溶剂中。$\chi_1$ 值越小，溶剂的溶解能力越强。当 $\chi_1 > 0.5$，说明该溶剂为不良溶剂，高分子一般不能溶解在该溶剂中。$\chi_1$ 值越大，溶剂的溶解能力越低。

Flory-Huggins 似晶格模型理论假设高分子链段在溶液中均匀分布，这在浓溶液中较合理，在稀溶液中是不均匀的。Flory 和 Krigbaum 在晶格模型理论的基础上进行了修正，提出了新的溶液理论，该理论进行了两个假设。假设一，对整个高分子溶液来说，链段分布是不均匀的，有的地方链段分布较密，有的地方几乎没有。整个高分子稀溶液可以看作被溶剂化了的高分子"链段云"一朵朵地分散在溶液中。链段云内，链段的径向分布符合高斯定律。假设二，在稀溶液中，一个高分子很难进入另一个高分子所在的区域，也就是说，每个高分子都有一个排斥体积 $\mu$。如果高分子链段与溶剂分子的相互作用能大于高分子链段与高分子链段的相互作用能，则高分子被溶剂化而扩张，使高分子不能彼此接近，高分子的排斥体积就很大。如果高分子链段与高分子链段的相互作用能等于高分子链段与溶剂的相互作用能，高分子与高分子可以与溶剂分子一样彼此接近，互相贯穿，这样排斥体积为零，相当于高分子处于无忧状态。

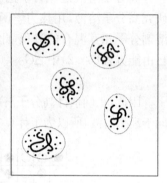

图 6-4　高分子溶液中的"链段云"

当高分子溶液中的高分子链处于自然卷曲的状态时，即无扰状态时，称之为 $\theta$ 状态或 $\theta$ 条件。$\theta$ 状态时的高分子溶液的性质接近理想溶液状态。此状态对应的温度和溶剂分别称之为 $\theta$ 温度和 $\theta$ 溶剂。$\theta$ 温度以上，高分子线团展开，$\theta$ 温度以下，线团趋于紧缩。选择适当的溶剂和温度，就能满足 $\theta$ 条件。当溶剂选定后，可以改变温度以满足 $\theta$ 条件；或选定温度后改变溶剂的品种，也可以利用混合溶剂来调节溶剂的成分以达到 $\theta$ 条件。

其实，Flory-Krigbaum 高分子溶液理论仍有许多不足，它和 Flory-Huggins 似晶格模型理论一样，都没有考虑高分子与溶剂混合时体积的变化，所以仍与实验有所偏差，后来 Flory 再次对此作了修正，但是式子繁琐，使用不便，这儿就不再讨论了。

## §6.2　高分子相对分子质量及其分布

### 6.2.1　研究高分子相对分子质量及其分布的重要性

在第一章中我们已经介绍了什么叫高分子，即指由多种原子以相同的、多次重复的结构单元并主要由共价键连接起来的、相对分子质量为 $10^4 \sim 10^7$ 的化合物。单体一般是气体、液体,即使是固体,其机械强度和韧性很低,然而,当它们聚合成高分子后,其机械强度可以和木材、水泥甚至钢铁相比,弹性和韧性接近棉和毛。正是因为它极高的相对分子质量使其物理性能与小分子有质的差别。

高分子的相对分子质量当达到某数值后,才能表现出一定的物理性能。而且,高分子材料的性能在一定范围内随相对分子质量的提高而提高,例如,抗张强度、冲击强度、弹性模量、硬度、抗应力开裂和黏合强度随之提高。为此我们期望高分子材料有较高的相对分子质量。另一方面,当高分子的相对分子质量大到某程度后再增加,有些物理性能继续再增加,但是机械强度变化不大。由于随着相对分子质量的增加,高分子分子之间的作用力也相应增加,使高分子高温流动黏度也增加,这给加工成型带来一定的困难。因此,高分子的相对分子质量大小,兼顾到材料的使用性能与加工性能两方面的要求。高分子的相对分子质量大小应控制在一定的范围之内,它可作为加工过程中各种工艺条件的选择依据。

测定高分子相对分子质量分布的目的是为了了解聚合过程和相对分子质量分布对高分子性能的影响。高分子在材料加工前的相对分子质量分布取决于聚合反应机理,它在老化过程中相对分子质量分布的变化取决于降解机理。这样,测定相对分子质量分布又是研究和验证聚合和解聚动力学的有力工具。

凡是对相对分子质量具有依赖性的高分子,其任何物理性质,自然都受相对分子质量分布的影响。从高分子材料的角度来看,高分子的相对分子质量分布对高分子材料的加工和使用性能有显著的影响。对塑料而言,塑料的相对分子质量依据产品的要求,变动范围较大,但窄分布对加工和性能都有利,因为存在少量低分子质量级分的分子能起内增塑的作用。对橡胶而言,相对分子质量一般都很大,为保证制品强度,常以相对分子质量分布宽一些为宜,这样可改善流动性而有利于加工。但也不宜过宽,因为低分子质量级分过多,橡胶混炼时易粘辊。对合成纤维而言,因其相对分子质量较小,相对分子质量分布以窄为宜。若分布宽,小分子的组分含量高,这对纺丝性能和机械强度都不利。

总之,高分子材料的相对分子质量分布太窄,对加工往往是不利的,相对分子质量分布过宽又带来各种各样的问题。中等分布例如 $\overline{M_w}/\overline{M_n}$ 在 $2 \sim 3$ 是适中的。重要的不是相对分子质量分布的细节,而是要看高分子试样的相对分子质量分布是单峰值的还是多峰值的,相对分子质量分布的低分子质量和高分子质量的范围和含量。低分子质量尾部往往导致过大的蠕变、过多的消耗交联剂、促使结晶等,而高分子质量尾部则引起强烈的熔体弹性,使加工困难。

### 6.2.2 高分子相对分子质量表示方法

高分子的相对分子质量有两个基本特点:一是相对分子质量大,一般在 $10^4 \sim 10^7$ 之间;

二是相对分子质量具有多分散性,即同一种聚合物,分子链长短不一,其分子质量的大小各不相同。因此,讨论某一种高分子的相对分子质量有多大,并没有意义,只有讨论其平均相对分子质量才具有实际价值。

### 1. 平均相对分子质量的定义

假设一个高分子试样共有 N 个相对分子质量不同的分子,该试样的总质量为 $w$,总物质的量为 $n$,种类数用 $i$ 表示。其中:

分子质量大小不同的有 $m_1, m_2, m_3, \cdots, m_i, m_n$;

对应分子质量为 $M_i$ 的分子数为 $n_1, n_2, n_3, \cdots, n_i, n_n$;

分子质量为 $M_i$ 的质量为 $w_1, w_2, w_3, \cdots, w_i, w_n$;

分子质量为 $M_i$ 的分子的质量占总质量的分数为 $\dfrac{w_1}{w}, \dfrac{w_2}{w}, \dfrac{w_3}{w}, \cdots, \dfrac{w_i}{w}, \dfrac{w_n}{w}$;

分子质量为 $M_i$ 的分子数占总分子数的分数为 $\dfrac{n_1}{n}, \dfrac{n_2}{n}, \dfrac{n_3}{n} \cdots \cdots \dfrac{n_i}{n}, \dfrac{n_n}{n}$。

则上述这些物理量之间存在以下关系:

$$n = \sum n_i, N_i = \frac{n_i}{n} = \frac{n_i}{\sum n_i}, \sum N_i = 1 \tag{6-5}$$

$$w = \sum w_i, W_i = \frac{w_i}{w} = \frac{w_i}{\sum w_i}, \sum W_i = 1 \tag{6-6}$$

$$w_i = n_i M_i \tag{6-7}$$

平均相对分子质量根据不同统计方法或测定方法可以得到不同的平均相对分子质量。常用的平均相对分子质量有四种。

(1) 数均相对分子质量 $\overline{M_n}$ 是以数量为统计权重的平均分子质量,即高分子试样中所有分子的总重量除以其分子摩尔总数。定义为:

$$\overline{M_n} = \frac{w}{n} = \frac{w}{\sum n_i} = \frac{\sum n_i M_i}{\sum n_i} = \frac{\sum w_i}{\sum (w_i/M_i)} = \sum N_i M_i \tag{6-8}$$

数均相对分子质量的定义可以用硬币模型进行简单描述。假设有一堆不同面值的硬币,那么数均统计就是用硬币的总面值除以硬币的总数量。

(2) 重均相对分子质量 $\overline{M_w}$ 是以重量为统计权重的平均分子质量,定义为:

$$\overline{M_w} = \frac{\sum w_i M_i}{\sum w_i} = \frac{\sum n_i M_i^2}{\sum n_i M_i} = \sum W_i M_i \tag{6-9}$$

重均相对分子质量的定义继续用硬币模型进行说明,所谓重均统计就是每次随机抽取一枚硬币,记录下该硬币的面值,然后将其放回。重复以上过程多次,统计不同面值的硬币被抽取的概率。由于大的硬币具有较大的体积和重量,因此其被随机抽取的概率相对较高。

(3) Z 均相对分子质量$\overline{M_Z}$是以 Z 值为统计权重的平均分子质量,$Z = w_i M_i$,定义为:

$$\overline{M_Z} = \frac{\sum Z_i M_i}{\sum Z_i} = \frac{\sum w_i M_i^2}{\sum w_i M_i} = \frac{\sum n_i M_i^3}{\sum n_i M_i^2} \tag{6-10}$$

(4) 粘均相对分子质量$\overline{M_\eta}$用稀溶液黏度法测得的平均分子质量,定义为:

$$\overline{M_\eta} = \left( \frac{\sum W_i M_i^\alpha}{\sum W_i} \right)^{\frac{1}{\alpha}} = \left( \frac{\sum N_i M_i^{1+\alpha}}{\sum N_i M_i} \right)^{\frac{1}{\alpha}} \tag{6-11}$$

这里 $\alpha$ 是指$[\eta] = KM^\alpha$ 公式中的指数,通常 $\alpha$ 在 0.5~1 之间。根据式(6-11),则

当 $\alpha = 1$ 时,$\overline{M_\eta} = \sum W_i M_i = \overline{M_w}$;

当 $\alpha = -1$ 时,$\overline{M_\eta} = \dfrac{1}{\sum \dfrac{W_i}{M_i}} = \overline{M_n}$。

例如,设一高分子试样,其中相对分子质量为 $10^4$ 的分子有 10 mol,相对分子质量为 $10^5$ 的分子有 5 mol,求平均相对分子质量。

$$\overline{M_n} = \frac{\sum N_i M_i}{\sum N_i} = \frac{10 \times 10^4 + 5 \times 10^5}{10 + 5} = 40\,000$$

$$\overline{M_w} = \frac{\sum N_i M_i^2}{\sum N_i M_i} = \frac{10 \times (10^4)^2 + 5 \times (10^5)^2}{10 \times 10^4 + 5 \times 10^5} = 85\,000$$

$$\overline{M_\eta} = \left( \frac{10 \times (10^4)^{0.6+1} + 5 \times (10^5)^{0.6+1}}{10 \times 10^4 + 5 \times 10^5} \right)^{\frac{1}{0.6}} \approx 80\,000$$

$$\overline{M_Z} = \frac{\sum N_i M_i^3}{\sum N_i M_i^2} = \frac{10 \times (10^4)^3 + 5 \times (10^5)^3}{10 \times (10^4)^2 + 5 \times (10^5)^2} \approx 98\,000$$

**2. 各平均相对分子质量之间的关系**

图 6-5 是高分子平均相对分子质量分布示意图,横坐标为相对分子质量,纵坐标为相对分子质量为一定数值时组分的相对含量。由图可知,$\overline{M_n} < \overline{M_\eta} < \overline{M_w} < \overline{M_Z}$。$\overline{M_n}$靠近高分子中低分子质量的部分,即低分子质量部分对$\overline{M_n}$影响较大;$\overline{M_w}$靠近高分子中高分子质量的部分,即高分子质量部分对$\overline{M_w}$影响较大。一般用$\overline{M_w}$来表征高分子比$\overline{M_n}$更恰当,因为高分子的性能如强度、熔体黏度更多地依赖于

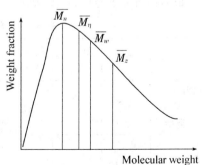

**图 6-5 平均相对分子质量分布示意图**

样品中相对分子质量较大的分子。

### 6.2.3 高分子相对分子质量分布表示方法

单独一种平均分子质量不足以表征高分子的性能,还需要了解相对分子质量多分散性的程度。它更加清晰而细致地表明高分子相对分子质量的多分散性,便于人们讨论材料性能与微观结构的关系。

高分子相对分子质量分布(D)的宽度可用重均相对分子质量与数均相对分子质量之比定义:$D=\overline{M_w}/\overline{M_n}$。$D$ 等于 1,说明相对分子质量均一分布;$D$ 接近 1(1.5～2),说明相对分子质量分布窄;$D$ 远离 1(20～50),说明相对分子质量分布宽。

由图 6-5 可知,平均相对分子质量分布图不仅能知道高分子的平均大小,还可以知道相对分子质量的分散程度,分布较宽说明相对分子质量不均一,反之则说明相对分子质量较均一。

## §6.3 高分子相对分子质量测定方法

当外界条件固定时,可应用高分子的性质与分子质量成函数关系这一特性,来测定其相对分子质量的统计平均值。由于高分子的不同性质与分子质量有不同的依赖关系,因而根据不同的性质求得的分子质量的平均值是不同的。即如果所用的测定方法不同,就要采用不同的统计平均方法。具体如下:

数均相对分子质量:端基分析法、沸点升高法、冰点降低法、膜渗透压法、气相渗透压法、凝胶渗透色谱法。

重均相对分子质量:光散射法、X 射线小角散射法、凝胶渗透色谱法。

Z均相对分子质量:超速离心沉降法、凝胶渗透色谱法。

粘均相对分子质量:黏度法、凝胶渗透色谱法。

表 6-3 测定高分子相对分子质量的方法

| 方法 | 端基分析法 | 膜渗透压法 | 气相渗透压法 | 沸点升高法 | 冰点降低法 | 光散射法 | 黏度法 | 超速离心沉降法 | 凝胶渗透色谱法 |
|---|---|---|---|---|---|---|---|---|---|
| 测得平均分子质量的类型 | $\overline{M_n}$ | $\overline{M_n}$ | $\overline{M_n}$ | $\overline{M_n}$ | $\overline{M_n}$ | $\overline{M_w}$ | $\overline{M_\eta}$ | $\overline{M_Z}$ | $\dfrac{\overline{M_n}}{\overline{M_\eta}}$ $\dfrac{\overline{M_w}}{\overline{M_Z}}$ |
| 使用分子质量范围 | $<3\times10^4$ | $2\times10^4\sim10^6$ | $<3\times10^4$ | $<10^4$ | $<10^4$ | $10^3\sim10^7$ | $10^3\sim10^8$ | $10^2\sim10^6$ | $10^2\sim10^7$ |

### 6.3.1　端基分析法

端基分析法(end-group analysis,EA),是指通过测定高分子试样中分子一端或两端的官能团数目来计算高分子分子质量的方法。对于高分子链末端带有用化学定量分析可确定的基团(如羧基、羟基、氨基和乙酰基等),则确定末端基团的数目就可确定已知质量的样品中的分子链的数目,从而计算高分子的数均相对分子质量,研究其聚合机理。

如果试样重 $m$ g,所含可测端基的摩尔数为 $n$ mol,每条高分子链上含 $Z$ 个可测端基,那么此高分子试样的数均相对分子质量则为:

$$\overline{M_n}=\frac{m}{n/Z}=\frac{mZ}{n} \tag{6-12}$$

例如两端基均为羧基的尼龙66试样1g,溶于二氯甲烷中,加酚酞指示剂,用0.1mol/L的NaOH溶液滴定,至终点时用去NaOH溶液10mL,求该尼龙66的数均相对分子质量。

由于每一条分子链中含有2个端基羧基,所以中和1mol尼龙66需要2mol的NaOH,用去的NaOH摩尔数即为尼龙66试样中的羧基的摩尔数。

因此, $\overline{M_n}=\frac{mZ}{n}=\frac{1\times2}{0.1\times0.01}=2\,000$

显然,试样的相对分子质量越大,单位质量高分子所含端基数就越少,测定准确度就越差。当相对分子质量达到2万~3万时,一般滴定分析法的实验误差将达到20%左右,因此端基分析法只适用于测定相对分子质量在3万以下高分子的数均相对分子质量。假如高分子有交化或交联,或在实验过程中导致端基数目与分子链数目不确定时,就不能得到真正的相对分子质量。同理,核磁共振氢谱也可用于测定含端基的活性齐聚物的分子质量。

用放射性同位素引发剂进行聚合时,分析生成的末端基,可知链引发、链终止和转移的反应机理。

### 6.3.2　依数性测定法

利用稀溶液的依数性测定溶质相对分子质量的方法是经典的物理化学方法。所谓依数性,是指稀溶液的一些性质与溶液中的溶质的数量有关,与溶质的本性无关。如稀溶液中溶剂的蒸气压下降、沸点升高、凝固点降低和渗透压等都是依数性的量。依据测定高分子溶液的依数性来确定高分子相对分子质量的方法有沸点升高法、冰点降低法、膜渗透压法和气相渗透压法。

1. 沸点升高法和冰点降低法(boiling-point elevation, freezing-point depression)

利用稀溶液的依数性,在纯溶剂中加入溶质,溶液的沸点温度比原来纯溶剂的沸点有所升高,溶液的冰点温度比原来纯溶剂的冰点有所降低,其升高值或降低值与所加入的溶质的分子个数有关,由此可计算溶质的分子质量。用于高分子相对分子质量测定时,所测得的为数均相对分子质量。

$$\Delta T/C = K(1/\overline{M_n} + A_2 C) \qquad (6-13)$$

$$(\Delta T/C)_{C \to 0} = K/\overline{M_n} \qquad (6-14)$$

式中:$\overline{M_n}$ 为高分子的数均相对分子质量;$K$ 为与所用溶剂及仪器有关的常数。

实验中,测定一组不同浓度的 $\Delta T$(沸点升高值或冰点降低值),用 $\Delta T/C$ 对 $C$ 作图得一直线,外推到 $C \to 0$ 时,$(\Delta T/C)_{C \to 0}$ 的值可计算 $\overline{M_n}$。

**2. 膜渗透压法(osmometry,OS)**

膜渗透压法又称渗透压法,是数均相对分子质量测定的最重要的方法。将一定浓度的高分子溶液和相应溶剂分别加入到渗透计的溶液池和溶剂池中(如图6-6),溶剂通过半透膜渗透到溶液中,当达到渗透平衡状态时,两部分液体将产生一定的压力差,即渗透压。当溶液溶液很稀时,渗透压符合以下公式

$$\Pi/C = RT(1/\overline{M_n} + A_2 C) \qquad (6-15)$$

$$(\Pi/C)_{C \to 0} = RT/\overline{M_n} \qquad (6-16)$$

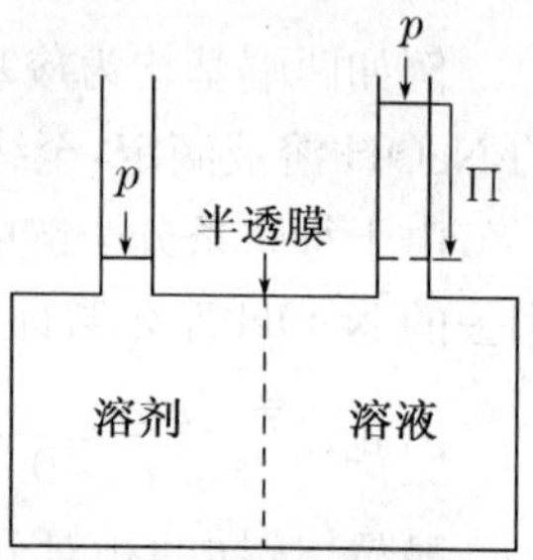

实验中,测定一组不同浓度的 $\Pi$,用 $\Delta T/C$ 对 $C$ 作图得一直线,外推到 $C \to 0$ 时,$(\Pi/C)_{C \to 0}$ 的值可计算 $\overline{M_n}$。

**图6-6 渗透压基本原理**

根据高分子溶液的比浓渗透压具有浓度信赖性可测定该溶液中所溶高分子的相对分子质量。所测为数均相对分子质量,一般适用于测定在 $1 \times 10^4 \sim 1.5 \times 10^6$ 范围内的高分子相对分子质量。采用通常的渗透计测定一个试样往往需要几周时间,现多采用的快速自动平衡渗透计,已大大地缩短了测试时间。

### 6.3.3 黏度法

黏度法(viscosity)是测定高分子相对分子质量常用的方法,此法仪器简单,操作方便,测试时间短,数据精确度高。所谓黏度法,是利用高分子溶液的黏度与其浓度的关系和高分子溶液的黏度与其相对分子质量的关系,测出高分子溶液的黏度,从而求出相对分子质量的方法。黏度法还能研究高分子在溶液中的尺寸、形态、聚合物溶度参数和高分子支化程度等。因此,黏度法在高分子的科研和实际中都有广泛的应用。

黏度法测定高分子相对分子质量时,需要了解高分子溶液的几种黏度。

(1)相对黏度($\eta_r$)。相同温度下,高分子溶液的黏度与纯溶剂的黏度之比。

(2)增比黏度($\eta_{sp}$)。溶液黏度比溶剂黏度增大的分数,$\eta_{sp} = \eta_r - 1$。

(3)比浓黏度($\eta_{sp}/c$)。溶液的增比浓度与溶液浓度之比。

（4）比浓对数黏度（$\ln \eta_r/c$）。相对黏度的自然对数与溶液浓度之比。

（5）特性黏度（$[\eta]$）。浓度趋向于 0 时的比浓黏度或比浓对数黏度。

$$[\eta]=\lim_{c\to0}(\eta_{sp}/c)=\lim_{c\to0}(\ln \eta_r/c) \tag{6-17}$$

特性黏度又称为特性黏数，与浓度无关，量纲为 $\mathrm{cm^3/g}$。

当高分子、溶剂和温度确定后，特性黏度值只取决于高分子的相对分子质量，存在以下经验关系式：

$$[\eta]=KM^a \tag{6-18}$$

式（6-18）称为 Mark-Houwink 方程。在一定分子质量范围内，$K$、$\alpha$ 为常数。$K$ 的数值一般在 $10^{-6}\sim10^{-4}$ 之间，$\alpha$ 的数值一般在 $0.5\sim0.8$ 之间。在 $K$ 和 $\alpha$ 确定的情况下，可根据 $[\eta]$ 求算出 $\overline{M_\eta}$。

黏度法测定高分子的相对分子质量最常用的仪器是乌氏黏度计（见图 6-7）。利用乌氏黏度计，测出高分子溶液及纯溶剂经过 $a$、$b$ 之间的时间（$t$，$t_0$），从而根据 $\eta_r=t/t_0$ 算出 $\eta_r$，再计算出 $\eta_{sp}$、$\eta_{sp}/c$ 和 $\ln \eta_r/c$，再作 $\eta_{sp}/c\sim c$，$\ln \eta_r/c\sim c$ 的图，分别外推到 $c=0$ 处，即为 $[\eta]$（见图 6-8）。

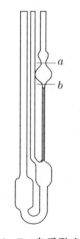

图 6-7　乌氏黏度计

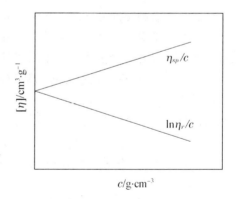

图 6-8 高分子溶液黏度与浓度的关系

### 6.3.4　光散射法

光散射法（light scattering，LS）是利用一束单波长的平行光通过高分子稀溶液，由于溶液中的溶质分子取向、密度起伏以及光与物质的相互作用，引起光线偏离主要的传播方向，即散射的现象。散射的强度与溶液浓度、相对分子质量、分子尺寸及其形态有关，因此可以利用从各个不同的方向上测量得到的散射光强度，可推算高分子的重均相对分子质量及其分子形态。这种测定高分子相对分子质量的方法称为光散射法。

光散射法是一种绝对的测量方法,其测量的效果与准确度随相对分子质量的增大而上升。目前,随着激光技术的发展,最为高效的光散射法是小角激光光散射法(low angle laser light scattering,LALLS)。该方法适用于相对分子质量在 $5 \times 10^3 \sim 10^7$ 的高分子的测定,具有以下几个优点:① 节省样品,抗干扰能力强;② 角度要求低,避免了外推时的实验误差;③ 实验方法简单,周期短;④ 测试精度高,数据偏差低于 5%,测试范围广。

### 6.3.5 超速离心沉降法

在分散体系中,由于布朗运动分散质点总是力求从浓度高的地方向浓度低的地方移动,这就是扩散现象。质点越大,扩散速度越慢。扩散是使体系浓度差别减小的过程。相反,在力场(重力场或离心力场)的作用下,分散体系的分散质点会逐渐沉降,质点越大,沉降速度越快。沉降是使体系浓度差别增大的过程。扩散速度与沉降速度相等,便达到沉降平衡,体系形成某种恒定的浓度梯度。由于沉降和扩散都与质点的大小和质量有关,因此可用于测定高分子的相对分子质量。

在高分子溶液中,由于分散质点的质量很小,所以需用超速离心机,在很大的力场中才能观察到高分子的沉降。离心机的转速可达每秒 1 000 转以上,得到几十万倍于重力的离心力。利用超速离心沉降法测定高分子相对分子质量有两种方法:沉降平衡法和沉降速度法。

沉降平衡法是通过测定高分子溶液在约 300 r/s 的超离心作用下高分子溶质分子的沉降和扩散达到平衡时溶液的浓度梯度来计算高分子相对分子质量的方法。沉降速度法是根据沉降迁移的速度来计算高分子相对分子质量的方法。由于不同分子质量的高分子颗粒,有不同的沉降速度,这个速度使任意分布的颗粒通过溶剂,从旋转的中心辐射地向外移动。在溶剂和溶液之间,形成了一个明显的界面,界面移动速度代表高分子沉降速度。沉降速度法除了能测定高分子相对分子质量之外,还能估算分子链线团在溶液中的尺寸。

# §6.4 高分子相对分子质量分布的测定方法

相对分子质量不足以表征高分子的尺寸,因为它无法知道相对分子质量多分散性的程度。而高分子相对分子质量分布对高分子的力学性能、加工性能有重要的影响。为此,高分子相对分子质量分布的测定较为重要,其测试方法随科学技术的发展而不断发展,目前,测试方法有以下三种:

(1) 利用高分子溶解度对相对分子质量的依赖性,将试样分成相对分子质量不等的级分,从而得到相对分子质量分布,例如逐步沉淀法、柱上溶解法、梯度淋洗法等。

(2) 利用高分子在溶液中的不同尺寸得到相对分子质量分布,例如凝胶渗透色谱法、电子显微镜观察法等。

（3）利用高分子在溶液中的运动性质得到相对分子质量分布，例如超速离心法、动态光散射法等。

具体的高分子相对分子质量分布测试方法见表6-4。这儿只是介绍其中几种简单的测试方法，如沉淀分级法、溶解分级法和凝胶渗透色谱法。

表6-4　测定高分子相对分子质量分布的方法

| 方法 | | 类别 | 需要时间 | 优缺点 |
|---|---|---|---|---|
| 基于溶解度的方法 | 沉淀分级法 | 直接法 | 一个月 | 慢，繁，但可用于制备分级。 |
| | 溶解分级法 | 直接法 | 一周 | 慢，繁，但可用于制备分级。 |
| | 梯度淋洗法 | 直接法 | 2～3天 | 较快，仪器也不复杂。 |
| 基于分子运动的方法 | 沉降平衡法 | 直接法 | 几小时 | 直接，时间短。 |
| | 沉降速度法 | 直接法 | 几小时 | 直接，时间短。 |
| | 凝胶渗透色谱法 | 间接法 | 几十分钟 | 快速，灵敏度高，用样量少，重现性好，适用范围广。 |

### 6.4.1　沉淀分级法

所谓分级，指将不同分子质量的同系物组成的高分子中相对分子质量相同或相近的部分从混合物中分离出来的过程。沉淀分级法是根据相对分子质量高的高分子在溶剂中溶解度较小的原理，可以在恒温下向高分子稀溶液滴加沉淀剂，分子质量大的进入浓相，分离后再往稀相中加入沉淀剂，依次沉淀出分子质量不等的级分，以达到分级的目的。也可以通过降低温度依次沉淀出分子质量不同的级分。从各级分的重量和相对分子质量可以得到高分子试样的相对分子质量分布。一般，沉淀分级法按照分子质量由大到小的10～20个级分分离出来，目前，这方面的应用已被更简便的凝胶色谱法所取代。

### 6.4.2　溶解分级法

因为溶解度与相对分子质量成反比关系，因此相对分子质量最大的分子首先从溶液中沉淀出来。溶解分级法是将高分子试样涂布在玻璃砂等载体上，然后用溶剂与沉淀剂组成的混合溶剂逐步抽提高分子试样，以达到分级目的。

将涂布好的高分子试样的玻璃砂载体加入分级柱，在恒温下，逐步加入良劣不同比例的不同混合溶剂，混合溶剂中良溶剂比例逐次增加。隔一段时间平衡后，从下端放出萃取液。试样中分子质量小的部分先淋洗下来，随着混合溶剂中良溶剂的增加，淋洗下来的分子质量逐级增大。此过程是溶剂梯度淋洗，也可以同时采用温度梯度进行淋洗。在分级柱上加有加热器,下端有冷却器,使柱中存在温度梯度。大小不同的分子在经过分级柱时经历反复的溶解—沉淀过程,可以获得十分优良的分级效果。

### 6.4.3 凝胶渗透色谱法

凝胶渗透色谱法(gel permeation chromatography,GPC)是目前最常用的分子质量分布测定方法。使用 GPC 测定高分子分子质量及其分布具有快速、可靠、方便、准确及重现性好的特点。自 1964 年,J. C. Moore 研究成功以来,GPC 技术得到了迅速发展,成为高分子分子质量测定中技术最为完善、应用最广泛的测试方法。

凝胶渗透色谱法是一种新型的液体色谱,是一种采用填充了多孔非吸附凝胶的色谱柱分离具有不同流体力学体积的高分子或粒子的技术。凝胶渗透色谱法又称分子排除色谱法(size exclusion chromatography, SEC),是根据高分子溶质的分子体积不同而引起的在凝胶色谱中体积排除效应,即利用渗柱能力的差异进行分离,分离的核心部件是一根装有多孔性凝胶载体的色谱柱。凝胶的外观为球形,最初常用的为苯乙烯和二乙烯基苯共聚的交联聚苯乙烯凝胶,后发展有多孔性玻璃、半硬质及软质填料如聚乙酸乙烯酯凝胶或聚丙烯酰胺凝胶、木质素凝胶等。进行测试时,以待测试样的某种溶剂充满色谱柱,然后将以同样溶剂配成的高分子溶液自柱头加入,再以一定量的这种溶剂从头至尾淋洗,从色谱柱尾部接收淋洗液。当高分子溶液通过色谱柱时,柱中可供分子通行的路径有粒子间的间隙(较大)和粒子内的孔洞(较小),较大的分子被排除在粒子的小孔之外,只能从粒子间的间隙通过,速率较快;而较小的分子可以进入粒子内部的孔洞,通过的速率相对较慢。经过一定长度的色谱柱,分子根据相对分子质量被分开,相对分子质量大的分子先流出色谱柱(淋洗时间短);相对分子质量小的分子后流出色谱柱(淋洗时间长)。由图 6-9 可见,相对分子质量由大到小被分离成为各种级分。通过对不同淋出时间溶质的淋出体积统计、计算、分析可以得到试样的 $\overline{M_n}$、$\overline{M_w}$ 和相对分子质量分布。

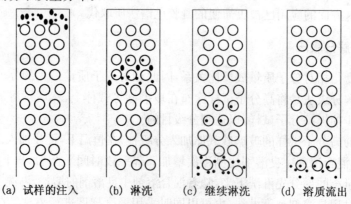

　　(a) 试样的注入　　(b) 淋洗　　(c) 继续淋洗　　(d) 溶质流出

**图 6-9　凝胶渗透色谱分离过程示意图**

## 习 题

1. 举例说明哪些场合直接使用到高分子溶液的产品?

2. 简述高分子的溶解过程,并解释为什么大多数高分子的溶解速度很慢?

3. 非极性结晶高分子和极性结晶高分子的溶解有何不同?

4. 高分子相对分子质量有哪几种表示方法? 测定方法有哪些?

5. 一高分子试样,其中相对分子质量为 $10^4$ 的组分 2 mol,相对分子质量为 $10^5$ 的组分 1 mol,相对分子质量为 $10^6$ 的组分 3 mol,相对分子质量为 $10^7$ 的组分 2 mol,相对分子质量为 $10^8$ 的组分 2 mol。Mark-Houwink 方程中的 $\alpha$ 值取 0.6,计算该高分子试样的数均相对分子质量,重均相对分子质量、$Z$ 均相对分子质量,粘均相对分子质量,并比较它们的大小。

## 参考文献

[1] 张德庆,张东兴,刘立柱. 高分子材料科学导论. 哈尔滨:哈尔滨工业大学出版社,1999.

[2] 王玉忠,陈思翀,袁立华. 高分子科学导论. 北京:科学出版社,2010.

[3] 魏无际,俞强,崔益华. 高分子化学与物理. 北京:化学工业出版社,2005.

[4] 张邦华,朱常英,郭天瑛. 近代高分子科学. 北京:化学化工出版社,2006.

[5] 顾雪蓉,陆云. 高分子科学基础. 北京:化学化工出版社,2003.

[6] 武军,李和平. 高分子物理及化学. 北京:中国轻工业出版社,2006.

# 第七章　高分子的性能

高分子的巨大分子质量和分子质量分布的多分散性赋予了高分子材料独特的性能,如小分子材料不具备的强度、弹性以及与小分子材料完全不同的粘弹行为。同时,不同链结构的聚合物表现出来的性能差异很大,相同链结构的聚合物因其聚集形态的不同也在性能上呈现很大的差别,而这些宏观性能的变化又和高分子的微观运动方式有着密切的关系。因此本章将从分析不同链结构及不同聚集态结构的高分子的分子运动入手,来讨论高分子材料的热性能、流变性能、力学性能及电学性能。

## §7.1　高分子的分子热运动和热性能

### 7.1.1　高分子的分子热运动特点

高分子的长链分子具有分子质量巨大和相对分子质量分布多分散性的特征,因主链结构上的差异而有柔性链与刚性链之分,同时分子主链上所带各种侧基或支链、分子链是否存在交联、取向或结晶等还涉及到更为复杂的聚集态结构,这些都使得高分子的分子热运动与小分子截然不同,表现出运动单元的多重性、运动对时间和温度的强烈依赖性等。

1. 高分子运动单元的多重性

高分子的运动单元可以是整根分子链,也可以是分子链的一部分,如链段、链节、侧基、支链等,还包括晶区内的运动如晶型转变等,充分体现了高分子运动单元的多重性。其中,对聚合物的物理力学性能有重要影响的主要是整链的运动和链段的作用,也即高分子运动的两重性。高分子的链段运动通过主链单键的内旋转而实现,某些链段还可以作相对于其他部分的移动、转动和取向。在大多数情况下,整根高分子链的移动是通过各个链段的协同移动逐步实现的,如同蛇的行走。

2. 高分子运动对时间的依赖性

在一定的外界条件下,物质从一种平衡状态过渡到与外界条件相适应的新的平衡状态是需要时间的,这是因为运动单元运动时需要克服阻力。这样的过渡过程是一种松弛过程,所需的时间称作松弛时间。小分子物质松弛过程所需时间极短,例如,室温下小分子在外力作用下的松弛过程几乎瞬间完成,松弛时间仅 $10^{-8} \sim 10^{-10}$ s,我们几乎无法察觉其松弛过程。但是,对于高分子而言,由于其分子质量大,分子间作用力强,本体黏度很大,运动单元运动时所受摩擦力大,因此,不可能瞬间完成状态的过渡过程,而是需要一个较长的松弛时间。因此,只有在外界作用时间或实验观察时间足够长时,才能观察到高分子的运动。另一方面,由于高分子运动单元的多重性,其不同尺寸的运动单元的松弛时间是不一样的。键长、键角的变化运动所需时间与小分子的相似,链节、链段运动的松弛时间要长得多,而整根高分子链的松弛时间就更长了,可达几天甚至几年。所以,实际高分子的松弛时间不是一个单一值,而是一个连续的分布,常用"松弛时间谱"表示。

3. 高分子运动对温度的依赖性

温度对高分子的热运动起着两种作用。一是活化运动单元:高分子要实现某种运动单元的运动必须克服相应的势垒,温度升高使高分子热运动的能量增加,当能量大到足以克服运动单元以一定方式运动所必须跨越的势垒时,此运动单元处于活化状态,并开始这一方式的运动。二是增加运动空间:高分子要实现某种运动单元的运动需要一定的空间,温度升高使体系的体积膨胀,增加了分子间的自由空间,当自由空间大到足够某种活化的运动单元进行一定方式的运动时,此种运动单元就可以自由地迅速地进行该方式的运动了。随着温度的升高,上述两种作用都使松弛过程加快从而缩短了松弛时间。

### 7.1.2　高分子的力学状态及转变

高分子微观上的不同运动方式在宏观上表现为不同的力学状态。虽然高分子中那些在较低温度下松弛时间过长的运动现象无法在日常的时间标尺下表现出来,但是通过提高温度来缩短松弛时间,则能够观察到这种力学状态的转变。

1. 聚合物的形变-温度曲线

当我们对一非晶态聚合物试样施加一恒定外力并以一定速率升温时,便可记录得到反映该试样伴随温度升高而发生的形状变化的"形变-温度曲线"(图 7 - 1)。从这根曲线可见,高分子试样的形变随温度升高发生两个热转变而呈现三种力学状态。当温度相对低时,试样呈刚性固态,在外力作用下只发生微小的形变,称之为玻璃态;当温度升至某一范围后,试样形变明显增加,然后随温度增加形变维持不变,试样成为柔软的弹性体,称之为高弹态;随着温度进一步升高,试样形变量又随之变大,最后熔融成黏性流体,称之为黏流态。玻璃态下的 $T_b$ 是脆化温度,是聚合物保持其力学性能的最低温度。从玻璃态到高弹态的转变称作玻璃化转变,其相应温度(用切线法求出)称作玻璃

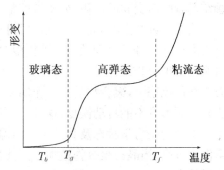

**图 7 - 1　线型非晶态聚合物的形变-温度曲线**

化转变温度,通常用 $T_g$ 表示。从高弹态到粘流态的转变称作黏流转变,其相应温度(也用切线法求出)称作黏流温度,通常用 $T_f$ 表示。

非晶聚合物的三种力学状态是其内部分子处于不同运动状态的宏观表现。在玻璃态下,由于温度低,赋予运动单元的能量低,不足以克服主链内旋转的势垒,链段运动不能被激发而处于被冻结状态,试样表现出与小分子玻璃相似的力学性质。在玻璃态的温度范围内,高分子链段运动的松弛时间几乎为无穷大,远远超出了实验测量的时间范畴,从而我们无法感知这种运动所表现出来的力学状态变化。在玻璃态下,只发生键长、键角、侧基、小链节等小尺寸运动单元的运动,这些运动受力后只发生微小的形变(0.01%~0.1%),且形变与受力大小成正比,除去外力,形变立即恢复。高分子玻璃态的这种力学性质称作普弹性,其形变称作普弹形变。

随着温度上升,分子热运动能量增加,当达到某一温度时,分子所获能量足以克服主链中 σ 单键内旋转的势垒,此时链段运动被激发,分子中部分链段通过单键内旋转不断改变构象,链段相互间发生了位移,试样表现出弹性体的力学性质。在高弹态的温度范围内,由于温度的升高使链段运动的松弛时间减小到与实验测量时间同一数量级,我们能够观察到链段运动导致的宏观力学性质从玻璃态到高弹态的变化。在高弹态下,当聚合物受外力作用时,分子链可以通过单键内旋转和链段构象的改变来适应外力作用。例如,受拉伸力作用,高分子链就从蜷曲状变为伸展状,宏观上呈现很大的形变;一旦除去拉伸力,由于蜷曲状态与伸展状态相比具有更大的熵值,分子链又通过单键内旋转而恢复原来蜷曲状态,宏观上表现为弹性回缩。此时,外力使聚合物形变的过程只是外力促进高分子链段运动的过程,所需的外力相对于处于玻璃态时形变所需的力而言要小得多,而形变量却大得多(100%~1 000%),这种力学性质称为高弹性,其可逆的形变称为高弹形变。高弹性是非晶聚合物处于高弹态时所特有的力学性质,充分体现了高分子运动的两重性,即从链段的角度来看,由于链段运动很活跃,它具有可流动的液体的特征;而从整个分子链来看,由于分子链之间的缠结起着瞬时交联的作用,分子链的整体运动仍是受阻的,它表现出固体的行为。

当温度继续上升,此时不仅链段可以运动,整个分子链也发生移动,即温度的进一步升高使大尺寸的分子链运动单元的松弛时间也缩短到与实验测定时间处于同一数量级,我们可观察到聚合物试样沿外力作用方向发生与小分子液体流动类似的黏性流动,进入了黏流态。在黏流态下,聚合物受外力作用发生分子链间相互滑移,产生非常大的黏流形变,且除去外力后形变不能自动恢复,这种不可逆形变特性称为可塑性。

聚合物的力学状态及其转变除与温度有关外,还与其聚集态结构和分子质量有关。随着温度升高,当晶态聚合物被加热到其晶区熔融温度 $T_m$ 时,试样是出现高弹态还是直接进入黏流态,取决于其分子质量的大小。当分子质量不太大时,晶态聚合物中非晶区的黏流温度 $T_f$ 低于晶区的熔点 $T_m$,因此,即使温度升高到 $T_f$ 以上,非晶区的聚合物分子仍受晶区的限制而无法进行链段运动,观察不到试样的形变;直到温度升高到 $T_m$,此时晶区熔融而使链段顿时活动起来,并带动整链的运动使整个试样直接变成黏性流体(图 7-2 中的曲线 1)。当分子质量很高时,晶态聚合物中非晶区的黏流温度 $T_f$ 高于晶区的熔点 $T_m$,因此温度升高到 $T_m$ 时,虽然晶区已熔融,但聚合物尚只能发生链段运动,于是有高弹态的出现,直至温度高达 $T_f$ 后才进入黏流态(如图 7-2 中的曲线 2)。这种情况对加工成型是很不利的,一方面因这种聚合物的加工成型温度会很高易引起聚合物的分解,另一方面成型中出现高弹态易造成制品尺寸不精确等问题。因此,结晶聚合物的分子质量通常控制得较低,以能满足机械强度要求为限。轻度结晶的聚合物由于其中存在的微晶体起着物理交联点作用,随温度升高,非晶部分会从玻璃态变为高弹态,但其轻度结晶的链结构使其在外力作用下发生的形变没有线型非晶聚合物试样那样大(见图 7-2 中的曲线 3)。

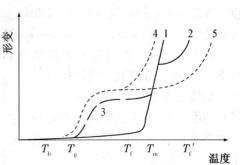

图 7-2　晶态和非晶态聚合物的形变-温度曲线
1. 一般分子量的晶态聚合物　2. 很高分子量的晶态聚合物　3. 轻度结晶聚合物　4. 一般分子量的非晶态聚合物　5. 很高分子量的非晶态聚合物

对于线型非晶聚合物,当分子质量低时,链段运动相当于整个分子运动,$T_g$ 与 $T_f$ 重合,无高弹态。随分子质量增大,出现高弹态,且高弹区随分子质量增高而变宽,同时 $T_f$ 也随之增大(见图 7-2 中 4 和 5 曲线),这是分子质量增大使分子链运动的松弛时间增加的表现。适度交联的高分子由于交联点使聚合物网链间的相对滑移受限,但不影响网链上链段的运动,因此,只出现高弹态而无黏流态。

**讨论**:总结并比较非晶聚合物的三种力学状态的特征,如运动单元、形变类型及形变大小等。

2. 高分子的玻璃化转变

(1) 玻璃化转变现象和玻璃化转变温度的测量

玻璃化转变是非晶态高分子材料固有的性质,是高分子运动形式转变的宏观体现。从分子结构上讲,玻璃化转变是高聚物无定形部分从冻结状态(玻璃态)到解冻状态(高弹态)的一种松弛现象,与小分子发生相变的热力学转变概念是截然不同的。玻璃化转变温度 $T_g$ 是非晶态聚合物或部分结晶聚合物中非晶相发生玻璃化转变所对应的温度,是直接影响到材料的使用性能和工艺性能的一个重要的物理性质。玻璃化转变温度依赖于测试的方法及实验条件如温度变化速率、测量频率及外加作用力大小等,常有一定的温度分布宽度(几度到二十几度不等)。因此,严格来说,$T_g$ 是一个温度范围。一般地,$T_g$ 高于室温的聚合物可作为塑料和纤维使用，$T_g$ 低于室温的则作为橡胶使用。所以，从工程应用角度而言，$T_g$ 是热塑性塑料使用温度的上限，是橡胶使用温度的下限。

玻璃化转变时，聚合物的许多物理力学性质包括热力学的、力学的和电磁的性质会发生急剧的变化。原则上，在玻璃化转变过程中发生突变或不连续变化的性质都可用来测定 $T_g$。除了传统的膨胀计法、折光率法外，目前最为常用且最为灵敏的测定聚合物玻璃化温度的方法为差示扫描量热分析法（differential scanning calorimeter，DSC）和动态力学性能分析法（dynamic mechanical analysis，DMA）。

以 DSC 为例，在等速升温的条件下，连续测定被测聚合物试样与某种热惰性物质的温差，并以该温差对试样温度作图，由于试样在玻璃态与高弹态下的比热不同而在所得曲线上产生一个转折，表现为基线出现特征的台阶状突变，由此可计算得到玻璃化转变温度的信息（见图 7 - 3）。

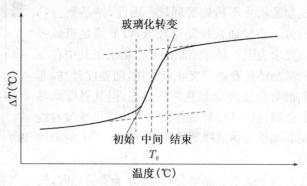

**图 7 - 3　玻璃化转变时典型的 DSC 曲线**

DMA 则是通过在被测试样上施加正弦交变载荷来获取聚合物材料的动态力学响应的信息，包括对应于"弹性"的储能模量、对应于"黏性"的损耗模量以及外部载荷在对黏弹性材料加载时出现的能量损耗。当温度由低向高发展并通过玻璃化转变温度时，由于材料内部高分子的结构形态发生变化，与之相关的黏弹性即聚合物试样的动态模量及力学损耗随之发生变化，根据它们在动态力学谱上出现的谱峰所对应的温度可以来确定玻璃化转变温度。

（2）玻璃化转变理论

由 Fox 和 Flory 提出的自由体积理论是解释聚合物玻璃化转变现象的一个较有影响的理论，其基本内容可简单归纳为三点：

① 对非晶高分子而言，其体积包括聚合物链自身的体积即占有体积以及分子链间存在的空隙即自由体积；

② 正是这些自由体积提供了分子或链段得以运动的空间，使分子或链段能进行构象重排和移动。$T_g$ 以上时自由体积的膨胀率大于占有体积的膨胀率，链段能通过向自由体积转动或位移而改变构象；随着温度的降低，聚合物中的自由体积减小，温度降至 $T_g$ 时，自由体积达到最低值并被冻结，聚合物的链段运动也被冻结。$T_g$ 以下时自由体积不再减小并保持冻结时的恒定值，而聚合物中仍能发生分子振动幅度和键长等变化从而引起占有体积的微小变化。

③ 玻璃化转变温度是使聚合物的自由体积的大小刚好达到能让聚合物链段发生运动时的临界温度。不同的聚合物在玻璃化转变温度时的自由体积分数是相同的,均为 2.5%。

自由体积理论是一个玻璃化转变处于等自由体积状态的理论,此外还有热力学理论和动力学理论也已被提出来解释玻璃化转变现象。尽管玻璃化转变具有普遍性及悠久的研究历史,但由于聚合物的玻璃化转变现象是一个极为复杂的现象,因此其玻璃化转变的本质至今仍是凝聚态物理基础理论研究中的一个重要问题和难题。

(3) 影响玻璃化转变温度的因素

由于聚合物的玻璃化转变是与通过主链中 $\sigma$ 单键内旋转而实现的链段运动有关的现象,而链段运动又和分子结构有着密切关系,因此分子链的柔顺性、分子间作用力以及共聚、共混、增塑等都是影响聚合物玻璃化转变温度的重要内因。此外,外界条件如作用力、作用力速率、升(降)温速度等也是值得注意的影响因素。

① 分子链的化学结构

分子链的主链结构、取代基结构的柔顺性是决定聚合物 $T_g$ 的最重要的因素。主链柔顺性越高,玻璃化温度越低。主链由饱和单键构成的聚合物因其分子链可以通过单键内旋转实现链段运动,所以 $T_g$ 都不高,尤其是没有极性侧基取代时其 $T_g$ 更低。不同类型的单键中,内旋转位垒较小的使 $T_g$ 较低。上述结论可从聚乙烯、聚甲醛、聚二甲基硅氧烷等聚合物的 $T_g$ 数据比较中得到验证。当主链由共轭双键组成时,由于共轭效应,$\pi$ 电子云相互交叠,碳链原子都在同一平面上,分子链不能发生内旋转而显示很强的刚性,无 $T_g$ 可言,如聚乙炔。然而,当主链中含有孤立的非共轭双键时,虽然分子链上的双键本身不能内旋转,但因双键旁的 $\alpha$ 单键更易内旋转而显示极好的柔性,其 $T_g$ 很低甚至低于纯粹由饱和单键构成的聚合物。其中,因双键的存在而产生的顺反几何异构体如顺 1,4-聚丁二烯和反 1,4-聚丁二烯中,分子链较为刚性的反式异构体具有较高的 $T_g$。当主链中含有芳杂环结构时,链上可内旋转的单键比例相对地减少,由此分子链的刚性增大而显示较高的 $T_g$,如聚碳酸酯、聚苯醚等。表 7-1 列出了一些聚合物的重复单元结构式及其 $T_g$,可以从中了解分子链化学结构对 $T_g$ 的影响规律。

表 7-1　一些聚合物的重复单元结构及其玻璃化温度*

| 高聚物 | 重复单元 | $T_g$(℃) |
| --- | --- | --- |
| 高密度聚乙烯 | —CH₂—CH₂— | —68 |
| 低密度聚乙烯 | —CH₂—CH₂— | —80 |
| 聚丙烯(全同) | —CH₂—CH— <br>           \|<br>        CH₃ | —10 |

（续表）

| 高聚物 | 重复单元 | $T_g$(℃) |
|---|---|---|
| 聚丙烯(间同) | $-CH_2-CH-$<br>　　　　　$\mid$<br>　　　　　$CH_3$ | −20 |
| 聚异丁烯 | 　　　　　$CH_3$<br>　　　　　$\mid$<br>$-CH_2-C-$<br>　　　　　$\mid$<br>　　　　　$CH_3$ | −70(−73) |
| 顺 1,4 -聚丁二烯 | $-CH_2-CH=CH-CH_2-$ | −108(95) |
| 反 1,4 -聚丁二烯 | $-CH_2-CH=CH-CH_2-$ | −83(−18) |
| 聚苯乙烯(无规) | $-CH_2-CH-$ 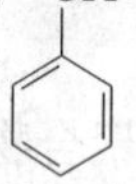<br>　　　　　$\mid$<br>　　　　（苯环） | 100(105) |
| 聚苯乙烯(全同) | $-CH_2-CH-$ 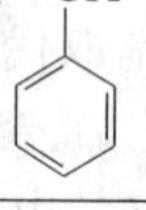<br>　　　　　$\mid$<br>　　　　（苯环） | 100 |
| 聚氯乙烯 | $-CH_2-CH-$<br>　　　　　$\mid$<br>　　　　　$Cl$ | 87(81) |
| 聚偏二氯乙烯 | $-CH_2-CCl_2-$ | −19(−17) |
| 聚 1,2 -二氯乙烯 | $-CH-CH-$<br>　$\mid$　$\mid$<br>　$Cl$　$Cl$ | 145 |
| 聚氯丁二烯 | $-CH_2-C=CH-CH_2-$<br>　　　　　$\mid$<br>　　　　　$Cl$ | −45 |
| 聚四氟乙烯 | $-CF_2-CF_2-$ | 117 |
| 聚甲基丙烯酸甲酯<br>(无规) | 　　　　　$CH_3$<br>　　　　　$\mid$<br>$-CH_2-C-$<br>　　　　　$\mid$<br>　　　　$COOCH_3$ | 105 |
| 聚甲基丙烯酸甲酯<br>(间同) | 　　　　　$CH_3$<br>　　　　　$\mid$<br>$-CH_2-C-$<br>　　　　　$\mid$<br>　　　　$COOCH_3$ | 115 |

（续表）

| 高聚物 | 重复单元 | $T_g(℃)$ |
|---|---|---|
| 聚甲基丙烯酸甲酯（全同） | $-CH_2-\underset{\underset{COOCH_3}{\mid}}{\overset{\overset{CH_3}{\mid}}{C}}-$ | 45(55) |
| 聚丙烯酸甲酯 | $-CH_2-\underset{\underset{COOCH_3}{\mid}}{CH}-$ | 3(6) |
| 聚丙烯酸乙酯 | $-CH_2-\underset{\underset{COOCH_2-CH_3}{\mid}}{CH}-$ | $-24$ |
| 聚丙烯酸丁酯 | $-CH_2-\underset{\underset{COOCH_2-CH_2-CH_2-CH_3}{\mid}}{CH}-$ | $-56$ |
| 聚丙烯酸 | $-CH_2-\underset{\underset{COOH}{\mid}}{CH}-$ | 106(97) |
| 聚乙酸乙烯酯 | $-CH_2-\underset{\underset{OCOCH_3}{\mid}}{CH}-$ | 28 |
| 聚丙烯腈（间同） | $-CH_2-\underset{\underset{CN}{\mid}}{CH}-$ | 104 |
| 聚甲醛 | $-CH_2-O-$ | $-83(-50)$ |
| 聚氧化乙烯 | $-CH_2-CH_2-O-$ | $-66(-53)$ |
| 聚乙烯醇 | $-CH_2-\underset{\underset{OH}{\mid}}{CH}-$ | 85 |
| 聚二甲基硅氧烷 | $-\underset{\underset{CH_3}{\mid}}{\overset{\overset{CH_3}{\mid}}{Si}}-O-$ | $-123$ |
| 聚对苯二甲酸乙二酯 | $-\overset{\overset{O}{\parallel}}{C}-\!\!\!\!\!\!\text{〇}\!\!\!\!\!\!-\overset{\overset{O}{\parallel}}{C}-O-CH_2-CH_2-O-$ | 69 |

（续表）

| 高聚物 | 重复单元 | $T_g(℃)$ |
|---|---|---|
| 聚碳酸酯 | 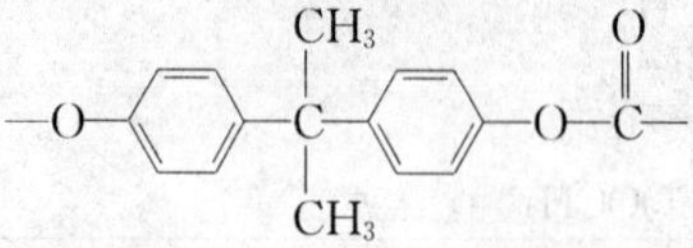 | 150 |
| 聚苯醚 | 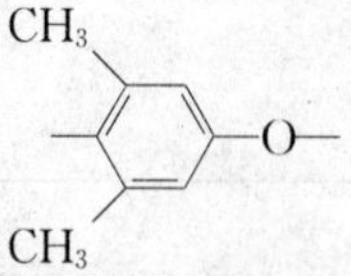 | 220(210) |
| 尼龙 6 | $—NH—(CH_2)_5—CO—$ | 50(40) |
| 尼龙 66 | $—NH(CH_2)_6 NHCO(CH_2)_4 CO—$ | 50(57) |
| 尼龙 610 | $—NH(CH_2)_6 NHCO(CH_2)_8 CO—$ | 40(44) |
| 聚乙烯咔唑 | 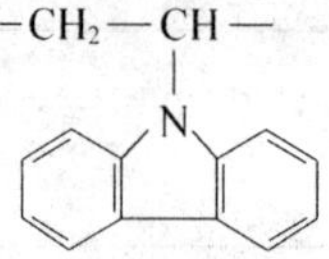 | 208(150) |

*括弧中的数据文献上也有报道。

此外,取代侧基的性质、空间位阻及侧链的柔性会影响分子链的内旋转和分子间的相互作用。侧基的极性增强,分子间相互作用力增加,内旋转难度加大,导致聚合物的 $T_g$ 升高。例如,聚丙烯、聚氯乙烯、聚乙烯醇和聚丙烯腈因其重复结构单元上分别引入了弱极性的 $—CH_3$、中等极性的 $—Cl$ 和 $—OH$ 以及强极性的 $—CN$,其 $T_g$ 随极性的大小而较无取代基的聚乙烯有不同程度的提高。取代基的位阻增加,分子链内旋转受阻碍程度增加,也使聚合物的 $T_g$ 升高(表 7-2)。例如,聚苯乙烯主链上每隔一个碳带一个苯基,其 $T_g$ 为 100 ℃,将苯基换成庞大的咔唑基,则聚乙烯咔唑的 $T_g$ 高达 208 ℃。取代基的数目增加造成的位阻效应也很明显,例如 1,2 双取代的聚二氯乙烯的 $T_g$ 比单取代的聚氯乙烯提高了近 60 ℃。

表 7-2  取代基的体积对 $T_g$ 的影响

| —R | —H | —CH₃ | $—CH_2—CH\binom{CH_3}{CH_3}$ | 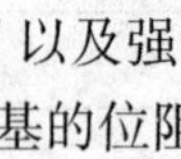 —苯基 | 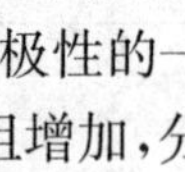 —甲苯基 | 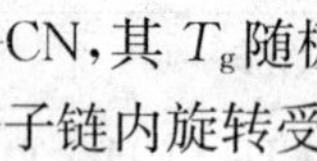 —联苯基 | 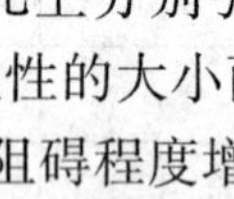 —萘基 | 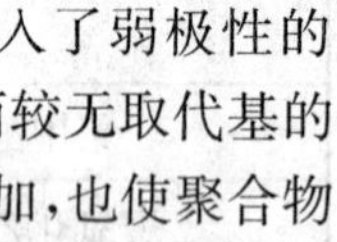 —咔唑基 |
|---|---|---|---|---|---|---|---|---|
| $T_g(℃)$ | −68 | −20 | 20 | 100 | 119 | 138 | 162 | 208 |

值得指出的是,侧基的增多或侧基的体积增大并不总是使 $T_g$ 增大的。首先,取代基在

主链上的对称性对 $T_g$ 有很大影响。例如,对具有双取代基的烯类聚合物如聚偏二氯乙烯来说,它的两个氯原子在主链的季碳原子上作 1,1 对称双取代时,偶极抵消一部分,使其主链的内旋转位垒反而比单取代的聚氯乙烯还要小,链柔性增加,其 $T_g$ 比聚氯乙烯为低;对聚异丁烯来说,它的每个链节上有两个对称的侧甲基,使主链间距离增大,链间作用力减弱,内旋转位垒降低,链柔性增加,其 $T_g$ 比聚丙烯为低。其次,长而柔的取代侧基或侧链反而会降低聚合物的 $T_g$,侧基柔性的增加远足以补偿由侧基增大所产生的影响。例如,对聚甲基丙烯酸酯类同系物而言,随着正酯基中碳原子数目的增多,侧基增大,但柔性侧基使分子间距离加大,相互作用减弱,即产生"内增塑"作用,聚合物的 $T_g$ 反而依次下降(表 7-3);对具有不同丁酯结构的聚丙烯酸丁酯而言,柔性最大的正丁酯对降低 $T_g$ 的贡献最大,其次是仲丁酯,叔丁酯有最大的空间位阻,$T_g$ 便上升。

表 7-3　聚甲基丙烯酸酯中正酯基碳原子数目 $n$ 对 $T_g$ 的影响

| $n$ | 1 | 2 | 3 | 4 | 6 | 8 | 12 | 18 |
|---|---|---|---|---|---|---|---|---|
| $T_g$(℃) | 105 | 65 | 35 | 21 | −5 | −20 | −65 | −100 |

聚合物的立构规整性对玻璃化温度的影响各不相同。对单取代聚烯烃如聚丙烯酸酯、聚苯乙烯等,它们的玻璃化温度几乎与它们的立构规整性无关;而双取代聚烯烃的玻璃化温度一般都与立构类型及其规整度有关。通常,全同立构的 $T_g$ 较低,间同立构的 $T_g$ 较高。例如,聚甲基丙烯酸甲酯的全同立构产物 $T_g$ 为 45 ℃,间同立构产物 $T_g$ 为 115 ℃,而无规立构产物 $T_g$ 为 105 ℃。

高分子链之间的相互作用通常是降低链的活动性从而提高玻璃化温度的。氢键是一种较强的分子间作用力,具有强烈氢键作用的聚丙烯酸的 $T_g$(106 ℃)远高于其他聚丙烯酸酯类的 $T_g$(大多在 0 ℃以下)。比氢键更强的是离子间相互作用,离子键在提高聚合物 $T_g$ 方面十分有效。某些聚合物酸的盐类的 $T_g$ 会随金属离子的增加而增加,并随离子价数的增加而增加。例如,聚丙烯酸中加入 $Na^+$ 使 $T_g$ 从 106 ℃提高到 280 ℃;用 $Cu^{2+}$ 取代 $Na^+$,$T_g$ 提高到 500 ℃。

② 改变玻璃化温度的各种手段

根据不同的使用需求来设计聚合物的分子结构以达到所需的玻璃化温度,所采用的手段主要有共聚、共混、交联、调节分子质量及增塑等。

无规共聚物的 $T_g$ 通常介于两种纯均聚物的 $T_g$ 之间,并且随着共聚组分的变化,其 $T_g$ 在两种均聚物的 $T_g$ 之间发生线性或非线性变化。非无规共聚物中,最简单的情况是交替共聚物,它可以被看作是由两种单体组成一个重复结构单元的均聚物,因此只有一个 $T_g$。对嵌段和接枝共聚物而言,若两组分的均聚物是相容的,则可形成均相共聚物,只有一个 $T_g$。若半相容或不相容,则会发生微相分离或宏观相分离而出现两个 $T_g$,分离越明显,两个 $T_g$ 值越接近各自均聚物的 $T_g$ 值。

共混聚合物的情况与接枝和嵌段共聚物的情况相似。若两组分完全相容,则混合体系为均相,只有一个介于两种聚合物的 $T_g$ 之间的玻璃化温度。若两种聚合物不相容,共混体系表现出两种聚合物各自的 $T_g$。若两种聚合物是部分相容,即体系中存在富 A 相和富 B 相两相时,则出现两个 $T_g$,它们的值与完全不相容情况相比,向彼此靠拢的方向移动。由此,可通过分析共混体系的玻璃化转变温度来了解和判断其相容性情况。

若聚合物分子链间有交联键,则随交联点密度增加,相邻交联点之间的链段长度变短,链段活动性受限程度增加,自由体积减小,这些都使 $T_g$ 增大。对高度交联的聚合物而言,因相邻交联点之间的链长已小于链段的长度而无法运动,因此就不存在玻璃化转变了。

增加聚合物分子质量使其 $T_g$ 增加,这在分子质量较小时有非常显著的作用,但当分子质量达到一定程度后,$T_g$ 随分子质量增加而发生的变化就不明显了。$T_g$ 与分子质量的这种关系与高分子链的中间链段和末端链段的活动性差异有关。与中间链段的两头都受到相邻链段牵制的情况相比,末端链段的活动性要远大于中间链段的活动性。聚合物分子质量较小时,末端链段的比例较高,$T_g$ 较低;随着分子质量增加,末端链段的比例逐渐减少使 $T_g$ 不断升高;当到达一定分子质量时,其末端链段所占比例已极小而可忽略其影响时,分子质量对 $T_g$ 的影响也就可忽略不计,$T_g$ 趋于定值。

增塑剂对 $T_g$ 的影响也是相当显著的。玻璃化温度较高的聚合物在加入增塑剂后,可以使 $T_g$ 明显下降。例如,纯的聚氯乙烯 $T_g$ 为 87 ℃,在室温下是硬塑料,加入 45% 的增塑剂如邻苯二甲酸二辛酯后,$T_g$ 降至 −30 ℃,可以作为橡胶代用品。在这个例子中,增塑剂加入后,一方面其分子上的极性基团得以与聚氯乙烯分子链上的氯原子相互吸引而使聚氯乙烯分子间因氯原子彼此作用而形成的物理交联点被解散,另一方面因其分子活动性强而能给聚氯乙烯的链段运动腾出更多的运动空间,由此使聚氯乙烯的 $T_g$ 明显降低。

③ 外界条件的影响

在测试聚合物试样的 $T_g$ 时,采用不同的测定方法所得 $T_g$ 值会有差异;采用相同的方法但测试条件如升(或降)温速率、外力大小、作用频率和压力等变化时,所得的 $T_g$ 值也会有差异。通常地,测量时采用较快的升(或降)温速率,测得的 $T_g$ 值偏高,反之则偏低。测量时施加一个单向的外力能促使链段运动而使 $T_g$ 降低,外力越大,$T_g$ 降低越多;施加一个围压力则因聚合物受周围流体静压力的压迫导致自由体积减小而使 $T_g$ 增加。测量时对试样施加不同的外力作用频率时,$T_g$ 会随外力作用频率增加而升高。因此,要正确评估、比较聚合物样品的 $T_g$,应在相同的测试条件包括相同的样品制备热历史条件下进行。

讨论:总结影响非晶聚合物的玻璃化转变温度的结构因素,对聚氯乙烯、聚偏二氯乙烯、聚 1,2 二氯乙烯及聚氯丁二烯的玻璃化转变温度作出从高到低的排序并进行解释。

3. 高分子的黏性流动

当温度升至黏流温度 $T_f$ 时，线型聚合物从高弹态转变成黏流态，在外力作用下聚合物可以发生流动。在 $T_f$ 以上温度，高分子链之间发生滑移运动，形变随时间发展。聚合物大多在 300 ℃以下进入黏流态，利用聚合物这种黏流态下的流动行为可以方便地对其进行成型加工，这是金属材料和其他无机材料所不能比拟的。由于线型聚合物链长径比极大，使其在黏性流动中表现出特殊的行为。

（1）高分子黏性流动特点

① 高分子流动不符合牛顿流体的流动规律

与小分子流体流动时剪切应力 $\sigma$ 与剪切速率 $r$（dr/dt）成正比、黏度不随剪切应力和剪切速率变化的这种牛顿流体流动规律不同，高分子黏流体的流动曲线会呈现非线性，其黏度会随剪切速率的增大而下降，属于非牛顿流体的范畴（图7-4）。聚合物黏流体的黏度与剪切应力或剪切速率的依赖关系与其分子链在外力作用下的解缠结程度有关。柔性高分子的表观黏度随剪切速率的增加较刚性高分子有更为明显的下降则与其链段在外力作用下进行运动的难易程度有关。

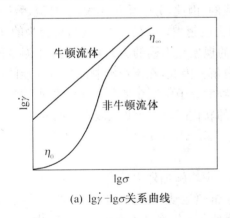
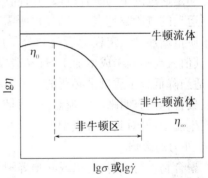

(a) $\lg\dot{\gamma}$-$\lg\sigma$关系曲线 　　　　　(b) 黏度随剪切应力或剪切速率的变化曲线

**图7-4　流体的变化曲线**

② 高分子的流动是通过链段的位移运动来完成的

与小分子通过分子间的空穴相继朝外力作用方向移动而形成液体的宏观流动现象不同，高分子的流动不是简单的整个分子的迁移，而是通过长链上各链段的协同移动实现的。这里的链段称为流动单元，其尺寸约为 50～100 个主链原子。

③ 高分子流动时伴有高弹形变

与小分子流体流动后形变不可逆转的现象不同，高分子在流动过程中所产生的形变有一部分可以恢复，这是因为高分子的流动并非高分子链间简单的相对滑移，而是各个链段分段运动的总结果。在外力作用下,高分子链必然会顺外力作用方向有所伸展,即高分子在黏流的同时,必然伴随一定的高弹形变。高弹形变是可逆的,外力消失后,高分子链又恢复原来卷曲状。因此,流动时的总形变中就有一部分恢复。

(2) 影响高分子黏流温度的因素

① 分子结构、分子质量及其分布

分子链愈柔顺,单键内旋转的势垒愈低,流动单元链段就愈短,流动所需空穴愈小,流动活化能也就愈低,那么发生流动所需温度也低,即 $T_f$ 低。反之,分子链愈刚性,黏流温度就愈高。因此,聚苯醚、聚碳酸酯、聚砜等刚性高分子的 $T_f$ 比聚乙烯、聚苯乙烯、聚甲醛等柔性高分子的 $T_f$ 高。如果高分子间的相互作用力强,则必须在较高温度下才能克服这种作用力使分子间相互发生位移。因此,高分子的极性愈大,分子间愈易形成氢键,则其 $T_f$ 愈高。例如,极性的聚氯乙烯的 $T_f$ 很高(165 ℃以上),且与其分解温度很接近,要实现它的顺利加工成型,可一方面通过加入增塑剂来降低它的 $T_f$,另一方面通过加入稳定剂来提高它的分解温度,由此改善其加工性能。

由于黏流温度 $T_f$ 是整根高分子链开始相对于其他链发生位移的临界温度,整个高分子链的运动是通过链中的所有链段的协同运动来完成的,因此,分子质量越大,其黏流运动所需协同运动的链段数越多,运动过程所需克服的阻力就越大,$T_f$ 就愈高。这与聚合物的 $T_g$ 随分子质量增加到一定程度后就与分子质量无关的现象是不同的。$T_f$ 是成型加工温度的下限,其值太高不利于成型加工,且易造成聚合物分解。因此,在不影响制品基本性能的前提下,适当降低分子质量是必要的。由于一般聚合物的分子质量都是多分散性的,所以实际上非晶聚合物没有明晰的黏流温度,而是一个较宽的软化区域。在此区域内的温度下,聚合物可发生流动,能对其进行成型加工。

② 外力的影响

在聚合物进行注射、挤出或吹塑等塑料成型加工中均施加外力使高分子熔体流动以达预期成型目的。增大外力实质上是更多地抵消分子链热运动产生的反向作用,提高链段沿外力方向的跃迁几率。延长外力作用时间实质上是使分子链在外力作用下更易产生黏性流动,相当于使其黏流温度下降。因此,增大外力及延长外力作用时间都有利于分子沿外力方向运动,由此降低 $T_f$。适当大小的外力和外力作用时间对于成型加工十分重要,选择得当能使所得制品的外观质量及使用性能得到提升。

(3) 高分子流动性的表征及其影响因素

最常用的表征高分子熔体或浓溶液的流动性好坏的参数是熔融指数,即在一定温度下,熔融状态的聚合物在一定负荷下于十分钟内从规定直径和长度的标准毛细管中流出的质量(克数)。熔融指数愈大,流动性愈好。对于各种聚合物,统一规定了若干个适当的温度和载荷条件,以便在同一条件下比较测定结果。同一聚合物试样在不同条件下测出的值可以通过经验公式进行换算。但对于不同的聚合物,由于测定条件不同,不能通过比较它们的熔融指数来评价它们流动性的好坏。

高分子熔体或浓溶液的流动性与其黏度直接相关,因此,影响其黏度的外界因素也直接影响到高分子的流动性。

① 温度

随着温度升高,聚合物分子链段运动能量增加,自由体积增大,从而使其熔体黏度下降。但黏度随温度变化而变化的敏感程度与聚合物分子的柔性程度有关。对于流动活化能高的刚性或极性高分子,升高温度可有效提高这类聚合物的流动性。反之,分子链柔性愈高,聚合物的流动活化能愈低,提高温度对降低其黏度作用不大。例如,聚碳酸酯具刚性的链结构,其流动活化能 $\Delta E_\eta$ 处于 108.8~125.6 kJ/mol,在成型加工时改变温度能有效地调节它们的流动性;而低密度聚乙烯的流动活化能 $\Delta E_\eta$ 仅为 49 kJ/mol.,因此,温度升高很多时,其表观黏度下降也有限,不能达到通过调节温度来达到改善流动性的目的。

② 剪切速率与剪切应力

不同的聚合物随剪切速率$\dot{r}$增加其黏度下降的程度不同,同样也与其分子链的柔性程度有关。例如,随$\dot{r}$增加,作为柔性链的聚乙烯表观黏度明显下降,这是因为柔性链分子在外力作用下容易通过链段运动而取向使发生剪切变稀。而作为刚性链的聚碳酸酯因运动链段较长(极限情况是整根高分子链),在黏度很大的熔体中取向时受到很大的内摩擦阻力,因而流动过程中取向作用小,随剪切速率增加其表观黏度变化很小。剪切应力的影响与剪切速率的相似,柔性高分子比刚性高分子对剪切应力表现出更大的敏感性。

③ 压力

聚合物在挤出或注射成型加工过程中,会经受一个高的流体静压力而使其熔体中的自由体积下降,分子间的相互作用增大,从而导致黏度增大。不同聚合物的压缩系数不同,相同条件下引起黏度的增加速率也不同。

**讨论:**总结影响非晶聚合物黏流温度及其熔体黏度的因素,并试对如何适当降低聚氯乙烯的黏流温度以便于其进行加工成型给出合理的措施。

(4) 高分子的热性能及其评价参数

高分子材料的热性能与应用最密切相关的是其耐热性、导热性和热膨胀性。

① 耐热性

高分子的耐热性是指其在不使材料表面产生气泡、炭化、变形、强度变化和外观受损等情况时所能忍受的最高温度。与金属材料相比,绝大多数高分子材料的耐热性较差,通用的热塑性塑料的连续使用温度一般都在 100 ℃ 以下;工程塑料的使用温度多数在 100 ℃~150 ℃,只有少数特种工程塑料的使用温度可超过 200 ℃。高分子的耐热性与其三个结构因素,即高分子链的刚性、结晶和交联密切相关。由此,尽量减少高分子主链中的单键数、引入共轭双键、叁键、对称性好的芳香环或芳杂环结构来提高高分子链的刚性;提高高分子链结构的规整性、在主链或侧链中引入强极性基团或使分子间产生氢键等增加分子间作用力来促进高分子的结晶;通过加交联剂或者辐照等手段使高分子形成化学交联结构等,是改善并提高高分子耐热性的基本思路和主要策略。但这些手段只适用于塑料而不适用于橡胶,因为橡胶要求具有高弹性,提高分子链的刚性、结晶度和交联度将使橡胶完全失去高弹性。

提高高分子材料的耐热性除上述三条结构要素外,避免高分子主链中有一长串接连的亚甲基—$(CH_2)$—、避免高分子链中带键能低的弱键如 S—S,C—S,C—Si,C—N,C—Cl,C—O 等、以 F 代替 C—H 中的 H 原子或者用 Si、Ti、Sn、Al 等无机元素代替高分子主链上的碳原子、合成"梯形"、"螺形"和"片状"结构的聚合物等也是获取具有很好热稳定性的耐热性聚合物的方法。定量评价各种聚合物的耐热分解性最常用的是参数 $T_{1/2}$ 和 $k_{350}$,其中,$T_{1/2}$ 是聚合物在真空中加热 30 min 后重量损失一半所需的温度,$k_{350}$ 是聚合物在 350 ℃时的失重速率。

② 导热性

热量从物体的一个部分传导到另一部分,或者从一个物体传导到与其相接触的另一个物体,最后使体系内各处温度相同,就叫做热传导。表示热传导能力大小的参数为导热系数 $k(k=-q/(gradT))$,与单位面积上的热量传导速率 $q$ 以及温度 $T$ 沿热传导方向上的梯度 $gradT$ 有关。高分子材料的导热系数一般都很小,因此高分子是优良的绝热保温材料。

③ 热膨胀性

材料受热会发生膨胀,其中包括体膨胀、面膨胀和线膨胀。高分子材料由于长链分子中的原子是沿链方向共价键相连,而分子链之间则以弱的范德华力相互作用,因此取向和结晶的高分子的热膨胀是各向异性的。分子链杂乱取向的各向同性高分子材料的热膨胀主要取决于链间的范德华力,与金属材料相比具有较大的线膨胀系数。对于某些结晶聚合物,受热后会出现反而收缩的特殊现象,即其沿分子链轴方向上的热膨胀系数是负值。例如聚乙烯,沿 $a$、$b$、$c$ 轴向的线膨胀系数分别为:$\alpha_a = 20 \times 10^{-5}/K, \alpha_b = 6.4 \times 10^{-5}/K, \alpha_c = -1.3 \times 10^{-5}/K$。这种现象是因为长链高分子由共价键连接而成,由于共价键很强,热只能引起横向运动,从而产生沿分子链轴方向的收缩。

高分子材料的这些不同于金属和小分子物质的热膨胀现象常常使它们不能很好与金属或无机材料复合。例如,由于膨胀系数不同或热膨胀的各向异性而造成复合体变形、开裂及脱落等问题,从而限制了它们在不同场合的应用。高分子材料加工成型时也需要特别注意这个问题。

# §7.2　高分子的力学性能

高分子作为材料使用时,其力学性能是最重要的性能,是决定高分子材料合理应用的主导因素。高分子由于其巨大的分子质量及其分布多分散性而表现出小分子化合物所不具备的结构特点,即高分子由于长链构象不断变化而呈现链的柔性,反映在性能上就是高分子具有高弹性;高分子长链中链段的协同运动造成的长链间彼此滑移使高分子表现出黏性流体的特性,弹性与黏性的同时存在使得高分子材料表现出特有的力学松弛行为,即黏弹性。同时,各种聚合物因其结构因素的不同而导致其力学性能产生很大的差异。因此,充分了解聚合物结构与力学性能之间的关系,有利于我们进一步设计和开发具有优异力学性能的新材料。

## 7.2.1　形变类型和描述力学行为的基本物理量

聚合物的力学性能主要表现为它在受力下的形变,即应力-应变关系。物体形变的最基本类型是剪切形变、本体压缩(或本体膨胀)形变、拉伸形变三类(图7-5),其中,剪切形变是物体只发生形状改变而体积不变;本体压缩形变是物体发生体积改变而形状不变;拉伸形变则是物体既改变形状又改变体积,这是实际生活中最多发生的形变形式。

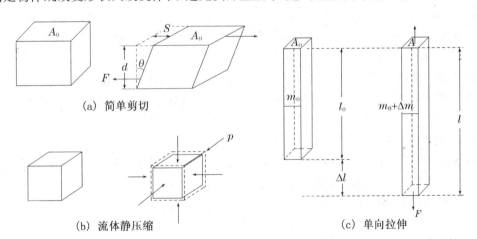

(a) 简单剪切

(b) 流体静压缩　　　　　　　(c) 单向拉伸

**图7-5　形变的基本类型**

外力($F$)作用于物体上而使物体的几何形状和尺寸发生的变化称为应变。发生应变的物体内部分子之间及分子内的原子之间的相对位置和距离必定发生变化,分子间和原子间产生反抗外力、力图恢复原状的附加内力,我们定义单位面积上的这种附加内力为应力。达平衡时,附加内力和施加外力两者大小相等,方向相反。在国际单位制中,应力单位为牛顿/米$^2$(N/m$^2$),又叫帕斯卡或帕(Pa)。还常用达因/厘米$^2$(dyne/cm$^2$)和千克/厘米$^2$(kg/cm$^2$)。应力与应变成正比关系时,其比例常数称作弹性模量,即弹性模量=应力/应变。由于应变是无量纲的量,因此模量的单位与应力的单位相同。弹性模量愈大,表示材料抵抗变形的能力愈大,材料刚性愈大。相对柔性的材料在外力作用下的形变情况也可用模量的倒数称为柔量来表示。

图7-5(a)为简单剪切情况,矩形物受到的力$F$是与截面$A$相平行的大小相等、方向相反的两个力,其切应力$\sigma_S=F/A$,切应变$\gamma=\tan\theta$,剪切模量$G=\sigma_S/\gamma$。

图7-5(b)是立方体受均匀流体静压力(围压力$p$)作用而产生本体收缩,其压缩应力各处皆为$P$,压缩应变$\Delta=\Delta V/V_0$,其模量为体积模量$B=(pV_0)/\Delta V$。

图7-5(c)是长棒状物体受到垂直于其截面的大小相同、方向相反并且作用于同一直线上的两个力$F$的作用而发生拉伸应变,其拉伸应力$\sigma=F/A_0$,拉伸应变(又称伸长率)$\varepsilon=(l-l_0)/l_0=\Delta l/l_0$,拉伸模量(又称杨氏模量)$E=\sigma/\varepsilon$。在拉伸实验中,伴随拉伸方向的伸长,样品横截面积会发生收缩,我们定义材料横向单位宽度的减小与纵向单位长度的增加的比值为泊松比$\upsilon$,即$\upsilon=(-\Delta m/m_0)/(\Delta l/l_0)$。$G$、$B$、$E$三种模量和泊松比$\upsilon$是描述材料力学性能的四大参数。对于各向同性的理想弹性材料,它们之间的关系为$E=2G(1+\upsilon)=3B(1-2\upsilon)$。如果材料在拉伸中体积几乎不变(如橡胶),那么$\upsilon=1/2$;其他材料拉伸时,通常$\upsilon<1/2$,即在拉应力下体积有所增加。一般情况下,$0<\upsilon\leqslant 1/2$,因此有$2G<E\leqslant 3G$,即$E>G$。由此可见,拉伸要比剪切困难,这是因为拉伸时高分子链要断键,需要较大的力,而剪切更多涉及的是层间错动,需要的力相对小些。

当高分子材料所受外力超过其承受能力的极限时,材料便发生破坏,机械强度就是材料抵抗外力破坏的能力。根据材料受力破坏的形式不同而有相应的不同意义的机械强度指标。

### 1. 拉伸强度

在规定的试验温度、湿度和试验速率下,在标准试样(通常为哑铃形)两端施加载荷直至试样被拉断(图7-6)。将断裂前试样承受的最大载荷$p$除以试样的横截面积(试样宽度$b$与厚度$d$的乘积)可求得试样的断裂强度$\sigma_t$,又叫抗张强度。

### 2. 弯曲强度

在规定试验条件下,对标准试样施加静弯曲力矩直至试样折断(图7-7)。根据弯曲断裂前试样承受的最大载荷$p$及试样尺寸等可计算得弯曲强度$\sigma_f(=1.5[pl_0/(bd^2)])$,又叫做挠曲强度。

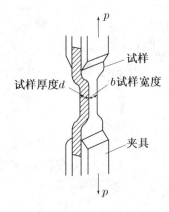

图 7-6　拉伸试验示意图

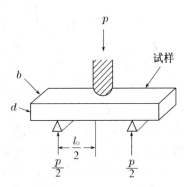

图 7-7　抗弯试验示意图

### 3. 冲击强度

冲击强度 $\sigma_i$ 是试样受冲击载荷而折断时单位面积上所吸收的能量,其值等于冲断试样所消耗的功 $W$ 与试样截面积的比值。$\sigma_i$ 是衡量材料韧性的一种强度指标,表征材料抵抗冲击负荷破坏的能力。

### 7.2.2　玻璃态聚合物的应力-应变特性

应力-应变试验是研究线型玻璃态聚合物大形变的常用方法,通常采用拉伸法进行。从试验测得的应力-应变曲线可以获取评价材料性能所需的杨氏模量、屈服强度、抗张强度和断裂伸长率等特征参数的信息。根据在很宽的温度和形变速率范围内测得的数据,我们可以判断出聚合物材料的强弱、软硬、韧脆,也可大致估计聚合物所处的状态及其拉伸取向的情形。

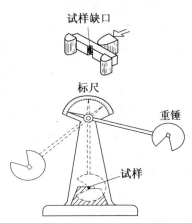

图 7-8　简支梁式冲击试验示意图

### 1. 线型非晶态聚合物的应力-应变曲线

图 7-9 是线型非晶态聚合物处在其玻璃态的不同温度下进行单轴拉伸时测得的一组应力—应变曲线。由图可见,在温度很低时(远低于 $T_g$)进行测量,试样的应力随应变成正比地增加,很快发生断裂(如图 7-9(a),应变小于 10%)。略微升高温度但仍在 $T_g$ 以下进行测量,试样的应力随应变成正比增加后出现一转折点 $A$,此为屈服点(yield point),$A$ 点对应的应力称作屈服应力(或屈服强度)$\sigma_y$;继续拉伸,材料断裂(如图 7-9(b),应变不超过 20%)。当温度升高至 $T_g$ 以下几十度的范围内时进行测量时,得到的应力—应变曲线(如图 7-9(c))上呈现出屈服点之后试样在不增加外力或外力增加不多的情况下发生很大形变的

状况,之后曲线又有明显上翘直至到达 $D$ 点时试样断裂。$D$ 点为断裂点(breaking point),其相对应的应力和应变分别称作断裂应力(拉伸或抗张强度)$\sigma_B$ 和断裂伸长率 $\varepsilon_B$。从上述线型非晶态聚合物在其处于玻璃态下拉伸时测得的应力—应变曲线可见,曲线以屈服点 $A$ 点为界分为两部分,$A$ 点之前曲线起始段是直线,应力与应变成正比,除去载荷(应力),试样立即恢复原状,无永久形变。由于这段区域对应的应变非常小,因此直线的斜率即该试样的杨氏模量 $E(=\tan\alpha$

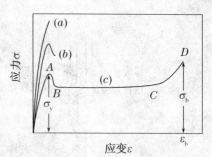

**图 7 - 9　线型非晶态聚合物的典型应力-应变曲线**

$=\Delta\sigma/\Delta\varepsilon)$ 便很大。从微观的角度看,这种高模量、小形变的弹性行为是由高分子的键长和键角变化引起的。越过屈服点后的曲线下降表明,随应变增加应力反而变小,这种应变软化现象是由于此时外力已超过了材料内部固有的分子间作用力,使其结构中的薄弱环节开始受到破坏所致。在温度远低于 $T_g$ 的玻璃态下,链段运动被严重禁锢,材料在大外力的作用下无法通过链段运动来释放能量,于是要么在屈服点之前就脆性断裂(图 7 - 9(a)),要么在越过屈服点后因材料结构受损而随之断裂(图 7 - 9(b))。在温度接近 $T_g$ 的玻璃态下,试样的应力—应变曲线在屈服点后呈现发展的形变,即使不再增加载荷,材料仍继续发生一定伸长(图 7 - 9(c)中 $B$ 点至 $C$ 点)。这种在 $T_g$ 以下本不该发生的链段运动行为是由于大外力的强迫作用迫使原本冻结的链段开始运动而引起的。此时,由于聚合物处于玻璃态,即使除去载荷,形变也不能自发回复,只有升高温度至 $T_g$ 以上,链段运动得以解冻,形变才能回复。因此,玻璃态聚合物在大外力下发生的大形变本质上是高弹形变,为区别于橡胶的普通高弹形变,我们称之为强迫高弹形变。$C$ 点以后应力急剧增加,称作应变硬化,这是因为在分子链伸展后继续拉伸,导致分子链取向排列,提高了材料在拉伸方向上的强度,形变需更大拉伸力,因此应力快速增加。这段形变涉及到高分子整链的运动,其形变是不可逆的。试样最后在 $D$ 点断裂,这种在屈服点之后发生的断裂称作韧性断裂,表明材料在玻璃态下是韧性的。

　　玻璃态聚合物在玻璃态下能发生强迫高弹形变是其在作为塑料使用时能显示出较好韧性的原因。产生强迫高弹性的必要条件是聚合物要有可运动的链段,通过链段运动使链的构象改变才能表现出高弹形变。但强迫高弹性又不同于普通的高弹性,高弹性要求分子具有柔性结构,而强迫高弹性则要求分子链不能太柔软,因为柔性大的链在冷却成玻璃态时,分子间堆砌得很紧密,要使链段运动需要很大的外力甚至超过材料的强度。因此,柔性很好的聚合物在玻璃态下是脆性的。如果聚合物链刚性相对较大,则在冷却成玻璃态时堆砌松散,分子间相互作用力较小,链段运动的余地较大,这样的聚合物在玻璃态下能发生强迫高弹形变而具有强迫高弹性,因此具有很好的韧性。但若是聚合物刚性太大时,则虽然其链堆砌松散,但链段不能运动,不出现强迫高弹态,材料仍然是脆性的。

强迫高弹形变过程是一个松弛过程,施加外力可以减小松弛的活化能而加速松弛过程的进行,使我们能在实验时间内观察到强迫高弹现象。此外,作用力的速率也直接影响强迫高弹形变的发生和发展。在一确定的拉伸外力下,如果拉伸速率太快,强迫高弹形变来不及发生,或者发生了却得不到进一步发展,试样会脆性断裂;如果拉伸速率太慢,则玻璃态聚合物会发生一部分黏性流动。只有在适当的拉伸速率下,聚合物的强迫高弹形变才能充分地反映出来。

**讨论:**比较图 7-9(c)曲线中,在拉伸初期、屈服点后和断裂前等各阶段聚合物微观结构的变化,从曲线中我们可以得到哪些关于材料力学性能的信息。

**2. 晶态聚合物的应力-应变曲线**

典型晶态聚合物的应力-应变曲线如图 7-10 所示,整个曲线可分为三段。第一阶段应力随应变线性增加,试样被均匀拉长,伸长率可达百分之几到十几,达屈服点 Y 后,试样的截面突然出现"细颈",由此进入第二阶段。第二阶段应力几乎不变,而应变不断增加,应力-应变曲线为一水平直线,样品维持细颈与非细颈部分的截面积不变,但细颈部分逐渐增长,非细颈部逐渐缩短,直至整个样品变细。这一阶段的应变量随聚合物而不同,例如支链的聚乙烯、聚酯、聚酰胺等可达 500%,而线型聚乙烯则可达1 000%。第三阶段是全部变细后的试样被均匀拉伸,应力又随应变增加而增大直到断裂为止。

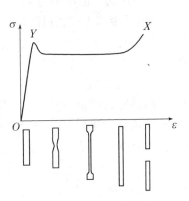

**图 7-10 结晶聚合物的
应力-应变曲线**

结晶聚合物在单向拉伸过程中,分子排列发生很大变化,尤其在屈服点附近时,分子开始沿拉伸方向取向。晶态聚合物中的微晶也进行重排,有可能某些微晶先破裂成较小单元,然后在取向情况下再结晶。拉伸后的材料在熔点以下不易恢复原状,但是只要升温到熔点附近,还是能够恢复原状。因此,晶态聚合物的这种大形变本质上也是高弹形变,只是形变被新产生的结晶所冻结而已。晶态聚合物与非晶玻璃态聚合物的拉伸情况相似之处很多,例如两者拉伸过程都经历弹性形变、屈服(成颈)、大形变和应变硬化等阶段,断裂前的大形变在室温下都不能自发回复,通过加热都能恢复,本质上都为高弹形变,统称作"冷拉"。但是两者又有差别,例如被冷拉的温度不同,玻璃态聚合物在脆化温度 $T_b$ 到 $T_g$ 之间,而晶态聚合物在 $T_g$ 至 $T_m$ 之间,更大的本质差别在于玻璃态聚合物拉伸过程只发生分子链的取向,不发生相变;而晶态聚合物拉伸过程中伴随着结晶破坏、取向和再结晶过程中的复杂的分子聚集结构的变化。

### 3. 不同聚合物的应力-应变曲线

从聚合物的应力-应变曲线,我们可以得到聚合物的屈服强度、杨氏模量、断裂强度、断裂伸长率以及断裂韧性(即应力-应变曲线下方的面积)的信息。不同聚合物的应力-应变曲线形状不同,大致有如图7-11所示的五种类型曲线。依据曲线中屈服点的高低有无、杨氏模量、伸长率和抗张强度的大小,可将这五种类型材料的力学特性归结为:① 硬而脆;② 硬而韧;③ 硬而强;④ 软而韧;⑤ 软而弱。其中软-硬关系说明形变的难易,也即模量的大小;强-弱关系说明断裂强度的高低;脆-韧关系则说明有无屈服现象、断裂伸长的大小。属于硬而脆的聚合物有聚苯乙烯、酚醛塑料等,它们无屈服点、模量高、抗张强度大、断裂伸长率一般<2%,因此不宜受冲击,是能够承受静压力的材料。硬而韧的聚合物有尼龙、聚碳酸酯和硝化纤维素等,它们有屈服点、屈服强度、杨氏模量和抗张强度都高,断裂伸长率也较高,在拉伸过程中会产生细颈,这是薄膜和纤维拉伸工艺的依据,晶态聚合物通常属于这类材料,适合作为纤维和工程塑料使用。硬而强的聚合物具有高的杨氏模量和抗张强度,屈服点较高,断裂伸长率不大(约5%左右),一些不同配方的硬聚氯乙烯和聚苯乙烯的共混物都属此类,也能作为工程塑料使用。软而韧的聚合物有低度硫化橡胶、增塑聚氯乙烯等,它们无屈服点或屈服点很低,杨氏模量低,抗张强度比较高,断裂伸长很大(20%至1 000%),适用于制作橡胶制品、薄膜或软管等。软而弱的材料无屈服点,低模量、低抗张强度,有一定断裂伸长率,未硫化的生胶、柔软的高分子凝胶等属于此类,有的具有一些特殊功能,用于特殊用途,但不能作为承受力作用的材料使用。

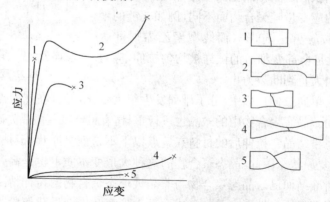

**图7-11 五种类型材料的应力-应变曲线**

### 4. 影响聚合物实际强度的因素

高分子之所以有抵抗外力破坏的能力,主要依靠化学键和链间范德华力、氢键等作用力,正常断裂应首先发生局部氢键和范德华力的破坏,然后应力集中到主链发生化学键断裂。当聚合物具有很高强度时并不意味着其韧性也高。强度是衡量一种材料承受力能力的指标,而韧性是表征一种材料吸收能量能力的指标,强度和韧性通常是相互排斥的两个性质,韧性好的材料往往要以牺牲强度为代价。寻找强度大兼具韧性好的材料是现代社会发展包括桥梁的兴建、车辆的制造到防弹衣的设计等的需要,也是对高分子材料研究人员的一个挑战。根据理论估算,高分子的理论强度比其实际强度要高 100～1 000 倍,而高分子材料的实际力学强度与其本身结构以及许多外界因素直接相关。

(1) 高分子本身结构

增加高分子的极性或产生氢键都会使材料强度升高。例如,非极性的聚乙烯、带有极性基团的聚氯乙烯以及带有氢键的尼龙 66,它们的机械强度由其分子间作用力的增强而依次增强。但若极性基团过密或取代基位阻太大,则会阻碍链段运动而不能实现强迫高弹形变,使材料虽然强度大但性能脆。聚合物链若有支化现象,那么随支化密度升高,分子间距离增大,分子间相互作用力下降,从而使材料的拉伸强度下降,但其冲击强度会升高。例如,具有高支化结构的高压聚乙烯相比于具直链结构的低压聚乙烯,其拉伸强度低,但冲击强度高。主链含有芳环或芳杂环结构的聚合物因其刚性结构而较同系列的脂肪族聚合物有更高的模量,例如芳香族尼龙的模量大于脂肪族尼龙;主链含有芳香族侧基,其模量也会提高,例如聚苯乙烯的模量高于聚乙烯。适度的交联可有效地增加分子链之间的联系,使分子链不易发生相对滑移而发生大的形变,强度会得到提升;但过度交联会造成材料性能变脆。聚合物的分子质量升高会使材料的强度增加,但分子质量到达一定程度时,拉伸强度不再变化,而冲击强度继续升高,如聚乙烯。因此,制备超高分子量的聚乙烯就是为了利用它的优异抗冲击性能。此外,除了聚合物分子的链结构外,其聚集态结构即材料中分子链的堆砌状况直接影响到材料的强度。无序程度增加是造成实际强度下降的一个重要原因。而结晶结构的存在通常会使聚合物的强度、模量等均得到提高,但使冲击强度降低。取向聚合物会出现力学各向异性的情况,在取向方向上材料显示出强度成倍的提高。

(2) 应力集中物

如果材料内部存在缺陷,受力时材料内部的应力平均分布状况将发生变化,使缺陷附近局部范围内的应力急剧增加,远远超过应力平均值,这种现象称为应力集中,缺陷就是应力集中物,包括裂缝、空隙、缺口和杂质等。这些应力集中物严重降低材料强度,是造成聚合物实际强度与理论强度之间巨大差异的主要原因之一。

(3) 增塑剂

增塑剂的加入减小了高分子链间的作用力,抗张强度下降,下降幅度与增塑剂的加入量成正比。另一方面,增塑剂的加入使链段运动能力加强,由此冲击强度提高。因此,增塑剂常用于对弹性、韧性要求高的体系,在强度足够的情况下,牺牲一点强度以增加韧性可扩展高分子材料的应用范围。

(4) 填料

　　不同的填料加入聚合物中起的增强作用不同,这一方面与填料本身的强度有关,另一方面也与填料与聚合物分子之间的亲和力大小有关。某些填料只起稀释作用,称作惰性填料,它们会使材料强度有所下降,但成本却大为降低,可用于对强度要求不高的场合。某些填料适当使用可显著提高聚合物的强度,称作活性填料,在材料中起到了复合增强的作用,普遍用于宇航、导弹、电讯和化工等尖端科技领域。

　　除上述因素以外,测试强度时所采用的外力作用速度以及测量温度也会影响到材料强度真实数据的获取。例如,提高形变速率使脆性断裂应力和屈服应力都提高,而屈服应力的提高更多些。因此,当处于某一温度 T 时,在低形变速率下发生韧性断裂,但在高形变速率下可转变为脆性断裂,即提高形变速率与降低温度对材料断裂行为的影响是等效的。因此需按照标准测试条件进行,并在给出测试数据时注明所采用的条件。

　　**讨论**:总结聚合物结构与强度的关系,试分别比较聚对苯二甲酸乙二醇酯和聚己二酸乙二醇酯、低密度聚乙烯和聚氯乙烯这两组聚合物抗张强度的大小并说明理由。

### 7.2.3　高弹态聚合物的力学性能——高弹性

**1. 高弹性的特点**

　　聚合物在玻璃化温度以上具有高弹态这一独特的力学状态,高弹态时聚合物呈现的高弹性是聚合物区别于其他材料的一个突出的特性,提供了聚合物材料优良的性能和重要的应用价值。在高弹态下,聚合物尺寸稳定,在小形变($<5\%$)时的弹性响应符合虎克定律,表现似固体的行为;但其热膨胀系数和等温压缩系数又与液体同一数量级,表明此时高分子之间的相互作用又类似于液体的情况;另外,高弹态时导致形变的应力随温度增高而增加,这又与气体的压强随温度增高而增大的情形相似。在力学性能上,高弹态聚合物因高弹性而显示出与金属材料完全不同的特点。

　　(1) 可逆弹性形变大,最高可达 $1\,000\%$,而一般金属材料不超过 $1\%$。

　　(2) 聚合物高弹态时的弹性模量小,最高达 $10^5$ N/m$^2$,而一般金属材料的弹性模量可达 $10^{10} \sim 10^{11}$ N/m$^2$。

　　(3) 聚合物高弹态时的弹性模量随温度升高而增大,而金属材料的弹性模量随温升高而下降。

　　(4) 在绝热条件下高速拉伸时,高弹性聚合物的温度升高,而金属的温度却下降。

　　(5) 高弹形变需要时间,具有明显的松弛特性。

　　高弹态聚合物的高弹性是以高分子的链段运动为基础的。室温下,橡胶弹性体的长链分子处于自我蜷曲的状态,其均方末端距较完全伸直的分子链要小几百至几千倍,当橡胶弹性体被拉伸时,其长链分子在外力作用下能被拉伸成直链,由此表现出形变量很大的特点。而当外力拉直长链的同时,长链中各个环节的分子热运动力图恢复其原来的自然蜷曲的状态而形成了对抗外力的回缩力,使橡胶形变发生可逆的自发回复。由于这种回缩力不大,橡胶在不大的外力下即可产生较大形变,因此其弹性模量的值便很小了。当温度升高时,分子热运动加剧,回缩力便增大,形变相对减小,所以橡胶的弹性模量会随温度升高而增加。当橡胶被快速拉伸而发生伸长变形时,分子链及链段会有序排列而使得体系熵减,同时分子间的内摩擦会产生热量,由此我们能感知到样品的发热现象。由于橡胶态下高弹形变涉及到的链构象的伸展和回复都是靠链段运动来实现的,而链段运动需要克服分子间的作用力和内摩擦力,因此形变和回复需要时间,具有明显的时间依赖性。

**2. 高弹性形变的热力学分析**

热力学分析可以帮助我们理解高弹形变的上述特点及产生原因,了解其本质。首先,假设有一块长为 $l$ 的橡皮试样,在长度方向上加拉力 $f$,试样伸长 $dl$,根据热力学第一定律,体系内能变化为体系吸收的热量 $dQ$ 与体系对外做的功 $dW$ 之差:

$$dU = dQ - dW \qquad (7-1)$$

橡皮被拉伸时,体系对外做的功是体积变化和形状变化所做功之和,即 $dW = PdV - fdl$;假设过程是可逆的,根据热力学第二定律,$dQ = TdS$,则上式可改写为:

$$dU = TdS - PdV + fdl \qquad (7-2)$$

实验证明,橡胶在拉伸过程中 $dV \approx 0$,所以

$$dU = TdS + fdl \qquad (7-3)$$

在等温等容条件下,上式可写成

$$f = (\partial U / \partial l)_{T,V} - T(\partial S / \partial l)_{T,V} \qquad (7-4)$$

或写成

$$f = (\partial U / \partial l)_{T,V} + T(\partial f / \partial T)_{l,V} \qquad (7-5)$$

式(7-4)和式(7-5)说明,外力作用在橡胶试样上,一方面使橡胶的内能随伸长而变化,另一方面使橡胶的熵随伸长而变化,即橡胶的张力是由于变形时内能和熵发生变化而引起的。在等温等容条件下,可认为试样中分子间作用力不变,内能和熵的改变是由分子构象改变引起的。当橡胶试样形变时,其分子链由卷曲到伸展,熵值由大变小,这一变化的终态是不稳定的,一旦外力移去,橡胶分子受到弹性回缩力作用而有自发恢复到初态的倾向,整个过程中熵变起了主导作用。实验事实表明,在拉伸过程中,橡胶的内能变化很小或几乎不变,其对高弹性的贡献至多占 10% 左右,因此高弹性主要是由橡皮内部熵变引起的,这就是高弹性的本质是熵弹性这一重要概念的由来。

**3. 高弹态聚合物的结构特点**

分子质量足够高的柔性链才具有良好的高弹性,因此橡胶态聚合物都是内旋转比较容易、且分子间作用小的柔性高分子,如顺 1,4 聚丁二烯和聚有机硅氧烷等。但柔性链聚合物

并非都具有高弹性,高度结晶的聚合物在熔点以下不会具有弹性如高密度聚乙烯,但含有少量结晶的聚合物仍能具有良好的弹性,其中的结晶部分起物理交联点作用,提高橡胶强度并可防止永久形变的产生,如丁基橡胶和氯丁橡胶等。非晶态聚合物高弹性的温度范围是在玻璃化转变温度 $T_g$ 和黏流温度 $T_f$ 之间,这个范围通常随分子质量的增加而逐渐加宽。如果聚合物分子质量过低,当链段开始运动时整个高分子也已经能够运动,则聚合物会直接从玻璃态进入黏流态,其力学行为与低分子化合物差不多,不可能出现高弹性。因此,橡胶态聚合物的分子质量相对于塑料和纤维而言是要求最高的。

**讨论:** 高弹形变是怎样产生的?它和强迫高弹形变有何异同?

### 7.2.4 聚合物的力学松弛——黏弹性

在外力的作用下,高分子的形变行为介于弹性材料和黏性材料之间,表现为其力学性质随时间发生变化,称之为聚合物的力学松弛现象即黏弹性,它是高分子材料的又一重要特性。根据高分子材料所受的外部作用的情况不同,可观察到不同类型的力学松弛现象,最基本的有蠕变、应力松弛、滞后和力学损耗等。

#### 1. 蠕变

在一定的温度和较小的恒定外力作用下,材料形变随时间增长而逐渐发展的现象称作蠕变。一定时间后除去外力,形变逐渐消除的现象叫做蠕变回复。生活中涉及到的蠕变现象如塑料雨衣挂在钩子上的部分在一段时间后会出现一个凸起的小鼓包,在雨衣取下后该小鼓包会随时间而慢慢平复,但不会完全回复原状。

图 7 - 12 是线型聚合物的蠕变及其回复曲线,它很形象地反映了雨衣在发生蠕变时其分子内部运动随时间延长而发生的变化。图中,时间轴上的 $t_1$ 是加负载时间,$t_2$ 是去负载时间。$t_1 \sim t_2$ 间曲线可分为三段讨论。

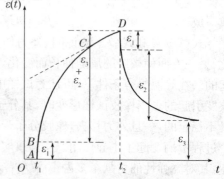

图 7 - 12　线型聚合物的蠕变及其回复曲线

$AB$ 段是一小段几乎垂直时间轴的直线。从分子运动角度来看,当高分子材料上一加上外力,分子链内键长和键角立即发生变化,形变量 $\varepsilon_1$ 很小且正比于应力,服从虎克定律,叫做瞬时普弹形变。外力去除,该普弹形变立即完全回复。

$BC$ 段是高分子链通过链段运动逐渐伸展的过程,形变因材料内部的黏滞阻力不是瞬间发生,而是随时间延长逐渐发展,最后趋于平衡。形变量 $\varepsilon_2$ 比普弹形变大得多,称为高弹形变。外力去除,该高弹形变逐渐回复。

CD 段表示线型非晶态聚合物分子间产生相对滑移,发生了黏性流动,应变量 $\varepsilon_3$ 在外力去除后不能回复,为不可逆形变。因此,图 7-8 中 $t_2$ 后的蠕变回复曲线不能回到原始状态,这也就是雨衣上出现的小鼓包只能慢慢平复但不可能完全回复原状的原因。

蠕变过程中,聚合物材料的总应变量 $\varepsilon$ 等于三个阶段中所产生的应变 $\varepsilon_1$、$\varepsilon_2$ 和 $\varepsilon_3$ 的加和,这三种应变量的相对大小受不同条件的影响变化很大。首先是温度的影响。$T<T_g$ 时,链段运动所受到的分子间内摩擦阻力极大,要达到平衡态的松弛时间极长,所以 $\varepsilon_2$ 和 $\varepsilon_3$ 都很小,$\varepsilon\approx\varepsilon_1$,因此应变极小;当 $T_g<T<T_f$ 时,链段运动活跃,松弛时间随温度升高而变短,致使 $\varepsilon_2$ 相当大,但体系黏度仍很大,故 $\varepsilon_3$ 很小,应变主要是 $\varepsilon_1$ 和 $\varepsilon_2$ 的贡献;$T>T_f$ 后,体系黏度减小,松弛时间进一步缩短,链段运动带动整链的运动而发生黏性流动,此时 $\varepsilon_1$、$\varepsilon_2$ 和 $\varepsilon_3$ 都很显著。由于 $\varepsilon_3$ 不能回复,因此外力除去后,部分应变保留下来,称作永久形变。其次是外力作用时间的影响。对于线型聚合物而言,在 $T_g$ 以上的温度下,只要施加外力的时间足够长,比聚合物的松弛时间长得多,那么在加负载的时间内,高弹形变就能充分发展而达到平衡高弹形变,因而,图 7-8 的蠕变曲线的最后部分就是纯粹的粘流形变,由这段曲线的斜率 $\Delta\varepsilon/\Delta t=\sigma/\eta$,可以估算出试样的本体黏度 $\eta$。

温度和外力大小对蠕变现象的观察影响也很大,温度过低,外力太小,蠕变很慢很小,短时间内不易觉察;温度过高,外力太大,形变过快,也观察不到蠕变现象;在 $T_g$ 附近数十度的温度范围内和适中的外力作用下,链段可以运动,但因所受内摩擦力较大而只能缓慢运动,此时蠕变现象就表现得很明显了。

聚合物材料的蠕变性反映其尺寸稳定性和长期负载能力,有重要的实用价值。聚合物结构不同,室温下显示的蠕变现象亦不同。例如,交联聚合物无粘流形变,高度交联时,高弹形变亦很小,室温下观察不到其蠕变现象。主链含芳杂环的刚性很强的聚芳烃类,室温下 $\varepsilon_2$ 和 $\varepsilon_3$ 趋于 0,具有较好的抗蠕变性能,可以用来代替金属材料加工成机械零件,是广泛应用的工程塑料。聚四氟乙烯具有优良的自润滑性,耐热抗蚀为塑料之王,但其蠕变现象严重,因此不宜选作机械零件,但可作密封材料。

## 2. 应力松弛

在恒定温度和保持应变不变的情况下,聚合物内应力随时间而逐渐减弱的现象称作应力松弛。生活中应力松弛的例子如固定在墙上绷紧的塑料绳过了一段时间后会变松而下垂,表明塑料绳内的应力在慢慢地减小。应力随时间变化的曲线(图 7-13)称作应力松弛曲线,形变产生的瞬间应力最大,然后随时间依式(7-6)所示的指数关系下降。

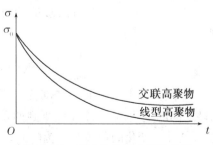

图 7-13 聚合物的应力松弛曲线

$$\sigma = \sigma_0 e^{-t/\tau} \tag{7-6}$$

式中：$\sigma_0$ 为起始应力；$\tau$ 为松弛时间。

应力松弛与蠕变一样反映聚合物内分子的三种不同运动。一开始加外力使试样达一定形变时，除键长、键角的运动所引起的形变外，高分子链段也不得不顺着外力方向被迫舒展，因而产生内部应力与外力相抗衡，聚合物分子处于不平衡的构象；为了达到新的平衡，分子会通过链段热运动使聚合物链间的缠结点散开以致分子链产生相对滑移，调整其分子构象并逐渐回复其卷曲状态。在这个过程中，内应力逐渐消除，与之相平衡的外力当然也逐渐衰减，以维持固定的形变。当每个分子链的构象完全以平衡状态适应试样所具有的应变时，原先强迫链段伸展所加的力就衰减为零了。如果温度很高，$T \gg T_g$，聚合物近乎处于粘流态，链段运动的内摩擦小，应力很快就松弛掉，甚至快到几乎观察不到。如温度过低，$T \ll T_g$，聚合物处玻璃态，由于内摩擦太大，链段虽受到很大应力，但还是难以运动，因此应力松弛极慢，也不易觉察到。只有在 $T_g$ 附近数十度的温度范围内，应力松弛现象才比较明显。

应力松弛同样具有重要的实际意义。当成型加工的过程中有应力未来得及完全松弛而或多或少保留在制品中时，这种残余的内应力会在制品存放或使用过程中慢慢发生松弛，从而引起制品翘曲、变形甚至应力开裂。对制品进行退火处理来加速应力松弛过程是消除制品内可能残余的应力的有效方法。此外，未交联的橡胶应力松弛很快甚至能完全松弛到零的行为使其完全不能用于输送带或各种皮带轮的皮带等用途。交联聚合物具有三维网络结构，分子间不能滑移，应力不会松弛到零，才能在各个领域中得到实际应用，这也是橡胶制品加工过程中必须经过硫化（交联）的主要原因。

### 3. 滞后现象

聚合物材料在交变应力作用下，应变落后于应力变化的现象称作滞后现象。以轮胎为例，汽车行驶中，轮胎面上某一部位周期地受力和变形，其应力和应变随时间的变化如图7-14所示。

图7-14中上下两条波形曲线分别可用数学式表示为：

$$\sigma(t) = \sigma_0 \sin \omega t \tag{7-7}$$

$$\varepsilon(t) = \varepsilon_0 \sin(\omega t - \delta) \tag{7-8}$$

式中：$\sigma(t)$ 为轮胎面上某部位受到的应力随时间的变化；$\sigma_0$ 为该部位受到的最大应力；$\omega$ 是外力变化的角频率；$t$ 为时间；$\varepsilon(t)$ 则

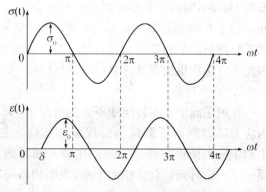

图 7-14 轮胎转动时某一受力点的应力和应变随时间的变化

为该部位的应变随时间的变化;$\varepsilon_0$为此处应变最大值;$\delta$是应变落后于应力的相位差。由图7-14可见,在交变应力作用下,形变发展总是落后于应力而存在一个相位差$\delta$。这种滞后现象的发生是由于高分子链段运动受内摩擦力的阻碍,总是跟不上外力变化的缘故。链段运动愈困难,愈跟不上外力变化,$\delta$值就愈大,也即滞后愈严重。

高分子材料的滞后现象与其分子结构有关。一般地,刚性高分子滞后现象较小,而柔性高分子滞后现象严重。此外,滞后现象受外界条件影响也很大。例如,当交变的外力作用频率很低时,高分子链段运动可以跟得上其变化,则滞后现象很小,甚至觉察不到;如果作用频率很高,则链段根本来不及运动,高分子材料(例如轮胎)就像一块刚硬体,滞后现象也很小。只有外力变化频率适中时,高分子链段可以运动,但又跟不上外力变化,此时才出现明显的滞后现象。再例如,当温度很高时,链段运动十分容易,能跟上外力变化,温度很低时,链段运动非常困难或根本不能运动,这两种情况下均不出现滞后现象。只有在$T_g$附近数十度的温度范围内,链段可以运动却又跟不上外力变化时,才出现明显的滞后现象。

无论从实用或理论的角度,研究聚合物材料滞后现象都十分重要。许多聚合物制品例如轮胎、传送带、齿轮、阀片、开关等都是在交变力作用的场合工作的,滞后现象造成的力学损耗对材料的性能及其应用都产生重要的影响。

### 4. 力学损耗(内耗)

高分子材料在交变外力作用下如能维持应力和形变的变化相一致,则不发生滞后现象,每次形变所做的功等于回复原状时所获得的功,过程中没有功的消耗。但一旦有滞后现象产生,在每一循环变化中就都要消耗功,称为力学损耗或内耗。对于滞后必然导致内耗的原因,我们可以通过分析图7-14所示的橡胶拉伸和回缩过程的应力-应变曲线来加深理解。

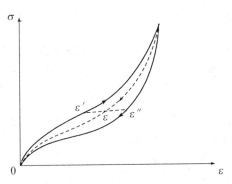

图7-15　橡胶拉伸和回缩过程的$\sigma$-$\varepsilon$关系示意图

在橡胶拉伸和回缩的过程中,如果应变完全跟得上应力的变化,拉伸过程是可逆的,则回缩曲线与拉伸曲线重合,如图中虚线所示;拉伸时外界对体系做的功等于回缩时体系对外界做的功,整个过程无能量损耗。但是,当发生滞后现象时,由于分子运动的粘滞阻力,拉伸过程中应变达不到与应力相对应的平衡应变值,使拉伸曲线总处在平衡曲线的左边;回缩过程中应变也达不到与应力相对应的平衡应变值,使回缩曲线总处在平衡曲线的右边,即$\varepsilon' < \varepsilon < \varepsilon''$,回复应变大于拉伸应变。从分子机理来看,橡胶受拉伸时外力对聚合物做的功一方面改变链的构象,另一方面克服链段间的摩擦力,为链段运动提供能量;回缩时聚合物对外界做的功一方面使分子链重新蜷曲回复原状,另一方面仍

需克服链段间的摩擦力,减小链段运动的阻力。这样的循环中,链构象完全恢复,不损耗功,而用于克服链段间摩擦力的功被损耗并转化成了热。因此,力学损耗也即内耗是因为外力在改变高分子链构象的同时还要克服其内摩擦力,使一部分功转化成热而损耗掉的缘故。由图可见,橡胶拉伸时所做的拉伸功正好等于拉伸曲线下方的面积,而回缩时所做的回缩功正好等于回缩曲线下方的面积,相减后的滞后圈正好是一个循环所损耗的功。形成的滞后环面积越大,表示体系的内摩擦力越大,滞后现象越显著,内耗越严重。对于轮胎运动而言,由于滞后现象的存在导致滞后环的出现,它所代表的那部分被损耗于分子间内摩擦的机械能转变成了热能而使轮胎发热。由于高分子是热的不良导体,不易散热导致轮胎的温度升高,造成轮胎过早老化、减少寿命甚至在行驶中爆胎而引起车祸。因此,对制作轮胎的橡胶而言,其内耗一定要小。

内耗大小直接取决于高分子链段运动时的内摩擦程度,归根结底取决于聚合物本身的结构。例如,顺丁橡胶的主链上无侧基,链段运动阻力小,因此内耗较小;丁苯橡胶有庞大的侧苯基,丁腈橡胶有极性很强的侧氰基,这些结构因素增加了它们的分子链段运动时的内摩擦力,因此内耗就较大;丁基橡胶(异丁烯与少量异戊二烯的共聚物)虽无庞大和强极性侧基,但是其侧甲基数量极多,内摩擦严重,其内耗甚至超过了丁苯橡胶和丁腈橡胶。橡胶内耗越大,吸收冲击能量越大,回弹性就越差,这样的材料自然不适于制做轮胎,但却可用作隔音或防震材料,从而能吸收较多的冲击能量。

**讨论**:从分子运动的特点来说明蠕变、应力松弛及滞后的内在联系,并分析聚合物的分子质量大小以及聚合物交联与否对上述黏弹行为的影响。

5. 黏弹性的力学模型

将力学性质服从虎克定律的理想弹簧和服从牛顿流体定律的理想黏壶以不同方式组合起来,可得到不同的力学模型。其中,弹簧用于模拟普弹性变,即瞬时的形变,到达平衡的时间非常短;黏壶用于模拟黏性形变,即一种滞后的形变,达到平衡需要一段时间。这些黏弹性的力学模型可直观地模拟聚合物的一些力学松弛过程,使我们能更好地理解黏弹性的概念及本质。

(1) Maxwell 模型

Maxwell 模型由一个弹簧与一个黏壶串联而成(图7-16),可模拟未交联聚合物的应力松弛过程。

当模型受到一个外力时,弹簧瞬时变形,但黏壶由于黏滞作用跟不上作用速率而来不及运动,于是保持原状。此时把两端固定即应变被固定了,这时发生的现象是黏壶受弹簧回弹力的带动而克服黏滞阻力慢慢上升,从而把伸长的弹簧慢慢放松,直到弹簧回复原形。Maxwell 模型描述的应力松弛到零的情况与交联聚合物的力学松弛现象是不符的,因此它不能模拟交联聚合物的应力松弛过程。此外,它也不能模拟蠕变行为。

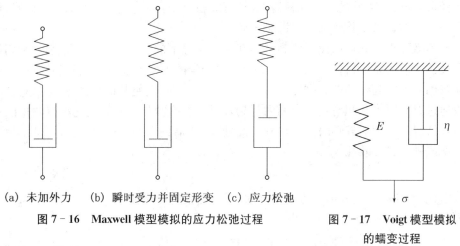

　(a) 未加外力　　(b) 瞬时受力并固定形变　　(c) 应力松弛

图 7 - 16　Maxwell 模型模拟的应力松弛过程

图 7 - 17　Voigt 模型模拟
的蠕变过程

（2）Voigt 模型

Voigt 模型由一个弹簧与一个黏壶并联而成（图 7 - 17），可模拟交联聚合物的蠕变过程。

当模型受到外力时,黏壶的黏性使得并联的弹簧不能迅速被打开,随时间发展,黏壶逐步形变,弹簧也随之慢慢打开,最后停止在弹簧的最大形变位置。除去外力,弹簧因回弹力要使形变复原,但由于黏壶的黏滞阻力使体系的形变不能立刻消除,黏壶慢慢移动回复到最初未施加外力的状态。由于模拟蠕变过程时没有涉及永久形变,因此 Voigt 模型不能模拟线型聚合物的蠕变过程。此外,因为模型受黏壶的黏度限制,体系不可能发生瞬时形变,Voigt 模型也不能描述聚合物的应力松弛。

　5. 黏弹性与时间、温度的关系——时温等效原理

高分子的链段运动或整个分子运动都需要一定的松弛时间,温度升高,松弛时间缩短。因此,同一个力学松弛现象,既可在较高温度下用较短时间观察到,也可在较低温度下用较长时间观察到。即升高温度和延长观察时间对于分子运动是等效的,对于聚合物的黏弹行为也是等效的。这就是时温等效原理,其本质是时间和温度对高分子宏观黏弹性的影响的等效性来源于两者对高分子微观分子运动影响的等效性。

从聚合物的形变—温度曲线出发,我们可以了解聚合物在不同的温度下因其内部不同的分子运动形式而采取不同的力学状态如玻璃态、高弹态和黏流态,橡胶和塑料的区别是在室温下划分的。升高温度,塑料可以变成橡胶,如有机玻璃在 100 ℃下能变软并有弹性;相反降低温度,橡胶可以变成塑料,如天然橡胶在零下 50 ℃时变得像塑料一样脆。根据时温等效原理,时间也能改变材料的力学状态。例如,同在室温下,处于玻璃态的塑料在人类穷

其一生的光阴中观察不到的变形现象在更长的时间尺度上观察便能看到其表现为如橡胶一样易于变形。同样,柔软的橡胶在极短的时间内观察可看到其表现为如塑料一样脆,如橡胶轮胎在高速下遭遇外来物体撞击时即刻破碎。

时温等效原理对我们试图了解高分子在不同条件下的力学数据十分有用。利用加力时间和温度的对应关系,可将不同温度或不同频率测定的力学性能进行比较和换算,从而获得某些无法用真实实验得到的数据。例如,需要几个世纪甚至更长时间的实验才能获取的数据可以通过升高温度在相对较短时间内得到,同样,在毫微秒或更短时间难以测得的数据可以通过降低温度在相对较长时间内得到。此处,需要借助于一个转换因子(或叫位移因子)$\alpha_T$ 来实现这种时温等效性。

$$\alpha_T = t/t_s = \tau/\tau_s = \omega_s/\omega \qquad (7-9)$$

式中:$t_s$、$\tau_s$ 和 $\omega_s$ 分别表示参考温度下的时间、松弛时间和频率。

Williams、Landel 和 Ferry 提出了一个经验方程

$$\log \alpha_T = - C_1(T-T_s)/(C_2+T-T_s) \qquad (7-10)$$

这就是著名的 WLF 方程。式中,$T_s$ 为参考温度,$C_1$ 与 $C_2$ 为经验常数。当选择 $T_g$ 作为参考温度时,$C_1 = -17.44$,$C_2 = 51.6$。

WLF 方程适用温度范围为 $T_g \sim (T_g + 100) \ ^\circ\text{C}$。利用此方程可以将聚合物试样在不同温度下的黏弹性行为通过时间标尺的变化联系起来,即将一系列不同温度下、有限时间内测得的黏弹性结果叠加成在某一恒定的参考温度下、相当长时间范围内的黏弹性参数的变化曲线,从而了解或预测聚合物材料的黏弹性行为。

## §7.3 高分子的电学性能

高分子材料具有优异的电学性能,在电子和电工技术上有极为广泛的应用。了解聚合物的电学性能和研究高分子材料的电学性能与其结构的关系具有重要应用和理论意义。一方面可以为电子和电工技术界选择材料提供数据,为合成具有预定电学性能的高分子材料及开发具有特殊电磁功能的聚合物材料提供理论依据;另一方面利用聚合物的电学性质能十分灵敏地反映其内部结构变化的特点,可深入探讨聚合物结构与其分子运动状况的关系。对聚合物电学性能的讨论将涉及聚合物在外加电场作用下的行为,包括在交变电场中的介电性能、在弱电场中的导电性能、在强电场中的电击穿及聚合物表面的静电现象,以及与这些行为相关的聚合物的结构及其分子运动。

### 7.3.1 聚合物的介电性

聚合物的介电性是指聚合物在外加电场作用下表现出的对电场能量的储存和损耗的性

质,通常用介电常数和介电损耗来表示。

1. 介电常数

介电常数是反映介电性能的宏观物理量,其数值大小与聚合物分子的结构、极化状态及极化程度密切相关。表7-4列出了一些共价键的键矩,键矩数值越大表明化学键的极性越大。分子偶极矩可由键矩经矢量加和后得到,分子的偶极矩越大,则分子的极性越大。聚合物按其极性大小通常可分为四类,即非极性聚合物如聚乙烯、聚丁二烯及聚四氟乙烯等;弱极性聚合物如聚苯乙烯、聚碳酸酯等;极性聚合物如聚氯乙烯、聚甲基丙烯酸甲酯及聚酰胺等;以及强极性聚合物如聚乙烯醇、聚丙烯腈等。

表7-4 一些共价键的键矩

| 键 | C—C | C=C | C—H | C—N | C—O | C=N | C—F | C—Cl | C=O | C≡N |
|---|---|---|---|---|---|---|---|---|---|---|
| 键矩($D$) | 0 | 0 | 0.4 | 0.45 | 0.7 | 1.4 | 1.81 | 1.86 | 2.4 | 3.1 |

通常情况下,极性与非极性聚合物均为电中性的。在外加电场下,聚合物分子中电荷分布发生变化而使分子的偶极矩增大,即发生了极化作用。聚合物在电场下会发生几种极化作用,如电子极化,即在外电场中每个原子的价电子云相对于原子核的位移;原子极化,即外电场造成不同原子核相互间发生位移;以及偶极极化,即在外电场的作用下极性分子沿电场方向排列而发生取向。聚合物的极化程度用介电常数 ε 来表征,定义为充满聚合物的电容器的电容与真空电容器的电容的比值,是表征聚合物储存电荷能力大小的物理量,其值越大,储存电荷越多。作为电介质使用的聚合物,其介电常数越大越好。

非极性聚合物分子内的极化状态只有电子极化和原子极化,因此 ε 较小。极性聚合物分子除了上述两种极化外,还有偶极极化,而偶极极化对 ε 的贡献远大于电子极化和原子极化,因此极性聚合物具有较大的 ε 值。一般来说,化学键键矩越大,分子极性便越高,则介电常数越大。当然,还有许多因素会影响聚合物的介电常数,某些因素甚至会使介电常数并不遵循所谓化学键键矩越大其值便越大的规律。

(1) 分子结构的对称性

当分子结构对称时,极性会相互抵消或部分抵消,使介电常数变小。例如聚乙烯的C—H键与聚四氟乙烯的C—F键的键矩相差很大,前者(0.4)极性很低,后者(1.81)极性较高。但由于两种聚合物的结构都十分对称,因此都为非极性高分子。聚四氟乙烯在它的构型中,无论是伸直链或是螺旋链,都会由于偶极的平衡化而使整个分子的偶极矩趋于零,因此它的介电常数很小。

(2) 分子链的立构规整性

对主链含有不对称碳原子的聚合物而言,其电荷分布的对称性与立体构型有关。对于同一聚合物而言,全同立构的高分子上电荷分布最不对称,其介电常数高;间同立构的对称性最好,其介电常数低;而无规立构聚合物的介电常数居中。

(3) 极性基团在分子链上的位置

主链上的极性基团以及与刚性主链相连的极性侧基的活动性较小,对介电常数影响小;而侧链上的,特别是柔性侧链上的极性基团活动性大,则对介电常数的贡献大。

(4) 聚合物所处的物理状态

对于带极性基团的聚合物,从玻璃态到高弹态再至黏流态,其介电常数依次提高。例如聚氯乙烯的介电常数室温下为 3.5,而达其玻璃化温度以上时,则升至 15。又如聚氯丁二烯链上极性的氯基团密度仅为聚氯乙烯的一半,可是室温下介电常数却是后者的三倍,这就是因为室温下前者处于高弹态,而后者处于玻璃态。在 $T_g$ 以下的温度下,链段运动被冻结,取向运动困难,偶极极化对介电常数的贡献小;在 $T_g$ 以上的温度下,链段运动顺利,极性基团活动性大,偶极极化对介电常数的贡献大。

此外,支化、交联、拉伸等也对介电常数有影响。支化使分子之间作用减弱,致使介电常数上升,而交联和拉伸限制了链段运动,而使介电常数下降。

2. 介电损耗

聚合物在交变电场中取向极化时,伴随着能量损耗,使聚合物本身发热,这种现象称作聚合物的介电损耗。产生介电损耗的原因有两部分,一是电导损耗,即聚合物中所含微量杂质如水、增塑剂或残留催化剂等产生的导电载流子在外加电场下克服内摩擦阻力产生电导电流,使部分电能转化为热能;二是极化损耗或偶极损耗,即交变电场下聚合物的各取向极化作用无法紧跟交变电场的频率变化而消耗部分电能用于克服分子间摩擦阻力,使电能转化为热能。对非极性聚合物而言,其介电损耗以电导损耗为主,而极性聚合物则以偶极损耗为主。

聚合物在交变电场下产生介电损耗的过程是一个松弛过程。聚合物在低频电场作用下,偶极、电子和原子三种极化均有充分时间追随电场变化,极化和电场的变化是同步的,即同相位的,这时聚合物不吸收电能。当电场的频率处于最高和最低这两个极限之间,电子极化及原子极化均可发生,且是同相位的,而偶极虽能追随电场的变化而取向,但由于聚合物的内黏滞作用,使偶极来不及和电场变化完全同步,而滞后于电场变化,与电场的变化不同相,从而产生介电损耗。

介电损耗通常用介电损耗角正切 $\tan\delta$ 来表征,聚合物的介电损耗值一般都很小,处于 $10^{-2} \sim 10^{-4}$ 之间。当聚合物用作高频绝缘材料,如线圈、微波元件、通讯电缆等的绝缘层或电容器材料时,不容许有大的介电损耗,否则不但浪费电能,还引起聚合物发热、老化变质以至破坏,因此必须选用 $\tan\delta$ 值尽可能小的聚合物材料。但根据损耗发热原理,介电损耗可应用于聚合物的高频干燥、塑料薄膜高频焊接以及大型聚合物制品的高频热处理等,此时对材料的选择则要求 $\tan\delta$ 大些为好。

聚合物的介电损耗与聚合物本身的分子结构密切相关,同时受外界条件的影响也很大。高分子极性的大小和极性基团的密度是决定介电损耗大小的根本因素。通常,聚合物分子的极性越大,极性基团的密度越大,则介电损耗越大。但同时我们也要考虑极性基团的活动性的影响。例如,当极性基团处于高分子链的柔性侧基的末端时,它对介电常数有贡献,但由于它活动性强,在电场下的取向极化过程是一个相对独立的过程,因此引起的介电损耗并不大。这种具有高介电常数、低介电损耗的材料是研究开发特种电容器所迫切需要的。聚合物发生交联、结晶和取向等则常常会阻碍偶极取向,从而影响介电损耗。外界条件的影响包括外电场的电压、频率、温度、增塑剂及杂质的存在等。当外加电场电压变大时,一方面使更多的偶极按电场方向取向,增加极化程度;另一方面流过聚合物的电导电流的大小正比于电压,两者都使聚合物介电损耗增加。电场作用频率决定了聚合物极化过程中分子运动的难易。与内耗相似,在一定温度下,当偶极变化完全跟得上(频率低时)或完全跟不上(频率高时)电场的变化时,介电损耗都小;在中等频率下,偶极能在一定程度上跟随电场的变化,但又因受到较大的内摩擦阻力而使偶极极化滞后于电场变化,此时便产生大的介电损耗。温度的影响与电场作用频率的影响有一对应关系,即温度高等同于作用频率低,反之亦然。在一定电场作用频率下,温度低时分子运动困难,极化程度小,因此介电损耗小;随着温度升高,聚合物黏度降低,偶极可较容易地跟随电场变化而取向,但又不完全跟得上电场变化,此时有大的介电损耗产生;当温度升到足够高时,偶极取向更容易,近乎与电场同步变化,此时介电损耗又小了。在聚合物中加入增塑剂,可降低聚合物的黏度,减弱分子间的相互作用,使取向极化容易进行,相当于提高温度的效果;极性增塑剂的加入不但降低体系黏度,加快取向极化,同时还可能引入新的偶极损耗,使介电损耗增大,并使体系介电损耗情况复杂化。当聚合物中含有导电的或极性的杂质(例如水、残留引发剂等)时会增加聚合物的电导电流或极化率,使介电损耗增大。因此,要得到介电损耗小的聚合物,必须正确选用各种添加剂,在生产、加工和使用过程中避免引入杂质。

**讨论:**总结影响聚合物介电常数和介电损耗的因素,说明如何获得介电常数高、介电损耗小的介电性能优良的聚合物材料。

### 7.3.2 聚合物的导电性

1. 导电性的表征

除特殊结构的高分子外,一般高分子都是由许多原子以共价键连接而成的,成键电子处于束缚状态,没有自由电子,除含离子的高分子电解质以外,也没有可流动的自由离子,因此,大部分高分子材料是电绝缘体。聚合物的纯度越高,其电导率越低,绝缘性越好。有时聚合物有微弱的的导电性,往往是由于杂质引起的,例如残留的微量催化剂、溶剂、各种助剂等,尤以水的影响最甚,因为水可离解成 $H^+$ 和 $OH^-$ 离子,产生离子电导。极性聚合物含水或在高湿度空气中,表面会形成很薄的吸附水膜,使导电能力增大。多孔材料如泡沫塑料或层压板等如吸水性增加,也会导致导电性增加。另外,在聚合物中专门掺杂可提供电荷转移的小分子可使聚合物具一定导电性。

聚合物的导电能力常用电导率 $\sigma$ 或电阻率 $\rho$ 来表征。电导率在数值上等于电阻率的倒数。电阻率越小,电导率越大,导电性则越好。电阻 $R$ 定义为加在试样两端的电压 $V$ 与电流强度 $I$ 的比值,即 $R=V/I$,单位为欧姆($\Omega$)。电阻 $R$ 的大小同试样尺寸有关,与长度 $L$ 成正比,与横截面积 $S$ 成反比。为消去试样尺寸的影响,定义电阻率 $\rho$ 为:

$$\rho=RS/L=(VS)/(IL) \tag{7-11}$$

电阻率 $\rho$ 为材料特性常数,单位为 $\Omega \cdot m$,其倒数为电导率 $\sigma$,单位为 $\Omega^{-1} \cdot m^{-1}$。依据电导率或电阻率大小将可材料分为四种,如表 7-5 所示。

表 7-5  导电性评价指标

| 材料 | 电导率($\Omega^{-1} \cdot m^{-1}$) | 电阻率($\Omega \cdot m$) |
| --- | --- | --- |
| 绝缘体 | $10^{-18} \sim 10^{-7}$ | $10^7 \sim 10^{18}$ |
| 半导体 | $10^{-7} \sim 10^5$ | $10^{-5} \sim 10^7$ |
| 导体 | $10^5 \sim 10^8$ | $10^{-8} \sim 10^{-5}$ |
| 超导体 | $\geqslant 10^8$ | $\leqslant 10^{-8}$ |

微观地看,材料的导电是由于物质内存在传递电流的自由电荷,它可以是电子、空穴或正、负离子,统称为载流子。在外电场作用下,载流子在物质内定向迁移,便形成电流。导电性的好坏就取决于载流子的密度 $N$、所带电荷量 $q$ 及其迁移速率 $v$。迁移速率 $v$ 正比于外电场强度 $E$,即 $v=\mu E$,比例系数 $\mu$ 称为迁移率,是材料的特征参数。对于单位立方体(即长度和截面积均为1)试样,产生的电流 $I=Nq\mu E$,而试样上的电压 $V=E$,这样就可将宏观的物理量电阻率 $\rho$ 与这些微观量联系起来:

$$\rho= V/I=1/(Nq\mu) \tag{7-12}$$

2. 聚合物的导电性与其结构的关系

分子结构是决定聚合物导电性能的重要内在因素。饱和的非极性聚合物如聚苯乙烯、聚四氟乙烯、聚乙烯等本身不能产生导电离子,也不具备电子电导的结构条件,它们的电阻率在 $10^{16}$ $\Omega \cdot m$ 以上,是优良的电绝缘体。极性聚合物的电绝缘性稍差,如聚砜、聚酰胺、聚丙烯腈和聚氯乙烯等的电阻率在 $10^{12} \sim 10^{15}$ $\Omega \cdot m$ 之间,这是因为它们分子上的强极性基团在强电场中可能发生微量的解离而产生导电离子;同时,极性聚合物的介电常数较大,其中杂质离子间的库仑力将降低,使电离平衡移动而使载流子的浓度增加。因此,极性聚合物的电阻率低于非极性聚合物。共轭聚合物的结构特征是分子内有大的线性共轭 π 电子体系，给载流子（自由电子或空穴）提供了离域迁移的条件，因此这类材料理应具有很高的电导率。但实际上共轭聚合物的电导率并不高，这是因为要实现导电，电子不仅要在分子内迁移，还必须实现分子间的跃迁。同时，分子链本身常会有结构缺陷，使 π 电子离域受到限制。所以，聚乙炔、聚苯乙炔等共轭聚合物在很好取向情况下也只是呈现半导体的性质。要使共轭聚合物实现导电，必须引入电荷到聚合物链上，电荷的导入可以通过释放电子（氧化作用，p 型掺杂）或注入电子（还原作用，n 型掺杂）来完成。p 型掺杂试剂有碘、溴、三氯化铁等，在掺杂反应中作为电子接受体，从聚合物的 π 成键轨道中拉走电子；n 型掺杂试剂通常为碱金属，是电子给予体，将电子加入到聚合物的 π 空轨道中。在掺杂过程中，掺杂试剂插入聚合物分子链间，通过二者的氧化还原反应完成电子转移过程，使聚合物体系中载流子的数目增加，由此大大提高了共轭聚合物的导电性能，使之上升几个数量级甚至十个数量级以上。掺杂态的共轭聚合物具有较高的导电率，称之为导电聚合物。导电聚合物不仅可以掺杂，还可以去掺杂，并且掺杂/去掺杂过程完全可逆，这是导电聚合物独特的性能之一。由此，导电聚合物可以通过可逆的掺杂/去掺杂的转换而实现其从导电态到绝缘态的性质切换，并能根据使用的需要控制掺杂程度使材料性质在导体、半导体和绝缘体之间进行调节。因此，这样的材料具有巨大的潜在的商业应用价值。

对于具有特殊的硫、氮原子交替排列的共轭元素高分子如聚硫化氮 $\left(\!\text{S}\!=\!\text{N}\right)_{\overline{n}}$，由于其能结晶成纤维状，分子间堆砌紧密，非常利于电子在分子间跨跃，因此在其纤维轴方向上的室温导电率高达 $2\times10^{5}~\Omega^{-1}\cdot\text{m}^{-1}$，并发现它在超低温下（0.26 K）具有超导性。

此外，对于有机金属聚合物而言，其中所含金属离子的 d 轨道能与有机配体的 π 电子轨道交叠，使分子内电子通道得以延伸，甚至可增加分子间的轨道交叠，因此这类聚合物导电性增加。例如聚酞菁铜因其具有二维电子通道的平面结构，电导率达 $5~\Omega^{-1}\cdot\text{m}^{-1}$。

### 7.3.3 聚合物的电击穿

1. 介电击穿现象和击穿强度

聚合物在强电场（$10^{7}\sim10^{8}$ V/m）中，随电场强度进一步增加，电压～电流关系不再服从欧姆定理，电流比电压增大得更快，$dV/dI$ 逐渐下降（见图 7-18），即聚合物的电绝缘性随电场强度的增加而下降。当达 $dV/dI=0$ 时，即使维持电压不变，电流会继续增大，材料从介电状态突然变成导电状态。此时大量电能迅速释放，使电极间的材料结构受破坏，这种现象称为介电击穿。击穿（$dV/dI=0$）时的电压 $V_{b}$ 称为击穿电压，它是介质可承受

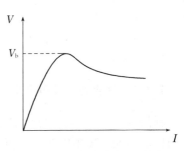

图 7-18 介电的电压-电流关系示意图

的极限电压。

击穿电压大小与试样厚度有关,为此将击穿电压与试样厚度 $h$ 之比值定义为击穿强度(又称介电强度)$E_b (= V_b/h)$,单位为 MV·m$^{-1}$,它是高分子电绝缘性能的一项重要指标。一般极性聚合物 $E_b = 10 \sim 20$ MV·m$^{-1}$,而作为绝缘用的聚合物薄膜要求 $E_b = 50 \sim 100$ MVm$^{-1}$。

2. 聚合物介电击穿机理

聚合物的介电击穿按形成机理,可分为本征击穿、热击穿和放电击穿三种。

(1) 本征击穿

在高压电场下,电子载流子从电场获得的能量大大超过它们与周围高分子碰撞所消耗的能量,从而使高分子发生电离,产生新的电子和离子。这些新生的载流子又从电场获得能量,又与周围高分子碰撞,激发出更多的载流子,如此反复进行,使载流子雪崩似地产生,致使电流急剧上升,最后使聚合物材料被击穿。这种击穿称本征击穿或内部击穿。

(2) 热击穿

在高压电场下,由于偶极取向导致的介电损耗热量不能及时散发,使聚合物温度上升,引起聚合物电导率大增,电导损耗又产生更多热量使温度进一步提高,如此恶性循环下去,导致聚合物熔化、氧化或焦化而最终被电击穿。这种击穿称为热击穿。研究表明,热击穿电压随环境温度升高而按指数规律下降,随散热系数降低而下降。此外,由于热击穿过程是热量积累过程,需要一定时间,因而加电压时间和升电压速度对击穿电压有显著影响。脉冲式加压比缓慢升压下的击穿电压要高得多。

(3) 放电击穿

聚合物材料因加工不善可能在表面或内部产生气泡、裂纹等缺陷。在高压电场下,空隙或气泡中的气体因其介电强度通常比聚合物的介电强度要低,首先发生电离放电。放电时被电场加速了的电子和离子轰击聚合物表面可直接破坏高分子结构,放电所产生的热量可导致高分子热降解,放电产生的臭氧、氮氧化合物等引起高分子氧化老化。反复放电使聚合物所受的侵蚀不断加深,最终导致聚合物被电击穿。这种击穿称为放电击穿,击穿通道呈树枝状。实际中,聚合物材料击穿往往是几种类型同时发生,尤以气体放电为主,特别是在较低电压长时间作用时,气体放电击穿更为突出。

### 7.3.4 聚合物的静电现象

任何两种固体,当它们互相接触时,只要其内部结构中电荷载体的能量分布不同,在其各自的表面便会发生电荷的再分配,当它们分开后,各自将带有比其接触前更多的正电荷或负电荷,此现象称为静电现象。聚合物在生产、加工和使用过程中不可避免地要与其他材料接触或摩擦,因而非常容易产生静电现象,使聚合物变成带电体。

1. 静电现象产生机理

物质互相接触时发生电荷转移,电子摆脱原子核的束缚从材料表面逸出所需的最小能量称为逸出功。不同物质具有不同的逸出功。两种金属相互接触或者电介质与金属接触时,它们之间的接触电位差与它们的逸出功之差成正比,在接触界面上形成电场,在这种电场作用下,电子将从逸出功小的物质向逸出功大的物质方向转移,直至在接触界面上形成的双电层产生的反向电位差与接触电位差相抵消时为止。结果,逸出功小的物质失去电子而带正电,逸出功大的物质获得电子而带负电。表 7-6 列出了一些聚合物与金接触测出的逸出功。表中逸出功排列顺序也是这些聚合物的接触起电序,任意两种聚合物接触起电,位于表中前面的聚合物必然带负电,而位于后面的带正电。两聚合物相互摩擦时,则介电常数大的带正电,小的带负电。实际上,带电符号还受摩擦方式、压力等因素影响,有时也有不符合上述规律的现象。

2. 静电的危害与防止

静电的积累给聚合物加工和使用带来许多问题。合成纤维生产中,静电使许多工序难以进行。例如吸水量低于 0.5% 的干性聚丙烯腈在纺丝过程中,纤维与导辊的摩擦所产生的静电荷电压可达 15 kV 以上,若不及时设法消除,将使纤维的梳理、纺纱、牵伸、加捻、织布和打包等工序难以进行。在绝缘材料生产中,由于静电吸附尘埃和有害物质,使产品电性能大幅下降。又如静电使化纤衣服吸尘,脱衣时会发出放电响声,在暗处还可见到放电的辉光,击痛皮肤;涤纶膜为底基的录音带和电影胶片因静电吸尘使其音质和清晰度下降;静电放电还会引起烧蚀以至发生火灾。

表 7-6　聚合物的逸出功

| 聚合物 | 逸出功(电子伏特) | 聚合物 | 逸出功(电子伏特) |
|---|---|---|---|
| 聚四氟乙烯 | 5.75 | 聚乙烯 | 4.90 |
| 聚三氟氯乙烯 | 5.30 | 聚碳酸酯 | 4.80 |
| 氯化聚乙烯 | 5.14 | 聚甲基丙烯酸甲酯 | 4.68 |
| 聚氯乙烯 | 5.13 | 聚乙酸乙烯酯 | 4.38 |
| 氯化聚醚 | 5.11 | 聚异丁烯 | 4.30 |
| 聚砜 | 4.95 | 尼龙 66 | 4.30 |
| 聚苯乙烯 | 4.90 | 聚氧化乙烯 | 3.95 |

防止静电危害的发生,可从抑制静电的产生和及时消除产生的静电两方面进行,又以后者为主。因摩擦产生的静电量和电位取决于互相摩擦材料的性质、接触面积、摩擦速度和压力等因素,因此,可以通过选择适当材料、减小接触面积、压力和摩擦速度,来尽量减小摩擦产生的电荷量,即抑制静电的产生。消除静电实际实施中通常采用反电荷中和、电荷表面传

导及电荷内部传导等方法。其中,反电荷中和主要利用空气中带相反电荷的粒子与聚合物表面电荷的中和作用。根据尖端放电原理制成的高压电晕式静电消除器已应用于化纤、薄膜、印刷等领域。在不允许有电火花出现的场合,可采用辐射使气体电离来中和静电。电荷表面传导法则广泛采用胺类、季胺类、吡啶盐、咪唑衍生物等离子和非离子型抗静电剂来增强电荷沿表面的传导。通常将抗静电剂涂覆在聚合物表面,形成连续相,提高表面导电性。有时为延长作用时间,也把抗静电剂同塑料混合,让它慢慢扩散到表面来起作用。水的导电率很大,让聚合物在潮湿环境中形成表面水膜,或者在聚合物表面涂一层表面活性剂等吸湿性物质,使吸收空气中水分,形成水层而增加聚合物表面电导,让表面电荷流失,达到消除静电作用。电荷内部传导法是设法增加聚合物材料本身的导电性,让静电荷从材料内部泄漏掉。一般说,聚合物电阻率小于 $10^7\ \Omega \cdot m$ 时,即使产生静电荷,也会很快泄漏掉。在聚合物材料中添加炭黑、金属粉末、导电纤维等物质能有效提高材料导电性,增强抗静电能力。

　　静电现象虽然存在上述危害,但是也有它可利用的一面。目前,静电作用在聚合物领域的应用包括静电涂敷、静电印刷、静电分离和混合等。

　　1. 下面是实验测得的一些聚合物的形变—温度曲线,试根据曲线形状推测聚合物的结构特征,适合作什么材料(塑料、橡胶、纤维)? 为什么?

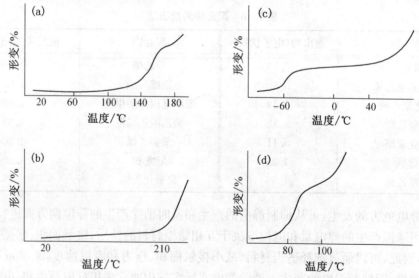

2. 依据下列三组聚合物的各自的重复结构单元式,试估计每组在分子量大致相同的前提下的 $T_g$ 或 $T_m$ 的高低顺序,并说明理由。

(1) $\begin{matrix} & \text{O} & \text{O} \\ & \| & \| \\ \end{matrix}$ $+\!\!-\!O(CH_2)_6OC(CH_2)_6C\!-\!\!+$ , $+\!\!-\!NH(CH_2)_6NHC(CH_2)_6C\!-\!\!+$ ,

$+\!\!-\!NH\!\!-\!\!\bigcirc\!\!-\!\!NHC\!\!-\!\!\bigcirc\!\!-\!\!C\!-\!\!+$

(2) $+\!\!-\!CH_2CH_2\!-\!\!+$ , $+\!\!-\!CH_2CCl_2\!-\!\!+$ , $+\!\!-\!CH_2CHCl\!-\!\!+$ , $+\!\!-\!CH_2C(CH_3)_2\!-\!\!+$

(3) $+\!\!-\!O(CH_2)_8OC(CH_2)_8C\!-\!\!+$ , $+\!\!-\!OCH_2\!\!-\!\!\bigcirc\!\!-\!\!CH_2OCCH_2\!\!-\!\!\bigcirc\!\!-\!\!CH_2C\!-\!\!+$ ,

$+\!\!-\!OCH_2\!\!-\!\!\bigcirc\!\!-\!\!CH_2OC(CH_2)_8C\!-\!\!+$

3. 试述影响聚合物耐热性的结构因素,对下列聚合物按耐热性提高的顺序进行排序并说明理由。

(1) 聚乙烯　　(2) 聚苯乙烯　　(3) 芳香族尼龙　　(4) 脂肪族尼龙

4. 在聚合物的成型加工中,分别对于刚性链或柔性链而言,要想降低它们的黏度应该采取怎样的措施为宜,并说明理由。

5. 强迫高弹性产生的原因和条件是什么?试解释为什么聚合物的玻璃态与低分子的玻璃态相比具有更好的韧性。

6. 试根据下面一些应力—应变曲线来判断各聚合物的结构特点和其应用范围。

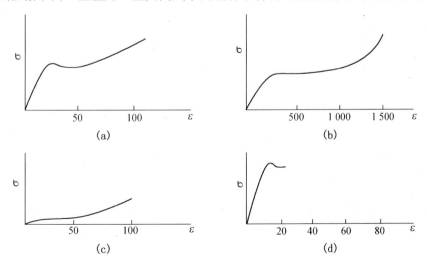

7. 有一试样,长 5 cm,宽 1 cm,厚 0.1 cm,加 35 kg 负荷后,若材料的杨氏模量为 $3.5\times10^{10}$ 达因/$cm^2$,请问加负荷试样伸长了多少厘米?

8. 聚氯丁二烯和聚氯乙烯在它们各自的玻璃化温度以上时都具有高弹性,试解释为何前者可做橡胶而后者用作塑料的原因。

9. 新的松紧带刚开始使用时感觉比较紧,用过一段时间后逐渐变松,这属于哪一种力学松弛行为? 试分析松紧带变松的原因和过程。

10. 试分析聚合物的极化率、介电常数及导电性之间的关系,对聚苯乙烯、聚氯乙烯及聚四氟乙烯这三种聚合物的电绝缘性能由好到次做一排列并说明理由。

参考文献

[1] 何曼君,张红东,陈维孝,董西侠编著. 高分子物理(第三版). 上海:复旦大学出版社,2007.

[2] 顾雪蓉,陆云编著. 高分子科学基础. 北京:化学工业出版社,2003.

[3] 董炎明主编. 高分子科学简明教程(第二版). 北京:科学出版社,2013.

[4] 韩哲文主编,张德震,杨全兴,王彬芳编著. 高分子科学教程. 上海:华东理工大学出版社,2001.

[5] 何平笙编著. 高聚物的力学性能. 合肥:中国科学技术大学出版社,1997.

# 第八章 通用高分子材料

高分子材料可分为通用高分子材料和功能高分子材料两大类。通用高分子材料指目前能够大规模工业化生产、应用也较为普遍的高分子材料,主要包括塑料、橡胶、纤维、黏合剂、涂料等。

## §8.1 塑 料

塑料的发明被称作 20 世纪的杰作,其全球年产销量已达 2.5 亿吨,人均消费量已成为一个国家发展程度的标志。90 年代初,中国年人均塑料消费量不足 3 kg,现在约 50 kg,而发达国家则高达 200 kg。

### 8.1.1 塑料的基本知识

1. 塑料的定义、分类与性能

塑料(Plastics),是指以高分子化合物为主要成分,添加某些具有特定用途的加工助剂的混合物。该混合物在加工工序结束后呈固体状态,而在加工过程中则呈现一定的"流动性"来实现造型。塑料中的高分子化合物,通常被称为树脂。

塑料有多种分类标准,以树脂组分的结构组成可分为聚烯烃塑料、聚酰胺塑料、氟塑料等;以其应用可分为通用塑料和工程塑料;以其成型方法和形态可分为模压塑料、层压塑料、粒料、粉料等;以其加工性则可分为热塑性塑料和热固性塑料,其中热塑性塑料在成型后仍然呈现线性分子结构,可被再次加工塑造,而热固性塑料成型后则成为不溶不熔的体型分子结构,丧失塑料特征。

与传统材料相比,塑料可有金属的坚硬、木材的轻便、玻璃的透明以及陶瓷的耐腐蚀性。下面我们以常见的家用供水管 PP－R 管为例来解说一下塑料的基本性质。

(1)密度小。PP－R 管的密度约 $0.89 \sim 0.9/cm^3$,仅为铸铁管、镀锌管的 1/9,减小了运输量和运输成本,同时减小了搬运、安装等的劳动强度。

(2)加工性好,生产能耗低。PP－R 管与多数塑料一样,可以通过挤出成型,不同口径管材只需更换口模,生产能耗仅为钢管的 20%。管道铺设也只需要简单的热熔"焊接",劳动强度与安装成本都比较低。

(3)有足够的强度与使用寿命。PP－R 管扯断强度 40 MPa,扯断伸长率 800%,20 ℃

时弹性模量 800 MPa，95 ℃、3.5 MPa 压力下持续 1 000 h 不渗漏。通常条件下，可以有 50 年以上的使用寿命。

（4）耐腐蚀，耐化学性好。PP-R 管不会锈蚀，也可以耐受建筑物中以及通常使用条件下的化学物质。

（5）内壁光滑，水流阻力小。与金属管相比，水流阻力可减小 30%，节省能源。

（6）保温性能好。PP-R 材料 20 ℃时的导热系数为 0.21～0.24 W/m·k，远低于金属管，输送热水时可以大幅降低热量损失。

塑料性能大致包括热性能、力学性能、耐化学药品性能、电性能以及环境性能等几个方面，这些性质主要由聚合物本身所决定，但与加工助剂也有很大的关系，同一种聚合物与不同的加工助剂配合，性能上会有很大的差异。从总体上看塑料的性质，除了密度小、易加工、导热系数低、耐腐蚀与化学药品、电绝缘以及有满足需要的强度等共性之外，不同的塑料往往还有其独特的性能，比方说泡沫塑料有极低的密度，聚四氟乙烯可以耐王水腐蚀等。塑料的性能在很多时候是被设计出来的，我们可以根据自己的实际需要，寻找合适的树脂并辅以合理的加工助剂与加工方法来实现我们的目的。表 8-1 列出了常见塑料的基本性能。

**表 8-1　常用塑料基本性能**

| 塑料名称 | 拉伸强度（MPa） | 压缩强度（MPa） | 弯曲强度（MPa） | 冲击韧性（kJ/m²） | 使用温度（℃） | 密度（g/cm³） |
|---|---|---|---|---|---|---|
| 聚乙烯 | 7～40 | 20～25 | 20～45 | ＞2 | −70～100 | 0.91～0.97 |
| 聚丙烯 | 40～49 | 40～60 | 30～50 | 5～10 | −70～121 | 0.89～0.92 |
| 聚氯乙烯 | 30～60 | 60～90 | 70～110 | 4～11 | −70～55 | 1.38～1.41 |
| 聚苯乙烯 | ≥60 | | 70～80 | 12～16 | −70～75 | 1.04～1.07 |
| 丙烯腈-丁二烯-苯乙烯共聚物 | 21～63 | 18～70 | 25～97 | 6～53 | −70～90 | 1.01～1.08 |
| 聚酰胺 | 45～90 | 70～120 | 50～110 | 4～15 | ＜100 | 1.12～1.15 |
| 聚甲醛 | 60～75 | 约125 | 约100 | 约6 | −40～100 | 1.40～1.42 |
| 聚碳酸酯 | 55～70 | 约85 | 约100 | 65～75 | −100～130 | 1.2 |
| 聚四氟乙烯 | 21～28 | 约7 | 11～14 | 约98 | −180～260 | 2.14～2.2 |
| 聚砜 | 约70 | 约100 | 约105 | 约5 | −100～150 | 1.24～1.45 |
| 有机玻璃 | 42～50 | 80～126 | 约1.05 | 1～6 | −60～100 | 1.08～1.19 |
| 酚醛塑料 | 21～56 | 105～245 | 56～84 | 0.05～0.82 | 约110 | 1.24～1.32 |
| 环氧塑料 | 56～70 | 84～140 | 105～126 | 约5 | −80～155 | 1.11～1.40 |

**讨论：塑料与传统材料有何异同，给我们的生活带来了怎样的改变？**

2. 塑料的加工助剂

加工助剂对改善塑料加工性能、提高塑料制品性能有重要意义。表8.2列出了一些常见的助剂。

表 8-2　常用塑料加工助剂

| 种类 | 常用品种 |
|---|---|
| 抗氧剂 | 取代酚类、芳胺类、亚磷酸酯类、含硫酯类等 |
| 紫外线吸收剂 | 多羟基苯酮类、水杨酸苯酯类、苯并三唑类、三嗪类、磷酰胺类、炭黑、氧化锌、钛白粉、锌钡白等吸收或反射光波的物质 |
| 热稳定剂 | 金属盐类和皂类 |
| 防霉剂 | 有机汞、有机铜、有机锡、有机砷等有机金属化合物，硝基、氨基、氮杂环、季铵盐等含氮有机物以及有机硫化物、有机磷化物、有机氯化物和酚类衍生物等 |
| 驱避剂 | 含氯化合物、有机磷及氨基甲酸酯类等 |
| 交联剂 | 有机过氧化物或多官能团有机化合物，紫外线交联的光敏化剂 |
| 增强剂 | 玻璃纤维、石棉纤维、碳纤维、石墨纤维、硼纤维、金属晶须 |
| 偶联剂 | 硅烷、钛酸酯、有机铬、铝酸酯、磷酸酯、硼酸酯偶联剂以及其他高级脂肪酸、醇、酯的偶联剂等 |
| 抗冲击剂 | ABS、甲基丙烯酸甲酯-丁二烯-苯乙烯(MBS)、丙烯酸类、氯化聚乙烯(CPE)类，弹性体 EPDM 和热塑性弹性体等 |
| 润滑剂 | 聚乙烯蜡、石蜡烃、长链脂肪酸及其部分衍生物 |
| 脱模剂 | 二甲基硅油 |
| 增塑剂 | 邻苯二甲酸酯类、脂肪族二元酸酯类、磷酸酯类、多元醇酯类、环氧化油及环氧化油酸酯类、氯化石蜡、樟脑等 |
| 填充料 | 硅微粉(二氧化硅)、硅酸盐(云母、滑石、陶土、石棉、硅灰石)、碳酸钙、金属氧化物、炭黑、玻璃珠、木粉等 |
| 发泡剂 | 偶氮二甲酰胺(AC) |
| 阻燃剂 | 磷酸酯、含卤磷酸酯、有机卤化物、三氧化二锑、氢氧化铝或水合氧化铝及其他金属化合物 |
| 着色剂 | 各色颜料或染料 |
| 抗静电剂 | 有机氮化物(如酰胺、胺类及季胺化合物)或具有醚结构的化合物 |

（1）稳定防护类助剂

该类助剂主要包括抗氧剂、紫外线吸收剂、热稳定剂、防霉剂、驱避剂，其作用是为了防止塑料在氧、热、光等条件下过早老化，驱避某些生物的侵蚀，延长制品的使用寿命。

（2）提高机械性能的助剂

这类助剂主要包括交联剂和交联剂促进剂、增强剂、抗冲击剂和偶联剂等，其中特别值得一提的是偶联剂。偶联剂分子中含有化学性质不同的两类基团，一类是亲无机物的基团，可以与无机物表面形成化学键合；另一类是亲有机物的基团，可以与聚合物分子链形成缠绕、生成氢键以及发生化学反应。偶联剂也被形象地称作"分子桥"，可以改善无机物与有机物之间的界面作用，从而提高塑料材料的性能。

（3）提高加工性能的助剂

这类助剂主要包含润滑剂、脱模剂和增塑剂。聚二甲基硅氧烷是常用的脱模剂，可以直接涂刷于模具表面。润滑剂如聚乙烯蜡则一般添加于树脂之中，除改善其熔融流动性外，还可以起到一种内脱模剂的作用。

增塑剂是塑料行业产销量最大的一类助剂，可以降低聚合物玻璃化温度及成型温度，同时也使制品的模量降低、刚性和脆性减小。

（4）填充料

填料的主要功能是降低成本和收缩率，在一定程度上也有改善塑料性能的作用，如增加模量和硬度，降低蠕变等。由于填料多是亲水无机物，为解决与聚合物相容问题，常常需要和偶联剂协同使用，或者用偶联剂预先封闭填料表面亲水基团。

（5）其他助剂

根据对制成品的特殊要求，塑料配方中还需要使用相应的助剂，如发泡剂、阻燃剂、着色剂、抗静电剂等。

### 8.1.2　塑料的主要品种及应用

图 8-1 主要是从应用角度对塑料做的简单分类。其中通用塑料是指综合性能较好、力学性能一般、产量大（约占塑料总产量的 80%）、应用范围广泛、价格低廉的一类塑料材料，主要用于杂货、包装、农用等方面，为非结构材料；工程塑料是指物理力学性能及热性能比较好、在较宽的温度范围内可承受一定的机械应力、在较苛刻的化学、物理环境中也可以使用的塑料材料。工程塑料可以作为结构材料使用，主要用于电子、电器、机械、交通、航空航天等领域。在工程塑料中，通常又把使用量大、长期使用温度在 100 ℃～150 ℃的塑料材料称为通用工程塑料，而将使用量较小、价格高、长期使用温度在 150 ℃以上的塑料材料称为特种工程塑料。

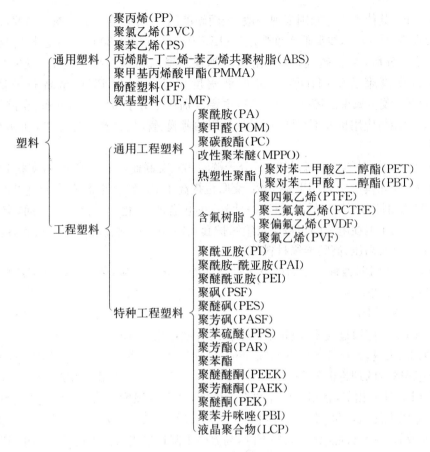

图 8-1 塑料的分类及主要品种

1. 通用塑料类

(1) 聚乙烯(PE)

PE 是世界塑料品种中产量最大、应用最广的一种塑料,约占塑料总产量的 1/3,其原料来源于石油裂解的乙烯。PE 无毒,为白色蜡状半透明材料,密度约 0.91～0.97g/cm³。作为通用塑料使用的 PE 分子量一般在 10 000～300 000;分子量在 1 000～10 000 的 PE 无强度和韧性,状似石蜡,可用作聚氯乙烯塑料加工中的润滑剂;而分子量超过 1 000 000 的被称为超高分子量聚乙烯(UHMW-PE),这样的 PE 是一种线型结构的具有优异综合性能的热塑性工程塑料。

PE 具有优良的电绝缘性和化学稳定性。PE 分子链是柔性链且无极性基团,分子间吸引力比较小,因而有良好的柔性和弹性,在力学性能中,其冲击性能比较突出,冲击强度约在

$10\sim50\,kJ/m^2$,其他力学性能则表现一般,表面硬度低,拉伸强度约 $7\,MPa\sim40\,MPa$,断裂伸长率一般在 $500\%$ 以上,线型低密度聚乙烯(LLDPE)则可超过 $800\%$。聚乙烯容易光氧化、热氧化、臭氧分解,温度越高,其氧化速度越快。聚乙烯的主要品种有:低密度聚乙烯(LDPE)、高密度聚乙烯(HDPE)、线型低密度聚乙烯(LLDPE)、超高分子量聚乙烯(UHMWPE)、茂金属聚乙烯(m-PE)等,主要区别在于分子量大小与分布、支链长短与含量等,相应性能与应用也大不相同,可以从日用的薄膜、管材、容器到航天军工业取代钢缆的特种纤维。

通过化学或辐射的方法可以使 PE 分子链间相互交联而形成网状结构,交联 PE 力学性能提升很大,弹性模量比 HDPE 高 5 倍;交联也提高了 PE 的热性能,软化点达 $200\,℃$、可在 $140\,℃$ 长期使用且有不错的低温柔韧性;此外,在电绝缘性、化学稳定性等方面,交联 PE 也更优异,可以用于电线电缆的包覆层及绝缘护套,各种耐热、耐腐蚀介质管材和容器,火箭、导弹、机电产品及高压、高频绝缘材料等。

此外,通过对 PE 改性可以制得更多种类性能各异的塑料材料,如氯化聚乙烯、氯磺化聚乙烯以及乙烯共聚物等。

(2)聚丙烯(PP)

PP 是丙烯单体通过气相、液相本体聚合或者淤浆聚合而得到的高聚物,常温下为白色蜡状物,无毒、无臭,密度 $0.89\sim0.92\,g/cm^3$,是除聚 4-甲基-1-戊烯(P4MP)外最轻的塑料,接近塑料密度的理论极限。PP 熔点约 $164\,℃\sim170\,℃$,加工温度为 $200\,℃\sim250\,℃$。

PP 与 PE 性能相似,有相对更好的力学性能,硬度和强度比较高,也有更好的热性能,可在 $100\,℃$ 以上使用,短时使用温度可达 $150\,℃$。PP 的特别之处在于叔碳原子上的氢极易氧化,室温放置几个月性能就会大幅下降,高温时下降速度更快。为避免其老化,PP 树脂通常都添加过稳定剂之后才出厂。

根据分子结构的不同,PP 可以分为等规聚丙烯(IPP)、无规聚丙烯(APP)和间规聚丙烯(SPP)三种,其中 IPP 产销量最大,约占 $90\%$ 的比例。从性能上看,IPP 具有良好的性能;APP 熔点、硬度、刚性都比较低,使用价值较小;SPP 是采用特殊的催化剂在低温下合成的,有一些独特的性能,可以像乙丙橡胶那样硫化,且硫化后的弹性体力学性能优于普通橡胶。

PP 与 PE 吸水率都很低,水中浸泡一昼夜的吸水率仅为 $0.01\%\sim0.03\%$,加工前不需要进行干燥处理,其耐沸水、耐蒸汽性也很好,因而非常适用于制作医用高压消毒制品。除此之外,PP 还可以应用于餐具、厨房用具、盆、桶、玩具等日用品;用于汽车方向盘、仪表盘、保险杠、电视机、收录机外壳、洗衣机内桶等的制作;聚丙烯还可以制作包装用扁丝带、编织袋、重包装袋制作用薄膜、透明玻璃纸以及制作食品的周转箱、化工容器和管道等。

除此之外,聚丙烯还有很多改性品种,其改性途径主要是共聚、共混、填充、增强等。前文所述 PP-R 管就是乙烯-丙烯共聚物,该共聚物无毒且不需要重金属盐类加工助剂和其他有害加工助剂,可以被广泛用于上下水管。

(3) 聚氯乙烯(PVC)

PVC 是氯乙烯单体在过氧化物、偶氮化合物等引发剂的存在下或者光、热的作用下,按自由基聚合反应机理而生成的高聚物。PVC 密度约 1.38～1.41 g/cm³,高于绝大多数树脂。PVC 有良好的介电性能,和 PP、PE 都属于介电损耗最小的材料之一,但其介电损耗随频率升高明显上升,因而只适用于低频绝缘材料。PVC 化学稳定性良好,盐类对其不起作用,常温下可耐 50%～60%浓度的硝酸、70%浓度的氢氧化钠、90%浓度以下的硫酸以及任何浓度的盐酸。PVC 室温下可以溶于氯代烃及酮类,但难溶于其他一般溶剂,如烷烃、醇、芳烃、酯等。PVC 玻璃化温度约 80 ℃,80 ℃～85 ℃开始软化,约 160 ℃可以完全熔融,但 PVC 热稳定性较差,140 ℃即开始分解,170 ℃分解加速,而 PVC 的加工温度一般需要 150 ℃～190 ℃,所以加工过程中必须添加稳定剂。由于其分子中极性氯原子的存在,增加了分子间和分子内的作用力,因而较之聚乙烯,聚氯乙烯有更高的硬度与强度,断裂伸长率则比较低。高达 56%的含氯量则赋予了 PVC 良好的阻燃性能,其氧指数约 47,具有难燃、自熄的燃烧特性。比重大、难燃、自熄、燃烧时刺激性气味等都可以作为 PVC 的判别特征。

PVC 是塑料中产量较大、应用极广的品种之一,经配制的聚氯乙烯塑料几乎能够使用所有标准的加工方法成型。

PVC 硬塑料可以用于制造在常温下使用的不耐压的容器、管材或板材,如化工厂的输液管道、管配件、储槽和输液泵的泵体材料,PVC 板材在建筑上可代替钢铁或木材,制作塑料门窗、楼梯扶手、地板、天花板等;PVC 的轻度发泡制品,可以制成塑料地毯和塑料墙纸;PVC 树脂透明,气密性好,适于制作包装瓶以及用于饮料、药品和化妆品的外包装等。

PVC 软塑料则主要用于制作薄膜或日用品。PVC 薄膜的透光性、染色性、保温性、耐撕裂性和耐穿刺性都比 PE 薄膜好,因此被大量用于制作日用塑料薄膜制品,如雨衣、桌布、窗帘、浴帘、玩具、凉鞋和人造革等;PVC 具有优良的电绝缘性能,可用来制备电线、电缆的绝缘层和保护套管等。

将 PVC 颗粒分散于增塑剂之中就形成 PVC 糊,经由涂布、浸渍、喷涂、发泡等加工工艺,可应用于众多领域。较之常规的软硬 PVC 塑料,PVC 糊加工设备便宜、模具简单易制、易发泡、制品受热次数少且可制成特别形状,可以少量、多品种进行生产。

PVC 塑料的不足之处主要是耐温性差,通常使用温度为－15 ℃～60 ℃。PVC 在 60 ℃以上就会变形,在高温或燃烧时会分解放出氯化氢;光和热的作用下,PVC 也容易老化,制品颜色变深,质地变脆。

**讨论:**设计一个 PVC 塑料配方,并对其性能与各组分作用作出阐述。

（4）聚苯乙烯（PS）

PS是苯乙烯单体经过自由基聚合而生成。PS比水稍重，密度约1.04～1.07 g/cm³。分子中苯基的位阻效应加大了PS分子链的刚性，因此玻璃化温度比PE、PP都高，PS制品刚性脆性大，尺寸稳定性好，收缩率低，但也容易产生内应力。PS热导率较低，仅约0.10～0.13 W/m·K，PS泡沫是目前应用最为广泛的绝热材料之一。作为一种非极性聚合物，加工过程中又较少使用填料和助剂，因而PS有很好的介电性能且基本不受频率影响，可以用作高频绝缘材料。PS化学稳定性良好，但比较容易溶解于苯类溶剂以及苯乙烯、四氯化碳、氯仿、二氯甲烷、酯类溶剂中。苯基α位氢的活化降低了PS的耐候性，影响户外制品寿命，但PS有较好的耐辐射性。

PS是最早工业化的塑料品种之一，具有价格低、透明度高、容易着色、加工性能好等优点，长期以来得到持续发展和广泛应用。除常见的PS发泡材料用作商品包装和新型建筑保温材料外，PS还可以用于制备仪器仪表外壳、灯罩、光导纤维；色彩艳丽的各种玩具与装饰材料；对绝缘性要求较高的电容器、高频线圈骨架等。

PS质脆、耐冲击强度差，使其在使用上受到很大的限制，因此常利用其他单体与苯乙烯共聚来改善PS性能，如用丙烯酸酯或丙烯腈类单体共聚制成的聚合物既有很好的透明度，又有较好的强度；用丁二烯共聚，能得到一种冲击强度十分优良的塑料，称之为"高抗冲聚苯乙烯"（HIPS）。丙烯腈、丁二烯和苯乙烯的三元共聚物简称ABS树脂，ABS树脂综合了三种组分的优点：丙烯腈使它具有耐化学腐蚀性，丁二烯使它具有耐冲击性和韧性，苯乙烯使它有良好的加工性、染色性和刚性，因此，ABS树脂的综合性能非常优异，不仅抗冲击性好，硬度高，而且具有很好的绝缘性和化学稳定性，已经成为用途广泛的工程塑料，可以用于制作电视机、洗衣机、电话等家用电器及汽车仪器仪表的外壳，冰箱及其他冷冻设备的内胆，汽车仪表板及其他车用零件。同时ABS树脂表面很容易电镀，电镀后的外观有金属光泽，也提高了其表面性能和装饰性。此外，茂金属催化剂用于PS合成则可以得到间规度85％的PS，其分子中苯环交替排列在分子链两侧。间规PS熔点高达270 ℃，同时具有比重低、耐水解、耐溶剂、耐化学腐蚀、抗冲击、尺寸稳定性好等优点，性能堪比聚酰胺、聚苯硫醚，是传统增强工程塑料的理想替代品。

（5）酚醛树脂与塑料（PF）

PF是苯酚和甲醛缩聚而得的树脂，其本身为无色或黄褐色透明物，市场销售产品则往往因为添加了着色剂而呈现不同颜色。PF密度约1.24～1.32 g/cm³，易溶于醇和丙酮，不溶于水，耐弱酸和弱碱。根据反应时酚与醛摩尔比不同，生成的PF有热塑性和热固性之别。热固性PF随缩聚程度的不同，又可以分为甲阶树脂、乙阶树脂和丙阶树脂，其中甲阶树脂可以溶于乙醇、丙酮以及碱的水溶液，加热后形成不溶不熔的体型聚合物；乙阶树脂不能溶于碱的水溶液，但可以部分或全部溶于乙醇与丙酮中，受热转变为不溶不熔的体型聚合物;丙阶树脂则已经成为不溶不熔的体型聚合物,最多含有少量可以被丙酮抽提出来的低分子物。热塑性 PF 可以通过六次甲基四胺交联成不溶不熔的热固性产品。

固化后的 PF 有很好的机械强度,耐磨性好,硬度高,耐高温、不熔化且有很好的电绝缘性,被广泛用于开关、插座、灯头、耳机、电话机壳、仪表壳等,故被称作"电木"。酚醛塑料是以 PF 为基本成分,加入填料、润滑剂、着色剂及固化剂等制成的塑料。酚醛塑料制品可以分为以下几种:

① 酚醛模压塑料 热固性酚醛树脂磨碎后与填料混合均匀,然后用模压方法成型,可得到酚醛模压塑料。它具有较高的力学性能和突出的耐磨性、耐热性,可以制作摩擦片或制动零件、刹车片、耐高温摩擦制品、软(硬)板材、管材、化工设备衬里、阀件等。

② 酚醛层压塑料 各种片状填料如石棉、玻璃布、木材片、石棉布、纸等,浸透甲阶段(线性)热固性酚醛树脂,经干燥、切割、叠配后,放入层压机内热压成型,这就是层压塑料。酚醛层压塑料的主要特点是价格便宜、尺寸稳定性好、耐热性优良,可做绝缘垫板、齿轮和盖板等。

③ 酚醛泡沫塑料 热塑性或甲阶热固性酚醛树脂,加入发泡剂、固化剂等,起泡后即得到酚醛泡沫塑料。酚醛泡沫塑料主要用作飞机、船舶和建材中的隔热材料。

酚醛树脂中的酚羟基的存在增加了吸水性,降低了耐碱性,在热与紫外线的作用下还容易转化为醌或其他结构,带来颜色与性能的改变,这些不足可以通过封闭酚羟基或者引入其他组分隔离酚羟基的方法来改善。聚乙烯醇缩醛、聚酰胺、环氧树脂、有机硅树脂等都可以用于酚醛树脂的改性,也可以在酚醛树脂的分子结构中引入其他元素的方法来实现改性目的,比如硼改性酚醛树脂的耐热性、瞬时耐高温性、耐烧蚀性比普通酚醛树脂都要好得多。

(6) 氨基树脂(AF)与塑料

氨基树脂是以一种具有氨基官能团的原料(脲、三聚氰胺、苯胺)与醛类(主要为甲醛)经缩聚反应而制得的树脂。氨基树脂是此类树脂的一个总称,包括脲-甲醛树脂、三聚氰胺-甲醛树脂、苯胺-甲醛树脂以及脲-三聚氰胺-甲醛的共缩聚树脂。氨基树脂最常见的两个品种是脲醛树脂(UF)和密胺树脂(MF)。脲醛树脂是脲和甲醛缩合而成的线型树脂,在固化剂的存在下可于 100 ℃左右交联固化成体型结构;密胺树脂则是三聚氰胺与甲醛的缩聚物,初聚物为线型结构,经固化后成体型结构。同酚醛塑料类似,氨基树脂加填料、固化剂、着色剂、润滑剂等可制得层压塑料或模塑料,经成型、固化就得到氨基塑料制品。

氨基树脂的性质与酚醛树脂类似,其最终制成品也是热固性的体型聚合物,同样具有良好的力学性质和电绝缘性,适合制造电气开关、插座、照明器具。氨基树脂本身没有颜色,制成品色彩美丽,润泽如玉,所以脲醛塑料也被称作"电玉"。脲醛塑料制作的层压板,可以用作桌子面板,车厢、船舱、家具、电器外壳板材等,也可以用作装饰装修材料。脲醛塑料的另一重要应用是做泡沫塑料,一般是通空气于树脂水溶液中,用机械方法使树脂发泡变定而得。脲醛泡沫塑料微孔有毛细管结构,吸音效果良好,可以用作建筑物楼板的隔热吸音材料。该材料价格便宜、质轻且耐腐蚀,加入磷酸二氢铵后不会燃烧(200 ℃焦化),缺点是强度低,耐水性不高。

密胺塑料在耐水、耐热以及力学性能方面均优于脲醛塑料,相应成本也较高。密胺塑料应该是一种与人接触最为密切的材料之一,密胺塑料无毒、无味,沸水蒸煮不变形,是制作餐具的理想材料。此外,密胺塑料还可用于制作医疗器械以及一些耐电弧制品。

(7) 环氧树脂(EP)与塑料

凡是分子中含有环氧基团的树脂都可以称作环氧树脂,常见的环氧树脂是双酚 A 和环氧氯丙烷缩合而成,这是一种线性热塑性树脂,在固化剂的存在下可以交联成不溶不熔的体型结构。常用的固化剂有胺类、酸酐类以及酸类。

由于树脂中极性羟基和醚键的存在,环氧树脂的最大特点是黏附力强,对各种材质均有突出的黏附力,所以通常被用作胶黏剂。环氧树脂的另一特点是可以室温固化,且有很好的力学性能、耐化学药品性能、电绝缘性以及尺寸稳定性和耐久性。

环氧树脂用作塑料制品一般是做层压塑料、浇筑塑料以及泡沫塑料。玻璃纤维增强的环氧树脂层压材料被称作环氧玻璃钢,可代替金属材料用于制作大型壳体,如游船、汽车车身等,也可用于飞机升降舵尾段的结构板,由于其电气性能良好且吸水率低,因而也大量用于电器开关装置、仪表盘、线圈绝缘体以及防潮能力要求高的印刷线路底盘等。环氧浇筑塑料则广泛用于电器设备灌封或固定金属件,如电动机定子、电容器等。环氧泡沫塑料作为一种高强度轻质材料,可以在 200 ℃长期使用,一般用于绝热材料、防震包装材料、漂浮材料以及飞机上的吸音材料等。

(8) 聚甲基丙烯酸甲酯(PMMA)

PMMA 是三大传统透明塑料材料之一,其他两种分别是聚碳酸酯和聚苯乙烯。PMMA 透明度可与光学玻璃媲美,被称为"有机玻璃"。PMMA 有较高的力学性能,耐热性一般,长期使用温度约 60 ℃~80 ℃,氧指数 17.3,属于易燃塑料。由于其侧甲酯基极性不大,故仍保持了良好的电绝缘性。PMMA 耐化学药品性一般,在醇中能溶胀,不耐芳烃和氯代烃,在甲苯、二氯乙烷、氯仿中可溶解。PMMA 耐候性良好,可长期户外使用。

PMMA 的主要应用是制备各种透明的装饰面板、仪表板、透明容器和包装;制作汽车窗玻璃、航空玻璃和防弹玻璃;用于通讯光缆和光记录器;PMMA 具有极佳的染色性,能制成色泽鲜艳的塑料,包括珠光和荧光塑料。

PMMA 的最大不足是表面硬度差,可用接枝、交联共聚或喷涂等方法来改善其表面的硬度。

2. 工程塑料类

(1) 聚酰胺(PA)

PA 又叫"尼龙",是最实用的、产量最大的工程塑料,它的性能良好,尤其是经过玻璃纤维增强后,强度更佳,应用更广。

尼龙有很好的耐磨性、韧性和抗冲击强度,主要用作具有自润滑作用的齿轮和轴承。尼龙耐油性好,阻透性优良,无嗅、无毒,也是性能优良的包装材料,可长期存装油类产品,制作油管等;尼龙的不足之处是在强酸或强碱条件下不稳定,吸湿性高,吸湿后的强度虽比干时强度大,但变形性也大。

（2）聚碳酸酯（PC）

PC 是由双酚 A 与光气反应通过界面缩聚制备而成,具有硬而韧、透光性好的特点,其抗冲击强度是工程塑料中最高的,可用于制备飞机挡风板、透明仪表板等,也是制备 CD 光盘的原料;PC 的成型收缩率小（0.5%~0.7%）,尺寸稳定性高,因而适于制备精密仪器中的齿轮、照相机零件、医疗器械的零部件;PC 还具有良好的电绝缘性,是制备电容器的优良材料。PC 的耐温性好,可反复消毒,曾一度被大量用于制备婴儿奶瓶、饮水杯和净水桶等中空容器,但鉴于 PC 中残留双酚 A 的不确定性与毒副作用,欧美国家和地区于 2011 年禁止其用于食用瓶,而自 2012 年 7 月 17 日起生效的美国食品添加剂规定也禁止在儿童水杯和吸管杯中使用聚碳酸酯。此外,PC 塑料耐应力开裂性和耐溶剂性也较差。

聚碳酸酯耐磨且具有独特的高透光率、高折射率、高抗冲性、尺寸稳定性及易加工成型等特点,因而在光学透镜领域得到了广泛应用,其应用市场极为广阔,目前仅眼镜业聚碳酸酯消费量年均增长率就在 20% 以上。

（3）热塑性聚酯（PET、PBT）

聚酯最主要的品种是聚对苯二甲酸乙二醇酯（PET,俗称"涤纶"或"的确良"）和聚对苯二甲酸丁二醇酯（PBT）。PET 的最大用途是制造纤维、薄膜和包装材料;PET 薄膜的拉伸强度好、模量高,是计算机软盘、录音录像磁带片基的重要原料;PET 中空容器则大量用于碳酸气饮料和食用油的包装,同时 PET 树脂具有优良的介电性能,常用于制作电容器、印刷电路等。

PBT 的机械性能同 PET 相似,但结晶速度比 PET 快,加工时无须加成核剂。另外,如果将一个芳香族的二元醇（如双酚 A）与对苯二甲酸缩聚,就能得到具有全芳香结构的聚酯,称为"聚芳酯"。其主链上有大量的苯环,是一类耐高温的聚合物,可以用于制备高强度纤维。

（4）聚甲醛（POM）

聚甲醛有均聚甲醛和共聚甲醛两种。均聚甲醛由醋酐进行端基封锁得到,共聚甲醛是与少量二氧五环共聚得到。聚甲醛是一种没有侧链、高密度、高结晶性的线性聚合物。

聚甲醛是最坚韧的塑料之一,有"超钢"、"赛钢"之称。聚甲醛有优异的耐冲击性和抗疲劳性,拉伸强度可与铜材媲美;聚甲醛的摩擦系数小,有突出的耐磨性和自润滑性,制成的轴承、活塞在使用时无须加油润滑,可以代替价格昂贵的有色金属制备齿轮、轴承、滑块、阀门、开关、拉链和把手等耐磨器件。

（5）聚芳砜（PSF）

乙烯和二氧化硫共聚可以得到脂肪族聚砜，但该类聚合物玻璃化温度低，应用价值小。比较重要的聚砜是聚芳砜，比方说双酚 A 的钠盐同二氯二苯砜的缩聚产物。这是一种无定型聚合物，其主链中有很多苯环，有突出的耐热性、耐氧化性和耐辐照性。该聚合物是一种高强度的耐高温塑料，其玻璃化温度 195 ℃，可在 150 ℃以下长期使用。聚芳砜通常都有优良的尺寸稳定性，耐磨性好，介电性能优良，适用于制备汽车、飞机中耐热的零部件，也可用于制备线圈骨架和电位器的部件等。此外，聚砜的成膜性很好，已被大量用于微孔膜的制备。

（6）聚酰亚胺（PI）

聚酰亚胺是分子链中含有酰亚胺基团的聚合物，主链上具有芳杂环的结构，是最先工业化生产的杂环类高聚物的代表。聚酰亚胺的刚性和耐温性比聚砜更好，可以在 250～300 ℃长期使用；耐电弧电晕性、耐磨性和耐辐射性也很好；能耐大多数溶剂，但易受浓碱和浓酸的侵蚀。

聚酰亚胺是制造电机漆包线绝缘层的重要原料，主要用于宇航和电子工业中。聚酰亚胺还可用于制造特殊条件下的精密零件，如耐高温、高真空自润滑轴承、压缩机活塞环、密封圈等。聚酰亚胺制成泡沫材料，可用于保温防火材料、飞机上的屏蔽材料等。

（7）含氟塑料

含氟塑料是一类分子中含有氟原子的聚合物，其产量虽然不大，但发挥的作用却很大。C—F 键以及氟原子本身的独特性赋予了含氟塑料许多优异的性能，如耐高低温、耐污染、耐候等，因而被广泛应用于一些尖端科技以及要求苛刻的领域，如航空航天、核能利用、深海开发、高端建筑等。

聚四氟乙烯（PTFE）是含氟塑料中最重要的品种，它是四氟乙烯单体的均聚物，商品名"特氟隆"（Teflon）。PTFE 有许多独特的性质：高绝缘性且介电性能受温度与频率影响小；耐老化，使用寿命长；耐高低温性能好，可以在 −200～250 ℃的温度下长期使用，且耐化学腐蚀性超过所有塑料，在有机酸、碱和溶剂中都不会溶解，包括在"王水"中。其应用主要有：用于制备化工设备和管道的耐腐蚀内衬，高性能软管与过滤材料以及各种苛刻使用环境的密封垫圈等；利用其摩擦系数低的特性可以在工业上用作各类无油润滑活塞环及其他转动部件的密封件如各种盘根，也可以用于低摩擦的桥梁、建筑、车辆滑块；利用其受温度与频率影响小的高介电常数制造高频微波设备中的绝缘材料；PTFE 对生物无毒副作用，不受生物体侵蚀，可用于制造消毒垫等医疗用品，也可用于制备不粘锅的涂料。

PTFE 的不足之处主要是熔体黏度很高，常规塑料加工方法无法使用，通常须通过类似"粉末冶金"冷压与烧结相结合的加工方法来成型；同时其原料资源少、价格高以及性能上强度和硬度较差、易发生蠕变等弱点也都限制了其应用。

除四氟乙烯单体外,三氟氯乙烯、偏氟乙烯、氟乙烯的均聚物也都可以作为塑料材料,其中聚三氟氯乙烯和聚偏氟乙烯可以使用一般热塑性塑料的成型方法加工,而聚氟乙烯则由于其加工温度接近分解温度,所以通常只能以薄膜和涂料的形式作为商品形态。

以氟烯烃为基础的共聚物在性价比上展现了更多优势,如四氟乙烯-乙烯、三氟氯乙烯-乙烯、三氟氯乙烯-偏氟乙烯、偏氟乙烯-六氟丙烯等的共聚物等,而四氟乙烯-全氟烷基乙烯基醚的共聚物(PFA)被称作可熔聚四氟乙烯,它有聚四氟乙烯的 C—F 主链以及全氟烷氧基侧基,从性能上看,PFA 除了具有 PTFE 的优异性能还具有很好地可塑性,可以通过一般的塑料加工方法成型,不但如此,其 250 ℃的拉伸强度远高于普通 PTFE,可以达到其两倍多。

# §8.2 橡 胶

塑料、橡胶、纤维——人们通常会从三大高分子材料之一的地位上来认识橡胶,其实较之塑料和纤维,橡胶还有更重要的地位,在四大工业基础原料天然橡胶、煤炭、钢铁和石油中,天然橡胶是占有一席之地的,更重要的是,天然橡胶在四大原料之中,又是唯一的可再生资源。在目前全球 2 700 万吨(2012 年)的年消费量中,天然橡胶消费量仍然占有约 1 200 万吨(2012年)的比重,加以其优异的性能与广泛的应用,因而被世界各国视作重要的战略资源。

从橡胶发展的历史看,1839 年 Goodyear 发现硫黄和碱式碳酸铝可以使橡胶硫化影响深远,以致今日橡胶的各类交联仍然被称为硫化;而齐格勒—纳塔催化剂的应用则带来了合成橡胶的春天。此外,1826 年 Hancock 的开放式炼胶机,1904 年 S. C. Mote 发现炭黑对橡胶的补强作用以及 1909 年霍夫曼的第一项合成橡胶专利,都足以令今人纪念。

## 8.2.1 橡胶的基本知识

1. 橡胶的定义、分类、实用性能及应用

我们通常所说的橡胶(rubber)一般具有两个基本特性,首先它在室温上下比较宽的温度范围内(−50 ℃～150 ℃)表现为一种弹性体,其次它具有不溶不熔的体型结构。严格说,这样的描述并不严谨,因为像热塑性弹性体以及可逆交联弹性体等新材料显然已经成为了例外。由于新弹性体材料的不断涌现,对橡胶做出准确定义是很困难的,但国际标准化组织对橡胶所做的定义性描述,可以让我们从一个更专业化的角度来认识橡胶。在 ISO1382 - 1982 中橡胶被做如下定义:"橡胶是可以或者已经被改性成实质上不溶解于(但可溶胀于)苯、甲乙酮、乙醇-甲苯共沸物等溶剂的弹性体;已经改性的橡胶不易借加热和施加中等压力而再度成型和定型;常温下(18 ℃～29 ℃)将已经改性的橡胶(不含稀释剂)拉伸到原始长度的 200%并保持 1 min,然后撤除拉力,橡胶可以在 1 min 内回复到其原始长度的 150%以下。"

橡胶的玻璃化温度低于室温。在通常温度下,橡胶除了具备高弹性的典型特征,同时还具有耐疲劳、耐磨、电绝缘、不透气不透水、耐腐蚀和耐溶剂等性能。力学指标是人们在选择与评价橡胶时经常用到的,主要包括硬度、弹性模量、定伸强度、扯断强度、扯断伸长率、撕裂强度、阿克隆磨耗等。

按照不同的分类方法,橡胶可形成不同的类别,具体见图8-2:

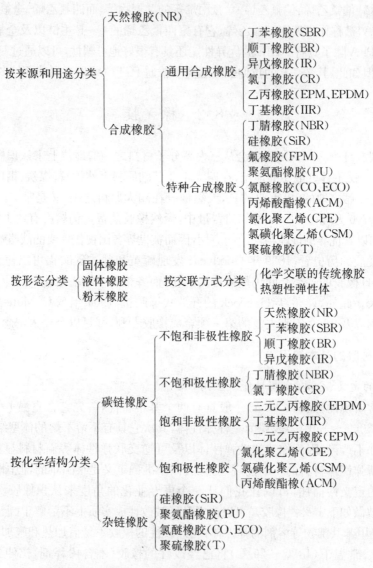

图 8-2 橡胶的分类与主要品种

2. 橡胶的配合

一般橡胶配方可概括为五大体系,分别是生胶体系、硫化体系、操作体系、成本体系、性能体系。生胶体系一般是生胶、再生胶、树脂等的配合;硫化体系一般包含硫化剂、促进剂、活性剂、防焦剂等;操作体系主要是指橡胶的软化增塑;性能体系主要包含防老、补强剂、着色剂、发泡剂等;成本体系则是在保证制品性能的前提下对橡胶进行填充增容(增量)。

(1) 生胶体系

生胶是橡胶制品的主体材料,也被称为橡胶母体材料或基体材料,它从根本上决定着最终橡胶制品的性能。生胶包括天然橡胶、合成橡胶、再生胶等,可以是单独的一种橡胶,也可以是多种橡胶的混合物,有时还会根据需要添加其他高分子材料,如热塑性树脂等。

(2) 硫化体系

① 硫化剂 硫化剂是一类能够使橡胶由线型长链分子转化为体型网状大分子的化合物,这个转化的过程就是橡胶的硫化。"硫化"实际是橡胶的交联,除硫黄外,可以做橡胶交联剂的还有很多,如硒、碲及其氯化物、一氯化硫、二硫化四甲基秋兰姆(TMTD)、重氮化合物、硝基化合物、醌类衍生物如对苯醌二肟、胺类化合物如马来酰亚胺、金属氧化物(锌、铅、镉、镁)等。饱和橡胶通常使用有机过氧化物作为硫化剂,如硅橡胶。一些多官能团物质也是常见的交联剂,比如四乙氧基硅烷可以做端羟基室温硫化硅橡胶的硫化剂。

② 硫化促进剂 凡能加快硫化速度、缩短硫化时间、降低硫化反应温度、减少硫化剂用量并能提高或改善硫化胶物理机械性能的物质都称硫化促进剂。促进剂又分为无机促进剂和有机促进剂。无机促进剂有钙、镁、铝等金属氧化物;有机促进剂按化学结构分类有:噻唑类、次磺酰胺类、秋兰姆类、胍类、二硫代氨基甲酸盐类、黄原酸盐类、醛胺类和硫脲类。无机促进剂的促进效果和硫化胶质量不如有机促进剂,所以目前大多使用有机促进剂。

③ 硫化活性剂 硫化活性剂简称活性剂,又叫助促进剂。其作用是提高促进剂的活性,提高硫化速度和硫化效率(即增加交联键的数量,降低交联键中的平均硫原子数),改善硫化胶性能。常用的活性剂为氧化锌和硬脂酸配合体系。

④ 防焦剂 防焦剂又称硫化延迟剂或稳定剂。其作用是防止或延迟胶料在硫化前的加工和贮存过程中发生早期硫化(焦烧)现象。常用防焦剂有防焦剂 TCP(N-环己基硫代邻苯二甲酰亚胺)、防焦剂 NA(N-亚硝基二苯胺)、邻苯二甲酸酐等。

(3) 性能体系

① 防老剂 橡胶在长期贮存和使用过程中,受热、氧、光、臭氧、高能辐射及应力作用,出现发黏、变硬、弹性降低的现象称为老化。能防止和延缓橡胶老化的物质称为防老剂。

防老剂品种很多,根据其作用可分为抗氧化剂、抗臭氧剂、有害金属离子作用抑制剂、抗疲劳老化剂、抗紫外线辐射抑制剂等,目前商品化的防老剂超过 200 种。按作用机理,防老剂可分为物理防老剂和化学防老剂。物理防老剂如石蜡等,是在橡胶表面形成一层薄膜而起到屏障作用。化学防老剂可破坏橡胶氧化初期生成的过氧化物,从而延缓氧化过程。绝大多数防老剂属于胺类和酚类,其中胺类防老剂防护效果好,但是污染、变色性大,不适合白色、浅色和透明制品。表 8-3 列出了几种常见的防老剂。

表 8-3 常见的几种橡胶防老剂

| 通用名称 | 化学名称及结构式 | 物理性质 | 防护性能与适用范围 |
|---|---|---|---|
| 防老剂甲或防老剂 A | N-苯基-α-萘胺 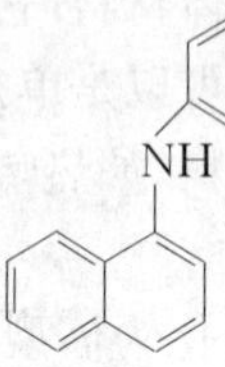 | 黄褐至紫结晶块状,熔点 52 ℃,密度 1.16 g/cm³ | 抗氧化、抗屈挠,不易喷霜,适用于 NR、SBR、CR;日光下变色,硫化胶有臭味。 |
| 防老剂丁或防老剂 D | N-苯基-β-萘胺 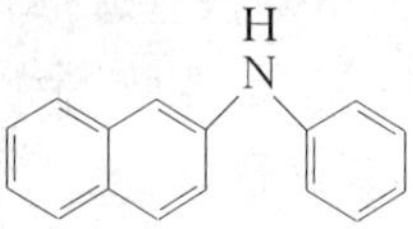 | 浅灰至棕色粉末,熔点 104 ℃,密度 1.18 g/cm³ | 抗氧化、抗屈挠,适用于 NR、SBR、CR;易喷霜;日光下变色。 |
| 防老剂 4010 或防老剂 CPPD | N-环己基-N′-苯基对苯二胺 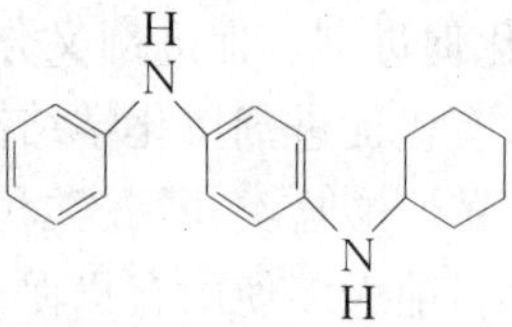 | 白色粉末,空气中或日光下变为深褐色。熔点 115 ℃,密度 1.29 g/cm³ | 抗屈挠,耐臭氧,耐日光龟裂,适用 NR、SBR,也适用于 NBR、CR、BR;易喷霜;日光下变色。 |
| 防老剂 4010NA 或防老剂 IPPD | N-异丙基-N′-苯基对苯二胺 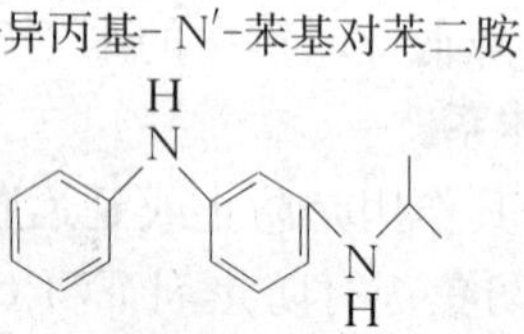 | 白色结晶粉末,日光下变色。熔点 80.5℃,密度 1.14 g/cm³ | 性能较 4010 更全面,抗屈挠,耐臭氧,耐日光龟裂,适用 NR、SBR、NBR、CR、BR 及胶乳,与橡胶相容性好,不易喷霜,日光下变色。 |
| 防老剂 264 或者抗氧剂 T501 | 2,6-二叔丁基-4-甲基苯酚 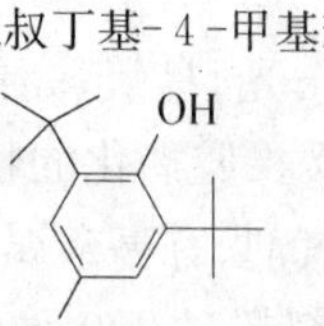 | 白色结晶,遇光变黄并逐渐加深。熔点 70℃,密度 1.048g/cm³ | 抗氧,适用于天然橡胶和合成橡胶,也可作聚乙烯、聚丙烯、聚氯乙烯和聚乙烯基醚的稳定剂。日光下不变色,适于白色以及鲜亮颜色制品。 |

**（续表）**

| 通用名称 | 化学名称及结构式 | 物理性质 | 防护性能与适用范围 |
|---|---|---|---|
| 防老剂 2246 或 抗氧剂 2246 | 2,2′-亚甲基双（4-甲基-6-叔丁基苯酚 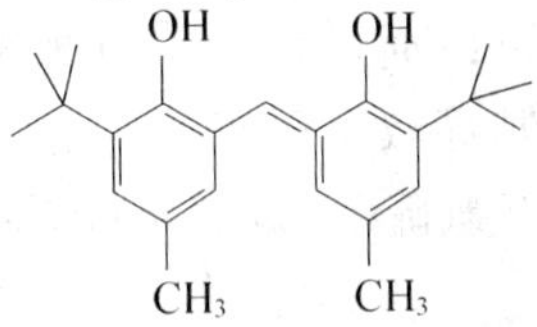 | 白色粉末，暴露于空气中略呈黄粉红色，熔点 125 ℃～133 ℃ | 抗氧化、耐热性好，适用于 NR 及合成橡胶与胶乳，不易喷霜，阳光下不变色，也适用于聚乙烯、聚丙烯、聚甲醛、ABS 树脂、氯化聚醚等。 |
| 防老剂 AW 或 乙氧喹、山道喹 | 6-乙氧基-2,2,4-三甲基-1,2-二氢化喹啉 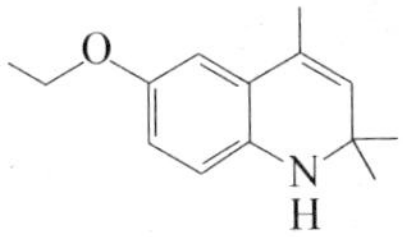 | 深褐色黏稠液体，密度 0.976 g/cm³ | 耐热、耐臭氧、抗屈挠，特别适用于 SBR，不易喷霜，阳光下不变色。 |
| 防老剂 RD | 2,2,4-三甲基-1,2-二氢化喹啉聚合体 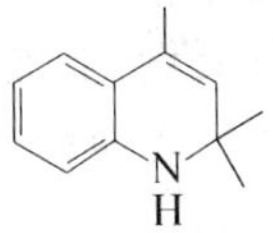 | 淡黄色至琥珀色粉末或薄片，熔点 72 ℃～94 ℃，密度 1.08 g/cm³ | 抗氧化、耐热，适用于 NR、SBR、NBR，不易喷霜，日光下不变色。 |
| 防老剂 MB 或 苯并咪唑 | 2-硫醇基苯并咪唑 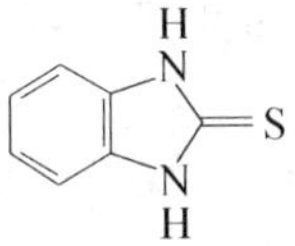 | 白或黄色结晶粉末，熔点 285 ℃，密度约 1.4 g/cm³ | 抗氧化，与其他防老剂并用有很好地协同作用，适用于 NR、SBR，不易喷霜，日光下几乎不变色。 |

注：NR、SBR、NBR、CR、BR 分别为天然橡胶、丁苯橡胶、丁腈橡胶、氯丁橡胶、顺丁橡胶。

② 特性赋予剂 大多橡胶制品会有一些特性要求，比方说颜色、阻燃、防霉、防白蚁、抗静电、导电、气味、或者呈海绵状等，这就需要有针对性地添加这些特殊助剂。

③ 填充剂和补强剂 凡能改善橡胶力学性能的填料称为补强剂，凡在胶料中主要起增加容积作用的填料为填充剂，又称增容剂（增量剂）。橡胶工业中常用的补强剂为炭黑，其用量为橡胶的 50% 左右，浅色制品则一般要用白炭黑补强。白炭黑对硅橡胶补强效果特别显著，可以使硅橡胶机械性能（扯断强度与撕裂强度）提高到 10 倍以上。橡胶制品中常用的填充剂有碳酸钙、陶土、碳酸镁等。填充剂或者补强剂通常都需要配合偶联剂使用，以增加它们与橡胶的相容性。废旧橡胶粉碎加工的橡胶粉，也是很不错的增容剂。

④ 软化增塑剂 凡能增加胶料的塑性,有利于配合剂在胶料中分散,便于加工,并能适当改善橡胶制品耐寒性的物质,叫做软化剂。常用软化剂有两种,一种来源于天然物质,用于非极性橡胶,如石油类(操作油、机械油、凡士林等)、煤加工产品(煤焦油、古马隆树脂和煤沥青等)、植物油类(松焦油、松香等);另一种合成软化剂如邻苯二甲酸酯类主要用于极性橡胶的增塑,所以又叫橡胶增塑剂。还有一种是塑解剂,可以通过化学作用增强塑炼效果,缩短塑炼时间。塑解的机理一般认为是塑解剂释放自由基导致生胶氧化降解,芳香族硫醇衍生物如萘硫酚、二甲苯基硫酚、4-叔丁基邻甲苯硫酚、五氯硫酚、五氯硫酚锌盐等是较常使用的塑解剂。

⑤ 其他配合剂 除了以上配合剂以外,为了其他目的加入的一些配合剂,如发泡剂、隔离剂、溶剂等。

### 8.2.2 橡胶的主要品种及应用

#### 1. 天然橡胶(NR)

天然橡胶也称三叶橡胶,因为它是三叶橡胶树流下的白色乳浆经凝固、压片、干燥而得,其主要化学成分是顺式异戊二烯和反式异戊二烯的聚合物。虽然天然橡胶生产过程中的不可控因素会影响到品质稳定性,天然橡胶还是能表现出优秀的综合性能。天然橡胶首先具有很好的加工性,在塑炼、混炼、压延、压出等工艺环节均有良好表现;其次,天然橡胶有很好的机械性能,天然橡胶在外力拉伸下可以发生结晶,因而具有自补强性,纯的天然橡胶扯断强度就可以达到 25 MPa,而炭黑增强的天然橡胶扯断强度更可达 35 MPa,撕裂强度 98 KN/m;扯断伸长率超过 1 000%;但在耐候性、耐臭氧性、耐油性、耐溶剂性、阻燃性等方面,天然橡胶表现并不理想。

天然橡胶通常有四种商品形式,胶乳、液体胶、粉末胶以及固体胶,被广泛用于轮胎、橡胶管、橡胶带、胶鞋、鞋底、胶布、轧辊、避孕套、医用和工业用手套、指套、奶嘴、输血胶管、听诊器管、气球、防毒面具、呼吸罩、炸药袋、海绵、轮胎帘布胶料、密封胶等。不同商品形态的天然橡胶硫化方式上也有所不同,其中粉末胶和固体胶可采用常规硫化方法,胶乳则通常需要将硫化体系预处理为水性分散体,而液体胶由于分子量较低,一般需要进行扩链反应。

#### 2. 通用合成橡胶

(1) 聚异戊二烯橡胶(IR)

IR 是异戊二烯单体在齐格勒-纳塔催化体系或者锂催化剂存在下经溶液聚合而成,其性质与天然橡胶基本相同,但因为系人工合成,故品质更稳定,纯度高,质量均一,灰分和凝胶成分少。合成聚异戊二烯橡胶加工性好,甚至不需塑炼即可直接进行混炼,混炼时间也较天然橡胶短,混炼温度也比较低,其充模流动性良好,压出、压延容易。聚异戊二烯橡胶配合体系也与天然橡胶一样,可以使用硫黄、促进剂等硫化,但硫化速度较慢,原因是其不含一些天然的非橡胶组分。

合成聚异戊二烯在价格上并无竞争优势,甚至还高于天然橡胶,为提高其竞争优势,不少国家已经开始将聚异戊二烯的应用转向非轮胎方向,尤其是转向医疗、卫生、食品等要求非橡胶成分较低的制品。

(2) 丁苯橡胶(SBR)

SBR 是苯乙烯和丁二烯的共聚物,是最早工业化的通用合成橡胶。与天然橡胶相比,丁苯橡胶优点是杂质含量少,品质更稳定,同时耐老化、耐热、耐磨耗等性能均优于天然胶;缺点是加工性能较差,强度也不够理想,必须使用补强剂且撕裂强度比较低,且其弹性也不如天然橡胶,滞后损失大,生热高。丁苯橡胶目前主要用于轮胎制造以及胶带、胶管、胶鞋、轧辊、机械制品、工业橡胶件等。丁苯橡胶的硫化体系与天然橡胶类似,配方中硫黄用量可以稍少,促进剂用量可以多些。

(3) 聚丁二烯橡胶(BR)

BR 是产销量仅次于丁苯橡胶的合成橡胶,它是 1,3-丁二烯单体聚合而成的系列聚合物,同时含有顺式-1,4 聚丁二烯、反式-1,4 聚丁二烯、1,2 聚丁二烯等多种成分,根据各成分含量,聚丁二烯有高顺式、中顺式、低顺式之别,顺式含量超过 96% 为高顺式,中顺式中其顺式含量也超过 92%,所以聚丁二烯橡胶也经常被称为顺丁橡胶。

与天然橡胶、丁苯橡胶比,聚丁二烯橡胶回弹性非常高,受震动时内部发热少,耐磨耗性优良。就加工性而言,聚丁二烯橡胶不需塑炼,挤出成型性良好,也适合注射成型,且掺和性能良好,能大量填充炭黑、油类等填充料,但温度敏感性高,需要注意温度控制。聚丁二烯橡胶的主要弱点一是强度(特别是纯橡胶)比较低,其扯断强度不超过 20MPa,撕裂强度一般也只有 30~50 kN/m,需要炭黑等的补强;二是冷流严重,储存稳定性不佳,混炼性也比 NR 或 SBR 差;三是耐化学药品性不佳,能耐醇,但不耐油类和有机溶剂,耐酸性也不强。此外,聚丁二烯橡胶不耐臭氧和辐射,需使用防老剂提高其耐老化能力。

应用方面,聚丁二烯橡胶的一大部分用于制造轮胎,特别是小汽车的轮胎,但一般不单独使用,多与 SBR 或者 NR 掺和使用,使用量一般不超过总量的 50%,否则会给加工带来不小的困难。

聚丁二烯橡胶可以使用硫黄硫化,也可以使用硫黄给予体或者有机过氧化物硫化。

(4) 氯丁橡胶(CR)

CR 是品种与牌号最多的橡胶品种,其单体是 2-氯-1,3-丁二烯,在引发剂过硫酸钾或者氧化-还原引发体系作用下,经由乳液聚合而生成。电负性较大的氯原子的存在让氯丁橡胶成为一种极性不饱和橡胶。由于在大分子中,大多数氯原子与双键碳原子直接相连,氯原子的吸电子效应以及氯原子的 p 电子与 π 键所形成的 p-π 共轭,在降低双键电子云密度的同时增加了 C—Cl 键的电子云密度,这就同时降低了双键与氯原子的反应活性,双键不容易被加成,氯原子也不容易被取代。所以氯丁橡胶的硫化不能用硫黄硫化体系,而是需要金属氧化物(如氧化锌、氧化镁)-取代硫脲(如亚乙基硫脲)体系。相应的,氯丁橡胶的耐候性和耐臭氧性也比一般的不饱和橡胶要好,在通用橡胶中属于最高的级别。氯丁橡胶耐油性仅次于丁腈橡胶,难以燃烧而且具有自熄性,可以用于耐油制品和阻燃制品。氯丁橡胶也有自补强性,生胶强度可与天然橡胶媲美。氯丁橡胶的缺点主要是电绝缘性较差,体积电阻率只有 $10^{10} \sim 10^{12}$ Ω·cm,只适用于电压低于 600 V 的场合。另外,氯丁橡胶易受氧化性试剂和芳香族溶剂以及含氯溶剂的侵蚀,有些牌号的氯丁橡胶不经塑炼即可完全溶于甲苯、二甲苯中。

氯丁橡胶价格较高,一般作为具有均衡综合性能的比较高级的橡胶材料使用,多用在有油的环境里和要求比较高的室外场合,如各种耐油耐酸碱胶管、耐热输送带、汽车飞机橡胶件、高强度黏结剂、涂料等,也大量用于电线电缆、护套等。

(5) 乙丙橡胶(EPR)

乙丙橡胶的基础单体是乙烯和丙烯,此二者的共聚物就是二元乙丙橡胶(EPM),如果再引入少量的第三单体,其共聚物就称为三元乙丙橡胶(EPDM)。第三单体通常使用非共轭二烯烃。

作为一种饱和非极性高聚物,乙丙橡胶表现出很好的耐候性、耐臭氧性、耐热性和耐化学药品性,用途广泛,市场需求旺盛,其产量在合成橡胶中排名第四。乙丙橡胶的最大应用是在汽车制造行业,主要应用于轮胎以外的其他橡胶制品,如汽车密封条、散热器软管、火花塞护套、空调软管、胶垫、胶管等。乙丙橡胶的另一重要应用是建筑行业,作为一种高级防水材料,三元乙丙防水卷材深受欢迎,再如塑胶运动场、玻璃幕墙密封、门窗密封条、卫生设备和管道密封件等,也都有乙丙橡胶的大量应用。乙丙橡胶良好的电性能也让其在电子电器行业得到很好的应用,比如变压器绝缘垫以及电子绝缘护套的制造;再比如电缆,尤其是海底电缆,用 EPDM 或 EPDM/PP 代替 PVC/NBR 制作的电缆绝缘层,可以使绝缘性能和使用寿命都有大幅度提升。

① 二元乙丙橡胶 二元乙丙橡胶是乙烯和丙烯单体在齐格勒-纳塔催化剂作用下溶液共聚而成,该共聚物不含双键,不能使用硫黄硫化体系交联,必须使用有机过氧化物。二元乙丙橡胶是所有商品橡胶中密度最小的,约 $0.85 \sim 0.86$ g/cm³,其大致性能如下:扯断强度约 20 MPa,扯断伸长率约 350%,撕裂强度约 40 kN/m;150 ℃下 72 h 热老化后扯断伸长率降低 50%;耐臭氧老化(50 ℃,50 pphm)178 h 发生龟裂;介电强度 40 kV/mm,体积电阻率 $0.156 \times 10^{15}$ Ω·cm。

② 三元乙丙橡胶 三元乙丙橡胶是在二元乙丙橡胶的基础上引入了非共轭二烯烃第三单体共聚而成,常用的第三单体有 1,4-已二烯、双环戊二烯、5-乙叉-2-降冰片烯。这些第三单体在完成共聚后为聚合物分子链中引入了双键,可以使用硫黄硫化,同时由于第三方

单体用量很小,因而三元乙丙橡胶又保持了二元乙丙橡胶的优异特性。目前的乙丙橡胶生产中,三元乙丙橡胶已经成为主流品种,尤其是乙叉降冰片烯三元乙丙橡胶克服了乙丙橡胶硫化速度慢的缺点,是目前三元乙丙橡胶中的主流品种。

(6) 聚异丁烯(PIB)和丁基橡胶(IIR)

聚异丁烯是异丁烯单体经溶液聚合法或者淤浆聚合法聚合而成,和二元乙丙橡胶一样,聚异丁烯中不含双键,因而硫化只能采用有机过氧化物,除此之外,聚异丁烯橡胶的最大特点是非常好的气密性和耐老化性。根据其聚合程度,聚异丁烯被大致分为三类,相对分子质量小于 10 000 的被称为低分子量聚异丁烯,相对分子质量在 10 000~100 000 之间的被称作中分子量聚异丁烯,分子量高于 100 000 的则被称作高分子量聚异丁烯。通常中高分子量产品用作橡胶制品或者与其他橡胶与树脂共混改性,也用作密封材料和绝缘材料;低分子量产品则一般用作胶黏剂、增黏剂、涂料、口香糖胶料、填缝腻子材料、软化剂等。

为了提高其硫化性能,人们使用少量异戊二烯与异丁烯进行共聚以引入双键,这就是丁基橡胶,丁基橡胶可以使用硫黄体系硫化,同时又保持了异丁烯橡胶气密性好的基本特征,其空气与水蒸气透过率远低于天然橡胶和丁苯橡胶。

丁基橡胶的主要用途是用于汽车内胎制造以及无内胎轮胎的气密层,高级的自行车内胎目前也普遍采用丁基橡胶。与天然橡胶内胎相比,气密性好的丁基橡胶内胎可以更长久的保持胎压而不用频繁充气,寿命也更长久。此外,丁基橡胶也被广泛用于其他橡胶制品的制作,如密封垫圈,在化学工业中作盛放腐蚀性液体容器的衬里、管道和输送带,农业上用作防水材料等。

3. 特种合成橡胶

特种橡胶指具有特殊性能,可满足耐热、耐寒、耐油、耐溶剂、耐化学腐蚀、耐辐射等特殊使用要求的橡胶。为突出其"特种"性,有学者只将硅橡胶和氟橡胶称作特种橡胶,但实际上,合成技术的进步已经赋予更多品种的橡胶特殊性能,特种橡胶和通用合成橡胶之间的界限已经不是那么明显。

(1) 硅橡胶

硅橡胶是聚硅氧烷最重要的产品之一,具有优异的耐高低温、耐候、耐臭氧、耐某些化学药品、电绝缘、抗电弧等性能,同时兼具生理惰性和高透气性。硅橡胶硫化前是液态、半固态或者固态的高分子量线型聚硅氧烷,硫化后则成为体型结构的弹性体。

硅橡胶主要是由二甲基硅氧链节组成,Si—O—Si 键具有非常高的热稳定性,可以自由旋转的硅氧键让分子链具有很好的柔性,硅橡胶侧链无极性基团,分子间作用力小,这些特点让硅橡胶既耐高温又能耐低温,通用型硅橡胶可在 150 ℃ 长期使用,其下限使用温度是 −60 ℃~−70 ℃,乙基硅橡胶甚至可以制作在 −120 ℃ 下长期使用的橡胶件。同时,由于硅橡胶属于饱和型橡胶,所以具有优异的耐候性和耐臭氧性,电绝缘性好且无味无毒呈现生理惰性。硅橡胶的缺点是物理机械性能、耐磨性能和耐化学腐蚀性能差,未经补强的硅橡胶扯断强度仅约 0.5 MPa,但经白炭黑与硅树脂补强的硅橡胶扯断强度可超过 13 MPa,撕裂强度超过 50 kN/m。

硅橡胶应用广泛,预计 2015 年,硅橡胶将占国内橡胶消费总量的 10% 以上。硅橡胶通常用于制造耐高温耐低温的密封件、薄膜、胶管、缓冲防震层等宇航工业中的部件;在电气工业上制作高绝缘性、耐高温的电线电缆的外层绝缘材料;其无毒无味且生理惰性的特性也在食品工业和医疗卫生方面得到很好应用,硅橡胶制品可以与食品直接接触,甚至可以用于人造器官。

硅橡胶的另一个重要特点是可以室温硫化。我们常见的玻璃胶,就是其中的一个重要品种,被称为单组分室温硫化硅橡胶,其主要成分是相对分子量为 4 万~6 万的端羟基聚二甲基硅氧烷,配合补强填充材料以及固化剂等经充分干燥后灌封而成,在包装中呈黏稠膏状,使用时则因为接触空气中的水分而引发交联剂与端羟基反应,最终硫化成体型结构的弹性体。

室温硫化硅橡胶还有双组分产品,根据其硫化机理的不同又可进一步细分为缩合型双组分室温硫化硅橡胶与加成型室温硫化硅橡胶两类产品。

双组分室温硫化硅橡胶用途广泛,除了可以用作黏接材料、密封材料、涂装材料、转印材料等外,部分无毒、无味、生理惰性以及对杀菌剂稳定的产品还可以应用于医疗卫生行业,如直接在耳腔中灌注成型的耳塞;在口腔中直接成型的齿科印模和假牙基托衬垫;用于制作人造脑膜、人造眼球、整容化妆等。双组分室温硫化硅橡胶还有一个很独特的应用是快速制作模具。硅橡胶模具制作快速便捷、成本低且极易脱模,特别值得一提的是,硅橡胶模具仿形精度极高,可以将原型细如发丝,形若指纹的细节都充分反映出来,在艺术品仿真复制以及罪案现场的痕迹提取中被广泛采用。硅橡胶模具的缺点是不能像金属模具那样耐高温,通常只用于石蜡、石膏、环氧树脂、聚氨酯、不饱和聚酯以及低熔点合金的浇铸成型。此类用途的硅橡胶扯断强度约 3.0~4.0 MPa,撕裂强度约 20~30 kN/m。

(2) 氟橡胶(FPM)

氟橡胶是高聚物分子主链或者侧链的碳原子上含有氟原子的一类弹性体。其最主要特点是有卓越的耐高温、耐氧化、耐气候、耐化学药品、耐油等性能,价格昂贵,一般只用于航空航天、火箭导弹等尖端科技领域中需要的密封圈、密封垫、防护材料、橡胶管、电线电缆等。第一个含氟弹性体是出现于 1948 年的氟丁二烯,即聚 2-氟代-1,3-丁二烯,1958 年杜邦公司研制成功以偏氟乙烯为基础的共聚物,这也是目前工业化生产中的最主要品种。

氟橡胶分子链刚性极大,塑炼对其无效,但可以在普通炼胶机或者密炼机中混炼。其配合与普通橡胶一样,但无法使用硫黄交联体系,适合的硫化剂是有机过氧化物、胺类和二元酚;补强材料可以使用炭黑和白炭黑,填料则可以使用氟化钙;加入适量金属氧化物如氧化镁、氧化铅、氧化钙、氧化锌等,可以吸收硫化过程中释放出来的氟化氢或氯化氢且能提高交联密度,从而提高制品热稳定性。

（3）丁腈橡胶（NBR）

丁腈橡胶是丁二烯和丙烯腈单体经自由基乳液共聚而成。早期丁腈橡胶一般在30 ℃～50 ℃聚合,被称为高温丁腈橡胶;现在则一般选择在5 ℃～10 ℃聚合,通常称为低温丁腈橡胶。聚合温度会影响到聚合物中丁二烯单元的分子结构,温度高时,反式-1,4结构减少,而顺式-1,4结构和1,2-结构则增加。高温丁腈橡胶凝胶成分较多,门尼黏度较高,不易加工,通常也被称为硬丁腈橡胶;而低温丁腈橡胶凝胶成分与门尼黏度都低,可直接混炼,通常被称为软丁腈橡胶。在丙烯腈含量相同的情形下,软丁腈的压缩永久变形性能较好,通常有更高的扯断伸长率,而硬丁腈则有更高的拉伸强度与硬度以及较好的耐油性。

丙烯腈的引入让聚合物分子具有了强极性,从而带来性能上的改变。丁腈橡胶最大的特点是耐非极性油和非极性溶剂,该性能随丙烯腈含量的增加而提高,但相应也降低了橡胶的耐寒性。丁腈橡胶耐热性优于天然橡胶、丁苯橡胶、氯丁橡胶,可在120 ℃长期工作,气密性则仅次于丁基橡胶。丁腈橡胶耐寒温度为−10 ℃～20 ℃,是低温下易脆化的一个橡胶品种,其电绝缘性也不好,但有较好的抗静电性。

丁腈橡胶可以使用硫黄硫化体系,也可以用低硫、无硫或者过氧化物硫化体系。高温丁腈橡胶须进行塑炼。丁腈橡胶最大的用途是生产耐油胶管及阻燃输送带,其消耗量约占总消费量的50%;其次是密封制品,尤其是汽车密封件;在电线电缆、胶黏剂、印刷和箱包制品等方面也有应用。

（4）聚丙烯酸酯橡胶

常用的聚丙烯酸酯橡胶是用丙烯酸乙酯或丙烯酸丁酯与少量2-氯乙基乙烯基醚或丙烯腈共聚而成,该共聚物活性低,通常需要使用有毒的多元胺硫化体系。为解决这一问题,可以通过引入一些具有反应活性的第三方单体的方法来解决。典型的有含活性氯原子的氯乙酸乙烯酯、烯丙基缩水甘油醚、羟甲基丙烯酰胺以及乙叉降冰片烯等。

聚丙烯酸酯橡胶的饱和主链结构可以耐氧化、耐臭氧,有极好的耐候性;其分子链中的极性酯基则赋予其很好的耐油性。室温下,聚丙烯酸酯橡胶的耐油性与中高丙烯腈含量的丁腈橡胶相近,而在热油中,其表现远胜丁腈橡胶。从力学性能和加工性能上看,聚丙烯酸酯橡胶优于硅橡胶和氟橡胶。聚丙烯酸橡胶特别适用于制作耐热耐油的橡胶件,如汽车油封特别是汽车液压润滑油系统油封,也适用于对耐候性要求较高的户外使用橡胶制品。此外,与油接触的电绝缘部件也可以使用聚丙烯酸酯橡胶。

（5）聚氨酯橡胶（UR）

聚氨酯橡胶是聚氨基甲酸酯橡胶的简称,由多元醇低聚物、多异氰酸酯和扩链剂在催化剂作用下缩聚而成,其聚合物主链上有较多氨基甲酸酯基团。聚氨酯橡胶是由软链段和硬链段组成的嵌段共聚物;软链段的主体是多元醇低聚物,硬链段则由多异氰酸酯和扩链剂相互作用而得。

聚氨酯橡胶是非烃类极性橡胶,由于其化学结构比较复杂,因而有比较独特的性能。耐磨是其最大特点,是天然橡胶的 3～5 倍,有"耐磨橡胶"之称;其次,聚氨酯橡胶力学性能卓越,其扯断强度可高达 80 MPa;聚氨酯橡胶硬度区间也很大,可以在 $10°～80°$ 范围内调整(邵氏 A 硬度);更为可贵的是,高硬度聚氨酯橡胶仍然可以保持良好的弹性与伸长率,所以就比其他橡胶有了更高的承载能力。如果用聚氨酯橡胶制作实心轮胎,其承载能力是相同规格天然橡胶轮胎的 7 倍。聚氨酯橡胶的缺点主要是滞后损耗比较大,容易内部发热,动态疲劳强度低,在多次弯曲或者高速滚动的情形下容易出现损坏。

聚氨酯橡胶主要用途以制作发泡体为主,也广泛用于制作车轮(实心车胎)、轧辊、轴瓦、传动带、研磨板、泵螺旋桨、水中轴承等,各类密封垫圈、O 型环、密封填料、齿形带(同步皮带)、防震橡胶、弹性联接器、汽车用缓冲器等也可以用聚氨酯橡胶制作。和硅橡胶一样,聚氨酯橡胶也有成熟的室温硫化产品,通常为双组分,使用时将两个组分按比例混合均匀即可在室温下形成弹性体。

(6) 其他橡胶

① 聚硫橡胶　聚硫橡胶是饱和的碳氢键及硫硫键结合而成的高分子聚合物,比较多见的是亚乙基缩甲醛的二硫聚合物。聚硫橡胶耐油、耐烃类溶剂、有良好的气密性、低温曲挠性和耐候性。做密封材料是聚硫橡胶的最大应用,如玻璃幕墙的密封、中空玻璃的密封、高速公路与机场跑道伸缩缝的密封、飞机机翼整体油箱密封、航空母舰甲板密封、地下铁道防水密封、各种电器元件密封等;除此之外,聚硫橡胶还可用于皮革浸渍以及制作印刷胶辊等。

② 聚醚橡胶　聚醚橡胶是环氧烷烃经开环聚合而制得的饱和烃聚醚弹性体。聚醚橡胶主链呈醚型结构,侧链则多半含有极性基团或者不饱和键,有时两者兼有,主链的饱和结构决定了聚醚橡胶具有很好的耐候性、耐臭氧性和耐化学药品性,而主链氧原子的存在,又使分子易于旋转,所以聚醚橡胶的耐寒性和回弹性也不错。

根据分子结构的不同,聚醚橡胶目前可以分为五类:氯醚橡胶、共聚氯醚橡胶、不饱和氯醚橡胶、环氧丙烷橡胶、不饱和环氧丙烷橡胶等。氯醚橡胶主要用于制造氟利昂冷冻剂密封件、胶管,以及工程机械的各种油封件、变压器隔膜、消音减震材料等。

③ 氯化聚乙烯橡胶　氯化聚乙烯实际是对聚乙烯的改性,是聚乙烯与氯气的一种取代反应产物。聚乙烯的分子量、主链结构以及氯化的方法与程度都对氯化聚乙烯橡胶有不小影响。通常的氯化聚乙烯橡胶氯含量约 $25\%～48\%$。氯化聚乙烯饱和的主链结构赋予其很好的耐热性和耐候性,同时,其分子中氯的大量存在,也让氯化聚乙烯橡胶具备了难燃性。

氯化聚乙烯橡胶除了用于制作橡胶制品,还大量用于塑料改性,如用于改善硬质聚氯乙烯塑料的抗冲击性;作软质聚氯乙烯的永久性增塑剂和耐寒剂;作聚乙烯、聚丙烯、聚苯乙烯、ABS 等树脂的阻燃剂等。

④ 氯磺化聚乙烯 氯磺化聚乙烯是聚乙烯氯化和氯磺酰化的反应产物。不同密度的聚乙烯其反应产物也有所不同,高密度聚乙烯反应产物分子仍然是线型结构,而低密度聚乙烯的反应产物则是支链结构。

氯磺化聚乙烯耐热、耐油、耐候、有阻燃性能,可以用于制作耐热和耐介质的密封件,耐酸、耐油、耐氧化剂的橡胶管,耐酸胶辊,耐热输送带,防雨布和雨衣以及橡皮船和充气结构件等户外用品,也可用于制造各种电缆的绝缘层和防护套。

(7) 热塑性弹性体

热塑性弹性体是在常温下呈现橡胶弹性而在高温下又能塑化成型的一类高分子材料。该类材料既具有传统交联硫化橡胶的高弹性、耐老化、耐油性等各项优异性能,同时又具有普通塑料加工方便、加工方式广的特点。更重要的是,其边角料与回收产品可以直接二次使用,与常规意义上的橡胶相比,不但加工过程简便、加工成本低,而且不浪费资源能源,可以算作一种环保材料。常见的热塑性弹性体有苯乙烯-丁二烯-苯乙烯嵌段共聚物以及线型聚酯(醚)型聚氨酯,它们均具有两相结构。

**讨论:**塑料与橡胶的异同。

# §8.3 纤 维

## 8.3.1 纤维的基本知识

人类最早是利用棉、麻、蚕丝、羊毛等天然纤维进行纺织的,后来又尝试用化学或物理的方法对天然纤维进行改性从而制造出性能更好的纤维,这就是人造纤维。而真正意义上的合成纤维,则是 1931 年美国化学家 W. Carothers 合成的聚酰胺。此后,合成纤维工业开始蓬勃发展。

纤维是以形状来定义的合成材料,它是指长径比为上百倍以上均匀的线条状或丝状材料。因此,纤维的细度是表征纤维材料的重要指标之一,衡量纤维细度的重要参数是支数和纤度。纤维支数是指 1 g 原料所纺出的纤维长度,如用 1 g 棉花纺出 32 m 长的纤维我们称其为 32 支纤维,支数越高,说明原料的质量越好。纤维纤度是指一定长度纤维所具有的重量,纤维愈细,纤度愈小,纤度的标准单位可用特(克斯)表示,记为 tex,即 1 000 m 长纤维的重量克数;纤维纤度也可以用旦尼尔表示,简称"旦",记为 d,是长度 9 000 m 纤维的重量克数。旦尼尔是常用的非公制单位。

通常纤维被分为天然纤维和化学纤维两大类。天然纤维直接从自然界得到,如棉花、麻、动物的毛、蚕丝等。化学纤维包括人造纤维和合成纤维两类，人造纤维是对天然纤维的改性，如黏胶纤维、醋酸纤维和硝化纤维等。合成纤维是由小分子化合物通过聚合反应合成的。

除以上纤维种类外，目前还有一种被称作晶须的特殊纤维，它在人工控制条件下以单晶形式生长而成，具有强度高、直径小（微米数量级）的特点。晶须的原子排列高度有序，因而其强度接近于完整晶体的理论值，远高于其他短切纤维，通常可以用于制造高强度复合材料。制造晶须的材料分金属、陶瓷和高分子材料三大类。根据不同材质，晶须纤维还可以具备电、光、磁、介电、导电、超导电等性质。

合成纤维通常又可按照其加工产品的长度分为纤维长丝和短纤维两类。根据材料标准和检测学会（ASTM）定义，纤维长丝必须具有比其直径大 100 倍的长度，并且不能小于 5 mm，短纤维是长度小于 150 mm 的纤维。

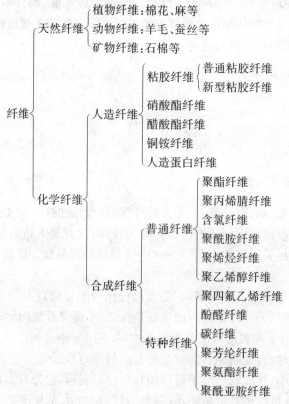

图 8-3　纤维的分类与主要品种

　　纤维加工纺丝过程是将成纤高聚物溶解或熔融成黏稠的液体,然后加压从喷丝头小孔压出形成黏液细流,经凝固或冷凝而成纤维。需要指出的是,并不是任何高聚物都能作为成纤高聚物。通常成纤高聚物首先必须是线型高分子,具有较高的结晶度,同时在力的作用下能够取向并具有较高的拉伸强度、可溶可熔;其次,成纤高聚物分子间必须有足够的次价力,一般大于 20 kJ/mol;第三,成纤高聚物要有适当的相对分子质量,相对分子质量低于某个临界值将不能成纤或强度很差,而相对分子质量高到一定数值之后,再增大相对分子质量,对力学性能影响不大,反而会给纺丝的黏度、流动性带来不利影响。

　　传统概念上纤维主要应用于纺织,但随着现代材料工业的发展,纤维还有一个重要的用途是对材料进行增强,如碳纤维、玻璃纤维、有机纤维、金属纤维、陶瓷纤维等,通过纤维与其他材料的复合可以大大提高材料的强度、抗裂性以及防渗漏性等。

### 8.3.2　纤维的主要品种及应用

1. 天然纤维

　　天然纤维指自然界原有的,或从经人工培植的植物中、人工饲养的动物中获得的纤维。按来源不同,天然纤维分为植物纤维、动物纤维和矿物纤维。

　　(1) 植物纤维

　　植物纤维又称天然纤维素纤维,其主要组成物质都是纤维素。主要品种有:种子纤维(如棉花)、韧皮纤维(如苎麻、黄麻)、叶纤维(如剑麻)和果纤维(如椰子纤维)。在植物纤维中,棉纤维产量最多,其适应性强,容易加工,广泛用于制造各种纺织品,具有吸湿性好,与肌肤长期接触无刺激、无副作用等特点,不足之处是强度较低、不耐酸、不耐霉菌,耐光性与耐热性一般。除棉纤维外,麻纤维也是植物纤维的重要品种,它是从各种麻类植物中取得的纤维的总称,包括韧皮纤维和叶纤维。麻纤维的强度比棉纤维高,但比棉纤维脆,纤维较为挺直,不易变形。麻纤维具有良好的吸湿散湿与透气性,凉爽挺括、出汗不贴身、质地轻且防虫防霉。麻纤维可织成各种凉爽的细麻布,也可与棉、毛、丝或化纤混纺。

　　(2) 动物纤维

　　动物纤维因其主要成分是蛋白质,又称蛋白纤维。动物纤维主要有动物的毛发和动物分泌液,如羊毛、兔毛、蚕丝、蜘蛛丝等,其中最主要的是羊毛。羊毛柔软而富有弹性,吸湿率较高,耐酸性好,但耐热、耐碱性差。羊毛广泛用来制造各种纺织品或制毡。除羊毛外,还有兔毛、骆驼毛、牦牛毛等。禽类的羽绒和羽毛也是一种动物纤维,在纺织上可与其他纤维混纺,也常用做填充材料。作为动物纤维的蚕丝是蚕的腺分泌物,有桑蚕丝、柞蚕丝、蓖麻蚕丝和木薯蚕丝等。蚕丝质轻而细长,织物光泽好,穿着舒适,手感滑爽丰满,导热差,吸湿透气,用于织制各种绸缎和针织品,也用于工业、国防和医药等领域。

（3）矿物纤维

天然矿物纤维主要有石棉、玻纤等，温石棉和青石棉可作为纺织材料。

**2. 人造纤维**

人造纤维是人造丝和人造棉的通称，是对天然纤维进行物理与化学改性而成。物理改性是将天然纤维素溶于特殊的溶剂中，再通过湿法纺丝得到具有与天然纤维不同聚集态结构的再生纤维素；而将棉花经硝酸和硫酸处理后得到的硝化纤维，以及以纤维素浆粕为原料，利用醋酸酐与纤维素羟基反应制备醋酸纤维就是化学改性了。硝化纤维分子式为：

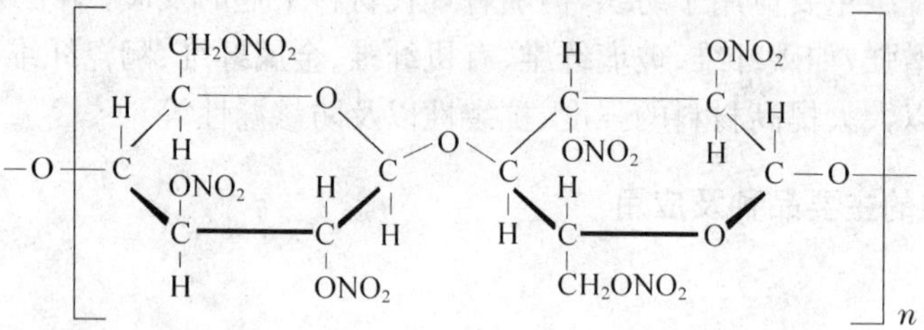

人造纤维最主要的品种有粘胶纤维、醋酸纤维和铜氨纤维，绝大部分产品是粘胶纤维。它们具有与天然纤维相似的性能，吸湿、透气、易染色，手感柔软，光泽柔和，服用性能佳，近似于丝绸，极具悬垂感。

（1）粘胶纤维

粘胶纤维的是将各种植物纤维经过化学处理制成高纤维素浆粕，再进行纺丝制成纤维。粘胶纤维的化学成分与棉纤维基本相同，吸湿性、透气性、染色性及纺织加工性都比较好，但湿态强度较低，通常只有干态强度的 60% 左右，且有高达 10% 的缩水率；粘胶纤维吸水后膨化，因而水中的粘胶纤维织物会变硬；另外粘胶纤维的弹性、耐磨性、耐碱性也比较差。

粘胶纤维可以纯纺，也可以与其他纤维混纺。粘胶纤维长丝又称人造丝，可织成各种平滑柔软的丝织品，毛型短纤维又称人造毛，是毛纺厂不可缺少的原料，棉型粘胶短纤维也称人造棉，比较适合做内衣、外衣及各种装饰织物。新型粘胶纤维，即高湿模量粘胶纤维，也称富强纤维，大分子取向度高，结构均匀，比较耐水洗、抗皱性强、形状稳定，性质比较接近棉纤维。

（2）醋酸纤维

醋酸纤维是以精致棉短绒为原料经化学处理、纺丝而制得的人造纤维。醋酸纤维耐水性和热变定性优越；其光泽似蚕丝，吸湿性好，强度在干燥时大致与羊毛相等或者稍低，润湿时比天然纤维素差很多，杨氏模量也比蚕丝、棉花、麻低得多。

醋酸纤维熔点高、不易燃，可以用于制造纺织品、香烟滤嘴、片基、塑料制品等。其中醋酸长丝酷似真丝，可以广泛地用于各类服装，还可以与维纶、涤纶、锦纶长丝及真丝等制成复合丝,用于各种高档时装、高档运动服及西服面料的织造,还可以开发缎类织物和编织物、装饰用绸缎等。

（3）铜铵纤维

铜铵纤维是经提纯的纤维素溶解于铜铵溶液中,再进行纺丝制成的纤维。铜铵纤维在外观、手感和柔软性方面与蚕丝很近似,它的柔韧性大,富有弹性和极好的悬垂性,其他性质和粘胶纤维相似。一般铜铵纤维纺制成长纤维,特别适合于制造变形竹节丝,纺成很像蚕丝的竹节丝。铜铵纤维适于织成薄如蝉衣的织物和针织内衣,穿用舒适。

3. 合成纤维

合成纤维是由低分子单体经一系列化学反应合成高分子化合物、再经加工制得的纤维。合成纤维多属于线型热塑性高分子,在纺丝过程中进行加热拉伸定型,高分子链局部会几乎平行地沿轴向整齐排列,从而表现出特别的性质。合成纤维是化学纤维中最具发展空间的一类,"六大纶"即涤纶、锦纶、腈纶、丙纶、维纶和氯纶是其典型品种。

（1）涤纶

涤纶的成纤聚合物是聚酯,也称聚酯纤维,俗称"的确良",是产量最大的合成纤维。聚酯是指分子链中含有酯基的聚合物的总称,品种繁多,聚合物结构以聚对苯二甲酸乙二酯为主。聚对苯二甲酸乙二酯:

$$HO \mathord{-} CH_2CH_2OC \mathord{-} \bigcirc \mathord{-} CO \mathord{]}_n CH_2CH_2OH$$

涤纶外观一般为乳白色,其密度在 $1.38 \sim 1.40$ g/cm³ 之间,密度大小取决于成纤聚酯的结晶度和取向度,利用特殊的生产工艺还可以制得中空涤纶,其密度可降低到 $0.6 \sim 1.2$ g/cm³,比羊毛还轻,但保暖性却很好,可用于棉织物或棉被絮片以及枕头、玩具的填充物等。

涤纶作为纺织纤维最大的特点是抗皱性和保型性出色,耐磨性仅次于尼龙,有很好的耐热性和耐化学品性,不怕虫蛀和霉菌,缺点是染色性、吸湿性差,容易起球,容易产生静电,不耐脏等。为改善这些缺陷,可以通过共聚、纤维表面改性处理等化学方法对其改性,也可以通过共纺、改进纺丝加工技术、变更纤维加工条件以及通过后纺、与其他纤维混纺、交织等物理方法对聚酯纤维进行改性。

涤纶短纤维大约 $80\%$ 被棉纺行业使用,少量用于毛纺行业,但通常需对纤维进行改性,如通过化学改性和特殊的纺丝方法提高聚酯的热收缩性(羊毛具有很高的弹性回复率),使其沸水收缩率提高到 $25\%$ 以上;或者采用混纤法将不同截面或不同热收缩率的聚酯纤维进行混纤,可以使纱线、织物产生毛感;将其他的聚合物与聚酯一起进行复合纺丝,可以生产仿毛纤维。此外,在造纸业、复合材料增强、植绒等中也有应用。

（2）锦纶

锦纶的成纤聚合物是聚酰胺，也称聚酰胺纤维，国际上称为尼龙（Nylon）。尼龙的出现是合成纤维工业的重大突破，也是高分子化学的一个重要里程碑。锦纶是聚酰胺在 260～280 ℃熔融状态下抽丝制备得到，无须溶剂和化学处理。锦纶的品种比较多，一般可以分为两大类。一类由二元酸和二元胺缩聚所得的聚合物为原料，可根据二元酸和二元胺的碳原子数目命名；另一大类是由氨基酸缩聚或由内酰胺开环聚合而得，可根据单体所含的碳原子数目来命名。如锦纶 6、锦纶 66、锦纶 1010 等。其中锦纶 1010 以蓖麻油为原料，是中国的特有品种，而锦纶 6、锦纶 66 则是最主要的品种，约占市场份额的 98%。

锦纶通式：

$$\begin{matrix} & \text{O} & & \text{O} & & & \\ \parallel & & \parallel & & & \\ \end{matrix}$$
$$-\!\!\!\!-\!\!(\!\!C\!\!-\!\!R_1\!\!-\!\!C\!\!-\!\!NH\!\!-\!\!R_2\!\!-\!\!NH\!\!)_n\!\!-\!\!-$$

锦纶分子主链由酰胺键（—CO—NH—）连接，类似于蛋白质纤维，不同之处在于组成和结构简单，在分子链的中间存在大量碳链和酰胺基，无侧链，仅在分子链的末端才具有羧基和氨基。聚酰胺纤维的氨基含量低，锦纶 66 和锦纶 6 的氨基含量分别为 0.4 mol/kg 纤维和 0.098 mol/kg 纤维，为羊毛的 1/10 和 1/20 左右。

锦纶最突出的优点是耐磨性高于其他纤维，是棉花的 10 倍，羊毛的 20 倍，如在毛纺或棉纺中掺入 15% 的聚酰胺纤维，其耐磨度比纯羊毛料或棉料提高 3 倍。锦纶弹性极佳，回弹性和耐疲劳性优良，长纤伸度 10% 时的弹性回复率为 99%，而涤纶在相同状况下仅为 67%。锦纶可经受数万次双曲挠，比棉花高 7～8 倍。另外，锦纶断裂强度较高，比棉花高 1～2 倍，比羊毛高 4～5 倍；锦纶密度只有 1.04～1.14 g/cm³，是除乙纶和丙纶外最轻的纤维；锦纶吸湿性低于天然纤维和再生纤维，但在合成纤维中仅次于维纶，染色性也较好，同时还具有和涤纶一样的耐化学药品、不怕蛀、不怕霉的优点。锦纶缺点是耐热、耐光较差，初始模量较低，使用过程中易变形。

锦纶的应用非常广泛，在衣料、服装产业和装饰地毯等领域都有很好的应用；锦纶也用于制作轮胎帘子线、传送带、运输带、渔网、绳缆等，涉及交通运输、渔业、军工等许多领域。

（3）腈纶

腈纶是由聚丙烯腈或丙烯腈含量大于 85%（质量百分比）的丙烯腈共聚物制成的合成纤维，所以腈纶也叫聚丙烯腈纤维。腈纶结构式：

$$-\!\!\!\!-\!\!(\!\!CH_2\!\!-\!\!CH\!\!)_n\!\!-\!\!-$$
$$\qquad\qquad |$$
$$\qquad\qquad C\!\equiv\!N$$

聚丙烯腈聚合物 100 多年以前就已制得，但因没有找到合适的溶剂，所以未能制成纤维。1942 年，德国人 H. 莱因与美国人 G. H. 莱瑟姆几乎同时发现了二甲基甲酰胺溶剂，并成功地得到了聚丙烯腈纤维。1950 年，美国杜邦公司首先进行工业生产。以后，又发现了多种溶剂形成了多种生产工艺。此后人们又利用丙烯腈与醋酸乙烯酯、甲基丙烯酸甲酯、亚甲基丁二酸、氯乙烯、偏二氯乙烯等共聚,开发出更多的品种。

腈纶的性能优良,无论是外观还是手感都类似于羊毛,因此有"合成羊毛"之称,而且在强度、密度、保暖性及弹性等方面都超过羊毛。但腈纶的强度比涤纶和锦纶都低,其断裂伸长率为 25%～46%,与涤纶、锦纶相仿;腈纶蓬松、卷曲而柔软,弹性较好,但多次拉伸的剩余变形较大,因此腈纶针织的袖口、领口等易变形。腈纶结构紧密,吸湿性低,一般大气条件下回潮率为 2% 左右。腈纶染色性可采用阳离子染料染成各种鲜艳的色泽。腈纶耐光性和耐气候性特别优良,在常见纺织纤维中是最好的,腈纶放在室外曝晒一年,其强度只下降 20%,因此腈纶最适宜做室外用织物。腈纶具有较好的化学稳定性,耐酸、耐弱碱、耐氧化剂和有机溶剂,但腈纶在碱液中会发黄,大分子发生断裂。腈纶的准结晶结构使纤维具有热弹性,所以腈纶可制成各种膨体纱。此外,腈纶耐热性好,不发霉,不怕虫蛀,但耐磨性差,尺寸稳定性差。

腈纶大部分为民用,混纺可制成衬衫、服装及雨衣布等服装,纯纺可替代羊毛;工业中主要制成帆布、过滤材料、保温材料、包装用布、医疗材料等;另外可制成军用帐篷、防火服等。

(4) 丙纶

丙纶是由等规聚丙烯熔体纺丝制成的合成纤维,也称作聚丙烯纤维。由于丙纶具有生产工艺简单、产品价廉、强度高、相对密度小等优点,工业化生产始于 1957 年的丙纶已是合成纤维的四大品种之一。丙纶结构式:

$$\begin{array}{c} CH_3 \\ | \\ {-}CH{-}CH_2{-}]_n \end{array}$$

丙纶品种有长丝(包括未变形长丝和膨体变形长丝)、短纤维、鬃丝、膜裂纤维、中空纤维、异形纤维、各种复合纤维和无纺织布(未经纺织成型的织物)等。

丙纶密度仅为 0.91 g/cm³,是常见化学纤维中最轻的品种,同样重量的丙纶可比其他纤维得到更大的覆盖面积。丙纶强度高,伸长大,初始模量高,弹性优良,耐磨性好。此外,丙纶的湿强度几乎不下降,所以它是制作渔网、缆绳的理想材料。丙纶有较好的耐化学腐蚀性,除了浓硝酸、浓苛性钠外,丙纶对酸和碱耐受能力良好,适于用作过滤材料和包装材料。丙纶的电绝缘性良好,导热系数较小,保暖性也较好。丙纶有很高的性价比,其弹力丝强度仅次于锦纶,但价格却只有锦纶的 1/3。

丙纶吸湿性、染色性、耐光性和热稳定性较差。在纺丝时加入防老剂可以提高其稳定性,染色性不足则一般采用两种方法加以改进,一是将颜料制剂和聚丙烯在螺杆挤压机中均匀地混合后,经过熔融纺丝得到有色纤维;二是对聚丙烯进行改性,使其与丙烯酸、丙烯腈、乙烯基吡啶等共聚或接枝共聚,引入能与染料相结合的极性基团,改性后的聚丙烯纤维可以采用常规方法进行染色。

丙纶无论是在民用还是工业用途上应用均很广泛。民用可以纯纺或与羊毛、棉或粘胶纤维等混纺混织来制作各种衣料;工业上则可用来制作地毯、渔网、帆布、水龙带、混凝土增强材料、工业用织物、非织造织物等。此外,丙纶膜纤维还可用作包装材料,无纺布用于卫生制品、医用手术帽、床上用品等。

(5) 维纶

维纶是把成纤聚合物聚乙烯醇溶解于水中与醛类反应,封闭部分羟基后经纺丝制成的合成纤维,也称为聚乙烯醇缩甲醛纤维。最早的维纶不耐热水,主要用于外科手术缝线,1939 年研究成功热处理和缩醛化方法,才使其成为耐热水性良好的纤维。

维纶吸湿性是合成纤维中最好的,接近棉花,有"合成棉花"之称。维纶耐磨性、强度稍高于棉花,比羊毛高很多,但比锦纶、涤纶差,其密度比棉花小,可与棉混纺以节省棉花。维纶的化学稳定性好,在一般有机酸、醇、酯及石油等溶剂中不溶解,不易霉蛀。维纶的耐日光性与耐气候性也很好,在日光下曝晒强度损失不大,但它耐干热而不耐湿热(收缩)。维纶是合成纤维中弹性最差的,织物易起皱,染色较差,色泽不鲜艳。

维纶大量用以与棉、粘胶纤维或其他纤维混纺,制做外衣、棉毛衫裤、运动衫等针织物,此外维纶牵切纱长丝经染整及织造可制成"美丽绸";维纶也可用于制作帆布、缆绳、渔网、包装材料、外科手术缝线和过滤材料,还可以作为塑料、水泥、陶瓷的增强材料。鉴于石棉制品致癌的报道不断,维纶用作石棉代用品也正受到更多关注。

(6) 氯纶

氯纶是将含氯量约 57%的氯乙烯均聚物溶解在丙酮-二硫化碳或丙酮-苯等混合溶剂中经纺丝制成的合成纤维,也称为聚氯乙烯纤维。氯纶原料丰富易得、生产工艺简单,是合成纤维中生产成本最低的,而其性能上又具有一些独特性,因而在合成纤维中居有一定的地位。

氯纶分子链中含有大量氯原子,分子间作用力强,具有耐腐蚀、耐溶剂、阻燃、耐晒、耐磨等突出优点,且具有较好的保暖性和弹性。氯纶缺点是耐热性极差,不能熨烫、不吸湿、静电效应显著,染色较困难。

氯纶可以制造各种针织品、工作服、毛毯、滤布、绳绒、帐篷等,由于其保暖性好,易产生和保持静电,故用它做成的针织内衣对风湿性关节炎有一定疗效;染色性差、热收缩大等缺点则限制了氯纶的应用。改善的办法是与其他纤维品种共聚(如维氯纶)或与其他纤维(如粘胶纤维)进行乳液混合纺丝。氯纶因其具有阻燃、耐腐蚀、耐溶剂这一特殊的性质,所以常用在一些特殊的场合,如制作防燃布料、耐化学药剂布料和填充料等。

(7) 其他纤维

① 氨纶 氨纶是以聚氨基甲酸酯为主要成分的一种嵌段共聚物制成的纤维,也称作聚氨酯纤维,主要有聚酯型氨纶和聚醚型氨纶两种。

氨纶弹性极好,既具有橡胶性能又具有纤维的性能,所以也称为弹性纤维,其伸长率达500%～800%,且在伸长50%时,回缩率超过99%。这一特性充分发挥在弹力强的衣料上,可以制作内衣、紧身衣裤、踩脚裤、韵律服、运动衣、连裤袜、芭蕾舞服、体操服、游泳服等,此外,其应用正进一步向休闲服和外衣领域扩展。

② 芳纶　芳纶是一类新型的具有特种用途的合成纤维,最初作为宇宙开发材料和重要的战略物资而鲜为人知,冷战结束后,芳纶作为高技术含量的纤维材料大量用于民用领域,才逐渐为人所知,芳纶的发现,被认为是材料界一个非常重要的里程碑。

芳纶是聚酰胺的一种,由苯二甲酸(或苯二酰氯)与苯二胺缩聚而成,主链中芳环的引入,使其耐热性和刚性得以大幅提高。芳纶又可以细分为邻位、间位与对位三种,其中邻位无商业价值,而分子链排列呈锯齿状的间位芳纶纤维,我国称之为芳纶1313;分子链排列呈直线状的对位芳纶纤维,我国称之为芳纶1414。

芳纶具有超高强度、高模量、耐高温、耐酸碱、耐辐射、重量轻、绝缘好和抗老化等优良性能,其强度是钢丝的5～6倍,模量为钢丝或玻璃纤维的2～3倍,韧性是钢丝的2倍,而重量则仅为钢丝的1/5左右;芳纶具有优异的阻燃和耐热性能,500 ℃下不融化、不分解,离火自熄,是一种永久阻燃纤维。

随着欧美地区开展禁止使用石棉的环境保护运动,芳纶纤维得到了迅速的发展,逐步取代石棉成为刹车片、离合器片、密封垫的主要材料。此外,芳纶在其他工业领域中也得到了广泛的应用。

③ 超级纤维PBO　PBO是聚对苯撑苯并双噁唑纤维的简称,是20世纪80年代美国为发展航天航空事业而开发的复合材料用增强材料,是一种杂环芳香族的聚酰胺纤维,其性能远远超出现有纤维,被誉为21世纪超级纤维。

PBO作为21世纪超性能纤维,具有十分优异的物理机械性能和化学性能,其强力、模量为芳纶纤维的2倍并兼有间位芳纶耐热阻燃的性能,而且物理化学性能完全超过迄今在高性能纤维领域处于领先地位的芳纶纤维。一根直径为1 mm的PBO细丝可吊起450 kg的重量,其强度是钢丝的10倍以上。此外,PBO纤维的耐冲击性、耐摩擦性和尺寸稳定性均很优异,并且质轻而柔软,是极其理想的纺织原料。

**讨论:**你愿意用哪种纤维做衣料? 你对衣料有怎样的期待?

# §8.4　涂料和胶黏剂

涂料与胶黏剂是很相近的两类产品,最简单的涂料制作方法就是把颜料加入胶黏剂中混合均匀;而涂料的涂装过程,用一个形象一点的说法,实际就是用胶黏剂把各色颜料"粘"

为一体再进一步将其"粘"到被涂物表面的过程。

涂料与胶黏剂得以快速发展还是在高分子合成材料的出现之后。聚合物是胶黏剂的主体材料之一,我们前述的橡塑材料很多都可以用于胶黏剂与涂料的制作。比方说作为一种塑料树脂,聚乙烯醇可以制作聚乙烯醇薄膜;而将聚乙烯醇溶于水配成一定浓度的水溶液,就成了一种水性胶黏剂;如果在这个水性胶黏剂中加入水玻璃(硅酸钠)和颜料以及其他助剂就可以成为一种水性涂料。

### 8.4.1 涂料基本知识与品种和应用

1. 涂料的组成

涂料一般由四个体系组成:成膜物质、颜料填料、挥发分以及助剂。

(1)成膜物质

也称为基料、漆料或者漆基,一般由一种或几种高分子材料组成,是涂料的连续相,其作用就是黏结与成膜,其性能对涂料性能有决定性影响。这里的黏结有两个方面,一是将各种颜料和填料微粒以及助剂等黏结在一起,并最终成为固态的、有一定机械强度的连续性薄膜(或层状物);二是要将这个薄膜与被涂物表面黏结在一起。大多数树脂都可以做涂料的成膜物质,少数无机材料如硅溶胶、硅酸盐材料等也可以做涂料的成膜物质,在注重环保生态的今天,该类无机涂料正受到更多关注。

(2)颜料与填料

颜料是粒径约 $0.2 \sim 10\,\mu m$ 的无机或者有机粉末,主要起着色和遮盖的作用。还有一类粉末无着色和遮盖能力,多是为了降低成本或者增加涂层硬度,减少收缩率等,这类粉末通常称之为填料或者叫体质颜料。有些颜料具有功能性,如防锈颜料、珠光颜料等。

(3)挥发分

主要指溶剂、稀释剂一类用于溶解树脂以及调节涂料黏度等的挥发性液体,对于水性涂料而言,水是挥发分。

(4)助剂

涂料助剂种类繁多,大致可以分为三类,一是针对成膜物质的助剂,如交联剂、增塑剂、催干剂、稳定剂、抗氧剂等;二是针对涂料性能的,如分散剂、增稠剂、触变剂、流平剂、消泡剂等;再就是为了赋予涂料特别性能的,如阻燃剂、抗静电剂等。

2. 涂料的分类与命名

2003 年发布的《GB/T2705 涂料产品分类和命名》中规定了两种涂料分类方法。

(1)主要是以涂料产品的用途为主线,并辅以主要成膜物的分类方法。该方法将涂料产品划分为三个主要类别:建筑涂料、工业涂料和通用涂料以及辅助材料。

(2)除建筑涂料外,主要以涂料产品的主要成膜物为主线,并适当辅以产品主要用途的分类方法。该方法将涂料产品划分为两个主要类别：建筑涂料、其他涂料及辅助材料。

而在每个分类大类之下，又包括许多小类，我们仅以方法一的建筑涂料为例，见表8-4。

表8-4　建筑涂料分类

| 建筑涂料 | 主要产品类型 | 主要成膜物类型 |
| --- | --- | --- |
| 墙面涂料 | 合成树脂乳液内墙涂料<br>合成树脂乳液外墙涂料<br>溶剂型外墙涂料<br>其他墙面涂料 | 丙烯酸酯类及其改性共聚乳液；醋酸乙烯及其改性共聚乳液；聚氨酯、氟碳等树脂，无机黏合剂等 |
| 防水涂料 | 溶剂型树脂防水涂料<br>聚合物乳液防水涂料<br>其他防水涂料 | 乙烯-醋酸乙烯共聚物、丙烯酸酯类乳液；聚氨酯、沥青、聚氯乙烯胶泥或油膏、聚丁二烯等树脂 |
| 地坪涂料 | 水泥基等非木质地面用涂料 | 聚氨酯、环氧等树脂 |
| 功能性建筑涂料 | 防火涂料<br>防霉（藻）涂料<br>保温隔热涂料<br>其他功能性建筑涂料 | 聚氨酯、环氧、丙烯酸酯类、乙烯类、氟碳类树脂 |

除建筑涂料外，分类方法一还列出了工业涂料以及通用涂料及辅助材料两大类与建筑涂料并列；工业涂料又被分为汽车摩托车涂料、木器涂料、铁路公路涂料、轻工涂料、船舶涂料、防腐涂料和其他专用涂料等七类；通用涂料及辅助材料则涵盖了调和漆、清漆、磁漆、底漆、腻子、稀释剂、防潮剂、催干剂、脱漆剂、固化剂和其他通用涂料及辅助材料等。

考虑到涂料中往往含有大量溶剂，涂装过程中这些溶剂的挥发，不但造成了资源的浪费也带来了空气的污染。所以，我们对涂料的叙述将以是否环保与生态作为一条主线，借以树立和加强人们的环保意识与生态保护观念。

3. 涂料的性能

（1）固体含量与黏度

固体含量就是将涂料在一定温度下烘干，去除挥发分后剩余的固体物质的重量在涂料原本重量中所占的百分比。考虑到环保生态，高固含量是涂料的发展方向，但这也将导致涂料黏度上升，给涂料施工带来困扰。通常固含量高且黏度低的涂料可以体现该涂料生产的技术水准。

（2）遮盖力

遮盖力是指将涂料均匀涂布于被涂物表面，使其底色不再呈现的最小涂料用量，其单位是 $g/m^2$。遮盖力是颜料对光线产生吸收和散射的结果，通常与颜料性能密切相关，比方说在白色颜料中，金红石型钛白粉遮盖力最优，锌钡白就低很多，而一些体质颜料如滑石粉等，几乎没有遮盖力,虽然它们也有很好的白度。

(3) 附着力

附着力是指涂料涂层与基底之间的作用力,它体现着涂层和被涂物表面结合的牢固程度。附着力与成膜物质自身的性能密切相关,当然也与被涂物表面性质以及涂装施工工艺有关。

(4) 光泽

光泽是把投向涂层的光线反射出去的能力,这种能力的大小可以通过光泽计来测定,涂料也因此而有高光、半光、平光、无光等的分别。影响光泽的因素较多,配方中颜填料与成膜物质的用量比是最大的影响因素,颜填料用量越少,则光泽越高。另外,光泽也与漆面平整度、成膜物质的克分子折光度等因素有关。消光剂的使用可以有效降低涂层光泽,常用的消光剂是气相二氧化硅、石蜡、聚烯烃粉末等。

(5) 涂层机械性能

涂层机械性能也是衡量涂料质量的重要指标,一般包含硬度、耐磨性、柔韧性或者延展性、抗冲击强度等。这些性能与涂料配方有很大关系,反映的是涂料整体的性能。耐温度变化性也可以归于涂层的机械性能,它反映的是涂料对环境温度变化的耐受能力,可以通过对涂层进行冻融循环来进行测试。

(6) 耐水及耐化学药品性

该性能与成膜物质性能密切相关,它反映的是涂层对水、各类溶剂以及酸碱盐等化学药品的耐受程度。

(7) 耐玷污性

耐玷污性是衡量外墙涂料质量的一个重要指标,建筑物外墙装饰材料中涂料所占份额不高的一个重要原因就是外墙涂料耐玷污性不足。究其原因首先是涂膜不够致密,其表面微孔藏污纳垢;其次是涂膜静电积累吸附灰尘。同时成膜物质玻璃化温度低,高温返粘也是耐玷污性不足的一个重要原因。但玻璃化温度过高又会导致涂料难以成膜,核壳聚合的高分子乳液对解决这一问题帮助较大。另外,硅和氟树脂改性乳液由于其表面张力低,斥水性好,具有荷叶效应,因此也具有良好的耐玷污性。

(8) 耐候性　耐候性体现的是涂料的户外耐久性,在阳光紫外线照射、风雨侵蚀、寒暑交替之下,涂层会发生失光、变色、起壳、粉化、开裂甚至剥落的现象,这都是涂料耐候性不足的体现。耐候性与成膜物质、颜料以及助剂有很大关系,比方说聚丙烯酸酯类成膜物质就有很好的耐候性,金红石型钛白粉比锐钛型钛白粉有更好的抗粉化能力和耐黄变能力,再辅以一些抗紫外线助剂等,这样的涂料比较适于用作户外涂料。

4. 涂料的品种与应用

(1) 水溶性涂料

水溶性涂料是指用可溶于水的高分子材料作为成膜物质配制的涂料,水溶性涂料不使用有机溶剂,绿色环保,但由于成膜物质能够被水溶解,所以这类涂料耐水性都很差,一般只用于低档的建筑内墙涂料或是特殊用途。

值得注意的是另一类水溶性涂料,它的成膜物质是水溶性聚丙烯酸树脂、醇酸树脂、聚酯树脂、环氧树脂和聚氨酯等,确切地说这些树脂并非溶于水中,实际是其聚集体分散于水中而形成的胶体。这些树脂所配制的涂料,多是热固性的,因而可以解决耐水性问题。这类涂料中最有代表性的是电泳涂料(电沉积漆),可以广泛应用于工业涂料,比如做自行车漆,汽车底漆等。

（2）乳胶涂料

现实中人们习惯上称之为乳胶漆,由于其安全无毒、施工方便、干燥快、透气性好且符合绿色环保的发展方向,因而被广泛用于在建筑内外墙涂装。乳胶涂料的成膜物质是合成树脂乳液,常见的乳胶涂料主要有两类,一是聚醋酸乙烯酯及其共聚物乳液,一是聚丙烯酸酯及其共聚物乳液。

聚醋酸乙烯酯乳液就是我们经常用到的白乳胶,用它配制的涂料成本较低,但耐水性和耐候性不是很理想,所以通常只能用于建筑内墙涂料;而聚丙烯酸酯类乳胶漆则有很好的耐水性和耐候性,完全可以用于户外涂装。聚丙烯酸酯类乳胶漆又可分为纯丙、苯丙以及乙丙三大类乳胶漆,它们的成膜物质分别是:甲基丙烯酸甲酯和丙烯酸丁酯的共聚乳液、苯乙烯和丙烯酸丁酯的共聚乳液以及醋酸乙烯酯和丙烯酸丁酯的共聚乳液,其中丙烯酸丁酯为软单体,而甲基丙烯酸甲酯和苯乙烯则为硬单体,它们的共聚物有很好的耐候性、保色性、抗水解能力以及机械性能。

在该类乳液合成中一个值得注意的化合物是 $C_9$ 或 $C_{10}$ 的叔碳酸乙烯酯,它是一种多支链一元饱和羧酸乙烯酯,当与醋酸乙烯酯共聚时,其 $\alpha$ 碳原子上的烷基形成的空间位阻以及对乙酸酯基团的遮蔽效应,可以使其表现出优异的抗紫外线性能和很好的疏水性能,从而赋予聚合物良好的耐候、耐水等优点。同时,叔碳酸乙烯酯和醋酸乙烯酯的反应竞聚率都接近1,因此无论采用滴加还是一次加料,都能稳定地得到组分均匀的共聚物。现在醋酸乙烯酯和叔碳酸乙烯酯的共聚乳液已经被用于室内外各种乳胶涂料,其市场份额仅次于聚丙烯酸酯乳胶涂料。

除了用于建筑内外墙涂装,乳胶涂料还可以用于纺织行业的印花染料浆和纸张涂料,随着环保法规的升级以及技术进步,乳胶涂料的应用范围也在不断扩大,现在已经可以用作防锈涂料以及一些高光泽装饰涂料,但在门窗、木器等的涂装中以及对装饰效果要求比较高的场合,溶剂型涂料的优势还是明显的。

（3）溶剂型涂料

溶剂型涂料是以溶剂作为分散介质的一类涂料,其成膜物质是各类树脂、油脂以及橡胶和元素有机聚合物等,将这些高分子化合物溶于合适的溶剂中再配以颜料、填料、助剂,经混和、研磨、过滤等工序即可制成涂料。溶剂型涂料成本高,往往有一定毒性,施工工具也不易清洗,且浪费资源污染环境,但由于其装饰效果更好、耐水性更优、施工较少受温度限制以及成膜物质选择范围更广等原因,目前尚难以被乳胶涂料完全替代。

（4）高固体份涂料

高固体份涂料是指固含量超过 60％的溶剂型涂料。高固体份涂料所用的成膜物质与溶剂型涂料基本相同,所不同的是相对分子质量通常较低,所以黏度也比较低,因而在溶剂用量较少的情形下仍然可以有适宜的施工黏度。

高固体份涂料的最大优点是溶剂含量低,从而减少了浪费和污染;另一个优点是固含量大,涂膜更丰满,遮盖力更好,减少了涂装工作量。但高固体份涂料由于采用了低分子质量成膜物质,玻璃化温度较低,涂层性能如硬度、附着力、冲击强度、抗张强度、耐污染性、耐候性以及耐化学药品性等不如普通溶剂型涂料。高固体分涂料目前主要应用于汽车工业、石油化工储罐、海洋和海岸设施等重防腐工程,特别是在轿车面漆和中涂层中得到比较大的应用。美国与日本已有固含量 90％的涂料用于汽车中涂层。涂料高固体份的实现通常有以下几条途径:

① 使用活性稀释剂是提高涂料固体含量的有效方法,活性稀释剂降低了涂料黏度又能在成膜过程中参与反应,涂料固化后活性稀释剂也被锁定于涂层之中,从而有效提高涂料的固含量。

② 使用溶解能力高的溶剂也是提高涂料固含量的方法之一,同一种成膜物质在不同的溶剂中虽然都能溶解,但因为溶剂溶解能力不同,相同浓度的成膜物质溶液其黏度也不同。

③ 合成低聚物以大幅度地降低成膜物的相对分子质量从而降低涂料黏度,但每个低分子本身尚有均匀的官能团以用于固化时的扩链、交联反应,在固化过程中实现相对分子质量的提高以赋予涂层更好的性能。该类涂料有时需要以多组分形式存在,通常为双组分,使用时将两个组分按一定比例混合均匀再实施涂装。

④ 采用基团转移聚合技术(GTP)。该聚合方法可以很好地控制聚合物的相对分子质量与相对分子质量分布以及共聚物的组成,其合成产物既可以用作成膜物质也可以用作助剂。GTP 技术制备的成膜物,相对分子质量高而分散度小,而 GTP 技术制备的嵌段共聚物对颜料有更好的分散效果,这就可以实现在黏度相同的情形下让涂料具有更高的固含量;同时,GTP 技术合成的星形聚合物不但可以有效改善漆膜性能还能进一步改善涂料流变性能。所以,GTP 技术已经被视为制备高固体份涂料用聚合物的理想聚合方法。

（5）无溶剂涂料

无溶剂涂料虽然可以看作是将固含量做到 100％的高固体份涂料,但两者在研发设计理念上有根本的不同,这种不同主要体现在无溶剂涂料采用了突破传统的施工与固化方法,因而不能简单归于高固体份涂料之列。辐射固化涂料和粉末涂料是目前无溶剂涂料的主要品种。

① 辐射固化涂料是可以利用紫外光(UV)或者电子束(EB)实现交联固化的涂料。其原理是光引发剂吸收光能生成自由基(或离子)引发齐聚物交联或者电子束与树脂中的某些基团作用生成自由基而引发交联。目前以 UV 涂料为主流产品。

UV 涂料的主要组成是丙烯酸系齐聚物和不饱和聚酯类齐聚物,以丙烯酸酯或苯乙烯单体作为活性稀释剂以及光引发剂与各类助剂。UV 涂料室温照射即可完成固化,不含溶剂,节能环保,但装置投资比较大。UV 涂料可广泛用于木器、金属、塑料、玻璃、皮革、织物油墨以及印刷电路板等,目前手机外壳、电脑外壳等也普遍采用 UV 涂料。

② 粉末涂料是另一类不含溶剂的涂料。将成膜物质、颜填料以及助剂混合在一起,经熔融、冷却、粉碎、研磨即可制得粉末涂料,有热塑性粉末涂料与热固性粉末涂料两类。其中热固性粉末涂料是目前的主流品种,它由热固性树脂、固化剂、颜填料和助剂等组成。

通过静电喷涂将粉末涂布于被涂物表面,再经熔融冷却而形成涂膜是粉末涂料的典型涂装方法。目前粉末涂料主要应用于汽车、船舶以及管道防腐涂装。

### 8.4.2 胶黏剂基本知识与品种和应用

胶黏剂是一种具有胶接能力的物质,而胶接(胶结、胶黏、黏接、黏合),则是一种将同质或异质物体表面用胶黏剂连接在一起的技术。与其他连接技术如焊接、铆接、钉接,以及螺栓连接等机械连接技术相比,胶接在不同材质、不同厚度、尺寸微小、超薄、超细以及复杂构件的连接中能够发挥重要作用,这种作用有时是不可替代的。而高分子合成材料的出现,又为胶黏剂提供了不同种类、不同性能的具有粘接作用的聚合物,因而发展快速,应用广泛,在国民经济和科技发展中扮演着重要角色。

1. 几种关于胶接原理的理论

关于胶黏剂和被粘物界面之间的黏接力从何而来,至今并无定论,人们提出的种种理论,大致有机械结合、物理吸附、界面扩散、化学键合、静电吸引等,但这些理论只能解释部分粘接现象,无法解释全部粘接现象。

(1)机械结合理论

这是最早提出的粘接理论,该理论将黏接看做一个机械过程,是胶黏剂对两个黏结界面机械附着作用的结果。该理论的论据是,被粘物的表面总有一些微小的凹陷与细孔,具有流动性的胶黏剂可以扩散于其中,固化后即形成无数微小的"销钉"将两个接触面"钉"在一起。实验证明,粗糙的接触面确实有助于提高粘接强度,但实验也同样证明,非常光滑的表面也可以实现粘接,比方说选用合适的胶黏剂,光滑的玻璃之间也可以粘接得非常牢固。这也是机械结合理论显得苍白的场合之一。

（2）吸附理论

有人则将黏接看作一个纯粹的表面过程，他们认为，黏接力产生于胶黏剂和被粘物分子在界面上的相互吸附。黏接过程的第一阶段是胶黏剂分子通过布朗运动向被粘物表面移动，当移动到距离小于 5Å 时，胶黏剂分子与被粘物分子间出现范德华力，待胶黏剂固化后完成胶接。这种吸附理论将黏接力归因于胶黏剂分子与被粘物分子间的范德华力和氢键，可以在实验中得到不少实证，但有些非极性胶黏剂黏接力远比一些极性胶黏剂大，用此理论进行解释就比较困难。

（3）扩散作用理论

这也是基于分子热运动的一种黏接理论，该理论用于解释高聚物之间的黏接比较成功。扩散作用理论认为，黏接力的产生是分子扩散运动的结果。胶黏剂和被粘高聚物之间虽然存在一个接触面，但由于分子的扩散运动，胶黏剂分子或者链段进入到被粘高聚物之中，而被粘高聚物分子或链段则进入胶黏剂之中，这种扩散运动的最终结果是胶黏剂与被粘高聚物之间的界面消失，形成一个你中有我、我中有你的交织状态，并在胶黏剂固化之后表现为胶接强度。这种"界面消失"的极端情形就是溶解胶黏剂的溶剂刚好能溶解被粘高聚物，实验也证明，此种情形下确实能够获得很好的胶接强度。但扩散作用理论并不能对不同聚合物之间的粘接作用做出完美解释，更无法解释聚合物与金属等材料之间的粘接。

（4）化学键合理论

该理论可以成功解释胶黏剂在固化过程中与被粘物分子之间产生化学反应的粘接案例。比方说有机锡催化下可以完成固化的端羟基聚二甲基硅氧烷-四乙氧基硅烷胶黏体系，该体系对大多数材料都显示极低的粘接性，即便在被粘物表面粗糙多孔的情形下，其胶接强度也极低。但该体系应用于平整光滑的玻璃却能显示出很好的粘接性，其原因是玻璃表面存在的羟基和端羟基聚二甲基硅氧烷中的羟基一样参与了交联反应，导致胶黏剂与玻璃之间产生了化学键合而产生胶接强度。由于化学键合比分子间力要大得多，所以胶接强度也就会大得多。

在这里我们必须引入一个叫做"润湿"的概念。胶黏剂的润湿性能就是胶黏剂液体在被粘物固体表面扩展开来的能力。对于化学键合理论而言，润湿无疑是重要的，它是化学反应得以发生的基础。而实际上，润湿对所有粘接现象都是重要的，润湿是粘接力产生的必要条件。表面张力小的物质可以很好的润湿表面张力大的物质，从各种材料的表面张力对比看，金属及其氧化物和其他无机物的表面张力远大于胶黏剂的表面张力，因而可以被很好地润湿，也就容易粘接；而一些表面张力小的高分子材料，如含氟聚合物和聚烯烃类非极性聚合物就难以被润湿，所以比较难以粘接。

（5）静电吸引理论

人们在快速剥离金属表面的一些粘接物时，有时会观察到放电现象，进一步的研究证明，金属表面带有正电荷，而被剥离的胶黏剂聚合物带负电荷。有人据此提出双电层结构，认为在胶黏剂和被粘物的接触界面，由于两者电子亲合力不同，因而会形成"电容器"结构，界面的胶黏剂是电容器的一个极板，而被粘物表面则是另一个极板，它们分别带有不同性质的电荷。胶黏剂被剥离时，两个"极板"距离的变化引起电位差的变化，到一定程度时就产生放电现象。而这个双电层的存在，自然也就存在着静电引力，从而产生胶接强度。但有很多实验现象无法支撑该理论，比方说很多粘接物被剥离时，无法观察到放电现象；再比如两个同质高聚物选用合适溶剂黏合时，通常会有较大的黏接力，以静电吸引理论此胶接接头应该存在比较高的电位差，但这在理论上缺乏支撑，在实验中也没有得到证实。

2. 胶接的破坏方式以及影响胶接强度的因素

通常以剪切强度、拉伸强度以及剥离强度来衡量胶接的强度，它们都是对胶接接头进行某种方式的破坏所需要的力。胶接接头的破坏通常发生在接头的最薄弱之处，如果这个最薄弱处是在胶黏剂层，我们称这种破坏为内聚破坏，此时的胶接强度由胶黏剂本身的强度（内聚力）所决定；如果接头破坏是发生于胶黏剂和被粘物的接触界面，我们称之为界面破坏，这时的胶接强度取决于胶黏剂和被粘物界面的结合力；而破坏同时发生于胶黏剂层以及粘接界面的，可以称为混合破坏，此时的胶接强度与内聚力和界面结合力都有关；还有一种破坏情形是被粘物的破坏，这是最好的胶接情形，说明胶黏剂的强度与胶接强度都高于被粘物自身的强度了。

影响胶接强度的因素有物理的，也有化学的。物理的因素主要包括表面处理、胶黏层厚度、收缩或者膨胀而产生的内应力、负荷应力以及粘接工艺如施胶、晾置、固化条件等。下面我们主要还是就化学因素做个简单探讨。影响胶接强度的化学因素包括胶黏剂分子极性、分子量、结晶性、交联、玻璃化温度、添加剂等。

（1）胶黏剂主体材料极性

极性大的胶黏剂通常表现出较高的粘接力，这是基于吸附理论可以做出的推断。实践也证明，含有强极性基团的高聚物比较适合做胶黏剂的主体材料，比如环氧树脂、丙烯酸树脂、酚醛树脂、丁腈橡胶、氯丁橡胶等，而不含极性基团的聚乙烯、聚丙烯等一般很少采用。但实验也同时证明，极性基团与胶接强度之间并非简单的线性关系，胶接强度到达高峰之后继续增加极性基团反而会导致胶接强度下降，其原因是极性基团的进一步增加会导致聚合物分子链的柔顺性降低，流动性润湿性也随之下降，故而引起胶接强度的降低。另外，极性胶黏剂用于胶接高分子材料时，通常也只是对极性高分子材料有比较好的胶接强度，而对非极性高分子材料的胶接，效果并不理想。用扩散理论来解释这种现象，应该是极性胶黏剂在极性高分子材料中更容易实现扩散。

通过原子基团的偶极矩、内聚能以及表面张力等数据可以对胶黏剂的极性高低做出大致判断。偶极矩越大、内聚能越大、表面张力越大，通常都表示极性越大。

（2）胶黏剂主体材料分子量

单就分子量对胶接强度进行讨论是片面的，对于热固性粘接主体，其胶接强度受交联密度影响更大；而即便是热塑性胶接主体，在分子量相同的情形下，支链的数目和长度也对胶接强度有很大影响。

所以我们的探讨需要假设一个前提，就是单纯针对没有支化的线形聚合物的相对分子质量对胶接强度的影响。结合前面我们所说的胶接接头的几种破坏形式，相对分子质量对胶接强度的影响可做如下理解：当胶接接头破坏呈现"内聚破坏"特征时，由于相对分子质量增加可以增加高聚物的内聚力，因而此时提高胶黏剂主体材料的相对分子质量对胶接强度的提高是有效的。但随着相对分子质量的提高，内聚力有可能会逐渐增加到与胶接力相等，此时的胶接破坏会呈现"混合破坏"的特征，其相对应的胶接强度通常也就是该胶黏剂的最大胶接强度，而此时的相对分子质量也应该是该胶黏主体材料的最佳相对分子质量。因为此后若继续增加胶黏剂主体材料的相对分子质量，其内聚力将进一步增加，但润湿力则会有所下降，此时的胶接接头破坏呈现的将可能是"界面破坏"的特征。所以，只有聚合物分子质量控制在一定范围内，才能有良好的胶接强度。

（3）结晶性

结晶性高的聚合物分子间作用力较大，其自身硬度、刚度、强度、耐热性、耐溶剂和化学药品性等都有所提高，但其规则的聚集形态阻碍了它与被粘物分子的接触与润湿，溶解也难，因而不适宜用作胶黏剂。

需要进一步指出的是，当结晶聚合物被加热熔融时，规则的分子排列被打乱，分子运动变得容易，与被粘物分子的接触与润湿也不再成为问题，所以结晶聚合物用作热熔胶正得到越来越多的关注，典型的如聚乙烯和尼龙。

（4）交联

交联通常可以大幅提高胶黏剂自身的强度、耐热性以及耐化学药品性，有助于获得较高的胶接强度，尤其在被粘物分子也能参与交联反应的情形下。但交联度过高，也会带来一些负面影响。就如对分子量的控制一样，交联密度也需要控制在一定范围内，才有良好的胶接强度，这需要对交联剂的种类、用量、官能度、反应活性等做出综合评估。

（5）玻璃化温度

玻璃化温度对确定胶黏剂的适用温度有很大的参考意义，可以对胶黏剂使用的大致温度范围做出预估。

（6）助剂对胶接强度的影响

首先是溶剂，溶剂的加入有利于胶黏剂的施胶，也利于胶黏剂对被粘物的润湿，但要注意选择具有合适挥发速度的溶剂，挥发速度快，快速干燥的胶层表面将阻碍内部溶剂的挥发，导致胶层固化后内部有气泡；而溶剂挥发过慢，胶层内的溶剂残留就会比较多，这两种情形都会影响到胶接强度。为使溶剂有合适的挥发速率，必要时需要采用混合溶剂。

其次是增塑剂，增塑剂可以有效降低胶黏剂的玻璃化温度，增加胶层的可塑性与弹性，增加其低温柔性。增塑剂通常有利于胶黏剂的分子扩散以及对被粘物的润湿，但用量需要得到控制。随着胶黏剂使用时间的增长，增塑剂往往会因挥发和表面迁移而慢慢减少，对胶接强度有不利影响。

再就是填料。填料除了降低成本之外，一般还会起到调节黏度与施工性、提高耐热性、减小膨胀率与收缩率、增加内聚强度与初粘力等作用，这些对胶接强度与黏接施工都会产生影响。

偶联剂对胶接强度也有很大的影响。偶联剂不但可以提高胶接强度，对胶接接头的耐候性、耐湿热老化性等也都有所改善，同时还能提高湿态下的黏合力。有的硅烷类偶联剂甚至可以直接作为胶黏剂用于硅橡胶、氟橡胶以及丁腈橡胶等与金属的黏结。偶联剂在胶黏剂中的使用通常有两种方法，一是将一定比例偶联剂直接加入胶黏剂中；二是在胶接工艺中，首先使用偶联剂对粘接界面进行预处理再实施粘接。有必要指出的是，方法二中不同的处理工艺是值得尝试的，比如在高温硅橡胶与不锈钢的胶接中，如果仅使用硅烷偶联剂溶液对不锈钢表面进行常规处理，粘接强度并不理想，硅橡胶可以很容易地从不锈钢表面剥离；但如果先用乙烯基三乙酰氧基硅烷对不锈钢进行表面处理，再在 220 ℃烘 30 min，冷却后在粘接前再涂刷四甲基四乙烯基环四硅氧烷、2,4-二氯过氧化苯甲酰和 1,2-二氯乙烷按重量比 1∶1∶2.5 配成的表面处理液，就可以得到良好的黏接效果，且在沸水中 48 h 后粘接强度基本保持不变。

2. 胶黏剂主要品种与应用

（1）水性胶黏剂

水性胶黏剂主要有以下一些品种：聚乙烯醇及聚乙烯醇缩醛类、淀粉及其改性产品、动物胶、酪朊和混合蛋白质类、聚醋酸乙烯及其共聚物乳液、聚丙烯酸酯及其共聚物乳液等。这些水性胶黏剂通常可以用于瓦楞纸板、金属、玻璃、纸袋、标签、信封、墙纸、玻璃碎花、层压板等的胶接。

（2）溶剂型胶黏剂

溶剂型胶黏剂种类较多，也是目前胶黏剂的主流品种，大多数合成树脂都可以用于制作溶剂型胶黏剂，如环氧树脂、酚醛树脂、脲醛树脂、丙烯酸酯类、呋喃树脂、聚氨酯、聚酯、醇酸树脂、硝酸纤维素、氯丁橡胶、丁腈橡胶、丁基橡胶、聚硫橡胶、天然橡胶、硅橡胶等，其应用也极为广泛，适用于各种材料，各种场合的胶接。与溶剂型涂料一样，溶剂型胶黏剂也存在浪费资源能源、污染空气、危害施工人员身体健康等弊端。

（3）热熔型胶黏剂

热熔胶一般是以热塑性聚合物为主要粘接材料，辅以增粘剂、增塑剂、填充剂等，经熔融混合再挤出冷却成型的固态胶黏剂。使用时将其加热熔融涂布于被粘物表面,再经压合与冷却固化即完成胶接。热熔胶的突出优点是不使用溶剂,胶接迅速,一般仅需几秒,因而近年来得到快速发展。热熔胶应用范围也比较广,可以用于金属、木材、塑料、皮革、织物等的粘接,在印刷、包装、装饰、制鞋、电子、家具等行业广受欢迎。

可用于热熔胶的树脂主要有乙烯-醋酸乙烯共聚物、无规聚丙烯、聚酰胺、聚氨酯、聚酯等,其中乙烯-醋酸乙烯共聚物使用最多。

(4)压敏胶黏剂

压敏胶就是我们常说的不干胶,是一类不需借助溶剂或者热的压力敏感型胶黏剂,使用时只需要施加轻度压力即可完成胶接。压敏胶以长链聚合物为主要粘接材料,常见的有天然橡胶、聚异戊二烯橡胶、丁苯橡胶、丁基橡胶、丁腈橡胶、聚乙烯醚、聚丙烯酸酯及其共聚物、苯乙烯-丁二烯-苯乙烯嵌段共聚物(SBS),苯乙烯-异戊二烯-苯乙烯嵌段共聚物(SIS)等。压敏胶主要用于制造压敏胶带、压敏标签等,可用于包装、临时粘贴、绝缘包覆、标贴等。

**讨论:**聚乙烯醇可以用来制作塑料薄膜和维纶,也可以做水性胶黏剂和涂料的主要材料。类似的材料还有哪些?

## 习 题

1. 对塑料性能的描述通常包括哪些方面? 请以身边的塑料制品为例,简要说明其特性以及与传统材料的区别。

2. 聚氯乙烯加工时为什么需要加入热稳定剂? 除了加入热稳定剂,你认为还有什么方法有助于聚氯乙烯在加工过程中保持稳定?

3. 氯丁橡胶中的氯原子对氯丁橡胶性能有怎样的影响?

4. 天然橡胶有几种商品形态? 它们的硫化体系有何不同?

5. 同样完好的自行车胎,有的充足气后胎压可以长时间保持不变,有的则需要经常充气,这里面的原因会是什么?

6. 什么是纤维支数与纤度?

7. 维尼纶的主要成分是什么? 为什么称其为"合成棉花"? 醛类物质在其中的作用主要是什么?

8. 乳胶漆的主要成膜物质是什么? 与水溶性涂料和溶剂型涂料相比,乳胶漆有什么特点?

9. 胶接接头的破坏有哪几种情形? 请结合胶接接头破坏情形,说说胶黏剂相对分子质量对胶接强度的影响。

10. 有人说塑料发明是人类的杰作,但也有人说这是人类最糟糕的发明。请结合资源、能源、生态、环保谈谈科学技术发展的利弊。

## 参考文献

[1] 黄丽.高分子材料.北京:化学工业出版社,2005.

[2] 张先亮,陈新兰.精细化学品化学.武汉:武汉大学出版社,1999.

[3] 丁新三,方兆为等.合成橡胶工业手册.北京:化学工业出版社,1991.

[4] 顾雪蓉,陆云.高分子科学基础.北京:化学工业出版社,2003.

[5] 程兆瑞,李峥国.塑料粘接技术手册.北京:中国轻工业出版社,1992.

[6] 余学海,陆云.高分子化学.南京:南京大学出版社,1994.

[7] 北京粘接学会编译.胶黏剂技术与应用手册.北京:宇航出版社,1991.

[8] 洪啸吟,冯汉保.涂料化学.北京:科学技术出版社,1997.

[9] 韩冬冰,王慧敏.高分子材料概论.北京:中国石化出版社,2003.

[10] 冯孝中,李亚东.高分子材料.哈尔滨:哈尔滨工业大学出版社,2007.

# 第九章　功能高分子

　　功能高分子是指具有某些特定功能的高分子材料。是指在高分子材料传统使用性能的基础上,再赋予其某些特定功能(如选择性、光敏性、导电性、催化活性、生物相容性、药理性能、超强的机械或耐温性能等)而制得的一类高分子。

　　按照使用功能,功能高分子可分为:吸附分离功能高分子、反应性高分子、电活性高分子、光敏高分子、医用功能高分子、高性能高分子工程材料等几类。吸附分离高分子。本章将对上述材料的定义、分类、性能、特点等方面逐一进行介绍。

## §9.1　吸附分离功能高分子材料

### 9.1.1　离子交换树脂

　　离子交换树脂是指一类带有三维网状交联结构且可交换离子的聚合物材料。它包括具有三维交联结构的聚合物骨架和聚合物骨架上官能基团携带的可交换离子。该类材料在其聚合物骨架的主链上带有许多基团,这些基因由两种带有相反电荷的离子组成:一种是以化学键结合在主链上的固定离子;另一种是以离子键与固定离子相结合的反离子。反离子可以被离解成为能自由移动的离子,并在一定条件下可与周围的其他同类型离子进行交换。通常离子交换树脂的被制成直径为 0.3～1.2 mm 左右的颗粒。特殊用途时粒径可不在此范围内。如高效离子交换色谱粒径则远小于该数值。

　　离子交换树脂需要具备以下性能:① 一定的机械强度,避免树脂在加工和应用中破碎损坏;② 高的比表面积和可交换离子数量,保证树脂具有高的交换效率和交换容量;③ 良好的亲水性,有利于被交换水溶液中的被交换离子与交换树脂充分接触;④ 环境稳定性,确保树脂在使用中不会被外界环境和被交换溶液中的化学试剂所破坏,影响交换树脂的使用寿命;⑤ 高渗透性,提高交换效率。

　　离子交换树脂的分类很多,根据合成方法可分为:缩聚型和加聚型两类。前者通过单体缩聚得到,如甲醛与苯酚或芳香胺的缩聚物;后者通过自由基聚合得到,如苯乙烯与二乙烯苯的共聚物等。

　　根据离子交换树脂的孔结构可以分为:凝胶型和大孔型两类。凝胶型离子交换树脂是指在在聚合过程中不加入制孔剂而制得的离子交换树脂,其通过凝胶状态下存在于聚合物链之间的凝胶孔进行离子交换,树脂在干态和凝胶态均保持透明,其优点在于交换容积大、生产工艺简单、成本低,但同时也存在耐渗透及抗化学污染能力差等缺点。大孔型离子交换树脂是指在聚合过程中加入制孔剂制得的离子交换树脂,所得树脂通常不透明,大孔型离子交换树脂可以很好地克服凝胶型离子交换树脂的缺点但同时也存在交换容积小、生产工艺复杂、生产成本高等缺点。

根据可交换离子可分为:阳离子型、阴离子型和两性离子交换树脂三类。分别用于交换对应的离子。

根据离子交换树脂功能基团特征可分为:强酸型、弱酸型、强碱型、弱碱型、螯合型、两性、氧化还原型七类。

1. 离子交换树脂的主要性质

(1) 离子交换容量

树脂的离子交换容量是衡量离子交换树脂性能的重要依据,离子交换容量是指单位质量树脂具有的可交换离子的总量。通常该数值与树脂可交换基团及离子数有关,但有时因树脂上所含离子无法全部进行交换,造成实际测试数据小于理论交换容量。

(2) 离子交换的选择性

离子交换树脂对不同离子交换的选择性不同,即在不同离子存在时,有些离子会被优先交换,而另一些离子则最后被选择交换。通常,价态高的离子容易被优先选择;同样价态时,离子半径小的离子被优先选择;在同族同价态的金属离子中,原子序数大的被优先选择。树脂对一些常见离子的选择顺序如下:

丙烯酸系阳离子交换树脂:$Fe^{3+}>Al^{3+}>Ca^{2+}>Mg^{2+}>K^+>Na^+$

苯乙烯系阴离子交换树脂:$SO_4^{2-}>NO_3^->Cl^->OH^->F^->HCO_3^->HSiO_3^-$

(3) 树脂的比表面积、孔隙度和孔径

为了提高离子交换树脂的交换容量,离子交换树脂都含有大量微小的孔洞,使其比表面积远大于其外表面积(比表面积越大,所负载的可交换离子越多,交换容量越大)。此外,离子交换树脂的孔径和孔径分布也决定了溶液在树脂中的渗透能力和流动方式。因此,离子交换树脂的比表面积、孔隙度和孔径及孔径分布,对离子交换树脂的质量和使用具有决定性的意义。

2. 离子交换树脂的主要功能

(1) 离子交换

离子交换树脂在溶液内的离子交换过程大致如下:溶液内离子扩散至树脂表面,再由表面扩散到树脂内功能基所带的可交换离子附近,进行离子交换,之后被交换的离子从树脂内部扩散到表面,再扩散到溶液中。

（2）吸附功能

无论是凝胶型或大孔型离子交换树脂，还是吸附树脂，均具有很大的比表面积，因而具有很强的吸附能力。吸附量的大小和吸附的选择性，取决于诸多因素共同作用的结果，其中最主要决定于表面的极性和被吸附物质的极性。吸附是分子间作用力，因此是可逆的，可用适当的溶剂或适当的温度使之解吸。

（3）催化作用

离子交换树脂相当于多元酸和多元碱。可代替部分酸、碱催化剂对许多化学反应起催化作用，如酯的水解、醇解、酸解等。与低分子酸碱相比，离子交换树脂催化剂的酸、碱性与无机酸、碱相当；但作为固体酸、碱的离子交换树脂，还同时具备了易于分离、不腐蚀设备、不污染环境、产品纯度高、后处理简单等优点。

（4）脱水功能

离子交换树脂具有很多强极性的交换基团，有很强的亲水性，干燥的离子交换树脂有很强的吸水作用，可作为脱水剂使用。离子交换树脂的吸水性与交联度、化学基团的性质及数量等有关。交联度升高，吸水性下降，树脂的化学基团极性愈强，吸水性愈强。

3. 离子交换树脂的主要种类

根据离子交换树脂的合成方法，可分为加聚型和缩聚型两种体系，前者首先通过加聚反应制备网状结构的大分子，并加溶胀剂使之溶胀，然后通过化学反应将交换基团连接到大分子骨架的主链上制得，主要包括苯乙烯系离子交换树脂和丙烯酸-甲基丙烯酸系离子交换树脂。后者首先将官能团引入到原料单体上，再通过聚合或缩聚反应制备聚合物树脂。

（1）苯乙烯系离子交换树脂

苯乙烯系离子交换树脂是指以苯乙烯-二乙烯苯共聚物作为骨架材料的一类树脂。此类离子交换树脂中苯乙烯-二乙烯苯含量在95%以上，其余的为可进行离子交换的功能化基团。该树脂制备分两步：首先通过悬浮聚合得到的交联化的苯乙烯-二乙烯苯共聚物微球，二乙烯苯为反应交联剂；然后在共聚物微球上引入可进行离子交换的官能团。

苯乙烯系离子交换树脂具有价格便宜、生产便利、物理性能优良、抗氧化、水解能力强、耐温性好、易于引入功利化基团等优点，成为工业化生产最成功的离子交换树脂。根据引入的功能化基团不同，苯乙烯系离子交换树脂主要分为：

① 强酸性阳离子型

该类离子交换树脂大多是通过使用浓硫酸或氯磺酸、三氧化硫等对苯乙烯-二乙烯苯共聚物进行磺化反应，在树脂的苯环上引入磺酸基制得。由于磺化反应是非均相反应，该反应难度大，反应速度缓慢，且反应程度较低，因此在实际生产中，会加入二氯乙烷等溶胀剂，促进反应的进行。

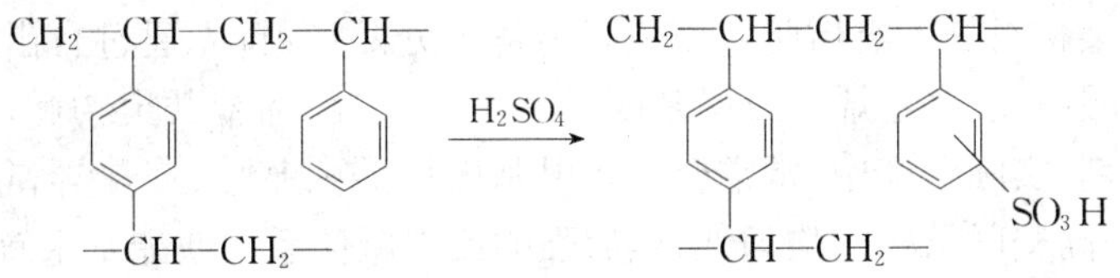

**② 弱酸性阳离子型**

该类离子交换树脂首先以氯甲醚、二氯甲醚等氯甲基化苯环,然后再以硝酸等氧化剂将引入的氯甲基氧化成酸。在氯甲基化过程中,往往加入的氯甲醚或二氯甲醚会大大过量,并且同时加入氯化锌等作为催化剂。

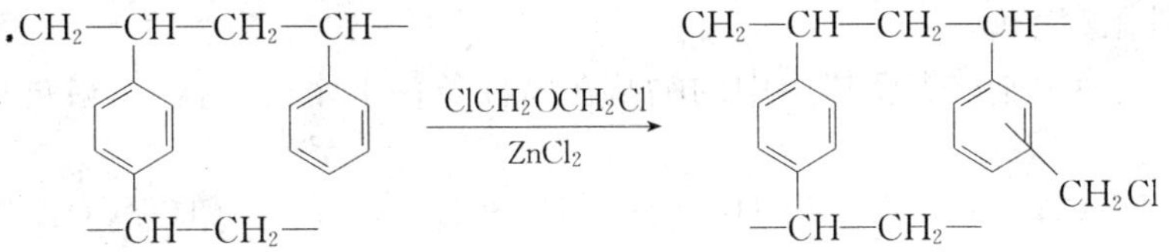

(1)

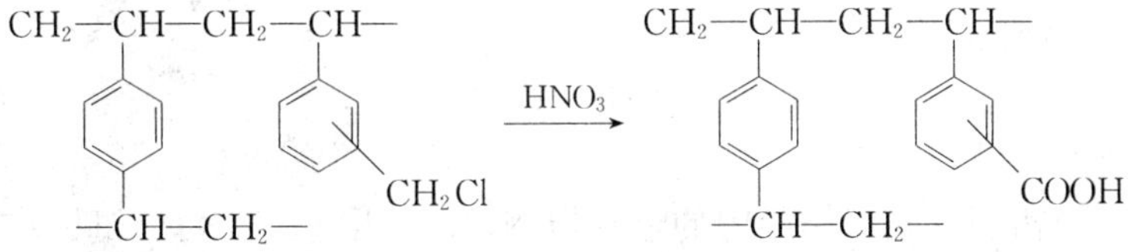

(2)

**③ 强碱性阴离子型**

该类离子交换树脂首先以氯甲醚、二氯甲醚等氯甲基化苯环,然后再加入叔胺形成季铵盐得到。

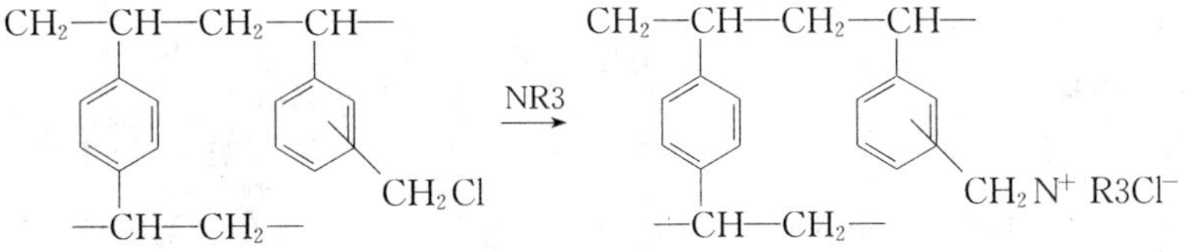

**④ 弱酸性阴离子型**

该类离子交换树脂首先以氯甲醚、二氯甲醚等氯甲基化苯环,然后再加入伯胺或仲胺获得。

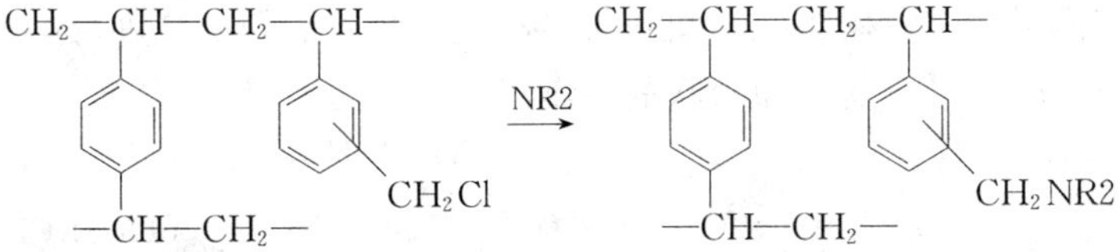

**(2) 丙烯酸-甲基丙烯酸系离子交换树脂**

丙烯酸-甲基丙烯酸系离子交换树脂是指以丙烯酸甲酯或甲基丙烯酸甲酯与二乙烯苯

共聚产物作为骨架材料的一类树脂。该树脂制备也分两步:首先通过自由基悬浮聚合得到的交联化的丙烯酸甲酯-二乙烯苯或甲基丙烯酸甲酯-二乙烯苯共聚物微球,该反应中二乙烯苯为反应交联剂,实际生产中,常常会加入甲基丙烯酸丙酯、三聚异氰基三烯丙基酯等第二交联剂,以提高交联结构的均匀性;然后强酸或强碱体系中使酯基水解引入可进行离子交换的官能团。

丙烯酸-甲基丙烯酸系离子交换树脂具有亲水性高、耐有机污染能力强、交换容量大等优点,也得到较为广泛的应用,但应用范围不及苯乙烯系离子交换树脂,根据引入的功能化基团不同,丙烯酸-甲基丙烯酸系离子交换树脂主要分为:

① 弱酸性阳离子型

该类离子交换树脂首先将树脂中的酯基在碱性条件下水解成盐,然后再加入 $H^+$ 酸化即可获得。

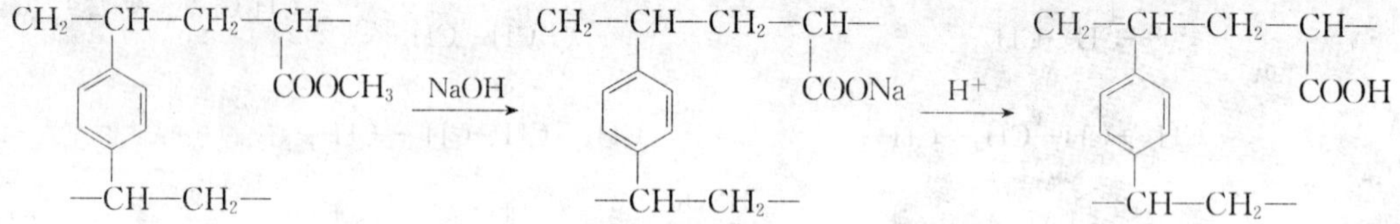

② 强碱性阴离子型

该类离子交换树脂首先将树脂中的酯基与 N,N-二甲基-1,3 丙二胺反应,然后加入氯甲烷季铵盐化即可获得。

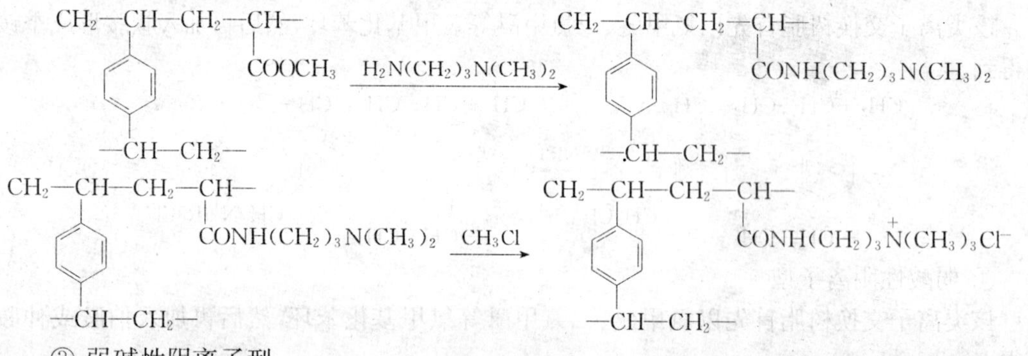

③ 弱碱性阴离子型

该类离子交换树脂是将树脂中的酯基与多乙烯多胺末端的氨基进行反应制得。上述反应中多乙烯多胺还同时可以起附加交联剂的作用。

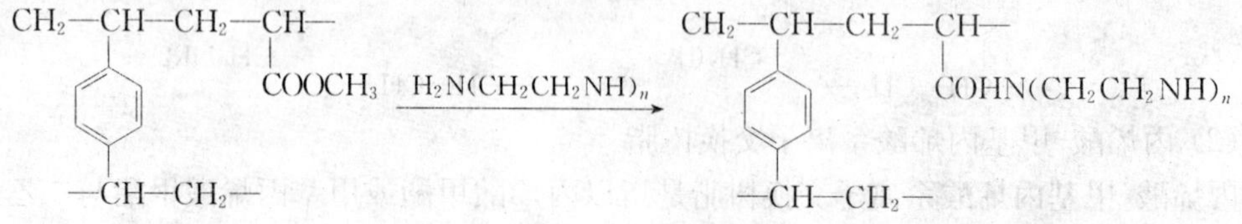

（3）缩聚系离子交换树脂

缩聚系离子交换树脂首先将官能团引入到原料单体上，再通过缩聚反应制备聚合物树脂。该系离子交换树脂的生产及使用均不及前述两种树脂。

① 强酸性阳离子型

该类离子交换树脂大多通过浓硫酸将苯酚磺化生成苯酚磺酸，然后再与甲醛缩聚而成。

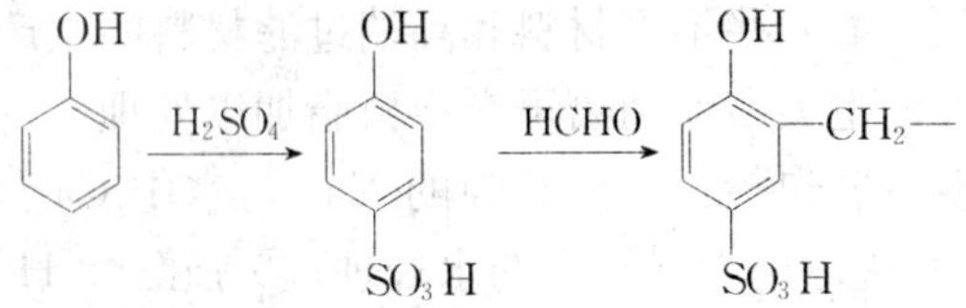

② 弱酸性阳离子型

该类离子交换树脂是由苯酚或间二苯酚与甲醛缩聚而成，因产物含有弱酸性的酚羟基，可作为弱酸性离子交换树脂使用。如使用含有多酚的苯甲酸与甲醛缩合，则离子交换树脂使用效果更佳。

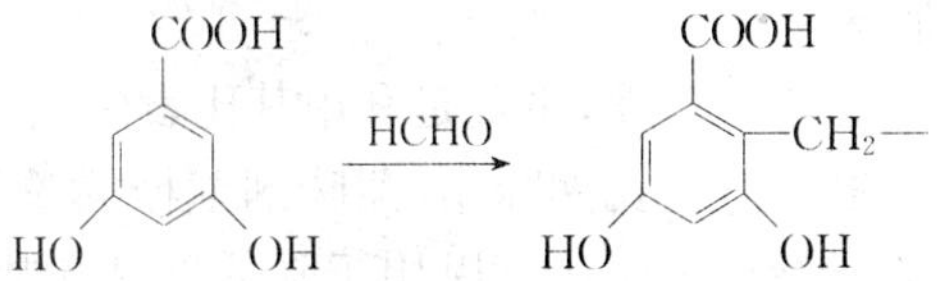

③ 阴离子型

该类离子交换树脂可通过芳香胺与甲醛缩聚获得，或以环氧氯丙烷与多乙烯多胺缩聚获得。

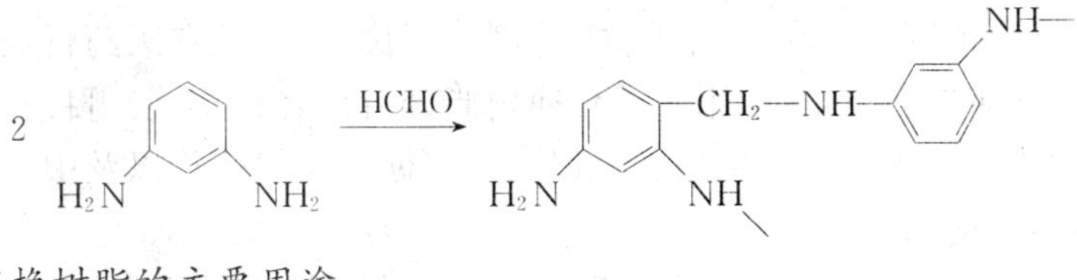

**4. 离子交换树脂的主要用途**

（1）水处理

污水中的酸、碱、氧化剂，以及铜、镉、汞、砷等化合物，苯、酚、二氯乙烷、乙二醇等有机毒物，会毒死水生生物，影响饮用水源、风景区景观。污水中的有机物被微生物分解时消耗水中的溶解氧，影响鱼类等水生生物的生命，水中溶解氧耗尽后，有机物进行厌氧分解，产生硫化氢、硫醇等难闻气体，会造成水质进一步恶化。离子交换树脂可以通过离子交换除去污水中的重金属离子、有机酸、有机碱和部分无机阴离子。

天然水特别是地下水中含有大量的 $Ca^{2+}$、$Mg^{2+}$ 等碱土金属离子。当水中这些离子较高时（俗称硬水），直接饮用会对身体造成伤害。生产中，锅炉用水如果硬度较高时，会造成水垢的沉积,影响锅炉的导热性,增加能耗,极端时甚至会引起爆炸。离子交换树脂法因其能耗低、环境污染少、可连续生产、树脂活化后可反复使用等优点,已成为硬水软化最常用的方法之一,大量应用于国民生产和日常生活之中。该方面的应用占离子交换树脂应用的70%以上。

此外,在工业生产中,有些生产工艺条件对水质要求非常苛刻,普通自来水虽然经过软化处理,依然无法满足要求(如一些绝缘材料和高端过滤材料的生产以及复合材料生产中偶联剂的配制等)。对此,人们也大多使用离子交换树脂加以处理。

水处理中的离子交换主要包括:① 树脂中的 $Na^+$ 与水中 $Ca^{2+}$、$Mg^{2+}$ 等离子以及废水中的重金属离子交换,该方法适用于低硬度的水处理;② 强酸性 H - Na 离子与水中 $Ca^{2+}$、$Mg^{2+}$ 等离子以及废水中的重金属离子进行交换,该方法适用于高硬度、高碱度的水处理;③ H - OH 离子交换,首先利用 $H^+$ 交换水中 $Ca^{2+}$、$Mg^{2+}$ 等离子以及废水中的重金属离子,再以 $OH^-$ 离子平衡水的酸度。

离子交换树脂在使用一定期限后,必须要经过活化处理方可继续使用。

(2) 食品脱色、脱盐、脱味

离子交换树脂在食品工业中的用途,主要是利用其比表面积大和吸附能力强的特点,通过吸附作用,去除食品添加剂的颜色,比如味精、甜味剂蔗糖的脱色处理,以及果汁中的酸、涩等味道;通过离子交换,离子交换树脂还可以用于降低食品含盐量;此外,味精、柠檬酸等食品添加剂的纯化也常常使用离子交换树脂完成。

(3) 化合物提纯

离子交换树脂在食品和医药行业中常被作为化合物提纯使用,与其他分离技术相比,离子交换树脂具有分离纯度好、产品收率高、工艺简单等优点;尤其在医药行业中的手性化合物分离中,其他方法难以分离,而使用离子交换树脂则可以轻松实现。目前,离子交换树脂在金霉素、先锋霉素等抗生素以及生物碱、氨基酸、多糖等天然药物以及中草药药物成分的分离提纯中得到广泛应用。

此外,离子交换树脂的应用领域还包括稀土元素分离,核原料的分离、精制,干燥剂的制备以及海洋生物中提取 I、Br、Mg 元素等方面。

**讨论:**离子交换树脂为何多以 PS 作为骨架材料?

### 9.1.2　高分子功能膜材料

膜分离技术是指利用薄膜对化合物选择性透过的特性,实现混合物分离的一种技术。高分子分离膜的基本功能是从混合物中有选择地透过或输送特定的物质,如分子、离子和电子等。高分子分离膜在对难分离物质的精细分离过程中,由于节能、无公害、投资设备小等优点,在工业及生命工程中具有重要的应用价值。

高分子功能膜是指一种具有选择性透过能力的聚合物膜,高分子功能膜分离具有选择性好,搜集容易,一般无相变发生,低能耗、高效率的特点,在诸多领域均有应用。

高分子功能膜有多种分类方法。按膜材料划分,可分为纤维素酯类和非纤维素酯类(包括无机膜及合成高分子膜)等;按膜的分离原理及适用范围分类,则可分为微孔膜、超滤膜、反渗透膜、渗析膜、电渗析膜、渗透蒸发膜等;按被分离物质划分,可分为气体分离膜、液体分离膜、固体分离膜、离子分离膜、微生物分离膜等;按膜断面的物理形态,又可将其分为对称膜、不对称膜、复合模、平板膜、管式膜、中空纤维膜等。

作为分离使用的高分子功能膜,其选择性和透过性是两个最为重要的指标。选择性是指相同外部条件下,测定物质与参考物质透过量的比值,它显示了功能膜的分离质量,比值越高分离质量越好;透过性是指测定物质单位时间内透过单位面积功能膜的绝对量,它表明了功能膜的分离速度,透过量越大分离速度越快。

功能膜的分离主要包括过筛和溶解扩散两种作用机制。前者类似于物理过筛,只是功能膜的孔径远小于普通的筛分材料,因此可分离物的尺寸更小,可以达到分子尺度的分离。其分离能力由分离物的尺寸与膜的孔径所决定,微孔膜和超滤膜的主要分离原理就是由此决定的。后者是指膜材料对分离物具有一定的溶解作用,这些物质溶解在过滤膜中,并在外力的作用下,在膜材料内由一侧扩散至膜的另一侧,最后离开过滤膜,即实现分离作用。此外,选择性吸附也是一种重要的分离机制。

膜分离必须要有外加驱动因素(推动力)方可进行,膜分离的推动力主要包括:浓度差、压力差、电位差、化学势差等。

高分子功能膜的结构和性质密切相关,根据高分子材料的宏观和微观结构,高分子功能膜的结构可分为以下几个层次:① 化学组成,该层次对应于膜材料的元素和所含化学基团,它决定了高分子功能膜的基本性质,如氧化还原性、酸碱性、极性、溶解性、亲水性及化学稳定性等;② 高分子链段结构,该层次对应于膜材料的聚合度、分子量分布、支化度、交联度以及共聚物的共聚类型等,它对膜材料的结晶、溶胀、溶解性能起决定因素;③ 聚集态结构,该层次对应于高分子膜的分子排列方式、结晶结构和晶体尺寸、膜的孔径和分布等,该结构与高分子膜的制备方法以及后处理密切相关,决定了膜的透过性和选择性等根本性能;④ 宏观外形,该层次对应于膜器件的形状,目前的膜器件对应的高分子膜主要有管状膜、中空纤维膜、平面分离膜等。

1. 微滤膜

微滤又称微孔过滤,是指以多孔膜为过滤介质,以一定压力差(一般为 0.1 MPa～0.2 MPa)为推动力的膜分离过程。通过微滤能够过滤溶液中的微米或纳米级的微粒和细菌,其过滤物粒径一般在 0.02～10 $\mu$m 之间。

用于微滤分离的过滤介质即为微滤膜。微滤膜是目前合成膜工业中使用最广泛、产量和销售量最大的产品。微滤膜的制备材料包括纤维素酯、聚氯乙烯、聚四氟乙烯、尼龙、聚碳酸酯等高分子材料。其中,纤维素酯因其成本低、亲水性好、使用范围广,得到最为广泛的应用。

与其他过滤方式相比,微滤具有以下优点:① 微滤膜孔径更均匀,可将溶液中大于指定孔径的粒子全部清除;② 微滤膜孔隙率高,过滤效率更高;③ 微滤膜为连续膜,过滤时无杂质;④ 过滤中,压力增大时不会造成穿滤;⑤ 滤膜对滤液吸附量小,过滤时滤液损失少。

目前,微滤膜的主要应用领域包括:① 水处理,水中悬浮颗粒和藻类、细菌的清除;② 电子工业,半导体工业超纯水的制备,基层电路清洗用水的处理;③ 制药行业,医用纯水的除菌,药物除菌;④ 医疗行业,清除血清、组织液、抗菌素和血浆蛋白等溶液中的菌体;⑤ 食品工业,饮料、酱油等液体中杂质、微生物、霉菌的清除,果汁的澄清过滤;⑥ 化学工业,化学品的澄清过滤;⑦ 环境保护,气体中的悬浮颗粒、细菌、病毒的清除;⑧ 诊断、检测、生化、医疗等领域的蛋白、酶、细菌的检测和分析。

2. 超滤膜

超滤也是以一定压力差为推动力的膜分离过程,即在一定的压力下,使小分子溶质和溶剂穿过一定孔径的特制的薄膜,而使大分子溶质不能透过,留在膜的另一边,从而实现大分子溶质与小分子溶质和溶剂的分离。

与微滤分离相比超滤的压力差更大(约为 0.1 MPa～0.6 MPa),孔径更小(一般为 20～1 000Å,用于海水脱盐的更小,甚至小于 10Å)。

用于超滤分离的过滤介质即为超滤膜。超滤膜是超滤技术的关键,一般超滤膜多为不对称膜或中空纤维膜。不对称膜的特点是膜的横断面不对称,它通常由表面活性层和大孔支撑层两部分组成,表面活性层厚约 $0.1～0.5~\mu m$,它决定膜的性质,支撑层的厚度约为 $50～250~\mu m$,它主要起支撑作用,决定膜的机械强度。中空纤维膜具有强度高、无需专用支撑结构和单位体积中膜的比表面积大的优点。制备超滤膜的材料包括聚砜、尼龙、醋酸纤维等。研究表明,超滤膜的过滤性能除受孔径因素决定外,膜表面的化学特征也是超滤膜过滤分离的重要因素。

目前,超滤膜的主要应用领域包括:① 水处理,清除水中的各种杂质,包括还原性燃料废水、电泳涂漆废水、含乳化油废水、造纸废水和部分生活污水的处理;② 海水脱盐、超纯水的制备;③ 食品行业,果汁、酒等饮料的消毒与澄清;④ 医药行业,浓缩分离生物活性物质和从动植物中提取药物。

3. 反渗透膜

渗透是指当两种不同浓度的溶液被半透膜隔开时,溶剂会因渗透压的驱动从稀溶液一端透过半透膜流至浓溶液一端。反渗透是指在浓溶液一端施加压力,当外加压力超过渗透压时,溶剂会从浓溶液一端反向渗透至稀溶液一端。反渗透技术是指在高于溶液渗透压的作用下,依据其他物质不能透过半透膜而将这些物质和水分离开来的技术。

反渗透、微滤、超滤均属于以压力差为推动力的膜分离过程。与微滤和超滤相比,反渗透技术具有分离尺寸更细小物质的能力(可分离分子量小于 500 的低分子物质),但操作压力更大(可达 2 MPa～10 MPa)。

高分子反渗透膜主要有不对称膜、复合膜及中空纤维膜,使用材料主要包括醋酸纤维素、尼龙、聚苯并咪唑等,其中芳香族尼龙因其透水性好、脱盐率高、机械性能优越、化学性能稳定、使用范围广等优点,得到最为广泛的应用。

目前,反渗透膜的主要应用领域包括:① 水处理,主要包括海水淡化、硬水软化、高纯水制备等;② 医药、食品领域,合成浓缩液,与传统冻干或蒸发法相比,反渗透法更经济实用,且制品的气味和营养不会受损;③ 污水处理,主要用于处理印染、食品和造纸业的废水,用以浓缩回收费用中的有用物质。

4. 离子交换膜

离子交换的分离作用是指在电场力(电位差)驱动下,离子在膜内扩散并分离的过程。离子交换膜是指一种含离子基团的、对溶液里的离子具有选择透过能力的高分子膜。因应用时主要利用它的离子选择透过性,所以也称为离子选择透过性膜。离子交换膜的构造和离子交换树脂相同,但为膜的形式。

离子交换膜按功能不同,可分为阳离子交换膜、阴离子交换膜、两性离子交换膜三种类型。根据化学结构不同可分为均相膜和非均相膜两类。均相膜是先用高分子材料如丁苯橡胶、纤维素衍生物、聚四氟乙烯、聚三氟氯乙烯、聚偏二氟乙烯、聚丙烯腈等制成膜,然后引入单体如苯乙烯、甲基丙烯酸甲酯等,在膜内聚合成高分子,再在膜上引入所需的功能基团。均相膜也可以通过单体如甲醛、苯酚、苯酚磺酸等直接聚合得到。非均相膜是用粒度为 200～400 目的离子交换树脂和普通成膜性高分子材料,如聚乙烯、聚氯乙烯、聚乙烯醇、氟橡胶等充分混合后加工成膜。均相膜的电化学性能较为优良,但力学性能较差,常需其他纤维来增强。非均相膜的电化学性能比均相膜差,而力学性能较优,由于疏水性的高分子成膜材料和亲水性的离子交换树脂之间黏结力弱,常存在缝隙而影响离子选择透过性。无论是均相膜还是非均相膜,在空气中都会失水干燥而变脆或破裂,因此必须保存在水中。

此外,离子交换膜还有双极膜和镶嵌膜等特种膜。双极膜就是将阳离子交换层和阴离子交换层用黏结剂粘接而成,双极膜主要用于制备酸、碱;镶嵌膜则是由阳离子和阴离子微区相互交错,或由共混物有规交错形成的膜,在阴阳离子微区之间有电中性区填隙,镶嵌膜主要用于高压渗析。

离子交换膜主要用于海水淡化和盐溶液的浓缩,其淡化程度与一次蒸馏水相当。此外,离子交换膜还可应用于甘油、聚乙二醇等有机物的除盐和有机物或无机物的纯化,以及酸、碱制备和燃料电池隔膜等。

5. 气体分离膜

气体分离膜是近年来发展迅速的一项技术。由于不同高分子膜对不同种类气体分子的透过率和选择性不同,因而可以使用气体分离膜从气体混合物中选择分离某种气体。

气体分离膜分离液是以压力差为推动力的膜分离过程,与微滤膜、超滤膜等的分离机制相同,都是首先在高压侧被分离物质吸附在膜面上,在膜内扩散到低压侧,并在低压侧解吸形成游离态物质。例如美国通用电气公司采用碳酸酯和有机硅氧烷的嵌段共聚物膜,制成了富氧分离膜装置,空气经一级膜分离可获得 40% 的富氧空气。

**讨论**:你是否能举出几个身边常见的高分子功能膜?

### 9.1.3 高吸收性高分子材料

1. 高吸水性树脂

高吸水性树脂是一种交联密度很低、不溶于水、高水膨胀性的功能性高分子材料。由于其能吸收自身质量百倍到千倍的水,且吸收的水分不易用机械压力压出,具有良好的保水性能,因此被广泛用于农业、林业、园艺等的土壤改良剂以及卫生用品材料、工业用脱水剂、保鲜剂、防雾剂、医用材料等方面。高吸水性树脂良好的吸水性能与保水性能使其在防沙固林中独树一帜。

高吸水性树脂是一类分子中含有极性基团并具有一定交联度的功能高分子材料,是一种通过化学交联和聚合物分子链间的相互缠绕作用构成的三维网络结构。同其他交联高聚物相比,高吸水性树脂的交联密度很低,水分子容易渗入树脂中使树脂膨胀,进而与亲水基团结合而凝胶化,成为高吸水性的状态。但是树脂的交联度也不能过低,否则可能会溶解于水,因此在不溶于水的情况下处于最低交联度的树脂才有可能制备高吸水性树脂。而用于亲水的极性基团大多是羧基、酰胺基、氨基,磺酸基、磷酸基、亚磺酸基等基团或是这些基团的共聚体。

高吸水性树脂的种类很多,根据现有品种及其发展可以按以下几个方面进行分类:① 按原料来源可以分为淀粉系、纤维素系、合成聚合物树脂系、蛋白质系、其他天然物及其衍生物系、共混合物及复合物系六大系列;② 按亲水类型可分为亲水性单体的聚合反应聚合物、疏水性聚合物的羧甲基化反应聚合物、疏水性聚合物接枝聚合亲水性单体反应聚合物和含腈基、酯基、酰胺基的高分子水解反应聚合物四类;③ 按交联的方法可分为用交联剂进行网状化反应聚合物、自交联网状化反应聚合物、放射性网状化反应聚合物和水溶性聚合物导入疏水基或结晶结构反应聚合物四类。

合成高吸水性树脂主要有两种路线:一是高分子接枝合成反应制吸水剂;二是聚合物的

交联反应制取。

高分子接枝反应包括高分子的接枝共聚反应和侧基反应。它是合成高吸水性树脂的主要方法,可以得到支链的吸水剂。接枝共聚合反应是指将亲水性单体加入聚合物中与聚合物主链的活性中心发生聚合反应。反应的关键是在高分子链上制造活性中心,包括自由基型接枝聚合反应、离子型接枝共聚两种方法。

聚合物的侧基反应是指聚合物侧链官能团与端基聚合物之间的反应。比如纤维素接枝聚丙烯酸、淀粉系接枝聚丙烯酸生产高吸水性树脂均属于该方法。

高吸水性树脂的应用领域大体包括以下几方面:① 农林方面的应用:土壤保湿、无土栽培;② 生理卫生方面的应用:尿不湿、卫生巾;③ 石油开采方面的应用:密封、堵漏材料;④ 在生物医药上的应用:药物控制释放;⑤ 在环境保护上的应用:回收重金属离子;⑥ 其他方面的应用:食品保鲜、保冷剂等。

**讨论:**高吸水性树脂在我国西部绿化方面能够发挥何种作用?

2. 吸附树脂

吸附树脂是指一种具有多孔结构和一定交联度的高分子共聚物。大多是由苯乙烯和二乙烯苯在甲苯等有机溶剂中,通过悬浮聚合法制得具有大比表面积和适当孔径和空隙度的一类直径在 $0.3 \sim 1.2\,mm$,多为乳白色,也有浅黄色或黑色的圆球,被广泛应用于废水处理、药品分离、化合物提纯及催化剂载体领域。

吸附树脂按化学结构可以分为:非极性吸附树脂、中等极性吸附树脂、极性吸附树脂、强极性吸附树脂。

## §9.2 反应性功能高分子材料

### 9.2.1 高分子反应试剂

高分子反应试剂是指在某些聚合物骨架上引入反应活性基团,得到具有小分子化学反应试剂功能的高分子化合物。

高分子反应试剂始于 R. B. Merrifield 发明的固相肽合成法。R. B. Merrifield 因此获得了 1984 年诺贝尔化学奖。20 世纪 80 年代起,高分子反应试剂在新药合成中得到了快速的发展和应用。

常规有机合成需要经过反应、分离和纯化三步,而其中分离和纯化的时间和难度往往远大于反应过程。与普通小分子反应试剂相比,高分子反应试剂由于其不溶性,反应完成后可通过过滤等方法除去,大大简化了分离、纯化的操作过程;此外,与普通小分子反应试剂相比，高分子反应试剂还具有立体选择性好、挥发性小、稳定性高、试剂重复使用率高、避免自反应发生等优点。

然而，高分子反应试剂也具有试剂制备复杂、成本高、聚合物骨架的空间位阻作用易引起反应试剂扩散问题，以及聚合物耐温性差、无法进行高温反应等问题。上述问题造成高分子反应试剂难以得到更为广泛的应用。目前，高分子反应试剂仅限于药物和生化试剂等少数领域的合成应用。

在实际应用中，高分子反应试剂参与的反应大多属于固相合成反应。固相合成是指那些在固体表面发生的合成反应。固相合成通常由一些不溶物作为反应试剂的载体参与的反应。高分子反应试剂在反应中扮演不溶性载体的角色，一端反应试剂与高分子骨架相连，另一端的功能基团与游离的小分子试剂反应，全部反应均在高分子骨架上进行，反应结束后先将未反应的小分子反应物及低分子副产物过滤除去，然后将合成好的化合物从高分子载体上脱除即可。

根据反应类型以及聚合物骨架上负载的分子试剂类型可分为：氧化还原试剂、卤代试剂、酰化试剂、烷基化试剂、亲核试剂、亲电试剂、固相合成试剂几类。

目前，高分子反应试剂的实际应用主要包括：多肽的合成、多糖的合成、寡核苷酸的合成以及部分光学异构体和手性药物的合成等。

**1. 聚合物骨架载体**

高分子反应试剂需要使用有机聚合物作为骨架载体。所用的聚合物骨架载体需满足以下条件：① 载体树脂不能溶解于常用的有机溶剂，但需在有机溶剂中溶胀；② 载体树脂必须有一定的机械强度，在使用中不易破碎；③ 载体树脂容易功能化，且需有较高的功能化程度，功能基团分布均匀，功能基团容易被反应物分子所接近；④ 固相反应中不发生副反应；⑤ 再生简单，易于重复使用。

当前，最普遍使用的载体树脂是由烯类和二烯类单体通过悬浮聚合制备的交联共聚物小球。常见的烯类单体包括苯乙烯、丙烯酸酯、甲基丙烯酸酯等，常见的二烯类单体包括二乙烯苯、双丙烯酸乙二醇酯、丁二烯、马来酸双烯丙酯等。其中，苯乙烯/二乙烯苯共聚物使用最为普遍。

**2. 主要高分子反应试剂**

**(1) 氧化还原试剂**

在化学反应中，反应物之间有电子转移，反应前后元素有化合价变化的反应叫做氧化还原反应。其中，主反应物失去电子的叫氧化反应；主反应物得到电子的叫还原反应。能引起并参与氧化反应的试剂叫氧化试剂，能引起并参与还原反应的试剂叫还原试剂，既可以引起并参与氧化反应又可以引起并参与还原反应的试剂叫氧化还原试剂。高分子氧化还原试剂包括三类：高分子氧化试剂、高分子还原试剂、高分子氧化还原试剂。

由于氧化剂本身的性质所决定,小分子氧化剂往往具有化学性质不稳定、易燃、易爆、易分解失效、有的气味难闻并且毒性大,贮存、运输、使用困难等缺陷。而将其高分子化后则可在很大程度上降低上述缺陷。目前高分子氧化试剂中以高分子过氧酸试剂最为常见。其基本合成路线如下:

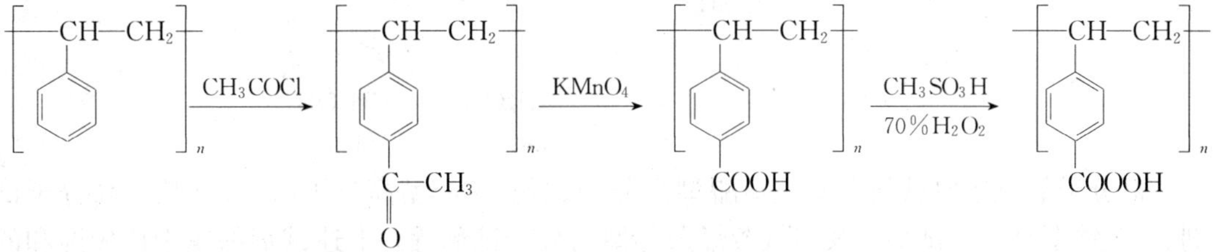

低分子过氧酸中过氧基团不稳定,易与其他化合物发生氧化反应失去一个氧,在储存和使用过程中容易发生爆炸或燃烧。相比于低分子过氧酸,高分子过氧酸稳定性好,贮存使用安全,20 ℃下可保存 70 天。高分子过氧酸的基本应用例举如下:

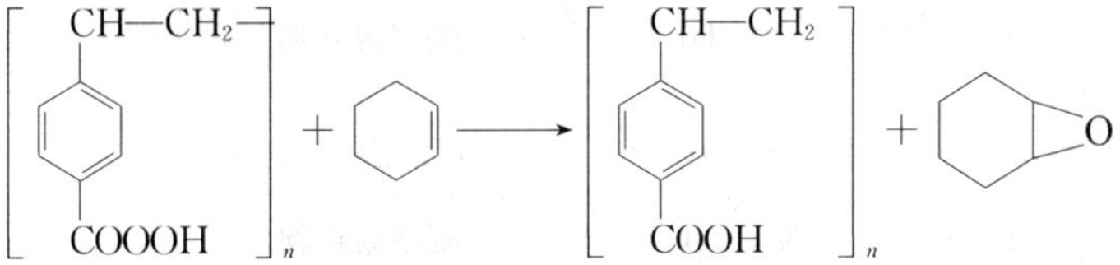

高分子硒试剂是近年来发展起来的高分子氧化试剂,它不仅具有良好的选择性氧化能力,而且消除了低分子有机硒化合物的毒性和气味。其基本合成路线如下:

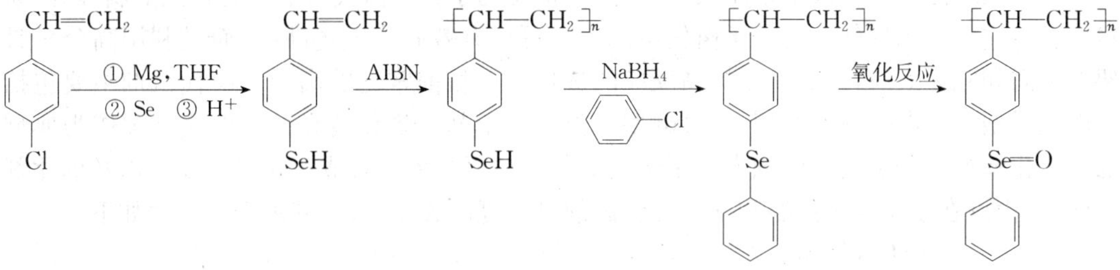

高分子还原试剂同样具有小分子试剂不具备的稳定性和选择性好等优点。高分子锡还原试剂是最常见的高分子还原试剂之一,与小分子锡还原试剂相比,高分子锡还原试剂具有稳定性好、无气味、毒性低、还原选择性好、可定量将卤代烃中卤素还原成氢等优点。其基本合成路线如下:

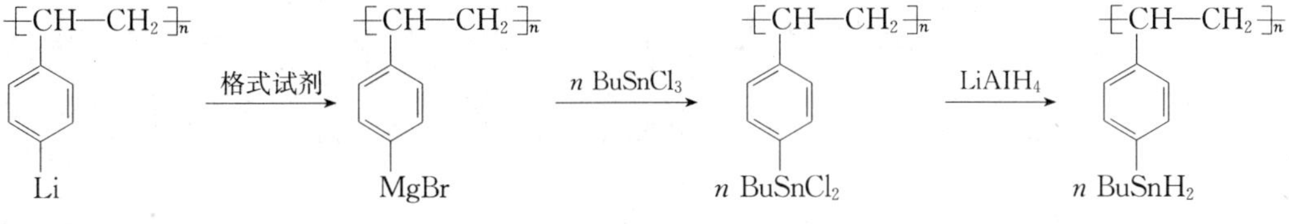

高分子锡还原试剂对二醛化合物的选择性还原例举如下：

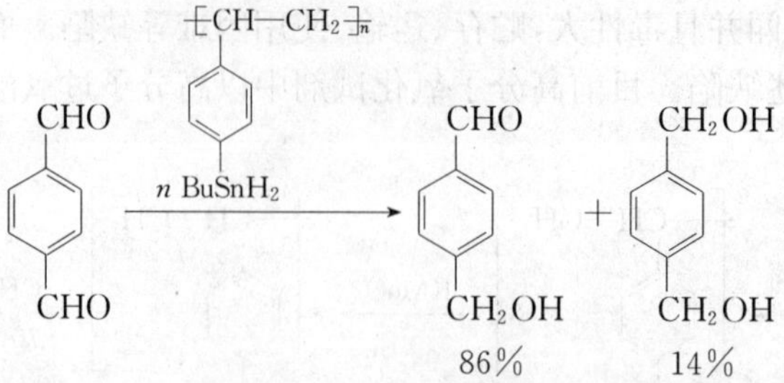

$$86\% \qquad 14\%$$

高分子氧化还原试剂主要包括醌型高分子试剂、硫醇型高分子试剂、吡啶型高分子试剂、二茂铁型高分子试剂以及多核芳烃杂环型高分子试剂等。上述试剂都属于比较温和的氧化还原试剂，常用于有机氧化还原反应。其基本应用例举如下：

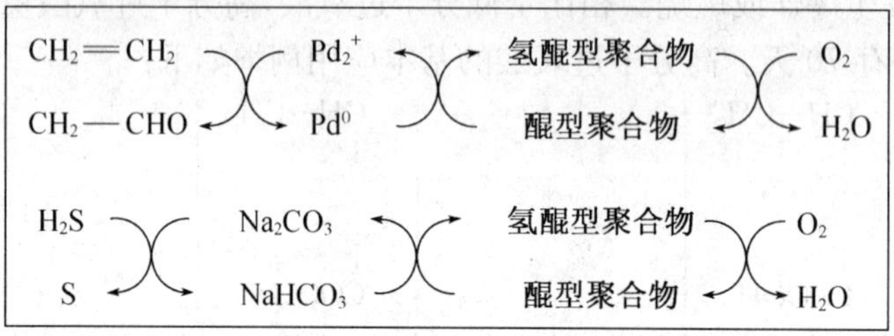

（2）卤代试剂

卤代反应是有机合成中常见反应之一，但常见的小分子卤代试剂具有较强的腐蚀性，易对设备造成较大的损伤。高分子卤代试剂不仅可以有效解决上述缺陷，而且利用高分子骨架的空间和立体效应，还有助于提高反应的选择性。目前常见的高分子卤代试剂主要包括二卤化磷型、N-卤代酰亚胺型、三价碘型三类。三苯基二氯化磷高分子卤代试剂作为典型的二卤化磷型高分子卤代试剂常被用于羧酸制备酰氯和由醇合成氯化烃的反应以及催化剂母体，其优点在于反应条件温和、收率高、试剂可反复回收使用，其基本合成路线如下：

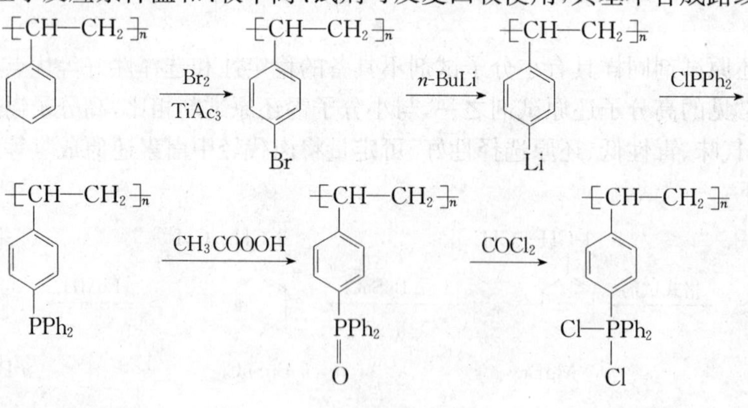

N-卤代酰亚胺型高分子卤代试剂在反应中不会生成卤化氢气体,不仅对环境无污染,且反应前后酸度无变化,反应易进行。三价碘型高分子卤代试剂适用于氟代、氯代等反应难度较大的卤代反应。

(3) 酰化试剂

酰化反应是有机合成中一类重要反应,常用于有机合成中活泼官能团的保护和多肽合成,在药物合成等方面有广泛的应用。但此类反应多为可逆反应,需加入过量的反应试剂,给合成产物的分离、提纯造成了很大困难。高分子酰化试剂可有效克服上述缺陷。目前常见的高分子酰化试剂主要包括高分子活性酯和高分子酸酐。高分子活性酯具有很高的反应活性,可以与有亲核特性的化合物发生酰化反应,在多肽合成中得到广泛应用。其基本合成路线如下:

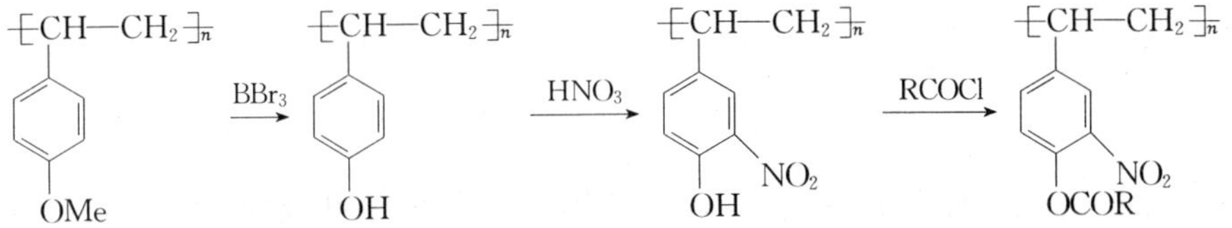

高分子酸酐也是一种活性很强的高分子酰化试剂,可被用于含有氮、硫等元素的杂环化合物的氨基酰化反应,如在头孢药物合成中对氨基的保护等。

### 9.2.2 高分子催化剂

狭义的高分子催化剂是指一类对化学反应具有催化作用的高分子,主要包括天然高分子催化剂和合成高分子催化剂两大类。生物体内的酶是一种高活性、高选择性的天然高分子催化剂,但由于其水溶性,在工业应用上受到很大的限制,因而工业上又发展了一种不溶于水的人工半合成的高分子催化剂——固定化酶。广义的高分子催化剂则还包括在某些聚合物骨架上引入具有催化活性的基团,得到具有小分子催化剂相同功能的高分子化合物。目前开发应用的高分子催化剂主要包括离子交换树脂型催化剂和高分子金属催化剂等。高分子催化剂多以有机或无机高分子为骨架,在骨架上连有各种具有催化作用的功能基团。与高分子反应试剂一样,高分子催化剂也具有立体选择性好、挥发性小、结构稳定性高、产物分离、回收方便、可以重复使用等优点,并且高分子催化剂还具有很高的催化活性和选择性,部分产品还具有光学活性等特殊的机能。目前已应用到各种有机反应、有机合成及某些高分子合成反应中。

目前,常见的高分子催化剂主要包括高分子酸碱催化剂、高分子金属络合物催化剂、高分子相转移催化剂和生物催化剂——固定化酶四类。

1. 高分子酸碱催化剂

高分子酸碱催化剂是一类类似于离子交换树脂的具有三维网络结构的有机高分子聚合

物,其骨架结构为不溶于酸、碱、水及常见有机溶剂、结构稳定的聚合物交联网络,如苯乙烯/二乙烯苯共聚物等;连结在骨架结构上的活性反应基团则是具有催化作用的酸或碱性基团,大多为强酸或强碱基团,如:

（1）酸催化树脂

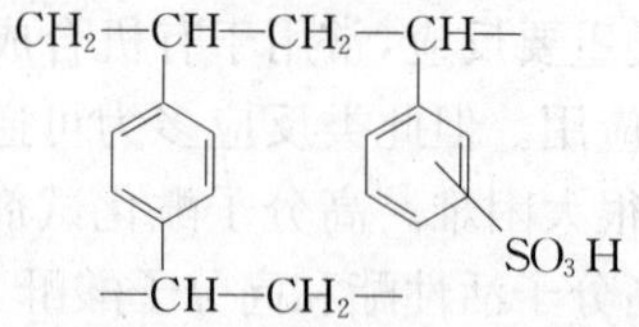

（2）碱催化树脂

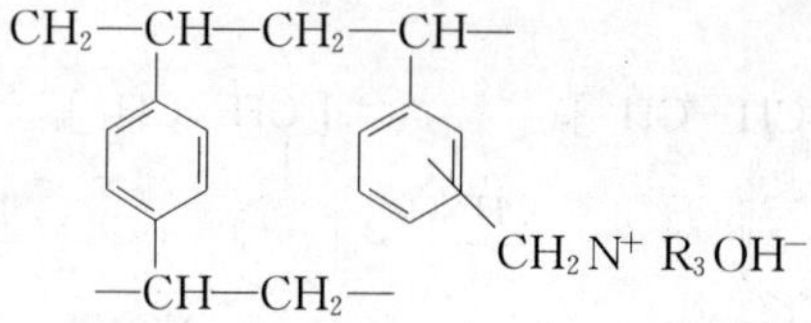

高分子酸碱催化剂常用于:酯化反应、醇醛缩合反应、环氧化反应、水解反应、加成反应、重排反应等有机反应及部分聚合反应。

同离子交换树脂一样,高分子酸碱催化剂也可以通过 NaOH、HCl 等溶液再生,以便重复使用。

2. 高分子金属络合物催化剂

在许多有机合成反应中,金属络合物作为催化剂其地位和作用日益显著。但金属络合物由于其易溶性,易造成合成产物分离、提纯的困难。

高分子金属络合催化剂是指在高分子骨架上引入配位基团并与金属离子进行络合反应。这类分子通常含有 P、S、O、N 等可以提供未成对电子的配位原子,如胺类、醚类或杂环化合物;或是分子结构中带有离域大 π 键的化合物,如芳香族化合物或环戊二烯等。

3. 高分子相转移催化剂

相转移催化剂是指在反应中能够与阴离子形成离子对或能够与阳离子形成络合物,从而提高离子型反应物在有机相中的溶解度,促进反应进行的一类物质。

同其他高分子催化剂相同,高分子相转移催化剂也是将具有相转移作用的官能团引入高分子骨架上,从而提高产物分离、回收能力,促进催化剂的重复使用,并且降低催化剂毒性,减少催化剂对环境的污染。磷鎓类、冠醚类和季铵盐类的高分子相转移催化剂较为常见,其中冠醚类高分子相转移催化剂的催化活性最高。

4. 生物催化剂——固定化酶

酶是一种由细胞产生,具有高活性、高选择性的生物催化功能的蛋白质。但由于酶具有高的水溶性,在工业应用上受到很大的限制,因而工业上又发展了一种不溶于水的人工半合成的高分子催化剂——固定化酶。

酶的固定必须满足以下几个条件：① 活性保持，固定过程中不能造成蛋白质变性，影响或改变酶的生物活性，因此需要高温、高压、强酸、强碱的反应均不适合；② 不溶性，酶的固定的目的就是使其不溶于水或其他反应溶剂，以保证产品的分离、提纯和酶催化剂的回收；③ 避免引入其他反应活性基团，减少副反应的发生；④ 必要的机械强度，以符合生产工艺的要求和提高催化剂的使用寿命。

固定化酶的合成方法主要有化学法和物理法两种，化学法包括化学键合酶固化法和化学交联酶固定化法。前者是通过化学键将酶引入聚合物骨架材料上；后者是将酶与含有多官能度的低聚物进行化学反应，再交联形成网络结构。物理法包括包埋法和微胶囊法。前者是先将酶溶解于含有合成单体的溶液中，然后进行聚合反应，使酶在反应工程中包埋于聚合物网络中，无法自由扩散；后者是使用具有半通透性的聚合物膜将酶包裹其中，形成微胶囊，催化反应过程中，体积较小的反应物和生成物均可自由进出微胶囊，而酶由于体积较大无法通过聚合物膜渗出胶囊。

# §9.3 电活性高分子材料

电活性高分子材料是指在一定的电参量（电压、电流等）作用下材料能够作出相应反应，产生各种物理、化学变化或对各种外界条件变化作出一定的反应，产生相应电信号的聚合物。常见的电活性高分子材料主要包括导电高分子、电致发光高分子、电致变色高分子、高分子驻极体、磁性高分子、电极修饰材料、超导高分子、压电高分子、声电高分子、热电高分子等。作为功能高分子材料的重要组成部分，电活性高分子材料被广泛用于制备各种敏感器件、静电复印设备、防静电和防电磁波材料、扬声器和麦克风等换能器件、电显示器和各种特殊电极等产品中，并具有极为广泛的应用开发前景。

## 9.3.1 导电高分子

物质按电学性能分类可分为绝缘体、半导体、导体和超导体四类。高分子材料通常属于绝缘体的范畴。1977 年美国科学家 A. J. Heeger、A. G. MacDiarmid 和日本科学家白川英树（H. Shirakawa）发现掺杂聚乙炔具有金属导电特性，从而打破了有机高分子不能作为导电材料的传统观念。导电性聚乙炔的发现不仅打破了高分子仅能作为绝缘体的传统观念，并且为低维固体电子学和分子电子学的建立打下基础，因而具有非常重要的科学意义。上述三位科学家因此分享了 2000 年的诺贝尔化学奖。导电高分子具有高分子结构的易于进行分子设计、可加工性好和密度小等特点，使其在能源、光电子器件、信息、传感器、分子导线和分子器件、电磁屏蔽、金属防腐和隐身技术方面有着广泛、诱人的应用前景。

当前所说的导电高分子材料是指电导率在半导体和导体范围内的高分子材料。按导电原理分类,导电高分子材料可分为结构型和复合型两大类。结构型导电高分子是指那些分子结构本身能提供载流子从而显示固有导电性能的高分子材料。复合型导电高分子是以绝缘聚合物作基体,将导电性物质(如炭黑、金属粉等)通过各种方法掺杂其中而制得的材料,它的导电性能是靠混合在聚合物中的导电性物质提供的。

**1. 结构型导电高分子材料**

结构型导电高分子是指一类本身具有"固有"的导电性,由聚合物结构提供导电载流子(包括电子、离子或空穴)的高分子材料。这类聚合物经掺杂后,电导率可大幅度提高,有些甚至可达到金属的导电水平。

对于结构型导电高分子材料来说,分子结构是决定高聚物导电性的内在因素。常规聚合物中,饱和非极性高聚物结构本身既不能产生导电离子,也不具备电子导电的结构条件,是最好的电绝缘体。极性高聚物如聚酰胺、聚丙烯腈等的极性基团虽可发生微量的本征解离,但其电阻率仍在 $10^{12} \sim 10^{15}$ $\Omega \cdot m$ 之间,仍旧不具备导电能力。而当前研究比较深入的结构型导电高分子聚乙炔,经过掺杂后具有极佳的导电性能,其电阻率为 0.01~0.02 $\Omega \cdot m$(金属铜的电阻率为 0.001 $\Omega \cdot m$)。

目前,对结构型导电高分子的导电机理、聚合物结构与导电性能关系的理论研究十分活跃。应用性研究也取得很大的进展,以导电高分子制作的大功率聚合物蓄电池、高能量密度电容器、微波吸收材料、电致变色材料,均已获得成功。

结构型导电高分子可分为四类:共轭体系聚合物、电荷转移络合物、金属有机螯合物及高分子电解质。其中高分子电解质是以离子传导为主,其余三类均以电子传导为主。

**(1) 共轭体系聚合物**

共轭体系聚合物主要是指分子主链中碳–碳单键和双键交替排列的聚合物,如聚乙炔等;此外,还包括碳–氮、碳–硫、氮–硫等共轭体系聚合物。如:

聚乙炔　　聚(2,5-噻吩) 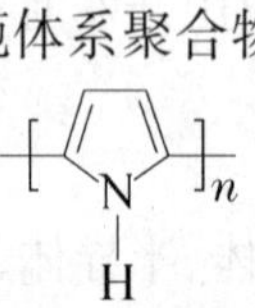　　聚吡咯 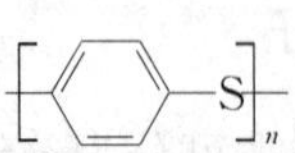　　聚苯硫醚 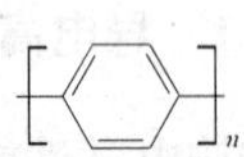　　聚-(对-苯撑)

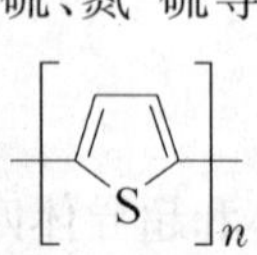

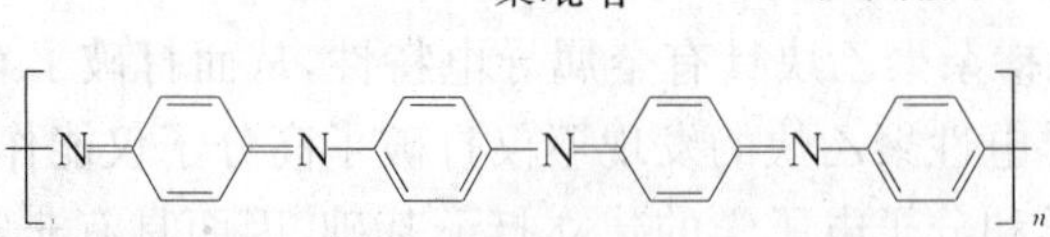

聚苯胺

共轭体系聚合物导电需满足以下两个条件:第一,分子轨道能强烈离域;第二,分子轨道能互相重叠。共轭聚合物电子离域的难易程度,取决于共轭链中 $\pi$ 电子数和电子活化能的关系。通常共轭聚合物的分子链越长,π电子数越多,则电子活化能越低,亦即电子越易离域,材料导电性越好。

共轭体系聚合物中,大的侧基或强极性基团会导致共轭链的扭曲、折叠等,使π电子离域受到限制。从而降低体系导电能力,称为共轭受阻。很多共轭体系聚合物中顺式结构相比于反式结构,分子链更易发生扭曲,使π电子离域受阻。因此,通常顺式结构的导电性能低于反式结构。

单纯的共轭体系,聚合物虽具有一定的导电能力,但其导电性能有限,为进一步提高其导电性能,往往会将电子受体或电子给体物质掺入共轭体系聚合物中,提高其导电性能,该方法被称为"掺杂"。例如在聚乙炔中掺杂少量的电子受体,如碘或五氧化砷等,可使聚乙炔的电导率提高7个数量级。

聚乙炔、聚苯撑、聚并苯,聚吡咯、聚噻吩等都是典型的共轭体系聚合物。其中聚乙炔的研究最为深入,聚乙炔掺杂后虽然具有极佳的导电性能,但其恶劣的加工性能,严重制约了在实际应用方面的扩展。聚苯硫醚是近年来发展较快的一种导电高分子,它的特殊性能已引起人们的广泛关注和多方应用,其相关性能我们将在后文进行专题介绍。

(2)高分子电荷转移络合物

电荷转移络合物是由容易给出电子的电子给体 D 和容易接受电子的电子受体 A 之间形成的复合体(CTC)。当电子不完全转移时,形成络合物 II,而完全转移时,则形成结构 III。电子的非定域化,使电子更容易沿着 D - A 分子叠层移动,$A^{\delta-}$ 的孤对电子在 A 分子间跃迁传导,加之在 CTC 中由于 D - A 键长的动态变化(扬-特尔效应)促进电子跃迁,因而 CTC 具有较高的电导率。

$$D+A \longleftrightarrow D^{\delta+}\cdots A^{\delta-} \longleftrightarrow D^{+}\cdots A^{-}$$
$$(\text{I}) \qquad\qquad (\text{II}) \qquad\qquad (\text{III})$$

(3)金属有机聚合物

金属有机聚合物是将金属原子引入聚合物主链制备的一类导电高分子。由于有机金属基团的存在,使聚合物的电子电导增加。其原因是金属原子的 d 电子轨道可以和有机结构的 π 电子轨道交叠,从而延伸分子内的电子通道,同时由于 d 电子轨道比较弥散,可以增加分子间的轨道交叠,在结晶的近邻层片间架桥。

常见的金属有机聚合物有主链型高分子金属络合物、金属酞菁聚合物及二茂铁型金属有机聚合物等。

(4)高分子电解质

高分子电解质主要有两大类,即阳离子聚合物(如各种聚季铵盐、聚硫盐等)和阴离子聚合物(如聚丙烯酸及其盐等)。其导电性是通过与高分子离子对应的反离子迁移实现的。

纯高分子电解质固体的电导率较小,一般在 $10^{-10} \sim 10^{-7}$ S/m。环境湿度对高分子电解质的导电性影响较大,相对湿度越大,高分子电解质越易解离,电导率就越高。高分子电解质的这种电学特性常被用作电子照相、纸张、纤维、塑料、橡胶等的抗静电剂。具有重要的实用价值。

除上述电解质外,聚环氧乙烷(PEO)与某些碱金属盐如 CsS、NaI 等形成的络合物也具有离子导电性,且电导率比一般的高分子电解质要高($\sigma = 10^{-2} \sim 10^{-3}$ S/m)。这类络合物常被称为快离子导体,可作为固体电池的电解质隔膜,可反复充电。

2. 复合型导电高分子材料

复合型导电高分子是以普通的绝缘聚合物为基体材料,并在其中掺入较大量的导电填料配制而成的。

原则上,任何高分子都可用作复合型导电高分子材料的基材,导电填料也有很多种,如各种金属粉、炭黑、碳化钨、碳化镍等。正是由于基材及填料的多样性,使得复合型导电高分子材料的种类繁多,分类法也有多种。一般常见的有以下几种分类方法:按高分子基体材料的性质可分为导电塑料、导电橡胶、导电胶黏剂等;按其电性能可分为半导电材料($\rho > 10^7$ Ω·cm)、防静电材料($\rho \approx 10^4 \sim 10^7$ Ω·cm)、导电材料($\rho < 10^7$ Ω·cm)、高导电材料($\rho \approx 10^{-3}$ Ω·cm)等,根据导电填料的不同,可划分为碳系(炭黑、石墨等)、金属系(各种金属粉、纤维、片等)等。复合型导电高分子的制备工艺简单,成型加工方便,且具有较好的导电性能。因此,与结构型导电高分子相比,复合型导电高分子更具有经济实用价值。

近年来复合型导电高分子材料的增长速度很快,广泛用作防静电材料、导电涂料、制作电路板、压敏元件、感温元件、电磁被屏蔽材料、半导体薄膜等。

以聚烯烃或其共聚物如聚乙烯、聚苯乙烯、ABS 等为基材.加入导电填料、抗氧剂、润滑剂等经混炼加工而制得的聚烯烃类导电塑料可用作电线、高压电缆和低压电细的半导体层、干电池的电极、集成电路及电子元件的包装材料、仪表外壳、瓦楞板等。以 ABS、聚丙烯酸、环氧树脂等加入金属粉末及炭黑等配制成的导电涂料主要用作电磁屏蔽材料、电子加热元件和印刷电路板用的涂料、真空管涂层、微波电视室内壁涂层、发热漆等。

在橡胶中加入导电填料制成的各类导电橡胶主要用作防静电材料如医用橡胶制品、导电轮胎、复印机用辊筒等。另外加压性导电橡胶可用作防爆开关、音量可变元件、各种感压敏感元件等。

**讨论**:结构型导电高分子和复合型导电高分子的主要区别是什么?

3. 导电高分子材料的应用

(1)导电材料

导电高分子材料最大的潜在市场是被用来制造长距离输电导线。这是因为它具有体积小、重量轻的特点。目前,许多导电聚合物仍存在电导率相对较低、化学稳定性较差、难于加工等方面的问题,距实际应用还有一定距离。

(2) 电极材料

1979 年首次研制成功了聚乙炔的二次电池。此后不到 10 年时间,3v 纽扣式聚苯胺电池已在日本市场销售。这些电池体积小、容量大、能量密度高、加工简便,因此发展很快。

(3) 电短波屏蔽和防静电材料

用于电磁波屏蔽和防静电材料的电导率一般在 $10^{-2} \sim 10^{-6}$ S/cm。导电聚合物适于这要求。例如德国的巴斯夫公司已在德国的电子产品中推广应用导电聚乙炔薄膜作屏蔽材料。

(4) 电显示材料

导电聚合物电显示的依据是在电极电压作用下聚合物本身发生电化学反应。使它的氧化态发生变化。在氧化还原反应的同时,聚合物的颜色在可见光区发生明显改变。与液晶显示器相比,这种装置的优点是没有视角的限制。

除以上各应用领域外,导电聚合物还可以用于半导体领域、生物领域等,并有望在光电转换元件、太阳能电池及人工神经的制造中发挥重要的作用。

### 9.3.2　其他电活性高分子材料

#### 1. 超导电高分子

1911 年翁内斯在研究金属汞(Hg)的电阻随温度变化规律时发现,当温度降低时,汞的电阻先是平稳地减小,而在 4.2 K 附近,电阻突然降为零。这种零电阻现象意味着此时电子可毫无阻碍地自由流过导体,而不发生任何能量的消耗。金属汞的这种低温导电状态,称为超导态。使汞从导体转变为超导体的转变温度,称为超导临界温度,记作 $T_c$。

超导现象和超导体的发现,引起了科学界的极大兴趣。超导现象对于电力工业的经济意义是不可估量的。大量消耗在电阻上的电能将被节约下来。事实上,超导现象的实用价值远不止电力工业。由于超导体的应用,高能物理、计算机通讯、核科学等领域都将发生巨大的变化。

1957 年,巴顿(Bardeen)、库柏(Cooper)和施里费尔(Schrieffer)提出了著名的 BCS 超导理论。认为,物质超导态的本质是被声子所诱发的电子间的相互作用,是以声子为媒介而产生的引力克服库仑排斥力而形成电子对——库柏对。

研究发现,超导聚合物的主链应为高导电性的共轭双键结构,在主链上有规则地连接一些极易极化的短侧基。共轭主链上 π 电子可以从一个 C—C 键迁移到另一个 C—C 键上。类似于金属中的自由电子。

近年来,不少科学家提出了许多超导聚合物的模型,各有所长,但也有不少缺陷。因此,在超导聚合物的研究中,还有许多艰巨的工作要做。

### 2. 高分子驻极体

驻极体是指通过电场或电荷注入方式将绝缘体极化,当外加电场撤销后,依然可以长时间储存空间电荷或极化电荷,具有宏观电矩的电介质材料。具有上述性质的高分子材料统称为高分子驻极体。

目前,研究和使用最多的驻极体是陶瓷和聚合物类驻极体。其中,聚合物类驻极体具有储存电荷能力强,频率相应范围宽,容易制成柔性薄膜等性质,具有很大的发展潜力。

高分子成为驻极体,必须满足以下两点要求:① 高的电绝缘性,使材料具有保持电荷的能力,这样储存的电荷才能保持长时间不会消失;② 分子内部具有比较大的偶极矩,并且在电场作用下偶极矩能够定向排列形成极化电荷。

目前,主要有两类高分子材料被用作制造高分子驻极体:① 高绝缘性非极性聚合物,如聚四氟乙烯和氟乙烯与丙烯的共聚物,它的高绝缘性保证了良好的电荷储存性能;② 强极性聚合物,如聚偏氟乙烯,这类物质具有较大的永久偶极距,这种材料极化后,在一定温度范围内可以保持其偶极子的指向性。上述两种驻极体都有广泛的实际用途。

在驻极体的许多性质中,最重要的是压电和热电性质。

(1) 压电性质

当材料受到外力作用时产生电荷,该电荷可以被测定或输出;反之,当材料在受到电压作用时(表面电荷增加),材料会发生形变,该形变可以产生机械功,这种物质称为压电材料。

(2) 热电性质

当材料自身温度发生变化时,在材料表面的电荷会发生变化,该变化可以测定;反之,当材料在受到电压作用时(表面电荷增加),材料温度会发生变化,这种物质称为热电材料。

有多种机理解释压电、热电作用机理。其中,主要是以材料中具有"结晶区被无序排列的非结晶区包围理论"为基础。即:在晶区内,分子偶极矩相互平行,这样极化电荷被集中到晶区与非晶区界面,每个晶区都成为大的偶极子。可以认为材料的晶区和非晶区的热膨胀系数不同,并且材料本身是可压缩的。这样当材料外形尺寸由于受到外力而发生形变时(或温度变化时),带电晶区的位置和指向将由于形变而发生变化,使整个材料总的带电状态发生变化,构成压电(热电)现象。

事实上,很多材料都具有压电、热电性能。但是只有那些压电常数及热电常数值较大的材料才成为压电材料或热电材料。

在有机聚合物中聚偏氟乙烯(PVDF)的压电常数最大,最具实用价值。

高分子驻极体的制备多采用物理方法实现。最常见的形成方法包括热极化、电晕极化、液体接触极化、电子束或离子注入法、拉伸极化法和光电极化法等。

高分子驻极体的应用范围很广,主要包括:① 制作驻极体换能器件:如麦克风、驻极体耳机、血压计、水下声呐、超声波探头等;② 制作驻极体位移控制和热敏器件:如利用压电效应,制作光学纤维开关、磁头对准器、显示器件等电控位移元件,或利用热电效应,制作红外传感器、火灾报警器、非接触式高精度温度计和热光导摄像管等测温器件;③ 在生物医学领域中:驻极体效应是生物体的基本属性,构成生物体的基本大分子都储存着较高密度的偶极子和分子束电荷。驻极体材料是人工器官材料的重要研究对象之一。高分子驻极体可明显改善植入人工器官的生命力及病理器官的恢复,同时具有抑菌能力,增加人工器官置换手术的成功率;④ 净化空气方面:高分子驻极体表面带有电荷,利用静电吸附原理可对多种有害物质有吸附作用,可以作为空气净化材料,如聚丙烯驻极体纤维——卷烟过滤嘴等。

**讨论:**压电材料可用于哪些方面,试举几个应用实例加以说明。

### 3. 磁性高分子材料

当前,常用的无机磁性材料有铁氧体,稀土金属及铝、镍、钴合金等磁性体,其缺点是密度大、性硬且脆、加工困难,无法满足许多特殊用途,也难以适应当前电子器件轻量化、小型化和平面化方向发展。自 20 世纪 80 年代中期始,国际出现了以有机化学、高分子化学及物理学为主的交叉学科——有机和高分子磁学,从而打破了磁体只与 3d 和 4f 电子有关、与有机和高分子无缘的传统观念。从而否定了"从电性角度看有机和高分子是绝缘体,从磁学角度看是抗磁体"这一传统观念。结构型磁性高分子按基本组成可分为纯有机磁性高分子和金属有机磁性高分子,前者以前苏联的 Ovchinnikov 为先驱,着重理论研究,后者以美国的 J. S. Miller,A. J. Epstein,西班牙的 F. Palacio 及日本的 T. Sugano 等为代表,注重应用性探索,并在多维二茂金属化合物及其高分子络合物磁性的研究上取得引人注目的成果。我国则以着重基础研究的中国科学院化学研究所和以开发有实用价值的金属有机磁性高分子的四川师范大学为先导。近年来,国内、外上对有机和磁性高分子的研究十分活跃,并取得了较大的突破。

法国科学家 Kahn 认为合成有价值的磁性高分子的设计准则如下:

(1) 含未成对电子的分子间能产生铁磁相互作用,达到自旋有序化是获得铁磁性高分子的充分和必要条件。

(2) 分子中应有高自旋态的苯基,含 N、NO、O、CN、S 等自由基体系或基态为三线态的 $4\pi$ 电子的环戊二烯基阳离子或苯基双阳离子等。

(3) 3d 电子的 Fe、Co、Ni、Mn、Cr、Ru、Os、V、Ti 等含双金属有机高分子络合物是顺磁体,若使两个金属离子间结合一个不含未成对电子的有机基团,则可引起磁性离子间的超交换作用而获铁磁体。

(4) 按电荷转移模式设计的对称取代二茂金属(Fe、Co、Ni)及其稠环高分子化合物,与受体 TCNE(四氰基乙烯)、TCNQ(四氰基二亚甲基苯醌)、DDQ(二氯二氰基苯醌)、TCNQF4(四氟代 TCNQ)等作用可生成电荷转移盐铁磁体,但受体须满足以下条件:① 受体 A 必须能接受供体 D 的一个电子,并形成 $D^+A^-$ 盐;② 受体 A 必须能从供体 D 的第二氧化势附近拉出 D 的第二个电子,形成 $D^+A^-D^+A^-$ 交替排列有序结构。

目前合成的磁性高分子材料主要包括:① 金属有机络合型磁性高分子。金属有机高分子络合物中含多种顺磁基团,且合成一般比较容易,因此多年来人们对其磁性能进行了许多研究。然而,金属有机络合物中由于过渡金属离子被体积较大的配体所包围,金属离子间的相互作用减小。即使排列有序的金属有机络合物,其在磁场中心的自旋定向排列也较困难,故仅能得到顺磁性。② 纯有机磁性高分子。它是指高分子中不含任何金属,仅由 C、H、N、O、S 等组成的磁性高分子。1987 年前苏联莫斯科化学物理研究所 Ovchinnikov 等设想的将含自由基的单体聚合,使自由基稳定通过主链的传递耦合作用;再使自由基未配对电子间产生铁磁自旋耦合而获得宏观铁磁性高分子。但目前实验的聚合度难以控制,且磁讯号极弱。

根据磁性高分子特有的优异性能,一般认为它将会广泛应用于以下几方面:

(1) 高储存信息的新一代记忆材料。利用磁性高分子有可能成膜等特点.在亚分子水平上形成均质的高分子磁膜,可大大提高磁记录密度,以开发高储存信息的光盘和磁带等功能性记忆材料。

(2) 轻质、宽带微波吸收剂。磁性高分子与导电材料复合可制成电、磁双损型的轻质、宽带微波吸波剂,这将在航天、电磁屏蔽和隐身材料等方面获得重要应用。

(3) 磁控传感器的开发。利用磁场变化控制温度、溶剂和气体等的传感器件以及受光、热控制的新型电磁流体的开发是磁性高分子重要的应用方向。

(4) 生物体中的药物定向输送。低密度可任意加工的磁性高分子的诞生,可实现生物体中的药物定向输送和大大提高疗效,并有可能引起医疗事业的一场变革。

(5) 低磁损高频、微波通讯器件的开发。低磁损的高频、微波通讯电子器件的开发已为世人瞩目。

# §9.4 光敏高分子材料

光敏性高分子又称感光性高分子,是指在吸收光能后,能在分子内或分子间产生化学、物理变化的一类功能高分子材料。

## 9.4.1 光敏涂料

传统的涂料是溶剂型的,有些涂料中溶剂的含量高达 50% 以上。这些涂料在干燥成膜的过程中一是靠溶剂的自身的蒸发,二是依靠烘烤,这是引起大气污染的主要祸首之一。

光敏涂料是以感光树脂为主要成膜物质的一种特殊涂料,它在紫外光照射下能迅速固化成膜,且膜层具有附着力强、耐腐蚀性能强、光亮感好等优点。与传统涂料相比,光敏涂料具有固化速度快,无需加热、能耗低,环境污染少等特点。光敏涂料一般由光敏预聚体、光引发剂、光敏剂、活性稀释剂及其他填料几部分组成。

1. 光敏涂料的组成

(1) 光敏预聚体

光敏预聚体是指可以进行光固化的低相对分子质量的预聚体,其相对分子质量通常在 1 000~5 000 之间。它是决定涂料最终性能的决定因素。

光敏涂料预聚体主要有丙烯酸酯化环氧树脂、不饱和聚酯、聚氨酯和多硫醇/多烯光固化树脂体系几类。

① 丙烯酸酯化环氧树脂

丙烯酸酯化环氧树脂是目前我国使用最多的一种光敏预聚体,其中环氧树脂骨架赋予涂料类似环氧涂料的柔韧性、黏结性和化学稳定性,丙烯酸酯基团提供进一步聚合的光敏反应基团。其基本结构如下:

$$\text{ROOC—CH=CHCOOCH}_2\overset{\overset{\displaystyle OH}{|}}{\text{CH}}\text{—CH}_2\text{O}\sim\sim\sim$$

② 不饱和聚酯

不饱和聚酯是最早应用于光敏涂料的预聚体。它是由 1,2-丙二醇、邻苯二甲酸酐、顺丁烯二酸共聚而成的。不饱和聚酯可通过紫外光照射固化成膜,但膜层附着力和柔韧度均有所欠缺。其基本结构如下:

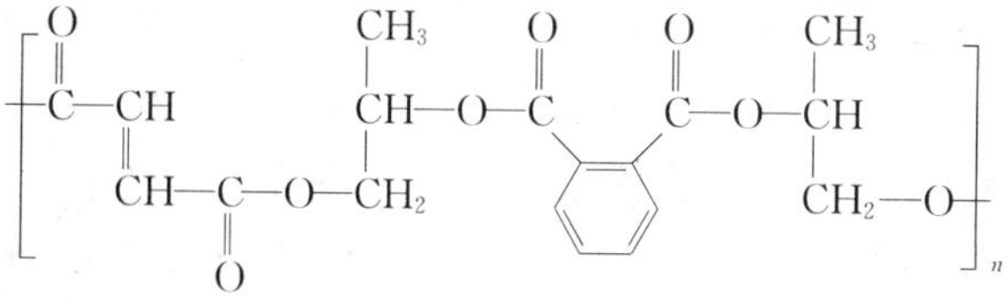

③ 聚氨酯

聚氨酯光敏预聚体通常是由双/多异氰酸酯与双/多羟基化合物反应,再与含羟基的丙烯酸或甲基丙烯酸反应制得。聚氨酯涂料膜层黏结力强、柔韧性高、结实耐磨,但日光长期照射会造成漆膜变黄。其基本结构如下:

$$\text{CH}_2\text{=CH—COCH}_2\text{CH}_2\text{O—CNH—R—NHC—OR'OCNH—R—NHCOCH}_2\text{CH}_2\text{OCCH=CH}_2$$

④ 多硫醇/多烯光固化树脂体系

多硫醇/多烯光固化树脂体系主要应用于一些特殊体系,与其他预聚体相比,多硫醇/多烯光固化树脂体系具有空气不会对体系产生阻聚作用和原料选择性广、可获得多种特殊性能的优点,但同时也具有价格高气味重等缺陷。目前多硫醇/多烯光固化树脂体系主要在纸张、地板漆和织物图层等领域有一定的应用。

（2）光引发剂和光敏剂

光引发剂和光敏剂都是在聚合过程中起促进引发聚合的作用，但两者又有明显区别，光引发剂在反应过程中起引发剂的作用，本身参与反应，反应过程中有消耗；而光敏剂则是起能量转移作用，相当于催化剂的作用，反应过程中无消耗。

光引发剂是通过吸收光能后形成一些活性物质如自由基或阳离子从而引发反应，主要的光引发剂包括安息香及其衍生物、苯乙酮衍生物、三芳基硫鎓盐类等。

光敏剂的作用机理主要包括能量转换、夺氢和生成电荷转移复合物三种，主要的光敏剂包括二苯甲酮、米氏酮、硫杂蒽酮、联苯酰等。

（3）其他组分

光敏涂料组成还包括稀释剂、流平剂以及消泡剂、色料等其他组分。

稀释剂包括活性稀释剂和增塑性稀释剂，前者选用可参与固化交联反应的单体作为稀释剂，主要用于调节体系黏度，提高加工性能，光固化反应后无单体存在；后者不参与反应，只起增塑、稀释的作用，故需慎用。

流平性能是涂料使用的重要性能，流平性能不佳会造成涂层出现孔缩、流挂等问题，因此在涂料中需加入少量流平剂（0.5%～1%），提高其流平性能。常见的流平剂有低分子量的聚丙烯酸酯、有机硅改性聚醚等。

光敏涂料根据不同的用途还需加入色料、润湿剂、消泡剂等，这与其他涂料一致，但为防止其他组分对紫外光的吸收，这些组分加入量应尽可能少。

2. 光敏涂料的主要性能

（1）流平性能

流平性能是指涂料在涂刷后，在表面张力的作用下平整光滑的能力。良好的触变性能和合适的体系黏度是提高涂料流平性能的关键。光敏涂料主要通过稀释剂调节体系黏度和加入流平剂的方法，提高涂料的流平性能。

（2）力学性能

涂料的力学性能主要包括涂膜的硬度、韧性、耐冲击性和柔顺性等，它与涂料中树脂的选择与交联程度密切相关。通常提高交联程度可以增加涂料的硬度但会降低涂料的柔顺性和抗冲击能力。因此，通过控制固化条件，获得合适的交联密度和交联网络的均匀性，是提高光敏涂料力学性能的关键。

（3）其他性能

光敏涂料还需具备良好的化学稳定性、光泽度和黏结性，上述性能的关键与普通涂料类似，这里不再衍述。

### 9.4.2 光致变色高分子

某些材料在光的作用下其化学结构可发生可逆变化,从而造成材料对可见光的吸收光谱的变化,从外观上看,则表现出颜色的变化,这类材料统称为光致变色材料。小分子的光致变色材料早已为人们熟知,高分子光致变色材料也得到了迅猛的发展。

制造高分子光致变色材料的方法有两种:① 将可实现光致变色的小分子与高分子材料共混;② 在高分子的主链或侧链上引入可实现光致变色的基团。后一种属于真正意义上的高分子光致变色材料。对于后者,目前最常见的方法在高分子的侧链上引入一些可逆的变色基团,当受到光照时,基团的化学结构发生变化使其对可见光的吸收波长不同,因而产生颜色的变化,在停止光照后又能回复原来颜色或者用不同波长的光照射能呈现不同颜色等。如硫代缩氨基脲衍生物与 $Hg^{2+}$ 的络合物是化学分析上应用的灵敏显色剂。在聚丙烯酸类高分子侧链上引入这种硫代缩氨基脲汞的基团,则在光照时由于发生了氢原子转移的互变异构变化,使颜色由黄红色变为蓝色。

目前,最主要的几种高分子光致变色材料及其基本结构如下:

1. 含有硫卡巴腙配合物的高分子光致变色材料

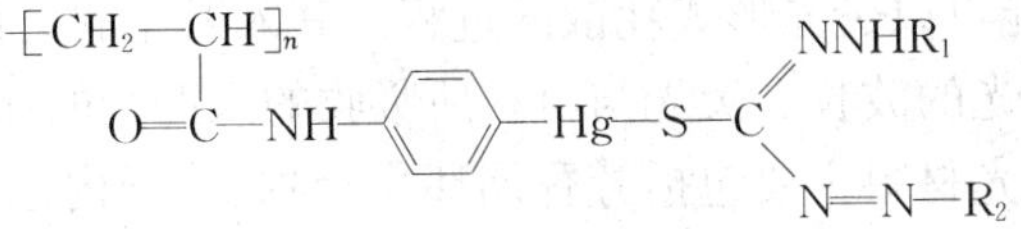

2. 含有偶氮苯的高分子光致变色材料

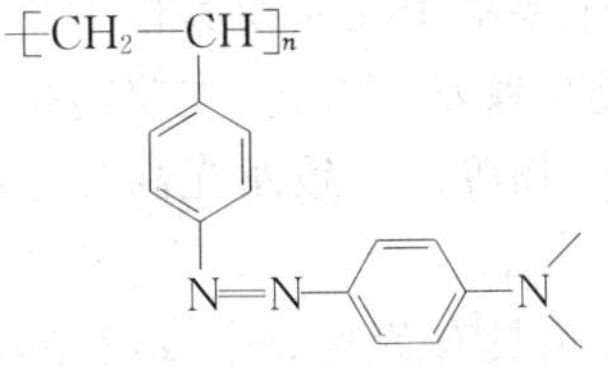

3. 含有螺苯并吡喃结构的高分子光致变色材料

该类化合物一直是人们研究的热点,但高分子的骨架对该化合物的变色速率有很大的影响,其变色速度会下降 $400 \sim 500$ 倍。目前主要有三类含有螺苯并吡喃结构的高分子光致变色材料:① 有螺苯并吡喃结构的甲基丙烯酸酯;② 含有螺苯并吡喃结构的聚肽;③ 主链含有螺苯并吡喃结构的缩聚高分子。螺苯并吡喃结构如下:

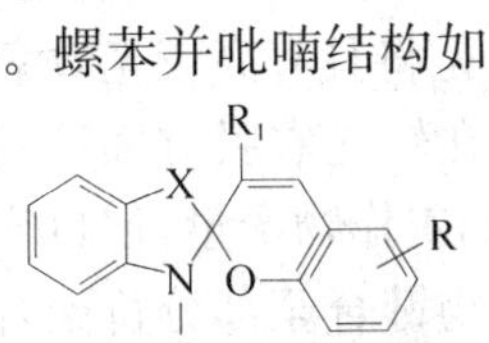

### 4. 氧化还原型高分子光致变色材料

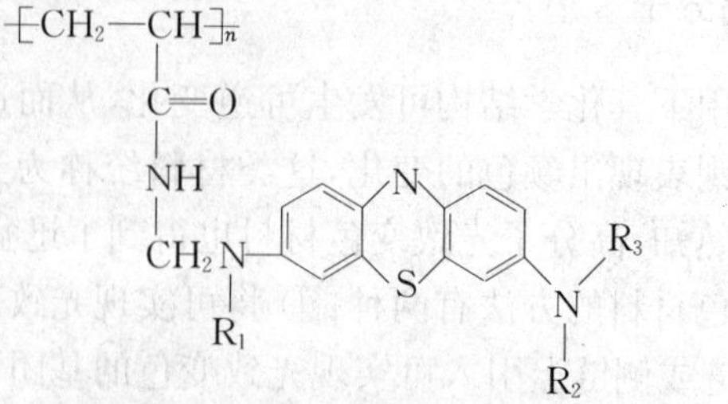

$$\left[CH_2-CH\right]_n$$

光致变色材料用途极其广泛,可制成各种光色护目镜以防止阳光、电焊弧光、激光等对眼睛的损害,作为窗玻璃或窗帘的涂层,可以调节室内光线,在军事上可作为伪装隐蔽色,密写信息材料,以及在国防上动态图形显示新技术中作为贮存信息等。

> **讨论**:光致变色材料在生活中还有哪些应用前景?

### 9.4.3 光致发光高分子

受到射线照射后可以发射出不同波长的光的材料叫做光致发光材料,其本质是光能转换过程,是分子吸收光能再以荧光形式耗散的过程。其入射光的又称为激发光,通常入射光的波长小于发射光即荧光的波长。荧光与材料所吸收的入射光的比值称为荧光效率。

目前主要的光致发光材料主要包括芳香稠环化合物、分子内电荷转移化合物和高分子稀土材料三种。芳香稠环化合物因具有较大的共轭结构和平面及刚性结构,通常具有较高的荧光效率,该类化合物的研究主要集中在芘及其衍生物。具有共轭结构的分子内电荷转移化合物是目前研究最多的一类光致发光材料,主要包括芪类化合物、香豆素衍生物、吡唑啉衍生物蒽醌衍生物、若丹明衍生物等。光致发光高分子材料的研究则主要集中于高分子稀土材料方面。

许多配位分子在自然状态下不具有荧光效率或荧光效率很低,但与金属离子形成配合物后荧光效率可明显增强,成为良好的光致发光材料,而在这类材料中,稀土配合物的地位最为重要,被广泛应用于仪器仪表等各个领域。高分子稀土光致发光材料的研究始于20世纪60年代,近年来得到了越来越广泛的关注。

高分子稀土光致发光材料主要包括两类:① 掺杂性高分子稀土光致发光材料;② 键合型高分子稀土光致发光材料。前者是将具有高荧光效率的有机稀土配合物通过共混的方式掺杂到高分子基体中,目前该方法在转光农膜方面得到了广泛的应用,该方法虽然操作简单,并可有效提高农膜的转光效率和农作物产量,但也容易引起材料透光性降低,机械强度下降等问题;后者是先将稀土配合物键合至部分待聚合的单体上,然后再聚合成高分子材料。该方法制备的产品,稀土配合物分散均匀,透明度高,但使用范围有限,只适用于少数高分子材料,并且很难得到高配位的稀土配合物,从而无法得到高荧光效率的高分子材料。

高分子稀土光致发光材料目前主要应用于转光农膜的生产中,此外在荧光油漆、荧光涂料和荧光探针方面也有较为广泛的应用。

### 9.4.4 非线性光学高分子材料

非线性光学材料是指在激光以及外加场作用下产生非线性极化,具有强的光波间非线性相互作用的材料。其中,结构上没有对称中心的非线性光学材料称为二阶非线性光学材料,具有对称中心的称为三阶非线性光学材料。非线性光学材料按照物理性质和应用范围可以分成以下几类:① 激光频率转换材料,用于激光的倍频、混频、参量振荡和放大等;② 电光材料;③ 光折变材料;④ 声光材料;⑤ 磁光材料;⑥ 光感应双折射材料;⑦ 非线性光吸收材料。上述材料能在外加电、磁、力场,或直接利用光波本身电磁场对所通过光波的强度、频率和相位进行调制,主要用作光电技术中对光信号进行处理的各种器件制作。

具有非线性光学性质的高分子材料称作非线性光学高分子材料。根据材料的结构和用途,非线性光学高分子材料可分为以下两类:

1. 二阶非线性光学高分子材料

二阶非线性光学高分子材料有两类:其一是将非线性光学小分子直接混入聚合物中,然后将聚合物升温至玻璃化转变温度以上,同时施加强静电场使分子取向,再迅速降温使取向固定。上述方法加工简单,操作方便,但非线性系数较低,且取向易衰退。其二是采用含生色团的单体,聚合制备,重氮偶合法是目前研究较多的方法。该方法选用的生色团包括:单偶氮苯、双偶氮苯、三偶氮苯,以及部分吸电子基团如硝基、二氰乙烯基、三氰乙烯基等,其中三氰乙烯基效果最好。除此以外,排列有序的 LB 膜和 SA 膜也是重要的二阶非线性光学高分子材料。

2. 三阶非线性光学高分子材料

三阶非线性光学材料因具有三次谐波、简并四次波混频、光学 Kerr 效应和光自聚焦等性质,在通讯、计算机和光能转换方面具有广泛的应用前景。目前主要的三阶非线性光学高分子材料包括:聚乙炔类、聚二炔类、聚亚芳香基和聚亚芳香基乙炔类、梯形聚合物类、σ 共轭聚合物类以及富勒烯类、酞菁类等。

## §9.5 医用功能高分子材料

自 20 世纪初以来,人们对生物医用材料的需求和要求不断提高。20 世纪 80 年代 Langer 和 Vacanti 提出"组织工程再生"概念后,医用功能材料得到了更加迅猛的发展。高分子材料因其在柔韧性、可加工型和生物相容性等方面的诸多优势,已逐渐成为医用功能材料的中坚,被广泛应用于人造皮肤、心血管、药物缓释甚至人工关节和骨修复材料等领域。

医用功能高分子材料大致可分为机体外使用与机体内使用两大类:① 机体外用的材料主要是指用于制造医疗用品的材料。如输液袋、输液管、注射器等。输液袋、输液管多采用卫生级聚乙烯制造。由于这些高分子材料成本低、使用方便,现已大量使用。② 机体内用材料又可分为外科用和内科用两类。外科方面有人工器官、医用黏合剂、整形材料等。内科用的主要是高分子药物。所谓高分子药物,就是具有药效的低分子与高分子载体相接合的药物,它具有长效、缓释的特点。

人工器官是医用高分子材料的主要发展方向。目前用高分子材料制成的人工器官已植入人体的有人工肾、人工血管、人工心脏瓣膜、人工关节、人工骨骼、整形材料等。应用的高分子材料主要有 PA、PU、ABS、PP、PE、硅橡胶、含氟聚合物等。正在研究的有人工心脏、人工肺、人工胰脏、人造血、人工眼球等。

### 9.5.1　医用高分子材料

1. 高分子材料在医学领域的应用

(1) 高分子人工脏器及部件的应用

高分子材料作为人工脏器、人工血管、人工骨骼、人工关节等的医用材料,正在得到越来越广泛地运用。

根据人工脏器和部件的作用及目前研究进展,可将它们分成五大类。

第一类:能永久性地植入人体,完全替代原来脏器或部位的功能,成为人体组织的一部分。属于这一类的有人工血管、人工心脏瓣膜、人工食道、人工气管、人工胆道、人工尿道、人工骨骼、人工关节等;

第二类:在体外使用的较为大型的人工脏器装置、主要作用是在手术过程中暂时替代原有器官的功能。例如人工肾脏、人工心脏、人工肺等。这类装置的发展方向是小型化和内植化。最终能植入体内完全替代原有脏器的功能。据报道,能够内植的人工心脏已获得相当时间的考验,在不远的将来可正式投入临床应用;

第三类:功能比较单一,只能部分替代人体脏器的功能,例如人工肝脏等。这类人工脏器的研究方向是多功能化,使其能完全替代人体原有的较为复杂的脏器功能;

第四类:正在进行探索的人工脏器。这是指那些功能特别复杂的脏器,如人工胃、人工子宫等。这类人工脏器的研究成功,将使现代医学水平有一重大飞跃;

第五类:整容性修复材料,如人工耳朵、人工鼻子、人工乳房、假肢等。这些部件一般不具备特殊的生理功能,但能修复人体的残缺部分,使患者重新获得端正的仪表。从社会学和心理学的角度看,也是具有重大意义的。

(2) 医用高分子材料的应用实例

① 血液相容性材料与人工心脏

许多医用高分子在应用中需长期与肌体接触，必须有良好的生物相容性，其中血液相容性是最重要的。人工心脏、人工肾脏、人工肝脏、人工血管等脏器和部件长期与血液接触，因此要求材料必须具有优良的抗血栓性能。

近年来，在对高分子材料抗血栓性研究中，发现具有微相分离结构的聚合物往往有优良的血液相容性。例如在聚苯乙烯、聚甲基丙烯酸甲酯结构中接枝上亲水性的甲基丙烯酸-β-羟乙酯，当接枝共聚物的微区尺寸在 20～30 nm 范围内时，具有优良的抗血栓特性。

在微相分离高分子材料中，国内、外研究得最活跃的是聚醚型聚氨酯，或称聚醚氨脂。聚醚氨脂是一类线型多嵌段共聚物，宏观上表现为热塑性弹性体，具有优良的生物相容性和力学性能。作为医用高分子材料的嵌段聚醚氨酯（Segmented Polyether Urethane，SPEU）的一般结构式如下：

$$\left. \left\{ \overset{O}{\underset{\|}{C}}-NH-R-\left[ NH-\overset{O}{\underset{\|}{C}}-O\left[ R'-O \right]_n \overset{O}{\underset{\|}{C}}-NH-R \right]_m NH-\overset{O}{\underset{\|}{C}}-NH-R''-NH \right\}_l \right.$$

$$\left. \left\{ \overset{O}{\underset{\|}{C}}-NH-R-\left[ NH-\overset{O}{\underset{\|}{C}}-O\left[ R'-O \right]_n \overset{O}{\underset{\|}{C}}-NH-R \right]_m NH-\overset{O}{\underset{\|}{C}}-NH-R''-O \right\}_l \right.$$

美国 Ethicon 公司推荐的四种医用聚醚氨酯 Biomer，Pellethane，Tecoflex 以和 cardiothane 基本上都属于这一类聚合物。它们的共同特点是分子结构都是由软链段和硬链段两部分组成的，在分子间有较强的氢链和范德华力。聚醚软段聚集形成连续相，而由聚氨酯、聚脲组成的硬链段聚集而成的分散相微区则分散在连续相中，因此具有足够的强度和理想的弹性。Pellethane 也是一种线型芳香聚醚氨酯。与 Biomer 不同的是它以 1,4-丁二醇为扩链剂，因此分子链中无脲基，柔顺性较 Biomer 更好。Tecoflex 是一种浅型脂环族聚醚氨酯，也用 1,4-丁二醇扩链。性能接近于 Pellethane。Cardiothane 是一种网状结构的芳香聚醚氨脂，用乙酰氧基硅氧烷作交联剂，耐热性、耐水解性和尺寸稳定性郁比较好。

聚离子络合物（Polyion Complex）是另一类具有抗血栓性的高分子材料。它们是由带有相反电荷的两种水溶性聚电解质制成的。例如美国 Amicon 公司研制的离子型水凝胶 Ioplix 101 是由聚乙烯苄三甲基铵氯化物与聚苯乙烯磺酸钠，通过离子键结合得到的。这种聚合物水凝胶的含水量与正常血管相似，并可调节这两种聚电解质的比例，制得中性的、正离子型的或负离子型的产品。其中负离子型的材料可以排斥带负电荷的血小板，更有利于抗凝血。类似的产品还有用聚对乙基苯乙烯三乙基铵溴化物与聚苯乙烯磺酸钠制得的产物，也是一种优良的人工心脏、人工血管的制作材料。

此外，硅橡胶、聚四氟乙烯都是很好的血管材料。

② 选择透过性膜材料与人工肾、人工肺

(a) 血液净化系统的膜材料与人工肾

人工肾是利用高分子材料的透析、过滤和吸附注能，使代谢物进入外界配置好的透析液中，经透析、过滤处理后完成肾脏的功能。目前用人工肾进行血液净化基于以下几种方法：血液透析法、血液过滤法、血液透析过滤法、血浆交换法和血液灌流法等。

用作被覆剂的高分子材料首先要有良好的血液相容性，其次还应与吸附剂有良好的黏结性，否则，在使用中被覆剂会脱落污染血液。较好的被覆剂材料有甲基丙烯酸-β-羟乙酯、丙烯酰胺-甲基丙烯酸-β-羟乙酯共聚物、甲基丙烯酸甲酯-甲基丙烯酸己基磺酸钠共聚物、醋酸纤维素等。例如用聚甲基丙烯酸己基硝酸钠或其共聚物包覆活性炭，吸附肌酸酐的量可达空白活性炭吸附量的 82%～92%。

(b) 氧富化膜与人工肺

氧富化膜又称富氧膜，是为将空气中的氧气富集而设计的一类分离膜。

将空气中的氧富集至 40% 甚至更高，有许多实际用途。空气中氧的富集有许多方法，例如空气深冷分馏法、吸附-解吸法、膜法等。用作人工肺等医用材料时，需考虑血液相容性、常温、常压等条件，上述诸法中，以膜法最为适宜。

在进行心脏外科手术中，心脏活动需暂停一段时间，此时，需要体外人工心肺装置代行其功能：呼吸功能不良者，需要辅助性人工肺；心脏功能不良者需要辅助循环系统，用体外人工肺向血液中增加氧。所有这些都涉及到人工肺的使用。目前人工肺有两种类型。一类是氧气与血液直接接触的气泡型，特点是廉价、高效，但易溶血和损伤血细胞，仅能短时间使用，适合于成人手术。另一类是膜型，气体通过分离膜与血液交换氧和二氧化碳。膜型人工肺的优点是容易小型化，可控制混合气体中特定成分的浓度，可连续长时间使用，适用于儿童的手术。

可用作人工肺富氧膜的高分子材料很多，其中较重要的有硅橡胶（SR）、聚烷基砜（PAS）、硅酮聚碳酸酯等，这些类型的富氧膜已作为商品应市。

③ 人工骨、关节材料

人工骨骼是高分子材料在医学领域中的最早应用。第一例医用高分子是用聚甲基丙烯酸甲酯作为头盖骨。现在，尼龙、聚酯、聚乙烯、聚四氟乙烯都已成功地用作人工骨骼材料。

人工关节有很多种类，如股关节、膝关节、肘关节、肩关节、手关节、指关节等，其中以股关节和膝关节承受的力最大。20 世纪 60 年代之前使用的人工关节都是金属骨-金属臼关节，患者在使用中有痛苦感。1963 年出现了第一例金属骨-聚四氟乙烯宽骨臼的人工关节，开始了高分子人工关节的时代。

近年来，人工关节大多是以不锈钢、陶瓷等高强度材料作人工骨、以高分子材料为臼配合而成的。较理想的高分子材料是耐磨性优异的超高分子量聚乙烯（UHMWPE，分子量约

300万）。它的砂磨损耗指数仅是高密度聚乙烯和尼龙的1/5～1/10,摩擦系数远远小于不锈钢。但据报道,临床应用的陶瓷骨使用一定期限后,均出现不同程度的开裂和断裂,因此,人们将研究的注意力又重新转向骨水泥。

骨水泥是一类传统的骨用黏合剂,1940年就已用于脑外科手术中,几十年来,一直受到医学界和化学界的重视。

骨水泥是由单体、聚合物微粒($150～200\ \mu m$)、阻聚剂,促进剂等组成。为了便于 X 射线造影,还有加入造影剂 $BaSO_4$。表 9-1 是常用骨水泥的基本组成和配方。

表 9-1 骨水泥组成

| 组分 | MTBC骨水泥 | CMW骨水泥 |
|---|---|---|
| 单体组分 | 甲基丙烯酸甲酯<br>对苯二酚 | 甲基丙烯酸甲酯<br>对苯二酚、N,N-二甲基苯胺 |
| 聚合物组分 | 甲基丙烯酸甲酯-甲基丙烯酸乙酯共聚物 | 聚甲基丙烯酸甲酯 |
| 引发剂组分 | 三正丁基硼、过氧化氢 | 过氧化二苯甲酰<br>二甲基苯甲酸 |

④ 人造皮肤材料

治疗大面积皮肤创伤的病人,需要将病人的正常皮肤移植在创伤部位上。在移植之前,创伤面需要清洗,被移植皮肤需要养护,因此需要一定时日。在这段时间内,许多病人由于体液的大量损耗以及蛋白质与盐分的丢失而丧失生命。因此,人们用高亲水性的高分子材料作为人造皮肤,暂时覆盖在深度创伤的创面上,以减少体液的损耗和盐分的丢失,从而达到保护创面的目的。聚乙烯醇微孔薄膜和硅橡胶多孔海绵是制作人造皮肤的两种重要材料。这两种人造皮肤使用时手术简便,抗排异性好,移植成活率高,已应用于临床。高吸水性树脂用于制作人造皮肤方面的研究,亦已取得很多成果。聚氨基酸、骨胶原、角蛋白衍生物等天然改性聚合物,都是人造皮肤的良好材料。

据报道,日本市场上近年出现一种高效人造皮肤,对严重烧伤的患者十分有效。这种人造皮肤的原料是甲壳质材料,从螃蟹壳、虾壳等中萃取出来,经过抽制成丝,再进行编织。这种人造皮肤具有生理活性,可代替正常皮肤进行移植,因此可减少患者再次取皮的痛苦。临床试验表明,这种皮肤的移植成活率达90%以上。

⑤ 医用黏合剂

从医用黏合剂的使用对象和性能要求来区分,可分成两大类:一类是齿科用黏合剂,另一类则是外科用(或体内用)黏合剂。由于口腔环境与体内环境完全不同,对黏合剂的要求也不相同。此外,齿科黏合剂用于修补牙齿后,通常需要长期保留,因此,要求具有优良的耐久性能。而外科用黏合剂在用于黏合手术创伤后，一旦组织愈合，其作用亦告结束，此时要求其能迅速分解，并排出体外或被人体所吸收。

外科用黏合剂经过 50 多年的发展，至今已有几十种品种。但根据使用要求，仍以较早开发的 α-氰基丙烯酸酯最为合适。除了 α-氰基丙烯酸酯外，外科用黏合剂还有少量其他品种，如硅橡胶、丁腈橡胶、聚氨酯、明胶-间苯二酚-甲醛复合黏合剂等，但使用尚不普通。

**讨论**：UHMWPE（超高分子量聚乙烯）也是一种常见的医用高分子材料，请指出 UHMWPE 的优缺点及应用方向。

2. 医用高分子材料的发展方向

今后医用高分子材料的发展方向主要包括：① 人工脏器的生物功能化、小型化、体植化；② 高抗血栓性材料；③ 发展新型医用高分子材料；④ 推广医用高分子的临床应用。

### 9.5.2 药用高分子材料

高分子化合物在医药中的应用已有相当长的历史，但早期使用的都是天然高分子化合物，如树胶、动物胶、淀粉、葡萄糖、甚至动物的尸体等。如今，尽管天然高分子药物在医药中仍占有一定的地位，但无论从原料的来源、品种的多样化以及药物本身的物理化学性质和药理作用等方面看，都有一定的局限性，远远满足不了医疗卫生事业发展的需要。

低分子药物虽然疗效很高，使用方便，但是，其中许多品种却同时存在着很大的毒副作用。此外，低分子药物通过口服或注射进入人体，在进药后的短时间内，血液中药剂的浓度远远超过治疗所需的浓度。但是它们在生物体内新陈代谢速度快，半衰期短，易排泄，故随着时间的推延，药剂的浓度会迅速降低而影响疗效，因而在发病期间要频繁进药。过高的药剂浓度常常带来过敏、急性中毒和其他不希望有的副作用。此外，低分子药物对进入体内指定的部位也缺乏选择性，这也是使进药剂量增多、疗效较低的原因之一。

在上述背景下，药用高分子的研究逐渐受到人们的重视。研究发现，高分子药物具有低毒、高效、缓释、长效等优点。它们与血液和肌体的相容性好，在人体内停留时间长。还可通过单体的选择和共聚组分的变化，调节药物的释放速率，达到提高药物的活性、降低毒性和副作用的目的。并在进入人体后，可有效地到达症患部位，实现药物的靶向性。因此，可降低用药剂量，避免频繁进药，并在体内保持恒定的药剂浓度，使药物的药理活性持久，提高疗效。合成高分子药物的出现，不仅改进了某些传统药物的不足之外，而且大大丰富了药物的品种，为攻克部分严重威胁人类健康的疾病提供了新的手段。因此，以合成高分子药物取代或补充传统的低分子药物，已成为药物学发展的重要方向之一。

1. 药用高分子的类型

药用高分子的定义至今还不甚明确，不少专著中将药用高分子按其应用性质的不同分为药用辅助材料和高分子药物两类。前者是指在药剂制品加工时和为改善药物使用性能所采用的高分子材料。如稀释剂、润滑剂、黏合剂、崩解剂、糖包衣、胶囊壳等。它们本身不具有药理作用,只是在药品的制造和使用中起从属或辅助的作用。严格意义上讲不属于功能高分子的范畴。而后者则是依靠连接在聚合物分子链上的药理活性基团或高分子本身的药理作用,进入人体后能与肌体组织发生生理反应,从而产生医疗效果或预防性效果。

2. 高分子药物的分类

按分子结构和制剂的形式,高分子药物可分为三大类:① 高分子化的低分子药物,或称高分子载体药物;② 本身具有药理活性的高分子药物;③ 微胶囊化的低分子药物。

3. **药用高分子应具备的基本性能**

(1) 高分子药物本身以及它们的分解产物都应是无毒的,不会引起炎症和组织变异反应,没有致癌性。

(2) 进入血液系统的药物,不会引起血栓。

(3) 具有水溶性或亲水性,能在生物体内水解下有药理活性的基团。

(4) 能有效地到达病灶处,并在病灶处积累。保持一定浓度

(5) 对用于内服的药剂,聚合物主链应不会水解,以便高分子残骸能通过排泄系统被排出体外。如果药物是导入循环系统的,为避免其在体内积累,聚合物主链必须是易分解的,才能排出人体或被入体所吸收。

4. **高分子载体药物**

(1) 低分子药物高分子化的优点

高分子载体药物进入人体后,药理作用通过体液或生物酶的作用发挥出来。因此,与相应的低分子药物相比,高分子载体药物有以下优点:能控制药物缓慢释放,使代谢减速、排泄减少、药性持久、疗效提高;载体能把药物有选择地输送到体内确定部位,并能识别变异细胞;药物稳定性好;药物释放后的载体高分子是无毒的,不会在体内长时间积累,可排出体外或水解后被人体吸收,因此副作用小。

林斯道夫(Ringsdorf)等提出,高分子载体药物中应包含四类基团:药理活性基团、连接基团、输送用基团和使整个高分子能溶解的基团。

上述四类基团可通过共聚反应、嵌段反应、接枝反应以及高分子化合物反应等方法结合到聚合物主链上。

(2) 高分子载体药物的应用实例

碘酒曾经是一种最常用的外用杀菌剂,消毒效果很好。但是它的刺激性和毒性较大。如果将碘与聚乙烯吡咯烷酮结合,可形成水溶性的络合物。这种络合物在药理上与碘酒具有同样的杀菌作用。由于络合物中碘的释放速度缓慢,因此刺激性小,安全性高,可用于皮肤,口腔和其他部位的消毒

青霉素是一种抗多种病菌的广谱抗菌素,应用十分普遍。它具有易吸收、见效快的特点,但也有排泄快的缺点。利用青霉素结构中的羧基、氨基与高分子载体反应,可得到疗效持久的高分子青霉素。例如将青霉素与乙烯醇-乙烯胺共聚物以酰胺键相结合得到水溶性的药物高分子。这种高分子青霉素在人体内停留时间比低分子青霉素长 30~40 倍。

紫杉醇药物是紫杉醇从短叶红豆杉树皮中提取出的一种二萜类化合物,被公认为广谱、活性最强的抗癌药物,尤其对子宫癌、卵巢癌、乳腺癌具有特殊的疗效,被誉为 20 世纪 90 年代抗癌药三大成就之一。虽然紫杉醇有很好的抗肿瘤活性,但由于其水溶性非常差(溶解度 $<1\ \mu g/mL$),紫杉醇注射液临床使用时通常采用聚氧乙基代蓖麻油、无水乙醇、无水柠檬酸作为辅料增加药物的溶解度。但聚氧乙基代蓖麻油容易引起致敏反应,严重限制了紫杉醇的使用。紫杉醇脂质体注射液静脉给药后,存在药物在血液中驻留时间较短的局限。为提高水溶性、降低副作用,人们通常将紫杉醇与聚乙二醇、聚谷氨酸、聚乙烯醇亲水性物质结合,制备亲水性紫杉醇前药。该类前药不仅可以提高紫杉醇的亲水性并可以实现被动靶向。

5. 药理活性高分子药物

(1) 药理活性高分子药物的特点

药理活性高分子药物是真正意义上的高分子药物。它们与高分子载体药物不同,后者高分子链主要起骨架和载体作用,真正起疗效作用的还是低分子药物基团。而药理活性高分子则不同,它们本身具有与人体生理组织作用的物理、化学性质,从而能克服肌体的功能障碍,治愈人体组织的病变。

实际上,高分子药物的应用已有很悠久的历史,如激素、酶制剂、肝素、葡萄糖、驴皮胶等都是著名的天然药理活性高分子。合成的药理活性高分子的研究、开发和应用的历史不长,对许多高分子药物的药理作用也尚不十分清楚。

目前,药理活性高分子药物的研究工作主要从下面三个方面展开:

① 对已经用于临床的高分子药物,探讨其药理作用;

② 根据已有低分子药物的功能,设计既保留其功能、又克服其副作用的高分子药物;

③ 开发新功能的药理活性高分子药物。

(2) 药理活性高分子药物的应用实例

低分子量的聚二甲基硅氧烷具有低的表面张力,物理、化学性质稳定,具有很好的消泡作用,故广泛用作工业消泡剂。由于它无毒,在人体内不会引起生理反应,故亦被用作医用消泡剂,用于急性肺水肿和肠胃胀气的治疗,该药物国内、外都有应用。

但也有资料报道,聚二甲基硅氧烷在临床应用中有引起血管栓塞和脑部损伤的情况出现,需对其药理性能进行深入研究。

N-氧化聚乙烯基吡啶是一种具有药理活性的高分子,能溶于水。注射其水溶液或吸入其烟雾剂,对于治疗因大量吸入含游离氧化硅粉尘所引起的急性和慢性矽肺病有良好效果,并有较好的预防效果。研究表明,只有当 N-氧化聚乙烯基吡啶的分子质量大于 3 万时,其药理活性方才明显;其低聚物以及其低分子模型化合物 N-氧化异丙基吡啶却完全没有药理活性。这可能是由于高分子质量的 N-氧化聚乙烯基吡啶更容易吸附在进入人体的二氧化硅粉尘上,避免了二氧化硅与细胞成分的直接接触,从而起到治疗和预防矽肺病的作用。

### 6. 药物微胶囊

所谓微胶囊,是指以高分子膜为外壳、在其中包有被保护或被密封的物质的微小包覆物。就像鱼肝油丸那样,外面是一个明胶胶囊,里面是液态的鱼肝油。

药物的微胶囊化,就是将细微的药物颗粒用高分子膜保护起来形成的微小胶囊物。它是一种复合物,真正起药理作用的仍是低分子药物。

与普通的药物相比,药物微胶囊有不少优点。药物被高分子膜包裹后,避免了药物与人体的直接接触,药物只有通过对聚合物壁的渗透或聚合物膜在人体内被浸蚀、溶解后才能逐渐释放出来。因此能够延缓、控制药物释放速度,掩蔽药物的刺激性、毒性、苦味等不良性质,提高药物的疗效。此外,经微胶囊化的药物,与空气隔绝,能有效防止药物贮存过程中的氧化、吸潮、变色等不良反应,增加贮存稳定性。

目前,国内外已有眼科药物、抗菌消炎药物、抗癌药物、避孕药物以及激素、酶等多种药物微胶囊问世。

微胶囊技术在固定化酶制备中有明显的优越性。过去,酶固定化的技术是将酶包裹于冻胶中,或通过酶上的活性基团(如羟基、胺基等),以共价键的形式与载体连接。但这些方法都会在一定程度上降低甚至失去酶的活性,而采用微胶囊技术后,由于酶包埋在微胶囊中,活性不会发生任何变化,使效力大大提高。

作为药物微胶囊的包裹材料,一般应满足以下几个条件:① 无毒;② 不会致癌,不会引起人体组织的病变;③ 不会与药物发生化学反应,而改变药物性质;④ 能使药物渗透,或能在人体中溶解或水解.使药物能以一定方式释放出来。

可用作微胶囊膜的材料很多,有无机材料,也有有机材料,而应用最普遍的是高分子材料。从理论上讲,任何可成膜的高分子材料都可用于制备微胶囊。但在实际应用时,要考虑芯材的物理、化学性质,如溶解性、亲油亲水性等,因此真正能用作微胶囊膜的高分子材料并不是很多。

目前已实际应用的高分子材料中,天然的高聚物有骨胶、明胶、阿拉伯树胶、琼脂、海藻酸钠、鹿角菜胶、葡聚糖硫酸盐等。半合成的高聚物有乙基纤维素、硝基纤维素、羧甲基纤维素、醋酸纤维素等。应用较多的合成高聚物有聚葡萄糖酸、聚乳酸、乳酸与氨基酸的共聚物、甲基丙烯酸甲酯与甲基丙烯酸-β-羟乙酯的共聚物等。

在工业上和实验室中,药物微胶囊化的具体实施方法很多,归纳起来有以下几类:

(1) 化学方法：包括界面聚合法、原位聚合法等。

(2) 物理化学方法：包括水溶液中相分离法、有机溶剂中相分离法、溶液中干燥法、溶液蒸发法、粉末床法等。

(3) 物理方法：空气悬浮涂层法、喷雾干燥法、真空喷涂法、静电气溶胶法、多孔离心法等。

其中物理方法需要较复杂的设备，投资较大，因而化学方法和物理化学方法应用较多。

# §9.6 特种工程塑料

特种工程塑料又称为高性能聚合物，是继通用塑料和工程塑料之后发展起来的第三代塑料。特种工程塑料起始于国防军工和航天航空领域，此后随着生产工业的改进和产量的提高，现在已逐渐向民用领域拓展。目前，我国在特种工程塑料方面的研发和工业生产能力方面还十分薄弱，与国外相比还存在较大的差距。

目前市场上常见的特种工程主要包括聚酰亚胺、聚醚醚酮、聚苯硫醚、聚砜和聚醚砜等。其共同特点是在耐温性或机械强度上具有远高于普通塑料和工程塑料的优越性能。

## 9.6.1 聚酰亚胺

聚酰亚胺(PI)是最早研发和使用的特种塑料。1908 年 Bogert 和 Rebshaw 通过 4 - 氨基邻苯二甲酸酐的熔融自聚，首次实验室制备了聚酰亚胺。但当时并未引起重视。上世纪中叶，随着航空、航天的发展，对于高耐温性能、高强度的树脂材料要求日益迫切。聚酰亚胺开始为人们所关注。1955 年美国杜邦公司的 Edwards 和 Robison 申请了第一个有关聚酰亚胺应用的专利。1965 年，杜邦公司推出了全球第一个聚酰亚胺薄膜及清漆产品，使聚酰亚胺走向商品化历程。20 世纪 70 年代，美国国家航空航天局(NASA)研发出 PMR 热固性聚酰亚胺树脂，成功解决了聚酰亚胺加工困难的问题，并研发出热分解温度达 600 ℃的聚苯并恶唑酰亚胺树脂。自此聚酰亚胺得到了快速的发展。目前全球聚酰亚胺年消费量约为 6 万吨，主要生产厂家有 50 家，其中以美国杜邦、通用、日本三井和日本宇部兴产最为出名，主要生产地区包括美国、西欧、俄罗斯、中国、印度、韩国、东南亚等。

聚酰亚胺的耐温性能为所有树脂之最，全芳香系聚酰亚胺的初始分解温度可达 500 ℃左右，而由联苯二酐与对苯二铵合成的聚酰亚胺，其初始分解温度更可达到 600 ℃，而聚酰亚胺对于低温的耐受能力也远优于其他树脂，在绝对温度 4K 时，仍然不会脆裂。聚酰亚胺还具有非常优越的机械性能，未填充的聚酰亚胺塑料的拉伸强度可达 100 MPa 以上，联苯型聚酰亚胺更可得到 530 MPa，远高于普通工程塑料。聚酰亚胺还具有很低的热膨胀系数，联苯型聚酰亚胺的热膨胀系数只有 $10^{-6}℃^{-1}$，与金属相当。聚酰亚胺具有很好的介电性能,其介电常数大约在 3.4 左右,引入氟元素后其介电常数可降至 2.5 左右,介电损耗 $10^{-3}$,介电强度可达 $100\sim300$ kV/mm,体积电阻达 $10^{17}$ $\Omega\cdot$cm,而且在高温高频下,该性能依然得以保持。聚酰亚胺还具有很强的耐辐照能力,薄膜材料在吸收量达 $5\times10^{7}$ Gy 时仍可保持 86% 的机械强度。此外,聚酰亚胺还具有自熄性,安全无毒,高生物相容性和血液相容性,低细胞毒性等优点。

当前,聚酰亚胺的开发主要包括两个方向:① 超高温材料,主要应用于航空航天和军事工业方面,该方向产品的成本较高,同时该方向对性能的要求远高于对成本的考虑;② 低成本产品,主要应用于高端民用市场,通过降低成本实现扩大市场,提高产量和使用量的目的。作为耐热树脂的首选,聚酰亚胺的主要应用领域包括航空航天、耐温材料、绝缘材料和涂料等。市场上聚酰亚胺的产品主要包括:薄膜、涂料、模塑料、复合材料等。根据分子结构以及用途不同,已合成得到的聚酰亚胺的品种高达上千种,其主要品种如下:

1. Vespel 聚酰亚胺

该产品为杜邦公司研发制造,具有极佳的耐温性能,其理论熔点可达 592 ℃,可在 315 ℃条件下长时间连续使用,同时 Vespel 聚酰亚胺还具有电绝缘性能、力学性能和极低的导热率和摩擦系数等优点。目前,其市场售价每千克达数千美元,主要应用于飞机发动机零件、电器绝缘材料、轴承、耐磨原件及密封材料等。根据其分子结构和填充材料,Vespel 聚酰亚胺有多个系列品牌。Vespel 聚酰亚胺的基本分子结构如下:

2. Ultem 聚醚酰亚胺

Ultem 聚醚酰亚胺是美国通用公司 1982 年开始销售热塑性聚酰亚胺品牌,在聚酰亚胺品牌中,该类虽然综合性能较差,但由于成本较低,加工便利,先后推出多个系列品牌,均广受欢迎,目前年产量和销售量均超万吨,是聚酰亚胺市场上占有率最高的品种。2006 年通用公司在 Ultem 的基础上又推出了 Ultem 的升级品牌 Extem,该品牌可使用普通热塑性塑料的加工成型工艺均可加工(如挤出、注射、吹塑等)。Ultem 聚醚酰亚胺的基本分子结构如下:

### 3. UPIMOL 聚酰亚胺

UPIMOL 聚酰亚胺是日本宇部兴产开发的以联苯二酐为原料的聚酰亚胺品牌,其性能介于 Vespel 聚酰亚胺与 Ultem 聚醚酰亚胺之间,基本分子结构未公开。

### 4. Aurum 聚酰亚胺

Aurum 聚酰亚胺是日本三井公司于 20 世纪 80 年代后期,推出的结晶型热塑性聚酰亚胺,是目前热塑性聚酰亚胺市场化品牌中,热稳定性最好的品牌,其 $T_m$ 温度可达 388 ℃,在 250 ℃ 下长时间使用,其机械强度依然可保持 90% 左右。Aurum 聚酰亚胺的基本分子结构如下:

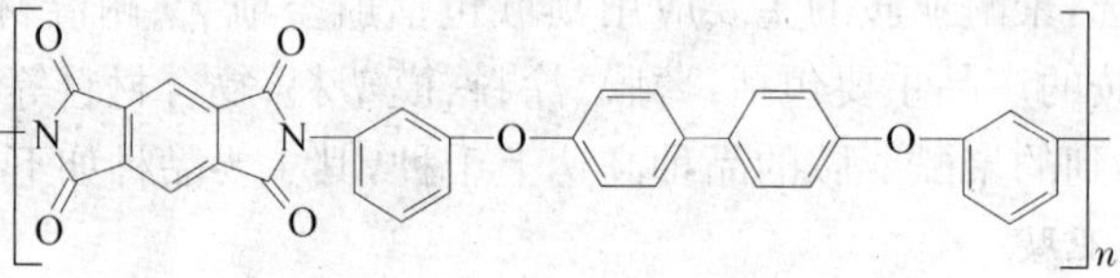

我国聚酰亚胺的研究开始于 1962 年,20 世纪 80 年代开始逐步发展起来,生产企业有数十家之多,但目前仍处于小规模、高成本、低水平的生产阶段。

### 9.6.2 聚醚醚酮

聚醚醚酮(PEEK)是指分子主链只含有芳环及与之相连接的酮基和醚基的一类芳环类聚合物。是由 4,4′-二氟二苯甲酮与对苯二酚在碱金属碳酸盐存在下,以二苯砜作溶剂进行缩合反应制得的一种新型半晶态芳香族耐高温热塑性特种工程塑料。1977 年,最早由英国 ICI 公司成功合成,并于 1978 年首次投放市场,1982 年以 Victrex 牌号销售至今。其基本结构通式如下:

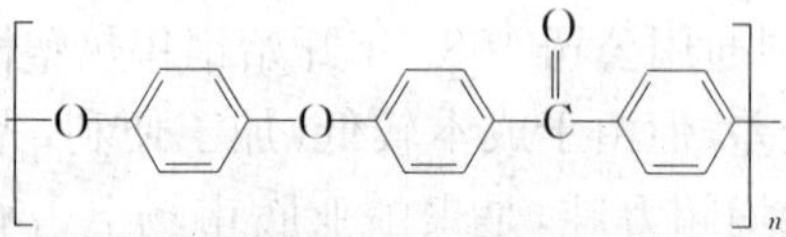

作为特种工程塑料中耐温等级最高、综合性能最好的热塑性塑料,聚醚醚酮具有优异的耐高温性能,其 $T_g$ 温度为 144 ℃,$T_m$ 温度达 334 ℃,因此纯聚醚醚酮的热软化温度只有 150 ℃,但经碳纤维或玻璃纤维增强后的热变形温度可达 310 ℃ 以上,ICI 公司开发的纤维增强聚醚醚酮产品,可在 250 ℃ 以上长期使用,短期使用温度可达 315 ℃。此外,聚醚醚酮还具有阻燃性好、电学性能优越以及优异的耐辐射、耐疲劳、耐冲击、抗蠕变、耐磨、耐化学腐蚀性能且不溶于多数有机溶剂,被应用于航空航天、军事工业、电子电气、核能、信息、通讯等多个领域。

聚醚醚酮最突出的性能是它的耐温性能,纤维增强的聚醚醚酮可在 250 ℃ 下长期使用,短期使用温度可达 315 ℃，在 400 ℃下短时间内不会分解。与其他高耐温性能的热塑性塑料相比，使用温度上限温度约高出 50 ℃左右。聚醚醚酮的韧性和刚性均很优越，具有很高的机械强度、韧性、模量和尺寸稳定性，对交变应力的抗疲劳性尤为突出，为所有塑料之最，甚至可以与合金材料媲美。聚醚醚酮的耐溶剂性能和耐化学腐蚀性能优良，只有浓硫酸、浓硝酸、苯磺酸等强质子酸才能将其破坏。聚醚醚酮具有极高的阻燃性能，不加任何阻燃剂即可达到最高阻燃标准，且在火焰条件下释放烟和有毒气体少。纤维增强的聚醚醚酮具有很高自润滑性能，可用于耐磨材料的制备。聚醚醚酮在高温下具有良好的流动性能和很高的热分解温度，因此其加工性能也很优越，适用于注塑、挤出、模压、吹塑、熔融纺丝等各种加工方式。聚醚醚酮安全无毒，已获得 FDA（美国食品及药品管理局）认可，可以使用与食品制造和医疗器械领域。此外，聚醚醚酮还具有很好的抗蒸汽、乙醇和 $\gamma$ 射线能力，适合于医疗器械的各种消毒方式。

聚醚醚酮因其优越的综合性能，最早在航空航天和军事工业领域获得应用，主要是替代铝和其他金属材料制造各种飞机和航天器的部件。由于聚醚醚酮良好的耐摩擦性能和机械性能使其在汽车工业中也得到了广泛应用，主要作为制造发动机内罩的原材料，用于制造的轴承、垫片、密封件、离合器齿环等各种零部件，并在汽车的传动、刹车和空调系统中被广泛采用。作为理想的电绝缘体，和在高温、高压和高湿度等恶劣的工作条件下，仍能保持良好的电绝缘性能的特质，聚醚醚酮在电子信息领域得到广泛的应用并成为其第二大应用领域，被用来制造晶圆承载器、电子绝缘膜片以及各种连接器件。聚醚醚酮可在 134 ℃下经受多达 3 000 次的循环高压灭菌，使其可用于生产灭菌要求高、需反复使用的手术和牙科设备，聚醚醚酮还被作为不锈钢的替代材料用于消毒柜的生产中。聚醚醚酮不仅具有质量轻、无毒、耐腐蚀等优点，还是目前与人体骨骼最接近的材料，可与肌体有机结合，所以聚醚醚酮代替金属制造人体骨骼，如人造椎骨、接骨板等。此外，聚醚醚酮在电缆、导线绝缘层以及化工输送管线方面也有广泛的应用。

**讨论：**聚醚醚酮是目前发展最快的特种高分子之一，但其加工性能上的缺陷制约了其进一步发展，能否举出一种改善聚醚醚酮加工性能的方法。

### 9.6.3　聚苯硫醚

聚苯硫醚（PPS）是一种苯环对位与硫相连的线性刚性大分子。其基本结构通式如下：

$$\left[ \underset{}{\underset{}{\bigcirc}} - S \right]_n$$

1888 年聚苯硫醚作为反应副产物首次被发现。1897 年，法国人 Genvresse 首先以

Friedel-Grafts 反应,用苯和硫为原料,AlCl₃ 为催化剂,实验室合成了聚苯硫醚。

聚苯硫醚是一种白色结晶性高分子,具有耐高温、耐化学药品性、难燃、热稳定性好、电性能优良等优点,是工程塑料中耐热性最好的品种之一。聚苯硫醚的机械强度一般,但经玻璃纤维增强后,其机械性能可以得到大幅提高;聚苯硫醚的热变形温度一般大于 260 ℃,并可在 200 ℃～240 ℃下长期使用;抗化学腐蚀性仅次于聚四氟乙烯,流动性仅次于尼龙,可使用多种加工成型工艺;聚苯硫醚电性能十分突出;与其他工程材料相比,聚苯硫醚的介电常数与介电耗损角正切值都比较低,并且在较大的频率、温度及温度范围内变化不大,且耐电弧性好,可与热固性塑料媲美,在电子、汽车、机械及化工领域均有广泛应用。

聚苯硫醚根据其用途可分为涂料、纤维、薄膜、工程塑料、电子封装等几类;根据其结构则可分为交联型和线型两大类。

聚苯硫醚大多需要与增强纤维或其他填料制成复合材料使用,其用途主要包括电子电气、机械工业、汽车工业、军工航天和耐磨涂层等方面。

今后,聚苯硫醚的发展方向主要集中于研发耐热性更好的材料、合成新工艺和扩大生产规模三个方向。

### 9.6.4 聚砜

聚砜(PSF)是一种无定形热塑性树脂,在其高分子主链中含有醚和砜键以及双酚 A 的异丙基。其基本结构单元如下:

聚砜最早由美国 Union Carbide 公司的 Orr Ford Farnharm 研究员制得,并于 1965 年实现工业化。1983 年,Amoco Polymers 公司获得 Union Carbide 公司的聚砜经营权,从而垄断国际聚砜市场。1998 年 Amoco Polymers 公司将聚砜经营权转让给 BP Ameco Engineering Polymers 公司,2001 年 BP Ameco Engineering Polymers 公司又将经营权转让给 Solvey Advanced Polymers 公司,该公司现年生产能力达 27100 吨。此外,德国 BASF 公司和俄罗斯谢符钦克公司也具有一定的聚砜生产能力。

同其他高分子树脂相比,聚砜具有分子稳定性高、透明性好、水解稳定性好、耐化学腐蚀、生物相容性好等特点,同时,其机械性能和电学性能适中。

聚砜大多通过与其他高分子材料共混形成高分子合金的方式进行改性,ABS、PET、PC、PA、PI、PMMA 以及 PTFE 等均可以与聚砜组成高分子合金。此外,聚砜还可以与加入矿物填料降低成本,或加入玻璃纤维和碳纤维提高性能。聚砜的用途主要包括机械工业、电子电气、交通运输、医疗器械等方面。

## 习 题

1. 当前纯净水的制备大多使用离子交换树脂,这些离子交换树脂在使用一段时间后必须进行活化处理方能继续使用,试为该用途的离子交换树脂设计一条活化路线。

2. 高分子反应试剂与普通试剂相比具有哪些优点,又有哪些缺点制约了高分子反应试剂的发展?

3. 什么是高分子驻极体? 高分子驻极体主要有哪些特点和用途?

4. 光敏涂料主要包括哪几个组成部分? 试举出一种光敏涂料配方并指出其中的光敏预聚体和引发剂。

5. 试通过查阅文献指出一种用于制备紫杉醇前药的高分子,及其与紫杉醇的结合方式。

6. 与普通工程塑料相比,特种工程塑料具有哪些特点?

## 参考文献

[1] 马建标.功能高分子材料(第二版).北京:化学工业出版社,2010.

[2] 赵文元,王亦军.功能高分子材料.北京:化学工业出版社,2008.

[3] 吴忠文,方省众.特种工程塑料及其应用.北京:化学工业出版社,2011.

[4] 朱道本.功能材料化学进展.北京:化学工业出版社,2005.

[5] 江源,邹宁宇.聚合物光纤.北京:化学工业出版社,2002.

**图书在版编目(CIP)数据**

高分子导论 / 陆云，左晓兵主编. — 南京 ：南京
大学出版社，2014.7
高等院校化学化工教学改革规划教材
ISBN 978 - 7 - 305 - 13598 - 9

Ⅰ. ①高… Ⅱ. ①陆… ②左… Ⅲ. ①高分子化学－
高等学校－教材 Ⅳ. ①O63

中国版本图书馆 CIP 数据核字(2014)第 157971 号

出版发行　南京大学出版社
社　　址　南京市汉口路 22 号　　　邮　编　210093
出 版 人　金鑫荣

丛 书 名　高等院校化学化工教学改革规划教材
**书　　名　高分子导论**
总 主 编　姚天扬　孙尔康
主　　编　陆 云　左晓兵
责任编辑　陈济平　蔡文彬　　　　编辑热线　025 - 83596997

照　　排　南京南琳图文制作有限公司
印　　刷　扬中市印刷有限公司
开　　本　787×960　1/16　印张 21.25　字数 451 千
版　　次　2014 年 7 月第 1 版　2014 年 7 月第 1 次印刷
ISBN 978 - 7 - 305 - 13598 - 9
定　　价　39.00 元

网址：http://www.njupco.com
官方微博：http://weibo.com/njupco
官方微信号：njupress
销售咨询热线：(025) 83594756